2017年国家司法考试

名师课堂

左宁刑诉法

左　宁　编著

真 题 篇

北京理工大学出版社
BEIJING INSTITUTE OF TECHNOLOGY PRESS

图书在版编目(CIP)数据

左宁刑诉法．真题篇／左宁编著．—北京：北京理工大学出版社，2017.2
ISBN 978－7－5682－3584－6

Ⅰ．①左…　Ⅱ．①左…　Ⅲ．①刑事诉讼法－中国－资格考试－习题集　Ⅳ．①D925.2

中国版本图书馆CIP数据核字(2017)第013594号

出版发行／北京理工大学出版社有限责任公司
社　　址／北京市海淀区中关村南大街5号
邮　　编／100081
电　　话／(010)68914775(总编室)
　　　　　(010)82562903(教材售后服务热线)
　　　　　(010)68948351(其他图书服务热线)
网　　址／http://www.bitpress.com.cn
经　　销／全国各地新华书店
印　　刷／北京富泰印刷有限责任公司
开　　本／787毫米×1092毫米　1/16
印　　张／18
字　　数／435千字
版　　次／2017年2月第1版　2017年2月第1次印刷
定　　价／36.00元

责任编辑／张慧峰
文案编辑／张慧峰
责任校对／周瑞红
责任印制／边心超

序言 xu yan

真题的意义何在？

没有任何模拟题的价值能够超越历年真题。通过研习真题，考生至少应该有以下三个方面的收获。

第一，了解必考点。什么是司考的必考点？必考知识点应当包括传统重点、难点和新增知识点。每年司法考试大纲中都会删除一部分不必要的或者过时的知识点，同时增加一些新知识点，这些新增知识点往往会在当年的真题中出现。不过，这些新增点比重很小，应当将复习重点放在传统重点、难点上。考生通过研习历年真题，可以发现有很多知识点经常被考到，并且分值不少，这些屡次被重复考查的知识点就是“重者恒重”的传统重点、难点。

第二，掌握命题技巧。学习了必考点，并不等于能够通过司法考试。近几年，司法考试的通过率保持在10%左右，可以说，司考很难。如何保持住这一通过率？即怎样出一道题能让100名同学里至少90人得答错了？这是摆在出题人面前的问题。其实，基本知识大家都会努力学习，谁也不比谁聪明很多或者笨很多，于是，出一道能让100名同学中至少90人答错的题目并不容易，这需要在ABCD四个选项中极尽“挖陷阱、埋炸弹”之能事。通过研习历年真题，考生可以了解命题人常用的“挖陷阱、埋炸弹”的方式并予以识破，不在知识之外的“技术”上丢分。

第三，预测命题趋势。一般而言，出题人在两三年内不会更换。考生通过研习历年真题可以发现不同的出题人在知识点考查偏好和惯用命题技巧上是存在区别的。通过做最近一两年的真题，考生可以对今年考题的命题风格有所预测，做到心中有数。

如何使用真题？

很多考生曾问我真题该怎么利用？有的同学不知道应当先看书还是先做题，有的同学不知道真题做上几遍后真题还有什么价值。这些问题可能是大多数考生都面临的问题。真题是最好的复习材料之一，应当合理使用。

首先，用真题检查复习效果。如果仅是闷头看教材、背法条，无法了解自己所看、所背的内容是否重要、妥当，离开真题的指引很容易让复习偏离正确的方向。本书中，真题按照知识点顺序进行编排，考生可在学习《名师课堂知识篇》知识点后，通过做相应的真题来检验学习效果。

其次，用真题巩固复习。真题做完后自然会对答案，对答案自然会发现做错一些题，蒙对一些题。此时，需要将做错的选项和蒙对的选项一一进行梳理，在错题本上或者知识篇相应知识点旁边，标记出错的考点，写出错误原因，背诵出错的法条或者理论。

再次，做真题的目的是掌握知识点。很多同学问过我："是该先看书还是先做真题?""什么时候做真题比较合适"？我认为，教材和真题是相辅相成的，不要全然地将教材与真题割裂开来，"先看谁、后看谁"的思想是错误的。以我编写的刑诉教材为例，对一个知识点的讲解过程是：先对知识点进行解析，接着提炼题眼，再用一个图表进行总结，最后用真题进行检验。可见这是在用一套"组合拳"的方式进攻一个知识点。这意味着，做真题的目的是为了掌握相应的知识点，是搞定知识点的一种方式或者工具，同学们可以在学习教材的同时研习真题，无需截然分个先后。

最后，深挖真题选项。真题做过两遍之后，有同学抱怨说："做第三遍时都能背过答案了"，那么，做真题还有意义吗？答案是肯定的。真题做过一两遍后，它作为模拟、检查的意义就已经完成了。此后复习真题的意义不在于模拟和检查，而在于钻研每一个选项背后的内容。考生需要重点研究：(1)每一个选项背后的理论。(2)每一个选项考查的法条。(3)与考查法条相关的法条。(4)在技术上，选项中命题陷阱的设计方式。将这些内容全部掌握，才算充分利用了真题的价值。

本书使用注意

本书收录了2009至2016年全部刑诉真题及2002年至2008年期间的经典刑诉真题，考生需要注意：

(一)主要法律文件的简称

1.《刑事诉讼法》简称《刑诉法》。

2.《最高人民法院关于适用〈中华人民共和国刑事诉讼法〉的解释》简称《高法解释》。

3.《人民检察院刑事诉讼规则(试行)》简称《高检规则》。

4.《最高人民法院、最高人民检察院、公安部、国家安全部、司法部、全国人大常委会法制工作委员会关于实施刑事诉讼法若干问题的规定》简称《六机关规定》。

(二)新法解旧题

本书中真题均用2013年《刑诉法》及相关司法解释作为解析依据。这会导致有些往年的题目出现"单选变多选"、"多选变单选"、"有答案变无答案"等情形，考生不必在意，只需关注题目本身所涉的知识点即可。

(三)教材、法条之辅助

本书中对每一道真题的解析力图准确、详尽、清晰。不过，刑诉法考查的法条范围有近两千条，重点理论几十个，不是每年占司考七十多分的三四十道真题所能全面覆盖的。简言之，真题的重要性毋庸置疑，但只重真题而罔顾教材、法条的复习则是舍本逐末的做法。

祝愿各位考生备考顺利，高分通过国家司法考试!

左　宁

2017年2月

目　　录

专题一　刑事诉讼法概述

点评：

本专题中包含了刑事诉讼法中若干重要的基础理论。近年来，随着司法考试对理论考查力度的加大，本专题成了要求考生必须掌握的必考部分。真题在这一专题的命题特点是：1. 既可以在卷二出选择题，也可以在卷四出案例分析题甚至论述题。2. 不考死记硬背，专考理解应用。3. 该专题的理论知识点可以作用于整部《刑事诉讼法》，譬如，"程序正义"知识点，在侦查阶段需要程序正义，在起诉、审判阶段仍然需要程序正义。简言之，这一专题的理论知识点可以作为其他任何专题的万能理论支撑。

本专题地位重要，重点知识点包括：刑事诉讼法的渊源、刑事诉讼法与刑法的关系、刑事诉讼法与宪法的关系、刑事诉讼法与法治国家的关系、刑事诉讼法的理念（惩罚犯罪与保障人权、程序公正与实体公正、效率与正义）、刑事诉讼法的范畴（刑事诉讼目的、刑事诉讼价值、刑事诉讼构造、刑事诉讼职能等）。

本专题对考生的要求是，对相关理论深入理解，能够活学活用。

考点1　刑事诉讼法与刑法的关系

二审法院发现一审法院的审理违反《刑事诉讼法》关于公开审判、回避等规定的，应当裁定撤销原判、发回原审法院重新审判。关于该规定，下列哪些说法是正确的？（2012－2－65，多选）

A. 体现了分工负责、互相配合、互相制约的原则

B. 体现了严格遵守法定程序原则的要求

C. 表明违反法定程序严重的，应当承担相应法律后果

D. 表明程序公正具有独立的价值

答案（　　　）①

【考点提示】本题考查刑事诉讼法与刑法的关系，根本考查点在于刑事诉讼法的独立价值。考生需要深入掌握的是，刑事诉讼法与刑法的关系是重要考点，但之所以在《刑事诉讼法》这门课中将刑事诉讼法与刑法进行比较，终极目的是以刑法作为参照物，进一步突出刑事诉讼法的特点。考生需要重点理解刑事诉讼法的工具价值与独立价值。该考点在未来的考试中仍将出现。

【解析】正义在司法领域可以被区分为实体正义和程序正义，严格按照刑法的定罪标准、量刑幅度对被告人定罪处罚体现的是实体正义，严格按照刑事诉讼法的诉讼程序解决被告人的刑事责任体现的是程序正义。实体正义与程序正义缺一不可。

对于刑法而言，刑事诉讼法具有工具价值。也就是说，刑法条款中的内容需要通过刑事诉讼法中

参考答案：①BCD

的程序一步一步变成现实，刑事诉讼法可以成为刑法的工具为其提供程序服务。但是，刑事诉讼法并非仅仅只能成为工具，刑事诉讼法还有自身独特的、独立价值即程序正义。程序正义不依赖于实体正义而存在，但正义如果离开了程序正义，仅有的实体正义也无法实现最终的正义。

为了保障程序正义，应当确立违反法定程序的惩戒后果，对于违反法定诉讼程序严重的行为，应当对实施该违法行为的人员进行惩罚，同时宣告违法的诉讼行为无效即程序性制裁。

在我国，长期存在"重实体、轻程序，重刑法、轻刑诉，重打击、轻保护"的做法，因此，在司法实践中，应当更加重视刑事诉讼法、更加强调程序正义。

本题中，A 项，"分工负责、互相配合、互相制约"原则体现的是公安机关、人民检察院、人民法院三机关在侦查、起诉和审判时应当遵守的相互关系，而非指上下级法院之间的监督制约关系。故而错误。

B 项，二审法院发现一审法院的审理违反法定诉讼程序，裁定撤销原判、发回原审法院重新审判的做法要求严格遵守法定程序。B 正确。

C 项，一审法院的审理违反《刑事诉讼法》关于公开审判、回避等规定属于严重的违反法定程序，应当承担相应法律后果即被发回重审。C 正确。

D 项，违反了公开审判等程序，不一定会影响对被告人定罪量刑的准确性，但程序具有独立价值，只要违反了程序，不论实体是否正确，都需要承担程序性制裁的后果。D 正确。

综上所述，本题选 BCD。

刑事诉讼法的独立价值之一是具有影响刑事实体法实现的功能。下列哪些选项体现了这一功能？（2016－2－64，多选）

A. 被告人与被害人达成刑事和解而被法院量刑时从轻处理

B. 因排除犯罪嫌疑人的口供，检察院作出证据不足不起诉的决定

C. 侦查机关对于已超过追诉期限的案件不予立案

D. 只有被告人一方上诉的案件，二审法院判决时不得对被告人判处重于原判的刑罚

答案（　　　）①

【考点提示】本题考查刑事诉讼法的独立价值，独立价值集中体现于程序对实体的决定或者影响。

【解析】根据司法部《国家司法考试辅导用书》中的观点："刑事诉讼法具有影响刑事实体法实现的功能。依据刑事诉讼法定和正当程序的理念，刑事实体法需要通过法律程序来实施。然而，刑事诉讼法并非实施刑事实体法的被动'服务器'，而是在启动或者终结实施刑事实体法活动方面扮演着十分积极的角色。比如，依照不告不理的原则，如果没有控诉机关或者人员起诉，就不能对现实中的犯罪行为适用刑事实体法；当出现了某些法定情形时，就要结束适用刑事实体法的程序，而不能适用刑事实体法；对同一案件，如果选择不同的刑事程序，适用刑事实体法的结果可能会不同。这些都是刑事诉讼法独立具有而非依赖于刑事实体法的功能。"

本题中，A 项中"被告人与被害人达成刑事和解而被法院量刑时从轻处理"和 D 项中"只有被告人一方上诉的案件，二审法院判决时不得对被告人判处重于原判的刑罚"体现了"对同一案件，如果选择不同的刑事程序，适用刑事实体法的结果可能会不同"。

B 项中"因排除犯罪嫌疑人的口供，检察院作出证据不足不起诉的决定"体现了"当出现了某些法定情形时，就要结束适用刑事实体法的程序，而不能适用刑事实体法"。

参考答案：①ABD

C 项中,超过追诉期限,根据刑事实体法的要求是不再追究刑事责任的,因此刑事诉讼法作出相应的不立案处理,并没有体现出刑事诉讼法影响、制约刑事实体法的独立价值。C 错误。

综上所述,本题应当选 ABD。

考点 2 刑事诉讼法与法治国家

关于“宪法是静态的刑事诉讼法、刑事诉讼法是动态的宪法”,下列哪些选项是正确的?(2014-2-64,多选)

A. 有关刑事诉讼的程序性条款,构成各国宪法中关于人权保障条款的核心

B. 刑事诉讼法关于强制措施的适用权限、条件、程序与辩护等规定,都直接体现了宪法关于公民人身、住宅、财产不受非法逮捕、搜查、扣押以及被告人有权获得辩护等规定的精神

C. 刑事诉讼法规范和限制了国家权力,保障了公民享有宪法规定的基本人权和自由

D. 宪法关于人权保障的条款,都要通过刑事诉讼法保证刑法的实施来实现

答案( )①

【考点提示】 本题考查刑事诉讼法与法治国家的关系,具体考查刑事诉讼法与宪法的关系。宪法是根本大法,刑事诉讼法属于基本法律,但刑事诉讼法也被称为“小宪法”,从而折射出了刑事诉讼法与宪法之间的微妙关系。本题属于重要考查点,考生需要重点掌握宪法与刑事诉讼法的区别与共性。本题未来仍将继续考查。

【解析】 宪法是我国的根本大法,具有最高法律效力和权威。刑事诉讼法也被称为“小宪法”,因为刑事诉讼法与宪法的理念相同,都是规制国家公权力、保障公民私权利。宪法虽然是根本大法,但在司法实践中却不能直接被援引,正是从这个意义上说,宪法是静态的。刑事诉讼法属于基本法律,可以在刑事诉讼过程中被直接引用,是对宪法中相关抽象规定的具体化,因此说是动态的。

A 项,主要法治国家的宪法都有尊重、保障人权的内容,但是,宪法是各国的法治总纲、宗旨、原则,比较抽象,不利于在司法实践中被切实执行。而刑事诉讼法的内容主要体现为程序性条款,通过一步一步的诉讼程序,可以将宪法中的人权保障条款从抽象的法律规定变为可操作性强的司法现实。故,A 正确。

B 项,我国宪法中规定了公民的基本权利,作出了公民人身、住宅、财产不受非法逮捕、搜查、扣押以及被告人有权获得辩护等规定。这些宪法规定在刑事诉讼法中具体体现为关于强制措施的适用权限、条件、程序与辩护等规定。这些刑事诉讼法中的规定应当秉承宪法中相关规定的精神,不得违宪。B 正确。

C 项,刑事诉讼法与宪法的理念相同,都是规制国家公权力、保障公民私权利。因此,“刑事诉讼法规范和限制了国家权力,保障了公民享有宪法规定的基本人权和自由”的表述正确。

D 项,宪法关于人权保障的条款,需要刑事诉讼法来实现、变成现实。譬如,宪法规定了“获得辩护”,但具体怎么获得辩护、谁来保障、如何具体行使权利等都需要刑事诉讼法进行细化规定,不能说“都要通过刑事诉讼法保证刑法的实施来实现”。D 错误。

综上所述,本题正确答案为 ABC。

参考答案:①ABC

考点3 刑事诉讼法的制定目的

关于《刑事诉讼法》"尊重和保障人权，保护公民的人身权利、财产权利、民主权利和其他权利"的规定，下列哪一选项是正确的？（2012－2－22，单选）

A. 体现了以人为本、保障和维护公民基本权利和自由的理念

B. 体现了犯罪嫌疑人、被告人权利至上的理念

C. 体现了实体公正与程序公正并重的理念

D. 体现了公正优先、兼顾效率的理念

答案（　　　）①

【考点提示】本题考查刑事诉讼法的制定目的，根本意义在于考查对人权条款的理解。1996年《刑事诉讼法》没有专门规定人权条款，2012年修正，2013年生效的《刑事诉讼法》在第2条明确规定了"尊重和保障人权"。如何理解"尊重和保障人权"是考试重点，考生需要深入理解人权条款的含义，该考点未来仍将考查。

【解析】《刑事诉讼法》第2条规定："中华人民共和国刑事诉讼法的任务，是保证准确、及时地查明犯罪事实，正确应用法律，惩罚犯罪分子，保障无罪的人不受刑事追究，教育公民自觉遵守法律，积极同犯罪行为作斗争，维护社会主义法制，尊重和保障人权，保护公民的人身权利、财产权利、民主权利和其他权利，保障社会主义建设事业的顺利进行。"

《刑事诉讼法》中引入人权条款对于在刑事诉讼活动中切实保障人权意义重大。

A项，保障人权体现了以人为本、人权至上的精神，有利于保障和维护公民基本权利和自由。A正确。

B项，在刑事诉讼活动中，犯罪嫌疑人、被告人处于被追诉的地位，合法权益容易受到公权机关的侵犯，因此应当得到重点保障。但是，参与到刑事诉讼活动中诉讼参与人并非只有犯罪嫌疑人、被告人，还有证人、鉴定人等，他们的人权也有可能会被侵犯，也应当得到保障。因此，刑事诉讼法中的人权是一种普遍主体的人权，只要是在刑事诉讼活动中出现的诉讼参与人及其他参加人（如旁听人员、见证人等），他们的人权都应当得到平等的保护。故，B中说犯罪嫌疑人、被告人人权至上过于绝对和片面，错误。

CD项，尊重和保障人权没有体现出实体公正与程序公正并重的意思，C错误。尊重和保障人权也没有体现出公正优先、兼顾效率的精神，D错误。需要注意的是，CD选项是真题中惯用的命题陷阱即似是而非、所答非所问。如果孤立地看C和D，实体公正与程序公正并重，公正优先、兼顾效率的表述是正确的。但是，这与尊重和保障人权没有直接联系。举一浅譬，请问下列哪些人是人？A. 黑人是人；B. 黄种人是人；C. 白种人是人；D. 西瓜是甜的。显然，ABC当选，也显然，西瓜是甜的，但却与问题不搭界，故而不选。

综上所述，本题选A。

考点4 刑事诉讼的基本理念

社会主义法治公平正义的实现，应当高度重视程序的约束作用，避免法治活动的任意性和随意化。

参考答案：①A

据此，下列哪一说法是正确的？（2014－2－22，单选）

A. 程序公正是实体公正的保障，只要程序公正就能实现实体公正

B. 刑事程序的公开与透明有助于发挥程序的约束作用

C. 为实现程序的约束作用，违反法定程序收集的证据均应予以排除

D. 对复杂程度不同的案件进行程序上的繁简分流会限制程序的约束作用

答案（　　　）①

【考点提示】本题考查刑事诉讼的基本理念。刑事诉讼的基本理念包括惩罚犯罪与保障人权、实体公正与程序公正、效率与正义。本题则重点考查程序公正中的"程序公开"、"程序性制裁"与"程序分流"。本题难度极高，教材中，程序公开在审判概述一章中，程序性制裁集中体现于二审程序、再审程序，程序分流体现于不起诉制度与简易程序中，但这些都属于程序公正的应有之意。考生不仅需要掌握程序公正的含义，还要对具体的诉讼程序非常熟悉才能做对此题，本题考查的是综合运用理论知识的能力。本题属于重点知识点，未来仍将考查。

【解析】公正在司法领域可以被区分为实体公正和程序公正，实现了实体法（主要指《刑法》）规定的内容即实现了实体公正，实体公正要求结果公正。实现了程序法（主要指《刑事诉讼法》）规定的内容即实现了程序公正，程序公正要求过程公正。二者相辅相成，不可偏废。

A 项，程序公正确实是实体公正的保障，因为实体法中的内容必须通过程序法提供的程序才能变为现实，程序法对于实体法具有工具价值。此外，程序公正也有自己的独立价值，程序公正能够最大限度地保证实体公正的实现，但是，不能说只要程序公正就能实现实体公正，程序公正不能取代实体公正，实体公正与程序公正应当并重，离开了实体公正的程序公正很难被称为最终的公正。故，A 错误。

B 项，程序公开是程序公正的应有之义，程序公开有利于诉讼各方知晓程序的具体设置，有利于对诉讼行为进行预测，有利于增强对诉讼结果的接受程度，最重要的是，有利于对程序进行监督。这是因为，程序公开是进行程序监督的前提，如果程序是隐秘的，公安司法机关如何操作不为民众所知，自然无法对程序进行监督。故，B 正确。

C 项，程序正义要求程序约束，但是，是否违反法定程序收集的证据均应予以排除呢？答案是否定的。根据《刑事诉讼法》的相关规定，在我国，证据可以被区分为合法证据与不合法证据，其中，不合法证据又可以被区分为瑕疵证据和非法证据。可见，瑕疵证据和非法证据都属于违反法定程序收集的证据。根据《刑事诉讼法》关于非法证据排除规则的规定，只有通过非法取证手段、通过侵犯人权的方式获取的非法证据才会被依法排除，而瑕疵证据仅指违反法定程序（如忘了签名、忘了拍照等方式）收集的证据，一般不涉及侵犯人权的非法手段（如刑讯、暴力等方式）。对于瑕疵证据，可以通过补正或者合理解释而被采纳，一般不予以排除。故，C 错误。

D 项，程序分流是指，针对具体案件复杂程度的不同，分别设置和适用繁简程度不同的程序。譬如，审判程序有普通程序与简易程序之分，公诉制度有起诉和不起诉制度之分，等等。程序分流的目的一方面是为了节约司法资源、提高诉讼效率，另一方面也是为了保障诉讼参与人的人权。譬如，适用简易程序是因为案情简单明了，被告人认罪，适用简易程序能够通过快速的审判让被告人尽早摆脱讼累。但适用简易程序并非就会限制程序的约束作用，其一，简易程序有自己的法定适用条件，不是随意适用的；其二，在简易程序中，依然存在控辩双方的对抗，被告人依然需要做最后陈述，如若违反程序依然会被二审法院撤销原判、发回重审，对程序的制约明确而严格。故，D 错误。

参考答案：①B

综上所述,本题正确答案为B。

甲发现自家优质甜瓜常被人夜里偷走,怀疑乙所为。某夜,甲带上荧光恐怖面具,在乙偷瓜时突然怪叫,乙受到惊吓精神失常。甲后悔不已,主动承担乙的治疗费用。公安机关以涉嫌过失致人重伤将甲拘留,乙父母向公安机关表示已谅解甲,希望不追究甲的责任。在公安机关主持下,乙父母与甲签订和解协议,公安机关将案件移送检察院并提出从宽处理建议。下列社会主义法治理念和刑事诉讼理念的概括,哪一选项与本案处理相一致?(2012-2-23,单选)

A. 既要充分发挥司法功能,又要构建多元化的矛盾纠纷化解机制

B. 既要坚持法律面前人人平等,又要考虑对特殊群体区别对待

C. 既要追求公平正义,又要兼顾诉讼效率

D. 既要高度重视程序的约束作用,又不应忽略实体公正

答案(　　)①

【考点提示】本题以一个案例切入,目的在于考查社会主义法治理念与刑事诉讼理念。本题难度较高,它不考查考生的死记硬背能力,而是考查对理论知识的理解能力。纵观近年来的真题,这种题型正逐渐成为理论型考题的主要考查方式。考生在复习类似理论知识点时,不能仅仅局限于背过(识其形),还要对相关理论进行剖析和品味(通其意),并做到举一反三、活学活用。本考点在未来仍会考查。

【解析】刑事和解是指在刑事诉讼过程中,通过调停人或其他组织使被害人与犯罪嫌疑人、被告人直接沟通、共同协商,双方达成民事赔偿和解协议后,司法机关根据案件的具体情况对犯罪嫌疑人、被告人不再追究刑事责任或从轻减轻刑事责任的诉讼活动。

在自诉案件中,自诉人与被告人可以和解。在公诉案件中,《刑事诉讼法》第5编第2章第277~279条对刑事和解的公诉案件诉讼程序进行了专门规定。和解的目的在于化解社会矛盾,修复被破坏的社会关系,保障被害人及犯罪嫌疑人、被告人的合法权益。这是诉讼途径之外的另一种解决社会矛盾的纠纷化解机制。

A项,公诉案件的和解程序属于特别程序,不需要经过公诉、审判程序,属于正式的诉讼程序之外的一种矛盾纠纷化解机制。A正确。

B项,刑事诉讼中的特殊人群一般指的是未成年人、精神病人、怀孕或者哺乳期的妇女等,本案中没有涉及特殊群体。B错误。

C项,和解没有直接体现出公正和效率的关系。C错误。

D项,和解没有直接体现出实体和程序的关系。D错误。

综上所述,本题答案为A。

李某系富家子弟,王某系下岗职工子女,二人共同伤害(轻伤)被害人张某。在侦查过程中,公安机关鉴于二人犯罪情节较轻且认罪态度较好,决定取保候审,对李某采取了保证金的保证方式,由于王某经济困难,对其采取了保证人的保证方式。公安机关的做法,体现了社会主义法治理念的下列哪一要求?(2011-2-21,单选)

A. 实体公正　　B. 追求效率

C. 执法为民　　D. 公平正义

答案(　　)②

参考答案:①A　②D

【考点提示】本题考查社会主义法治理念。近年来,社会主义法治理念的考题不仅出现于卷一或者卷四,由于各部门法都应当秉持和贯彻社会主义法治理念,每一部门法开始的前几道题目基本会和社会主义法治理念相关,刑事诉讼法的考题也不例外。不过,社会主义法治理念在刑事诉讼法中一般会具体体现为刑事诉讼的基本理念,两者是相通的。考生需要掌握社会主义法治理念与刑事诉讼基本理念中相通的部分。本考点是重点知识点,未来仍会考查。

【解析】公平正义是社会主义法治的价值追求,是一个历史性范畴。社会主义法治理念所追求的公平正义,体现了人类文明、理性与中国国情的高度统一,体现了个体特殊利益与社会整体利益的高度统一,体现了社会价值追求过程中理想与现实的高度统一。公平正义是我国社会主义各项事业的价值基础。

坚持公平正义的基本原则就要坚持:

1. 坚持法律面前人人平等原则;
2. 坚持以事实为根据,以法律为准绳的原则;
3. 坚持不偏不倚、不枉不纵、秉公执法原则。

在司法实践中,首先,正确处理法理与情理的关系。具言之,需要注重法理与情理的相互统一,用法理为情理提供正当性支持,以情理强化法理施行的社会效果。既要遵循法律、法规的相关规定,也要参考其他社会规范,同时适当考虑人民群众的普遍性情感,既要维护执法的严肃性,又要考虑社会现实状况和人民群众的接受程度;妥善、恰当地解决法治实践中可能存在的局部性、个别性的"合理不合法"或"合法不合理"的问题,在不违反法律基本原则,不损害法律权威的前提下,能动地运用法律技术和法律手段,兼顾法理与情理的要求,寻求相关利益的平衡与妥协,使这类特殊问题的解决更趋于实质上的公正。

其次,正确处理程序与实体的关系。一方面,应当高度重视程序的约束作用,严格遵守法定程序,切实保证程序的公正;另一方面,不应极端化地强调程序而忽略实体上的公正,反对那种"只要程序公正,实体则必然公正"以及"只要程序正确,实体则可以在所不问"观念和做法。

再次,正确处理公正与效率的关系。公正与效率是社会主义法治实践活动所追求的共同目标。实现公平正义,必须同时兼顾公正与效率。一方面,不能为片面追求效率而损伤实质公正;另一方面又必须看到,公平正义的实现,离不开法治活动效率的不断提高。

第四,正确处理普遍与特殊的关系、普遍的法律和特殊的国情之间的关系。在法律制定及其适用中,对特殊地域以及特殊群体或个体作出必要的区别化对待,特别是为不发达地区、困难群体或个体提供更多的发展机遇,给予更为完善的法律保护。

最后,正确处理司法与其他社会纠纷解决手段的关系。司法是解决社会纠纷、保证公平正义的最后一道防线,要正确处理司法与其他社会纠纷解决手段的关系,在社会矛盾和纠纷的解决中,恰当地发挥司法的功能,克服过度依赖司法、过多依靠裁判的偏向,把有限的司法资源运用于维护和实现公平正义的关键环节,广泛调动各种社会力量,构建多元化的社会矛盾纠纷化解机制,运用多方面社会资源解决矛盾和纠纷。

本案中,李某系富家子弟,王某系下岗职工子女,公安机关对李某采取了保证金的取保候审措施,对王某采取了保证人的取保候审措施,充分体现了"法律面前人人平等的要求",不论贫富,均应依法办案。同时,还充分体现了"正确处理普遍与特殊的关系"的要求。在我国,取保候审一般都是采取保证金保证的方式,但这并不意味着对特定的犯罪嫌疑人不能采取保证人保证方式,采取什么样的保证措施关键要看犯罪嫌疑人的人身危险性和经济状况。最后,还充分体现了"正确处理法理与情理的关系"的要求。对于李某,由于其是下岗职工子女,经济条件较差,故酌情对其采取保证人保证的方式。综上,本案充分体现了社会主义法治理念中的公平正义要求。本题答案为D。

考点5 刑事诉讼价值

关于刑事诉讼的秩序价值的表述,下列哪些选项是正确的?(2012-2-64,多选)

A. 通过惩罚犯罪维护社会秩序

B. 追究犯罪的活动必须是有序的

C. 刑事司法权的行使,必须受到刑事程序的规范

D. 效率越高,越有利于秩序的实现

答案(　　)①

【考点提示】本题考查刑事诉讼的价值。刑事诉讼最重要的价值包括秩序、公正、效益,此外还有平等、安全等。考生应当把握每一种价值的基本含义及相互关系。该知识点属于重点考查点,未来对于该知识点的考查仍将继续。

【解析】刑事诉讼价值是指刑事诉讼立法及其实施对国家、社会及其一般成员具有的效用和意义。刑事诉讼价值主要包括秩序、公正、效益等。

秩序价值:(1)通过惩治犯罪,维护社会秩序;(2)惩治犯罪活动的本身应当是有序的;(3)应当严格依刑事程序法办事。简单地说,也就是社会秩序、本身有序和法定程序。

公正价值:诸价值的核心,包括实体公正和程序公正。

效益价值:注意效益与效率的区别,刑事诉讼效益既包括效率,还包括刑事诉讼对推动社会经济发展方面的效益。

三大价值之间的关系:三者相互依存,相互作用。片面地只追求三大价值中任一价值都会造成诉讼不公和冤狱。

三大价值是通过刑事诉讼法的制定和实施来实现的,只要严格执行刑事诉讼法,就可以实现秩序、公正和效益,这就是刑事诉讼法自身的独立价值,不需要依赖于刑法而实现。同时,刑事诉讼法也具有保障刑法正确实施的功能,这是刑事诉讼法的工具价值。

本题考查三大价值中的秩序价值。其中,"A. 通过惩罚犯罪维护社会秩序"体现了社会秩序,"B. 追究犯罪的活动必须是有序的"体现了本身有序,"C. 刑事司法权的行使,必须受到刑事程序的规范"体现了法定程序。ABC正确。

D项,并非效率越高就会越有秩序,相反,效率过高可能会使秩序乱套。D错误。

综上所述,本题答案为ABC。

关于刑事诉讼价值的理解,下列哪一选项是错误的?(2015-2-22,单选)

A. 公正在刑事诉讼价值中居于核心的地位

B. 通过刑事程序规范国家刑事司法权的行使,是秩序价值的重要内容

C. 效益价值属刑事诉讼法的工具价值,而不属刑事诉讼法的独立价值

D. 适用强制措施遵循比例原则是公正价值的应有之义

答案(　　)②

参考答案:①ABC　②C

【考点提示】本题综合考查刑事诉讼价值。

【解析】刑事诉讼三大价值分别是秩序、公正和效益，其中，公正价值是核心价值。A 正确。

秩序价值强调维护社会秩序和追究犯罪活动本身有序。其中，"通过刑事程序规范国家刑事司法权的行使"体现了追究犯罪的活动本身有序的要求。B 正确。

刑事诉讼的秩序、公正、效益价值既体现刑事诉讼法的工具价值，也体现刑事诉讼法的独立价值。C 错误。

公正价值中的公正，可以被区分为实体公正与程序公正，程序公正强调强制措施的适用应当适度。D 正确。

综上所述，本题应当选 C。

考点6　刑事诉讼目的

在刑事司法实践中坚持不偏不倚、不枉不纵、秉公执法原则，反映了我国刑事诉讼"惩罚犯罪与保障人权并重"的理论观点。如果有观点认为"司法机关注重发现案件真相的立足点是防止无辜者被错误定罪"，该观点属于下列哪一种学说？（2013－2－22，单选）

A. 正当程序主义

B. 形式真实发现主义

C. 积极实体真实主义

D. 消极实体真实主义

答案（　　　）①

【考点提示】本题考查刑事诉讼目的，需要注意的是，刑事诉讼目的不等于刑事诉讼法的制定目的，刑事诉讼法的制定目的指的是《刑事诉讼法》第 2 条规定的人权条款。本题难度较高，需要考生深入把握刑事诉讼目的的理论分类即犯罪控制模式与正当程序模式、家庭模式、实体真实主义与正当程序主义。本题考点系重难考点，未来仍会考查。

【解析】关于刑事诉讼目的的理论分类，主要包括以下三种学说：

（1）犯罪控制模式与正当程序模式，犯罪控制模式价值体系的理论基点是：控制犯罪绝对为刑事诉讼程序最主要的机能，刑事程序运作的方式与取向，应循此"控制犯罪"之目标进行。该模式的基本价值理念是：刑事诉讼以惩罚犯罪的"效率"为目标与评价标准。一个能以有限的资源处理数量庞大的案件并提高逮捕与有罪判决率的刑事程序，才是符合犯罪控制模式的成功程序。与犯罪控制模式对立的是正当程序模式，该模式的理论基础是自然法的学说，认为人类拥有某些与生俱来的基本权利，如果统治者侵犯了这些权利，人民将不信任政府，并撤回授予统治者的权力。因此，该模式主张刑事诉讼目的不单是发现实体真实，更重要的是以公平与合乎正义的程序来保护被告人的人权。

（2）家庭模式。犯罪控制模式与正当程序模式的划分，受到了一些学者的批评。主要是认为该模式划分是基于"国家与个人间为敌对关系"，并以"整个刑事程序自始至终为一项战争"为出发点的。因此，两个对立模式实为一项"战争模式"或"争斗模式"。对此，有学者提出了刑事程序的第三种模式即家庭模式。该模式以家庭中父母与子女关系为喻，强调国家与个人间的和谐关系，并以此为出发点，

参考答案：①D

提出解决问题的途径。

(3)实体真实主义与正当程序主义。正当程序主义,正当程序的目的观认为,刑事诉讼目的在于维护正当程序。刑事诉讼是将真实设定为诉讼程序之外的客观实在,并谋求通过诉讼程序内的活动来接近它。刑事诉讼所追求的,是在所给定的程序范围内,竭尽人之所能,将以此认定的事实视作真实。实体真实主义,其可分为积极实体真实主义和消极实体真实主义。积极实体真实主义,是指凡是出现了犯罪,就应当毫无遗漏地加以发现、认定并予以处罚;为不使一个犯罪人逃脱,刑事程序以发现真相为要。消极实体真实主义,是指将发现真实与保障无辜相联系的目的观,认为刑事诉讼目的在于发现实体真实,本身应包含力求避免处罚无罪者的意思,而不单纯是无遗漏地处罚任何一个犯罪者。

本题中,"司法机关注重发现案件真相的立足点是防止无辜者被错误定罪"所表达的意思是:(1)司法机关应当注重发现案件真相,正确地惩罚犯罪,准确地定罪量刑;(2)司法机关也应当力求保障无辜,不能对无罪者错误定罪。根据上述对刑事诉讼目的理论分类的介绍可以看出,这一表达体现了消极实体真实主义的思想。故D项正确,ABC项错误。

综上所述,本题选D。

考点7　刑事诉讼构造

在刑事诉讼中,法官消极中立,通过当事人举证、辩论发现事实真相,并由当事人推动诉讼进程。这种诉讼构造属于下列哪一种类型?(2013-2-23,单选)

A. 职权主义

B. 当事人主义

C. 纠问主义

D. 混合主义

答案(　　　)①

【考点提示】本题考查刑事诉讼构造,属于传统的重点考查点。考生需要深入掌握英美法系国家适用的当事人主义诉讼构造、大陆法系国家适用的职权主义诉讼构造以及日本、意大利等国家适用的混合式诉讼构造。本题知识点在未来仍会考查。

【解析】在奴隶制后期和封建制前期,刑事诉讼活动中曾存在纠问主义与弹劾主义两种诉讼构造或者审判模式。

纠问主义的主要特点是:(1)审判官集侦查、控诉、审判职能于一身。(2)侦查和审判秘密进行。(3)被告人只是诉讼客体,没有诉讼权利。(4)被告人口供为最佳证据,刑讯逼供合法。

弹劾主义的基本特征是:(1)遵循"不告不理"原则。(2)案件由被害人起诉,法院受理。(3)当事人双方地位平等。法官不主动追究犯罪。(4)审判实行公开原则、言词辩论原则和陪审原则。

在现代社会,世界上主要有三种诉讼构造或者审判模式:职权主义、当事人主义和混合主义。

职权主义审判模式,又称审问式审判模式,是指法官居于主导和控制地位,而限制控辩双方积极性的审判模式。职权主义审判模式有三个特征:(1)法官居于中心地位,主导法庭审理的进行。法官不仅仅是一个裁判者,而且是一个积极的事实调查者。为了查明案件事实,法官有权而且有责任积极地行

参考答案:①B

使调查权和审判指挥权。法官的中心地位和主导作用主要表现在三个方面:①公诉机关向法院提起诉讼时向法院随案移送案件的卷宗材料,以便法官开庭前对案件事实有所了解和制定庭审计划;②可以主动询问证人、鉴定人,主动出示并核实证据;③案件的审理范围、审理方式、证人出庭、进程安排等均由法官决定。(2)控辩双方的积极性受到抑制,处于消极被动的地位。检察机关将案卷材料和证据移送给法院以后,检察官出庭支持公诉只是当庭陈述公诉主张,并不需要主动向辩方出击。控辩双方需要向诉讼参与人发问或出示某项证据,必须在法官讯问和示证结束之后,而且要先征得法官的同意。在整个事实与证据调查过程中,控辩双方都处在被动、辅助、补充的地位。(3)法官掌握程序控制权。在审判程序中,控辩双方不仅要遵守法律规则,也要服从法官的安排和指挥。庭审通常按法官事先制定的计划进行,而法官如果认为有必要,则又可临时改变事先确定的案件事实和证据的调查范围。而控方或辩方试图调取新的证据、提供新的证人出庭或重新勘验、鉴定等,都只能向法官提出申请,法官有权依法拒绝申请。

当事人主义审判模式,又称对抗制审判模式、抗辩式审判模式,是指法官(陪审团)居于中立且被动的裁判者地位,法庭审判的进行由控方的举证和辩方的反驳共同推动和控制的一种审判模式。当事人主义审判模式有三个基本特征:(1)法官消极中立。法官对于案件事实的调查持消极态度即不主动查明案件事实。(2)控辩双方积极主动和平等对抗。(3)控辩双方共同控制法庭审理的进程。

混合主义审判模式,融合了当事人主义审判模式和职权主义审判模式的长处,既重视法官的审判指挥和裁决功能,又重视控辩双方的积极对抗。

请考生尤其重点掌握现代社会世界上主要的三种诉讼构造或者审判模式:当事人主义、职权主义、混合主义。

本题中,“法官消极中立,通过当事人举证、辩论发现事实真相,并由当事人推动诉讼进程”应当属于当事人主义的特点。

综上所述,本题应当选B。

关于刑事诉讼构造,下列哪一选项是正确的?(2014-2-24,单选)

A. 刑事诉讼价值观决定了刑事诉讼构造

B. 混合式诉讼构造是当事人主义吸收职权主义的因素形成的

C. 职权主义诉讼构造适用于实体真实的诉讼目的

D. 当事人主义诉讼构造与控制犯罪是矛盾的

答案(　　)①

【考点提示】 本题考查刑事诉讼构造的理解与应用。与上一道“(13-2-23,单选)”相比,本题更难。本题不仅需要考生掌握当事人主义、职权主义和混合主义的含义,还需要考生深入理解各种诉讼构造之间的相互关系。本题属于典型的重难考点,未来仍会考查。

【解析】 诉讼构造,也被称为诉讼结构、诉讼模式,指的是刑事诉讼三种职能(控诉、辩护、审判)之间的地位和相互作用。当今世界上主要的诉讼构造有当事人主义、职权主义和混合主义三种。

A项,刑事诉讼价值是指刑事诉讼立法及其实施对国家、社会及其一般成员具有的效用和意义。刑事诉讼价值包括秩序、公正、效益等。对于价值的追求不同不会直接关系到刑事诉讼构造,刑事诉讼构造主要和诉讼目的相关。通常来说,刑事诉讼结构由刑事诉讼目的决定,一个国家制定刑事诉讼法的目的如何,就会采取相应的诉讼结构,至于一个国家持何诉讼目的,又会受到当时对诉讼价值认识的

参考答案:①C

影响。也就是说,一国对诉讼价值(秩序、公正、效益等)的认识程度和水平决定一国制定刑事诉讼法的目的(根本目的、直接目的),再决定一国采取什么样的诉讼结构。简言之,“价值”影响“目的”,“目的”决定“构造”。而不能说“价值”直接决定“构造”。故,A错误。

B项,采用混合式诉讼构造的国家以日本和意大利为代表。日本明治维新以后的刑事诉讼法受法国和德国影响较大,诉讼构造属职权主义。“二战”后,日本法制受到美国法律制度的影响。从1948年重新制定刑事诉讼法开始至20世纪50年代末,日本的刑事诉讼构造完成了从以职权主义为主到以当事人主义为主的转型,但又与美国刑事诉讼构造不完全相同而形成了自己的特色。一方面,日本坚持被告人享有沉默权,实行起诉状一本主义,法官在庭审前不得接触控方除起诉状以外的案卷证据,证据由控辩双方当庭提出,证人主要由双方传唤和当庭询问,法庭调查实行交叉询问程序,这些都是当事人诉讼构造的内容;另一方面,法官仍然主导审判程序并在事实与证据调查中起着积极的作用,不实行陪审团制。为了查明事实真相,法官可以依职权自行扩大证据调查范围,主动调查并提出证据,有权询问证人、鉴定人,有权对控辩双方提出的调查证据的请求进行审查并有权不予准许。意大利的刑事诉讼原属职权主义模式,“二战”后意大利的刑事司法制度不断改革,特别是于1988年修改刑事诉讼法,大量吸收英美法系当事人主义审判模式的内容。

可见,混合式诉讼构造应当是职权主义吸收当事人主义的因素形成,而非当事人主义吸收职权主义因素形成的。B错误。

C项,在适用职权主义诉讼构造的国家,由法官主持和推进庭审,认为法官是法律专家,能够最大限度地依据自己的专业、理性、良心作出公正的判决,正确地打击犯罪,以追求惩罚犯罪和实体真实为目的。在适用当事人主义诉讼构造的国家,由陪审团裁判,陪审团对法官进行制约,由控辩双方主导庭审,这是为了程序正义及制衡公权,以保障人权和追寻正当程序为目的。故C项说“职权主义诉讼构造适用于实体真实的诉讼目的”,表述正确。

D项,无论当事人主义诉讼构造还是职权主义诉讼构造,都追寻惩罚犯罪和保障人权,都赞同实体真实与程序正义。只不过,当事人主义诉讼构造更加倾向于保障人权和程序正义,职权主义诉讼构造更加倾向于惩罚犯罪和实体真实。不能说当事人主义诉讼构造与控制犯罪就是矛盾的。试想,在奉行当事人主义的美国,就只保障人权,不打击犯罪了?显然不对,D错误。

综上所述,本题选C。

《中共中央关于全面深化改革若干重大问题的决定》提出“让审理者裁判、由裁判者负责”。结合刑事诉讼基本原理,关于这一表述的理解,下列哪一选项是正确的?(2016-2-22,单选)

A. 体现了我国刑事诉讼职能的进一步细化与完善

B. 体现了刑事诉讼直接原则的要求

C. 体现了刑事审判的程序性特征

D. 体现了刑事审判控辩式庭审方式改革的方向

答案(　　　)①

【考点提示】本题难度很高,综合考查刑事诉讼职能、审判原则、审判模式和审判中心主义。

【解析】本题考查对“让审理者裁判、由裁判者负责”的理解。“让审理者裁判、由裁判者负责”体现了法官的职权,突出审理者直接参与审判,对于审判的结果,裁判者应当保障其正确性,未来如果发现裁判有误,裁判者应当承担相应的法律责任。可见,裁判者直接参与审判并做判决是这句话的核

参考答案:①B

心思想。

A 项,我国的刑事诉讼职能有三:控诉、辩护、审判即控辩审。可见,刑事诉讼职能强调控辩审三方之间的关系,而题目中主要提到法官的作用,文意与刑事诉讼职能并不贴近。A 错误。

B 项,刑事审判原则包含四项:审判公开原则、直接言词原则、辩论原则和集中审理原则。其中,直接言词原则包括直接原则和言词原则两项原则,理论上合称为直接言词原则。直接原则,是指法官必须与诉讼当事人和诉讼参与人直接接触,直接审查案件事实材料和证据。直接原则可以被区分为:(1)直接审理原则。庭审中,法官、公诉人、诉讼参与人应当在场,除法律另有规定,这些人不在场的审判无效。(2)直接采证原则。法官必须亲自、当庭调查证据,不得以书面审查方式采信证据。言词原则,是指法庭审理须以口头陈述的方式进行。除非法律有特别规定,凡是未经口头调查之证据,不得作为定案的依据采纳。可见,本题中涉及的"让审理者裁判、由裁判者负责",集中体现了直接原则的思想。B 正确。

C 项,刑事审判具有程序性,要求刑事审判必须严格依照法定的诉讼程序进行。但本题中,"让审理者裁判、由裁判者负责"强调审判者直接参与审理、对审判结果负责,但没有直接体现出严格依据程序办事的意思。C 错误。

D 项,当今世界有三大主要诉讼构造(审判模式),当事人主义、职权主义和混合式。1979 年,我国制定了新中国第一部《刑事诉讼法》,当时的诉讼构造(审判模式)被学者称为超职权主义,法官职权过于突出,控辩双方的对抗不够充分。1997 年,《刑事诉讼法》第一次修改后,我国吸收了一些当事人主义的合理因素,但仍被学者称为强职权主义诉讼构造。2012 年,现行《刑事诉讼法》又进一步吸收了当事人主义的合理因素,削弱法官的职权主义特色,强调控辩双方的平等对抗,现行《刑事诉讼法》被学者称之为控辩式审判模式。可见,控辩式审判模式的核心在于突出控辩双方的积极、平等对抗,而非法官的审判与负责。D 错误。

综上所述,本题应当选 B。

考题拓展

下列关于刑事诉讼中程序公正含义的表述哪一项不正确?(2005－2－21,单选)

A. 诉讼参与人对诉讼能充分有效地参与

B. 程序违法能得到救济

C. 刑事诉讼程序能得到遵守

D. 刑事诉讼判决结果符合事实真相

答案(　　　)①

【解析】 在刑事司法领域,诉讼公正包含实体公正与程序公正两个方面。

实体公正即结果公正,具体要求有:(1)据以定罪量刑的犯罪事实应当证据确实充分;(2)正确适用刑法,准确认定犯罪嫌疑人是否犯罪及其罪名;(3)按照罪行相适应原则,依法适度判定刑罚;(4)对于错误处理的案件,采取救济方法纠正、补偿。

程序公正即过程公正,具体要求有:(1)严格遵守刑事诉讼法的规定;(2)认真保障当事人和其他诉讼参与人,特别是犯罪嫌疑人、被告人和被害人的诉讼权利;(3)严禁刑讯逼供和以其他非法手段取证;(4)司法机关依法独立行使职权;(5)保障诉讼程序的公开性和透明度;(6)依法定期限办案、结案。

可见,A 项所说的"参与",B 项所说的"程序违法",C 项所说的"程序……遵守"都属于程序公正。而 D 项所说"结果"、"事实"应当属于实体公正。

综上所述,本题选 D。

参考答案:①D

专题二 刑事诉讼法的基本原则

点评：

本章属于司法考试重点专题。本专题共包含基本原则十余个：侦查权、检察权、审判权由专门机关依法行使；严格遵守法律程序；人民法院、人民检察院依法独立行使职权；分工负责，相互配合，相互制约；人民检察院依法对刑事诉讼实行法律监督；各民族公民有权使用本民族语言文字进行诉讼；犯罪嫌疑人、被告人有权获得辩护；未经人民法院依法判决，对任何人都不得确定有罪；具有法定情形不予追究刑事责任；追究外国人刑事责任适用我国刑事诉讼法。

上述原则并非同等重要，最重要的原则主要有：人民法院、人民检察院依法独立行使职权；未经人民法院依法判决，对任何人都不得确定有罪；具有法定情形不予追究刑事责任。

和“专题一”相比，本专题体现出了集合理论与法条的双重特点，是近年来真题青睐的考查点，考生需要掌握各个基本原则的基本含义、法条规定及理论根基。

考点1 刑事诉讼基本原则概述

关于刑事诉讼基本原则，下列哪些说法是正确的？（2014－2－65，多选）

A. 体现刑事诉讼基本规律，有着深厚的法律理论基础和丰富的思想内涵

B. 既可由法律条文明确表述，也可体现于刑事诉讼法的指导思想、目的、任务、具体制度和程序之中

C. 既包括一般性原则，也包括独有原则

D. 与规定具体制度、程序的规范不同，基本原则不具有法律约束力，只具有倡导性、指引性

答案（　　）①

【考点提示】本题考查刑事诉讼法基本原则的概述，具体考查刑事诉讼法基本原则的特点。本题虽然属于理论考题，但难度不高，需要考生掌握基本原则的主要特点。本题考点在未来仍会出题，但难度不会大。

【解析】刑事诉讼法的基本原则，是指反映刑事诉讼理念和目的的要求，贯穿于刑事诉讼全过程或者主要诉讼阶段，对刑事诉讼过程具有普遍或者重大指导意义和规范作用，为国家专门机关和诉讼参与人参与刑事诉讼必须遵循的基本行为准则。简单地说，刑事诉讼法基本原则的特点包括：（一）体现刑事诉讼活动的基本规律；（二）由《刑事诉讼法》明确规定；（三）一般贯穿于刑事诉讼全过程；（四）具有法律约束力。

A项，刑事诉讼法基本原则是对司法实践经验的总结和归纳，体现刑事诉讼活动基本规律。同时，

参考答案：①ABC

各项基本原则均蕴含着深厚的法学理论基础，也是法学学者多年科研成果的总结和结晶。A 正确。

BC 项，我国刑事诉讼法的基本原则包括：侦查权、检察权、审判权由专门机关依法行使；严格遵守法律程序；人民法院、人民检察院依法独立行使职权；分工负责，相互配合，相互制约；人民检察院依法对刑事诉讼实行法律监督；各民族公民有权使用本民族语言文字进行诉讼；犯罪嫌疑人、被告人有权获得辩护；审判公开；未经人民法院依法判决，对任何人都不得确定有罪；具有法定情形不予追究刑事责任；追究外国人刑事责任适用我国《刑事诉讼法》。

在这些原则中，"各民族公民有权使用本民族语言文字进行诉讼"原则就是由《刑事诉讼法》第 9 条明确规定，而"分工负责，相互配合，相互制约"原则不仅是一种处理公安机关、人民检察院和人民法院三机关相互关系的指导思想，而且在《刑事诉讼法》中的具体程序中如侦查、起诉、审判程序中，都通过具体程序体现了分工负责，相互配合，相互制约的基本精神和要求。B 正确。

在上述这些基本原则中，有些原则不仅刑事诉讼法中有，民事诉讼法、行政诉讼法中也有，譬如"严格遵守法律程序"原则，"审判公开"原则等。有些原则则是刑事诉讼法所特有，譬如"犯罪嫌疑人、被告人有权获得辩护"原则，"未经人民法院依法判决，对任何人都不得确定有罪"等。故，C 正确。

D 项，前文已述，刑事诉讼法基本原则的重要特点之一就是"具有法律约束力"，与刑事诉讼法的一般规定相比，基本原则只不过是高度抽象、比较笼统，但它仍然是法律，仍然具有法律效力。D 错误。

综上所述，本题应选 ABC。

考点 2　人民法院专属定罪权原则

社会主义法治的公平正义，要通过法治的一系列基本原则加以体现。"未经法院依法判决，对任何人都不得确定有罪"是《刑事诉讼法》确立的一项基本原则。关于这一原则，下列哪些说法是正确的? (2013－2－64，多选)

A. 明确了定罪权的专属性，法院以外任何机关、团体和个人都无权行使这一权力

B. 确定被告人有罪需要严格依照法定程序进行

C. 表明我国刑事诉讼法已经全面认同和确立无罪推定原则

D. 按照该规定，可以得出疑罪从无的结论

答案（　　）①

【考点提示】 本题考查人民法院专属定罪权原则。核心考点是考查"该原则不等于无罪推定原则"以及"无罪推定不等于疑罪从无"。本题难度较高，需要考生掌握无罪推定与疑罪从无的确切含义。类似题目还会考查。

【解析】 AB 项，《刑事诉讼法》第 12 条规定："未经人民法院依法判决，对任何人都不得确定有罪。"

该原则包括以下含义：

（一）明确规定了确定被告人有罪的权力由人民法院统一行使，其他任何机关、团体和个人都无权行使。定罪权是刑事审判权的核心，人民法院作为我国唯一的审判机关，代表国家统一独立行使刑事审判权。

参考答案：①AB

(二)人民法院判决被告人有罪,必须严格依照法定程序,在保障被告人享有充分的辩护权的基础上,依法组成审判庭进行公正、公开的审理。

故,AB 正确。

C 项,《刑事诉讼法》第 12 条被称为人民法院专属定罪权原则,其他任何机关、团体、个人都无此权力。该原则体现了无罪推定的精神,但并不意味着我国确立了无罪推定原则。因为在我国司法实践中,仍然存在一些有罪推定的做法。C 错误。

D 项,"疑罪从无"是人民法院在对被告人定罪时需要把握的司法原则,与"疑罪从无"相对的是"疑罪从有"或"疑罪从挂","疑罪从无"与人民法院享有排他的定罪权没有关系。我们可以说,从无罪推定原则可以推导出疑罪从无的精神或者理念,但说从人民法院专属定罪权原则可以得出疑罪从无的结论略显牵强。故 D 项错误。

综上所述,本题应当选 AB。

考点 3　程序法定原则

关于程序法定,下列哪些说法是正确的?(2015 - 2 - 64,多选)

A. 程序法定要求法律预先规定刑事诉讼程序

B. 程序法定是大陆法系国家法定原则的重要内容之一

C. 英美国家实行判例制度而不实行程序法定

D. 以法律为准绳意味着我国实行程序法定

答案(　　　)①

【考点提示】 本题考查程序法定原则。

【解析】 A 项,程序法定原则既是一项立法原则,也是一项司法原则。作为立法原则,程序法定原则要求法律预先规定刑事诉讼程序即有法可依。A 正确。

B 项,在大陆法系国家,法定原则可以被区分为罪刑法定原则与程序法定原则。B 正确。

C 项,在英美法系国家,刑事程序法定原则具体体现为正当程序原则。可见,英美法系国家也实行程序法定原则。C 错误。

D 项,程序法定原则既是一项立法原则,也是一项司法原则。作为司法原则,程序法定原则要求刑事诉讼活动应当依据国家法律规定的刑事诉讼程序来进行,即有法必依、司法必严,也就是说,应当以法律为准绳。D 正确。

综上所述,本题应当选 ABD。

考点 4　犯罪嫌疑人、被告人有权获得辩护原则

关于犯罪嫌疑人、被告人有权获得辩护原则,下列哪些说法是正确的?(2011 - 2 - 64,多选)

A. 在任何情况下,对任何犯罪嫌疑人、被告人都不得以任何理由限制或者剥夺其辩护权

参考答案:①ABD

B. 辩护权是犯罪嫌疑人、被告人最基本的诉讼权利，有关机关应当为每个犯罪嫌疑人、被告人免费提供律师帮助

C. 为保障辩护权，任何机关都有为犯罪嫌疑人、被告人提供辩护帮助的义务

D. 辩护不应当仅是形式上的，而且应当是实质意义上的

答案(　　　)①

【考点提示】本题考查辩护权原则，需要注意的是，ABCD 选项中的表述基本上就是教材中的原话，这提醒大家，关于涉及基本制度和基本理论的知识点，请严格按照教材进行记忆，不少类似的真题选项都是直接照搬了教材中的内容。

【解析】A 项，辩护权是犯罪嫌疑人、被告人用于对抗刑事指控最有力、最基本的武器。如果犯罪嫌疑人、被告人的辩护权被剥夺，控辩双方的力量对比将会彻底失衡。强大的公权力失去制约后会有滥用的风险，难免不出现冤错案件，违背司法公正。因此，对于犯罪嫌疑人、被告人的辩护权不得进行任何形式的剥夺和限制。A 正确。

B 项，为犯罪嫌疑人、被告人提供免费律师帮助属于法律援助。根据现行《刑事诉讼法》第 34 条的规定，犯罪嫌疑人、被告人因经济困难或者其他原因没有委托辩护人的，本人及其近亲属可以向法律援助机构提出申请。对符合法律援助条件的，法律援助机构应当指派律师为其提供辩护。

犯罪嫌疑人、被告人是盲、聋、哑人，或者是尚未完全丧失辨认或者控制自己行为能力的精神病人，没有委托辩护人的，人民法院、人民检察院和公安机关应当通知法律援助机构指派律师为其提供辩护。

犯罪嫌疑人、被告人可能被判处无期徒刑、死刑，没有委托辩护人的，人民法院、人民检察院和公安机关应当通知法律援助机构指派律师为其提供辩护。

《刑事诉讼法》第 267 条规定，未成年犯罪嫌疑人、被告人没有委托辩护人的，人民法院、人民检察院、公安机关应当通知法律援助机构指派律师为其提供辩护。

可见，根据上述《刑事诉讼法》的规定，并非对任何犯罪嫌疑人、被告人都提供免费法律援助，应当提供法律援助的主体包括：(1) 经济困难，经过申请，符合法援条件的犯罪嫌疑人、被告人；(2) 盲、聋、哑的犯罪嫌疑人、被告人；(3) 精神病的犯罪嫌疑人、被告人；(4) 无期、死刑的犯罪嫌疑人、被告人；(5) 未成年的犯罪嫌疑人、被告人。故，B 错误。

C 项，对于因经济困难没有委托辩护人的犯罪嫌疑人、被告人，只能靠其自己或者近亲属向法律援助机构提出申请，并非任何机关都有义务负责提供法律援助。对于“盲聋哑、精神病、无期死刑、未成年”的法律援助，也只有公安机会、人民检察院、人民法院有职责为犯罪嫌疑人、被告人通知法律援助，其他机关没有该职责。故，C 错误。

D 项，我国不能仅在立法及司法解释中规定保障辩护权实现的若干条文，还应当在司法实践中切实保护犯罪嫌疑人、被告人及辩护人的辩护权，严格依法办事，杜绝有法不依、变相剥夺、限制辩护权的做法，这是有效辩护原则的要求。D 正确。

综上所述，本题答案为 AD。

参考答案：①AD

考点5 保障诉讼参与人诉讼权利原则

关于保障诉讼参与人的诉讼权利原则，下列哪些选项是正确的？（2016－2－65，多选）

A. 是对《宪法》和《刑事诉讼法》尊重和保障人权的具体化

B. 保障诉讼参与人的诉讼权利，核心在于保护犯罪嫌疑人、被告人的辩护权

C. 要求诉讼参与人在享有诉讼权利的同时，还应承担法律规定的诉讼义务

D. 保障受犯罪侵害的人的起诉权和上诉权，是这一原则的重要内容

答案（　　）①

【考点】本题考查保障诉讼参与人诉讼权利理论。

【解析】A项，2004年，我国宪法修改时，第一次引入"国家尊重和保障人权"的规定。1996年《刑事诉讼法》中没有专门规定"尊重和保障人权"，2012年修正，2013年生效的《刑事诉讼法》在第2条明确规定了"尊重和保障人权"，因此，《刑事诉讼法》第2条的规定也被称为人权条款。《宪法》与《刑事诉讼法》中的人权条款需要在刑事诉讼活动中，通过若干原则和具体法律规定来具体化，保障诉讼参与人的诉讼权利原则由我国《刑事诉讼法》第14条规定："人民法院、人民检察院和公安机关应当保障犯罪嫌疑人、被告人和其他诉讼参与人依法享有的辩护权和其他诉讼权利。

诉讼参与人对于审判人员、检察人员和侦查人员侵犯公民诉讼权利和人身侮辱的行为，有权提出控告。"可见，该条文通过相对细化的规定对《宪法》与《刑事诉讼法》中的人权条款进行诠释。A正确。

B项，诉讼权利即诉讼参与人参加刑事诉讼活动，依法行使诉讼行为的合法权利。整个刑事诉讼活动的核心就是在国家专门机关和相关诉讼参与人参与下，解决犯罪嫌疑人、被告人刑事责任问题。从某种角度讲，犯罪嫌疑人、被告人是刑事诉讼活动的核心焦点。为了对抗公诉或者自诉，最大限度地维护自身合法权益，犯罪嫌疑人、被告人需要辩护权作为盾牌，因而保障诉讼参与人的诉讼权利，核心在于保护犯罪嫌疑人、被告人的辩护权。B正确。

C项，权利和义务是相对的，诉讼参与人在享有诉讼权利的同时，还应当承担法律规定的诉讼义务。公安司法机关有义务保障诉讼参与人的诉讼权利，也有权力要求诉讼参与人履行相应的诉讼义务。C正确。

D项，在刑事案件中，受侵害的人在公诉案件中被称为被害人，在自诉案件中被称为自诉人。其中，对于自诉案件而言，自诉人既有起诉权，也有上诉权。但在公诉案件中，被害人没有起诉权（但享有控告权），也没有上诉权（但享有申请抗诉权）。故D项表述较为片面，错误。

综上所述，本题应当选ABC。

考点6 法定情形不追究刑事责任原则

检察院立案侦查甲刑讯逼供案。被害人父亲要求甲赔偿丧葬费等经济损失。侦查中，甲因病猝死。对于此案，检察院下列哪一做法是正确的？（2009－2－30，单选）

参考答案：①ABC

A. 移送法院以便审理附带民事诉讼部分

B. 撤销案件

C. 决定不起诉

D. 决定不起诉并对民事部分一并作出处理

答案(　　　)①

【考点提示】本题考查法定情形不追究刑事责任原则。该原则是历年考试中的恒重考点,几乎每年都考,本题是集中考查这一原则,而有的真题则是在某一选项中考查这一原则。考生需要重点把握两个方面:1. 什么情形下不追究刑事责任? 2. 不追究刑事责任的具体表现形式是什么? 这一原则在未来的考试中还会考查。

【解析】《刑事诉讼法》第15条规定:“有下列情形之一的,不追究刑事责任,已经追究的,应当撤销案件,或者不起诉,或者终止审理,或者宣告无罪:

(一)情节显著轻微、危害不大,不认为是犯罪的;

(二)犯罪已过追诉时效期限的;

(三)经特赦令免除刑罚的;

(四)依照刑法告诉才处理的犯罪,没有告诉或者撤回告诉的;

(五)犯罪嫌疑人、被告人死亡的;

(六)其他法律规定免予追究刑事责任的。”

《人民检察院刑事诉讼规则(试行)》第290条规定:“人民检察院在侦查过程中或者侦查终结后,发现具有下列情形之一的,侦查部门应当制作拟撤销案件意见书,报请检察长或者检察委员会决定:(一)具有刑事诉讼法第十五条规定情形之一的;(二)没有犯罪事实的,或者依照刑法规定不负刑事责任或者不是犯罪的;(三)虽有犯罪事实,但不是犯罪嫌疑人所为的。”

本题中,甲所涉嫌犯罪属于检察机关立案、侦查,甲在侦查阶段死亡,检察院应当作出撤销案件决定,故只有B项正确。

社会主义法治要通过法治的一系列原则加以体现。具有法定情形不予追究刑事责任是《刑事诉讼法》确立的一项基本原则,下列哪一案件的处理体现了这一原则?(2014-2-23,单选)

A. 甲涉嫌盗窃,立案后发现涉案金额400余元,公安机关决定撤销案件

B. 乙涉嫌抢夺,检察院审查起诉后认为犯罪情节轻微,不需要判处刑罚,决定不起诉

C. 丙涉嫌诈骗,法院审理后认为其主观上不具有非法占有他人财物的目的,作出无罪判决

D. 丁涉嫌抢劫,检察院审查起诉后认为证据不足,决定不起诉

答案(　　　)②

【考点提示】本题仍然考查法定情形不追究刑事责任原则。本题难度极高,考生需要注意,不追究犯罪嫌疑人、被告人刑事责任的情形有很多,譬如,可能因为没有犯罪事实而不追究,可能因为证据不足而不追究,可能因为犯罪情节轻微而不追究,还可能因为过了追诉时效而不追究。换言之,《刑事诉讼法》第15条规定的不追究刑事责任的情形只是若干不追究刑事责任情形中的一部分,不能将所有导致撤销案件、不起诉或者终止审理的情形全部归结为《刑事诉讼法》第15条规定的情形。本题考点在今后的考试中还会考查。

【解析】《刑事诉讼法》第15条规定:“有下列情形之一的,不追究刑事责任,已经追究的,应当

参考答案:①B　②A

撤销案件,或者不起诉,或者终止审理,或者宣告无罪:

(一)情节显著轻微、危害不大,不认为是犯罪的;

(二)犯罪已过追诉时效期限的;

(三)经特赦令免除刑罚的;

(四)依照刑法告诉才处理的犯罪,没有告诉或者撤回告诉的;

(五)犯罪嫌疑人、被告人死亡的;

(六)其他法律规定免予追究刑事责任的。”

《最高人民法院、最高人民检察院关于办理盗窃刑事案件适用法律若干问题的解释》第1条第1款规定:“盗窃公私财物价值一千元至三千元以上、三万元至十万元以上、三十万元至五十万元以上的,应当分别认定为刑法第二百六十四条规定的‘数额较大’、‘数额巨大’、‘数额特别巨大’。”

可见,A项,立案后侦查阶段发现涉案金额400元不足以追究刑事责任,属于上述“(一)”的情形,故撤销案件,正确。

B项,若因《刑事诉讼法》第15条之原因而不起诉属于法定不起诉制度。B项属于《刑事诉讼法》第173条第2款规定的情形即“对于犯罪情节轻微,依照刑法规定不需要判处刑罚或者免除刑罚的,人民检察院可以作出不起诉决定。”该条文属于酌定不起诉制度。我国的不起诉制度包含三种不起诉:法定不起诉、酌定不起诉、存疑不起诉。这三种不起诉制度是平行关系,而非包含与被包含的关系。因此,B项不属于法定不起诉。也就是说,不属于《刑事诉讼法》第15条规定的法定情形不追究刑事责任原则。B错误。

C项,“主观上不具有非法占有他人财物的目的”意味着,被告人没有犯罪故意,主观方面没有罪过,根本不存在犯罪行为。《刑事诉讼法》第15条规定的情形主要包括:“显著轻微、已过时效、经过特赦、撤回告诉、已经死亡”,但不包含“没有犯罪事实或者行为”的情形。可见,C错误。

D项,若因《刑事诉讼法》第15条之原因而不起诉属于法定不起诉制度。D项属于《刑事诉讼法》第171条第4款规定的情形即“对于二次补充侦查的案件,人民检察院仍然认为证据不足,不符合起诉条件的,应当作出不起诉的决定。”该条文属于存疑不起诉(证据不足不起诉)制度。法定不起诉制度与存疑不起诉制度属于平行关系,故D项不属于法定不起诉制度。也就是说,不属于《刑事诉讼法》第15条规定的法定情形不追究刑事责任原则。D错误。

综上所述,本题应当选A。

考题拓展

某大学教授在讲授刑事诉讼法课时,让学生回答如何理解“人民法院依法独立行使审判权”原则,下列四个同学的回答中,正确的理解是:(2003-2-89,不定项)

A. 甲同学认为是指法官个人独立审判案件,不受任何他人影响

B. 乙同学认为是指合议庭独立审判案件,不受任何组织或个人的影响

C. 丙同学认为是指法院独立审判案件,不受行政机关、社会团体和个人的干涉

D. 丁同学认为是指法院依法独立审判案件,上级法院不能对下级法院正在审理的具体案件如何处理发布指示或命令

答案(　　)①

【解析】《刑事诉讼法》第5条规定:“人民法院依照法律规定独立行使审判权,人民检察院依照法律规定独立行使检察权,不受行政机关、社会团体和个人的干涉”。需要注意的是,我国的“司法独

参考答案:①CD

立”是整体独立意义上机关独立,题目中法官独立(A 项)、合议庭独立(B 项)都不对。司法实践中确实存在少数情况下,下级法院对案件处理拿不准而请示上级法院,或者上级法院对下级法院受理的敏感案件提出指导意见,但这都是违法的,是错误的。在答司法考试题目时,要严格按照法律来办,不要想着实践中的那些“潜规则”。上级法院监督下级法院只能依法定程序进行监督。故,CD 项正确。

某县公安机关收到孙某控告何某对其强奸的材料,经审查后认为何某没有强奸的犯罪事实。县公安机关应当如何处理?(2005－2－31,单选)

A. 不予立案

B. 要求孙某撤回控告

C. 撤销案件

D. 侦查终结后移送检察院作不起诉决定

答案(　　　)①

【解析】 某县公安机关接到控告之后不会立即立案,应当首先对案件进行审查,看看是不是存在犯罪事实,经过审查发现何某没有强奸犯罪事实,此时处于立案阶段,应当做出不立案的决定。本题选 A。

考生需要注意:

1. 本题是考查的《刑事诉讼法》第 15 条吗?答案是否定的,因为第 15 条的六种情形中没有“没有强奸的犯罪事实”这一项,本题情形属于犯罪嫌疑人没有犯罪事实而不予立案。

2. 考生需要注意,做类似题目时,可做两步考虑:第一步,看是否存在没有犯罪事实或者《刑事诉讼法》第 15 条的六种情形。第二步,如果存在,看案件发生在什么诉讼阶段,并做出相应的处理。

某人民检察院立案侦查该市工商局长利用职权报复陷害他人,侦查中发现犯罪已过追诉时效期限。人民检察院应当如何处理?(2004－2－36,单选)

A. 不起诉

B. 撤销案件

C. 宣告无罪

D. 移送法院处理

答案(　　　)②

【解析】 本题中,首先,案件的情形是“犯罪已过追诉时效期限”,符合《刑事诉讼法》第 15 条的情形。其次,本案虽然是检察机关办案,但不能选择“A. 不起诉”,因为报复陷害罪属于检察机关的自侦案件,且题目中明确说明是“侦查中”,故应当选“B. 撤销案件”。

参考答案:①A　②B

专题三　刑事诉讼中的专门机关和诉讼参与人

点评：

本专题的逻辑架构非常清晰，阐述两个问题：国家专门机关和诉讼参与人。

国家专门机关包括：公安机关与其他侦查机关、检察机关、审判机关。需要考生掌握的是这些机关的性质（行政机关还是司法机关）、组织体系（上下级之间是领导关系还是监督关系）和职权（各有哪些权力）；

诉讼参与人可以分为当事人（被害人、犯罪嫌疑人、被告人、自诉人、附带民事诉讼原告、附带民事诉讼被告六个）和其他诉讼参与人（法定代理人、诉讼代理人、辩护人、证人、鉴定人、翻译人员六个）。考生需要掌握的是这些当事人和其他诉讼参与人的概念、权利和义务。

学习本章时，一方面，需要注意各个诉讼主体本身的特点、权利和义务。另一方面，学习后续章节时，需要注意本章中各个诉讼主体的相关规定，做到综合掌握。譬如，2014 年有一道真题考查被害人的权利，在 ABCD 四个选项中，分别考查了本章中被害人的权利，还考查了证据章中的被害人陈述、侦查章中的询问被害人和审判章中的询问被害人。

考点1　国家专门机关

关于公安机关、人民检察院和人民法院机关的组织体系及其在刑事诉讼中的职权，下列哪些选项是正确的？（2015－2－65，多选）

A. 公安机关统一领导、分级管理，对超出自己管辖的地区发布通缉令，应报有权的上级公安机关发布

B. 基于检察一体化，检察院独立行使职权是指检察系统整体独立行使职权

C. 检察院上下级之间是领导关系，上级检察院认为下级检察院二审抗诉不当的，可直接向同级法院撤回抗诉

D. 法院上下级之间是监督指导关系，上级法院如认为下级法院审理更适宜，可将自己管辖的案件交由下级法院审理

答案（　　　）①

【考点提示】本题综合考查公安机关、人民检察院和人民法院机关的组织体系及其在刑事诉讼中的职权。

【解析】A 项，各级公安机关在自己管辖的地区以内，可以直接发布通缉令；超出自己管辖的地区，应当报请有权决定的上级机关发布。A 正确。

参考答案：①ABC

B 项,人民检察院上下级之间是领导与被领导的关系,上级人民检察院有权就具体案件对下级人民检察院作出命令、指示。独立行使检察权实质上是指整个检察系统作为一个整体独立行使检察权,这在理论上又被称为检察一体化。B 正确。

C 项,上级人民检察院如果认为抗诉不当,可以向同级人民法院撤回抗诉,并且通知下级人民检察院。C 正确。

D 项,法院上下级之间是监督指导关系,但是,法院应当受到级别管辖的规制,上级法院不可以将本属于自己管辖的案件交由下级法院审理。D 错误。

综上所述,本题应当选 ABC。

考点 2　法定代理人与诉讼代理人

关于诉讼代理人参加刑事诉讼,下列哪一说法是正确的?(2012 -2 -24,单选)

A. 诉讼代理人的权限依据法律规定而设定

B. 除非法律有明文规定,诉讼代理人也享有被代理人享有的诉讼权利

C. 诉讼代理人应当承担被代理人依法负有的义务

D. 诉讼代理人的职责是帮助被代理人行使诉讼权利

答案(　　)①

【考点提示】本题表面上考查诉讼代理人,实质是考查法定代理人与诉讼代理人的区别。在第三章中,需要考生注意几对概念的区别,譬如,法定代理人与诉讼代理人、诉讼代表人与法定代表人、诉讼代理人与辩护人、证人与鉴定人等。

【解析】诉讼代理人是基于被代理人的委托而代表被代理人参与刑事诉讼的人。《刑事诉讼法》第 106 条第 5 款规定,“诉讼代理人”是指公诉案件的被害人及其法定代理人或者近亲属、自诉案件的自诉人及其法定代理人委托代为参加诉讼的人和附带民事诉讼的当事人及其法定代理人委托代为参加诉讼的人。法定代理人是由法律规定的对被代理人负有专门保护义务并代其进行诉讼的人。《刑事诉讼法》第 106 条第 3 项规定,“法定代理人”是指被代理人的父母、养父母、监护人和负有保护责任的机关、团体的代表。

诉讼代理人与法定代理人的区别:

区别	法定代理人	诉讼代理人
1. 根据不同	法律规定	委托协议
2. 权限不同	原则上全权代理(例外:不能代替陈述、羁押等)	权利限于委托协议的约定
3. 效力不同	可以违背被代理人意志	不可以违背被代理人意志

本题中,A 项,诉讼代理人的权限依据“委托协议”设定,法定代理人的权限才是依据“法律规定”设定。A 错误。

B 项,既然诉讼代理人的权限依据“委托协议”设定,诉讼代理人不可以享有被代理人没有委托的

参考答案:①D

诉讼权利。B错误。

C项，诉讼代理人只是基于委托关系运用自己的法律技能保障被代理人的合法权益，不承担被代理人依法负有的义务。C错误。

D项，诉讼代理人的职责是运用自己的法律技能帮助被代理人行使诉讼权利。D正确。

综上所述，本题答案为D。

关于刑事诉讼法定代理人与诉讼代理人的区别，下列哪些选项是正确的？（2009-2-67，多选）

A. 法定代理人基于法律规定或法定程序产生，诉讼代理人基于被代理人委托产生

B. 法定代理人的权利源于法律授权，诉讼代理人的权利源于委托协议授权

C. 法定代理人可以违背被代理人的意志进行诉讼活动，诉讼代理人的代理活动不得违背被代理人的意志

D. 法定代理人可以代替被代理人陈述案情，诉讼代理人不能代替被代理人陈述案情

答案（ ）①

【考点提示】本题考查法定代理人与诉讼代理人的区别。

【解析】根据上一题"**诉讼代理人与法定代理人的区别**"图表可知，ABC正确。

D项，根据《刑事诉讼法》的有关规定，法定代理人享有广泛的与被代理人大致相同的诉讼权利，但是法定代理人不能代替被代理人作陈述，例如，未成年被告人最后陈述时只能自行陈述，法定代理人顶多帮助补充陈述，但不能代替其陈述。此外，法定代理人也不能代替被代理人承担与人身自由相关的义务如代替被代理人被关押。诉讼代理人的权限源自委托，但陈述案情或者被伤害的经过一般应当由被代理人自行陈述。因此，D不正确。

综上所述，本题正确答案是ABC。

考点3 被害人的权利

高某系一抢劫案的被害人。关于高某的诉讼权利，下列哪些选项是正确的？（2009-2-66，多选）

A. 有权要求不公开自己的姓名和报案行为

B. 如公安机关不立案，有权要求告知不立案的原因

C. 作为证据使用的鉴定结论，经申请可以补充或者重新鉴定

D. 如检察院作出不起诉决定，也可以直接向法院提起自诉

答案（ ）②

【考点提示】本题考查被害人的诉讼权利，需要考生注意，被害人的诉讼权利属于综合考查知识，它不仅在第三章中出现，在证据、侦查、起诉、审判等章节中，都会涉及被害人的诉讼权利及相关程序问题。

【解析】A项，《刑事诉讼法》第109条第3款规定："公安机关、人民检察院或者人民法院应当保障报案人、控告人、举报人及其近亲属的安全。报案人、控告人、举报人如果不愿公开自己的姓名和报案、控告、举报的行为，应当为他保守秘密。"可见，高某作为被害人进行报案，公安机关有义务保障其安全，为其保密，作为高某来说，当然也有权要求公安机关为自己保密。A正确。

参考答案：①ABC ②ABCD

B 项,《刑事诉讼法》第 110 条规定:“人民法院、人民检察院或者公安机关对于报案、控告、举报和自首的材料,应当按照管辖范围,迅速进行审查,认为有犯罪事实需要追究刑事责任的时候,应当立案;认为没有犯罪事实,或者犯罪事实显著轻微,不需要追究刑事责任的时候,不予立案,并且将不立案的原因通知控告人。控告人如果不服,可以申请复议。”可见,如果公安机关不予立案,应对将不立案的原因通知高某。对于高某而言,当然有权要求公安机关告知不立案的原因。B 正确。

C 项,《刑事诉讼法》第 146 条规定:“侦查机关应当将用作证据的鉴定意见告知犯罪嫌疑人、被害人。如果犯罪嫌疑人、被害人提出申请,可以补充鉴定或者重新鉴定。”可见,C 正确。

D 项,《刑事诉讼法》第 176 条规定:“对于有被害人的案件,决定不起诉的,人民检察院应当将不起诉决定书送达被害人。被害人如果不服,可以自收到决定书后七日以内向上一级人民检察院申诉,请求提起公诉。人民检察院应当将复查决定告知被害人。对人民检察院维持不起诉决定的,被害人可以向人民法院起诉。被害人也可以不经申诉,直接向人民法院起诉。”可见,D 也正确。

综上所述,本题答案为 ABCD。

关于被害人在刑事诉讼中的权利,下列哪一选项是正确的?(2014－2－25,单选)

A. 自公诉案件立案之日起有权委托诉讼代理人

B. 对因作证而支出的交通、住宿、就餐等费用,有权获得补助

C. 对法院作出的强制医疗决定不服的,可向作出决定的法院申请复议一次

D. 对检察院作出的附条件不起诉决定不服的,可向上一级检察院申诉

答案(　　　)①

【考点提示】本题综合考查被害人在不同诉讼阶段的诉讼权利与适用程序,难度较高,需要考生综合掌握被害人的权利范围。

【解析】A 项,《刑事诉讼法》第 44 条第 1 款规定:“公诉案件的被害人及其法定代理人或者近亲属,附带民事诉讼的当事人及其法定代理人,自案件移送审查起诉之日起,有权委托诉讼代理人。自诉案件的自诉人及其法定代理人,附带民事诉讼的当事人及其法定代理人,有权随时委托诉讼代理人。”可见,应当自公诉案件“移送审查起诉”之日起有权委托诉讼代理人。A 错误。

B 项,《刑事诉讼法》第 63 条第 1 款规定:“证人因履行作证义务而支出的交通、住宿、就餐等费用,应当给予补助。证人作证的补助列入司法机关业务经费,由同级政府财政予以保障。”可见,该规定只适用于证人,而不适用于被害人,选项中虽然表述为“作证”,但无法改变被害人不是证人的事实。故 B 错误。

C 项,《刑事诉讼法》第 287 条第 2 款规定:“被决定强制医疗的人、被害人及其法定代理人、近亲属对强制医疗决定不服的,可以向上一级人民法院申请复议。”可见,应当是可以向“上一级”人民法院申请复议。C 错误。

D 项,《人民检察院办理未成年人刑事案件的规定》第 33 条规定:“人民检察院作出附条件不起诉的决定后,应当制作附条件不起诉决定书,并在三日以内送达公安机关、被害人或者其近亲属及其诉讼代理人、未成年犯罪嫌疑人及其法定代理人、辩护人。送达时,应当告知被害人或者其近亲属及其诉讼代理人,如果对附条件不起诉决定不服,可以自收到附条件不起诉决定书后七日以内向上一级人民检察院申诉。”可见,D 正确。

综上所述,本题应当选 D。

参考答案:①D

关于刑事诉讼当事人中的被害人的诉讼权利，下列哪些选项是正确的？（2015－2－66，多选）

A. 撤回起诉、申请回避

B. 委托诉讼代理人、提起自诉

C. 申请复议、提起上诉

D. 申请抗诉、提出申诉

答案（　　）①

【考点提示】本题综合考查被害人的诉讼权利。

【解析】知识介绍：

被害人的诉讼权利和义务包括：

1. 被害人的诉讼权利

（1）当事人共有的权利。（使用本族语言；申请回避、复议；控告侵犯、侮辱；参加调查、辩论；生效裁判申诉）

（2）申请复议权。控告人对公安机关不立案的决定不服的，可以申请复议。对法院作出的强制医疗决定不服的，可向上一级法院申请复议。

（3）申诉权。包括三种情况：

（a）对公安机关不立案的申诉。对公安机关应当立案而不立案的，有权向人民检察院提出，请求人民检察院责令公安机关向检察机关说明不立案的理由。人民检察院应当要求公安机关说明不立案的理由。人民检察院认为其理由不能成立的，应当通知公安机关立案，公安机关则必须立案。

（b）对检察机关不起诉决定的申诉。对检察院作出的不起诉决定不服的，有权自收到不起诉决定书之日起7日内向上一级检察院提出申诉。

（c）对生效裁判的申诉。被害人不服地方各级人民法院的生效裁判的，有权提出申诉。

（4）委托诉讼代理人的权利。自刑事案件移送审查起诉之日起，有权委托诉讼代理人。

（5）自诉权。如有证据证明公安机关、检察院对于侵犯其人身权利、财产权利的行为应当追究刑事责任而不予追究的，有权直接向法院提起自诉。

（6）申请抗诉权。不服地方各级法院的第一审判决的，有权请求检察院抗诉。

（7）人身安全受到保护的权利。被害人因在诉讼中作证，本人或者其近亲属的人身安全依法受到保护。

2. 被害人的诉讼义务

（1）如实向公安机关、人民检察院和人民法院及其工作人员作出陈述，如果故意捏造事实，提供虚假陈述，情节严重的，应当承担法律责任。

（2）接受公安机关、人民检察院和人民法院的传唤，按时出席法庭参加审判。

（3）遵守法庭纪律，回答提问，接受询问和调查。

精简如下表：

参考答案：①BD

<table>
<tr><th colspan="3">被害人的权利和义务</th></tr>
<tr><th colspan="2">权利</th><th>义务</th></tr>
<tr><td colspan="2">当事人共有权利</td><td rowspan="3">如实陈述</td></tr>
<tr><td colspan="2">不立案申请复议</td></tr>
<tr><td rowspan="3">申诉权</td><td>公安不立案申诉</td></tr>
<tr><td>检察不起诉申诉</td><td rowspan="3">接受传唤</td></tr>
<tr><td>法院的裁判申诉</td></tr>
<tr><td colspan="2">委托诉讼代理人</td></tr>
<tr><td colspan="2">向法院直接自诉</td><td rowspan="3">遵守纪律</td></tr>
<tr><td colspan="2">申请第一审抗诉</td></tr>
<tr><td colspan="2">作证安全被保护</td></tr>
</table>

本题解析：

由上表可见，BD 正确。

A 项，被害人有权申请回避，但对于提起的公诉案件，被害人无权决定撤诉。A 错误。

C 项，被害人有申请复议权，但被害人对公诉案件一审判决不服，没有上诉权，只能申请检察院抗诉。C 错误。

综上所述，本题应当选 BD。

考点 4　证人与鉴定人

关于证人与鉴定人的共同特征，下列哪些选项是正确的？（2009－2－69，多选）

A. 是当事人以外的人

B. 与案件或案件当事人没有利害关系

C. 具有不可替代性

D. 有义务出席法庭接受控辩双方询问

答案(　　　)①

【考点提示】本题考查证人与鉴定人的区别。考生既需要掌握证人与鉴定人的相同点，也需要掌握两者的区别点。本题难度不高，但属于重要考点。

【解析】证人与鉴定人的相同点：1. 都是自然人。2. 都是当事人以外的人。3. 都需要出庭接受交叉询问。

证人与鉴定人的区别：

参考答案：①AD

区别	鉴定人	证人
(1)利害关系	不可有	可有
(2)指派聘请	需要	不需要
(3)产生时间	诉讼中	案发时
(4)可替代性	可替代	不可替
(5)专门知识	需要	不需要
(6)资质年龄	需要	不需要

很显然,AD 正确。

B 项,证人可以和案件或者案件的当事人存在利害关系,只不过由于存在利害关系,会影响证言的证明力;鉴定人不可以和案件或者案件的当事人存在利害关系。B 错误。

C 项,证人不可替代,一般必须由亲眼看见或者亲自感知的人进行客观陈述。鉴定人可以替换。C 错误。

综上所述,本题正确选项应为 AD。

关于鉴定人与鉴定意见,下列哪一选项是正确的?(2014－2－29,单选)

A. 经法院通知,鉴定人无正当理由拒不出庭的,可由院长签发强制令强制其出庭

B. 鉴定人有正当理由无法出庭的,法院可中止审理,另行聘请鉴定人重新鉴定

C. 经辩护人申请而出庭的具有专门知识的人,可向鉴定人发问

D. 对鉴定意见的审查和认定,受到意见证据规则的规制

答案(　　　)①

【考点提示】本题综合考查鉴定人与鉴定意见,这一考查方式再一次提醒考生,第三章中诉讼参与人的重要性在于这些主体在不同诉讼阶段的诉讼权利和参与程序,需要考生重点掌握教材中对这些诉讼主体的权利总结。

【解析】A 项,《最高人民法院关于适用〈中华人民共和国刑事诉讼法〉的解释》第 208 条规定:"强制证人出庭的,应当由院长签发强制证人出庭令。"但关于鉴定人,立法及司法解释没有强制鉴定人出庭的相关规定。A 错误。

B 项,《最高人民法院关于适用〈中华人民共和国刑事诉讼法〉的解释》第 86 条规定:"经人民法院通知,鉴定人拒不出庭作证的,鉴定意见不得作为定案的根据。鉴定人由于不能抗拒的原因或者有其他正当理由无法出庭的,人民法院可以根据情况决定延期审理或者重新鉴定。对没有正当理由拒不出庭作证的鉴定人,人民法院应当通报司法行政机关或者有关部门。"可见,鉴定人有正当理由无法出庭的,法院可延期审理而非中止审理。B 错误。

C 项,《最高人民法院关于适用〈中华人民共和国刑事诉讼法〉的解释》第 217 条第 1 款规定:"公诉人、当事人及其辩护人、诉讼代理人申请法庭通知有专门知识的人出庭,就鉴定意见提出意见的,应当说明理由。法庭认为有必要的,应当通知有专门知识的人出庭。"可见,有专门知识的人出庭的目的就是向鉴定人发问。C 正确。

D 项,《最高人民法院关于适用〈中华人民共和国刑事诉讼法〉的解释》第 75 条第 2 款规定:"证人的猜测性、评论性、推断性的证言,不得作为证据使用,但根据一般生活经验判断符合事实的除外。"该条也被称为意见证据规则。也就是说,证人只能客观陈述看到或者感知的事实,不能提推断性意见。

参考答案:①C

意见证据规则规制证人作证,与鉴定人、鉴定意见无关。D 错误。

综上所述,本题应当选 C。

关于证人证言与鉴定意见,下列哪一选项是正确的?(2015 - 2 - 23,单选)

A. 证人证言只能由自然人提供,鉴定意见可由单位出具

B. 生理上、精神上有缺陷的人有时可以提供证人证言,但不能出具鉴定意见

C. 如控辩双方对证人证言和鉴定意见有异议的,相应证人和鉴定人均应出庭

D. 证人应出庭而不出庭的,其庭前证言仍可能作为证据;鉴定人应出庭而不出庭的,鉴定意见不得作为定案根据

答案(　　)①

【考点提示】本题综合考查证人、鉴定人、证人证言、鉴定意见及其适用程序。本题难度较高,需要考生综合掌握刑事诉讼法各个章节中的相关知识。

【解析】在刑事诉讼中,证人与鉴定人都必须是自然人,鉴定意见只能由鉴定人出具。A 错误。

生理上、精神上有缺陷,同时不能辨别是非、不能正确表达的人不能作为证人,否则,确实有可能成为证人。此外,精神上有缺陷的人确实不能成为鉴定人,但生理上有缺陷的人,还是有可能成为鉴定人的。譬如,张三一只耳朵失聪,但不妨碍其对足迹进行鉴定。故 B 错误。

公诉人、当事人或者辩护人、诉讼代理人对证人证言有异议,且该证人证言对定罪量刑有重大影响,或者对鉴定意见有异议,申请法庭通知证人、鉴定人出庭作证,人民法院认为有必要的,应当通知证人、鉴定人出庭。可见,对证人证言有异议或者对鉴定意见有异议,还需要向法庭提出要求证人、鉴定人的申请,并且法院认为确有出庭必要的,证人、鉴定人才应当出庭。C 错误。

《最高人民法院关于适用〈中华人民共和国刑事诉讼法〉的解释》第 78 条第 3 款规定:"经人民法院通知,证人没有正当理由拒绝出庭或者出庭后拒绝作证,法庭对其证言的真实性无法确认的,该证人证言不得作为定案的根据。"可见,需要"法庭对其证言的真实性无法确认的",该证人证言才不得作为定案的根据。《最高人民法院关于适用〈中华人民共和国刑事诉讼法〉的解释》第 86 条第 1 款规定:"经人民法院通知,鉴定人拒不出庭作证的,鉴定意见不得作为定案的根据。"第 2 款规定:"鉴定人由于不能抗拒的原因或者有其他正当理由无法出庭的,人民法院可以根据情况决定延期审理或者重新鉴定。"可见,鉴定人应当出庭不出庭,鉴定意见不得作为定案根据。鉴定人即使是由于不可抗拒或者正当理由无法出庭,法院可以延期审理或者重新鉴定,但是,延期审理的目的仍然是等待鉴定人出庭,重新鉴定意味着原来的鉴定意见不得作为定案根据了。总之,鉴定人应出庭而不出庭的,鉴定意见不得作为定案根据。D 正确。

综上所述,本题应当选 D。

考题拓展

下列哪些人是承担控诉职能的诉讼参与人?(2007 - 2 - 76,多选)

A. 公诉人

B. 自诉人

C. 被害人

D. 控方证人

答案(　　)②

参考答案:①D　②BC

【解析】本题的题干中有两处关键点:一是控诉职能,二是诉讼参与人,需要同时具备才正确。

A 项,公诉人,确实承担控诉职能,但公诉人属于国家专门机关工作人员。诉讼参与人可以被区分为当事人和其他诉讼参与人,但不包括公安机关、人民检察院和人民法院等国家专门机关的人,故错误。

B 项中自诉人是自诉案件中的被害人,C 项中被害人指的是公诉案件中的被害人,都承担控诉职能,也都是诉讼参与人。BC 正确。

D 项,控方证人。要注意,证人无论是控方的还是辩方的,其义务就是客观阐明自己所知道的事实。其所作的证人证言是否有利于被告人取决于其证言的内容,不能绝对地认为控方证人的证言就一定是不利于被告人的,就一定是承担控诉职能的。因此 D 错误。

综上所述,本题应当选 BC。

秦某带着 8 岁的儿子买肉时,与摊主发生争执,继而互殴。秦某被摊主用刀背打击造成面部骨折,脑体受损。如该案进入刑事诉讼程序,秦某的儿子属于哪类诉讼参与人?(2008 - 四川单考 2 - 30,单选)

A. 被害人

B. 证人

C. 见证人

D. 既是被害人,又是证人

答案(　　)①

【解析】《刑事诉讼法》第 60 条规定:“凡是知道案件情况的人,都有作证的义务。生理上、精神上有缺陷或者年幼,不能辨别是非、不能正确表达的人,不能作证人。”本题中,秦某的儿子 8 岁,目睹了案件的全部过程,他虽然年幼,却并非是无法辨别是非、不能正确表达的人,因此可以作为证人。B 正确。

C 项,见证人与证人不同,证人一般产生于案发过程中,亲眼看见或者亲自感知案件事实,而见证人则产生于诉讼过程中,譬如,侦查人员在搜查犯罪嫌疑人的家时,会请犯罪嫌疑人的邻居或者家属在旁边看着,这些邻居或者家属被称为见证人。此外,证人属于法定的诉讼参与人,见证人则不是。因此,C 错误。

被害人是指人身、财产或者其他权益遭受犯罪行为直接侵害的人,注意是“直接”侵害。本题中秦某儿子并非遭到了犯罪行为的直接侵害,因此不属于刑事诉讼法中的被害人,AD 错误。综上所述,本题应当选 B。

参考答案:①B

专题四　管　　辖

点评：

本章属于传统重点章节，每年必考。

本章可有三条主线：主线一，立案管辖。主线二，审判管辖。主线三，其他特殊情况的管辖。考生需要重点掌握立案管辖与审判管辖。

本章没有理论知识点，需要考生熟记相关的重点法条。

考点1　立案管辖

某检察院在对国家机关工作人员张某巨额财产来源不明案进行侦查时，发现其巨额财产三分之二为诈骗所得，三分之一为盗窃所得。关于此案，下列哪一选项是正确的？（2010－2－27，单选）

A. 本案应当继续由检察院侦查

B. 本案应当由检察院为主侦查，公安机关予以配合

C. 本案应当由公安机关为主侦查，检察院予以配合

D. 检察院应当将案件移送公安机关

答案（　　　）①

【考点提示】本题考查立案管辖中的管辖权竞合问题。考生需要注意，公安机关与检察机关的立案管辖发生竞合时，应当奉行“各管各的、主罪主侦”的处理原则。也就是说，公安机关立案侦查公安机关该管的案件，检察院立案侦查职务犯罪案件，不可以相互管辖；如果一人犯数罪，主要犯罪归谁管辖，就由哪个机关为主立案侦查，管辖非主要犯罪的机关提供配合。除此之外，考生还要注意，不仅公安机关和检察机关的立案管辖会发生竞合，公安机关、检察机关和法院之间也会发生管辖权竞合问题。

【解析】《最高人民法院、最高人民检察院、公安部、国家安全部、司法部、全国人大常委会法制工作委员会关于实施刑事诉讼法若干问题的规定》第1条规定：“公安机关侦查刑事案件涉及人民检察院管辖的贪污贿赂案件时，应当将贪污贿赂案件移送人民检察院；人民检察院侦查贪污贿赂案件涉及公安机关管辖的刑事案件，应当将属于公安机关管辖的刑事案件移送公安机关。在上述情况中，如果涉嫌主罪属于公安机关管辖，由公安机关为主侦查，人民检察院予以配合；如果涉嫌主罪属于人民检察院管辖，由人民检察院为主侦查，公安机关予以配合。”

可见，公安机关和检察机关在立案管辖方面应当“各管各的”，不可混管。本案中，巨额财产来源不明罪属于《刑法》分则第8章贪污贿赂犯罪中的个罪，应当由检察机关立案侦查。但是，随着“不明”的犯罪

参考答案：①D

被查明系诈骗罪和盗窃罪，检察院即丧失了管辖权，应当将案件移送公安机关立案侦查。此外，虽然检察院在侦查中发现巨额财产2/3为诈骗所得，1/3为盗窃所得，但本案不存在主罪和辅罪的说法，《最高人民法院、最高人民检察院、公安部、国家安全部、司法部、全国人大常委会法制工作委员会关于实施刑事诉讼法若干问题的规定》第1条中的主罪、辅罪的前提是公安机关和检察院都享有管辖权。本案目前只存在诈骗罪和盗窃罪，巨额财产来源不明罪已经不存在了，谈不上检察机关和公安机关谁为主侦查的情况。

综上所述，本题答案为D。

下列哪些案件应当由检察院立案侦查？（2010－2－66，多选）

A. 骗取出口退税案

B. 徇私舞弊不征、少征税款案

C. 隐瞒境外存款案

D. 阻碍解救被拐卖、绑架妇女、儿童案

答案(　　　)①

【考点提示】本题考查检察机关的立案管辖的案件范围。在立案管辖中，请考生重点掌握检察机关的立案管辖范围与法院直接受理的自诉案件的范围。

【解析】《人民检察院刑事诉讼法规则(试行)》第8条规定："人民检察院立案侦查贪污贿赂犯罪、国家工作人员的渎职犯罪、国家机关工作人员利用职权实施的非法拘禁、刑讯逼供、报复陷害、非法搜查的侵犯公民人身权利的犯罪以及侵犯公民民主权利的犯罪案件。"

可见，BD项，徇私舞弊不征、少征税款罪和阻碍解救被拐卖、绑架妇女、儿童罪属于《刑法》分则第9章规定的渎职犯罪，由检察院立案侦查，BD项正确。

C项，隐瞒境外存款罪属于《刑法》分则第8章规定的贪污贿赂犯罪，由检察院立案侦查，C项正确。

A项，涉税案件，只要不属于渎职犯罪，应由公安机关管辖。所以A项错误。

需要注意，本题的陷阱点主要出在AB项，一般来说，和"税"字相关的罪名都由公安机关经济犯罪侦查部门负责立案侦查，但如果和"税"字相关的罪名属于国家机关工作人员的渎职犯罪，譬如"徇私舞弊不征、少征税款罪"，就应当属于检察院立案管辖了。

综上所述，本题答案为BCD。

孙某系甲省乙市海关科长，与走私集团通谋，利用职权走私国家禁止出口的文物，情节特别严重。关于本案管辖，下列哪些选项是正确的？（2015－2－67，多选）

A. 可由公安机关立案侦查

B. 经甲省检察院决定，可由检察院立案侦查

C. 甲省检察院决定立案侦查后可根据案件情况自行侦查

D. 甲省检察院决定立案侦查后可根据案件情况指定甲省丙市检察院侦查

答案(　　　)②

【考点提示】本题考查检察院的立案管辖范围。

【解析】A项，对于走私犯罪，公安机关有权立案侦查。A正确。

B项，检察院一般管辖贪污贿赂犯罪、渎职犯罪以及国家机关工作人员利用职权实施的非法搜查、非法拘禁、刑讯逼供、暴力取证、虐待被监管人、报复陷害、破坏选举案。对于国家机关工作人员利用职权实施的其他重大犯罪案件，需要由人民检察院直接受理的时候，经省级以上人民检察院决定，可以由

参考答案：①BCD　②ABCD

人民检察院立案侦查。B 正确。

CD 项,《人民检察院刑事诉讼法规则(试行)》第 10 条第 3 款规定,省级人民检察院可以决定由下级人民检察院直接立案侦查,也可以决定直接立案侦查。CD 正确。

综上所述,本题应当选 ABCD。

检察院在查办国家机关工作人员刘某贪污贿赂案件中,发现刘某还涉嫌伙同其同事苏某利用职权实施非法拘禁犯罪。关于新发现的犯罪的处理,下列哪一选项是正确的?(2013 -2 -27,单选)

A. 将刘某涉嫌的两个犯罪以及苏某涉嫌的犯罪并案处理,由检察院一并侦查

B. 将刘某涉嫌的两个犯罪并案移送公安机关处理

C. 将刘某和苏某涉嫌的非法拘禁犯罪移送公安机关处理

D. 将刘某涉嫌的两个犯罪以及苏某涉嫌的犯罪,移送公安机关一并侦查

答案( )①

【疑难详解】 本题考查检察院的立案管辖,重点考查:1. 检察院与公安机关的管辖权竞合;2. 对非法拘禁罪的管辖权定位。

【解析】 本题的命题陷阱在于用《最高人民法院、最高人民检察院、公安部、国家安全部、司法部、全国人大常委会法制工作委员会关于实施刑事诉讼法若干问题的规定》第 1 条来迷惑考生。《最高人民法院、最高人民检察院、公安部、国家安全部、司法部、全国人大常委会法制工作委员会关于实施刑事诉讼法若干问题的规定》第 1 条规定:"公安机关侦查刑事案件涉及人民检察院管辖的贪污贿赂案件时,应当将贪污贿赂案件移送人民检察院;人民检察院侦查贪污贿赂案件涉及公安机关管辖的刑事案件,应当将属于公安机关管辖的刑事案件移送公安机关。在上述情况中,如果涉嫌主罪属于公安机关管辖,由公安机关为主侦查,人民检察院予以配合;如果涉嫌主罪属于人民检察院管辖,由人民检察院为主侦查,公安机关予以配合。"

本案中,表面上看起来,非法拘禁罪应当由公安机关立案侦查,贪污贿赂犯罪应当由检察院立案侦查,他们应当各管各的。但是,《人民检察院刑事诉讼法规则(试行)》第 8 条规定:"人民检察院立案侦查贪污贿赂犯罪、国家工作人员的渎职犯罪、国家机关工作人员利用职权实施的非法拘禁、刑讯逼供、报复陷害、非法搜查的侵犯公民人身权利的犯罪以及侵犯公民民主权利的犯罪案件。"

可见,刘某犯贪污贿赂罪,应当由检察院负责侦查;刘某伙同其同事利用职权实施非法拘禁,同样属于检察院侦查的范围。故 A 项正确,应当将刘某涉嫌的两个犯罪以及苏某涉嫌的犯罪并案处理,由检察院一并侦查。BCD 项错误。

综上所述,本题选 A。

国家机关工作人员高某与某军事部门有业务往来。一日,高某到该部门洽谈工作,趁有关人员临时离开将一部照相机窃走。该照相机中有涉及军事机密的照片。关于本案,负责立案侦查的是下列哪一机关?(2009 -2 -21,单选)

A. 公安机关　　B. 检察机关

C. 国家安全机关　　D. 军队保卫部门

答案( )②

【考点提示】 本题考查军队保卫部门的管辖问题,需要注意的是,2012 年修正,2013 年生效的《刑事诉讼法》实施之前,军队保卫部的管辖问题属于司法考试中的重点考查点,但 2012 年修正,2013

参考答案:①A ②D

年生效的《刑事诉讼法》实施之后，这一知识点不再是重点考点，请考生一般熟悉即可。

【解析】《刑事诉讼法》第290条规定："军队保卫部门对军队内部发生的刑事案件行使侦查权。"可见，只要案件发生于军队内，都由军队保卫部门立案侦查。D正确。另需注意，军队保卫部门、监狱、海关缉私部门虽然都可以在自己的管辖范围内行使类似于公安机关的侦查权，但有一种侦查行为不可以行使即技术侦查措施。技术侦查措施专属于公安机关和国家安全机关。

下列哪一案件应由公安机关直接受理立案侦查？（2009-2-22，单选）

A. 林业局副局长王某违法发放林木采伐许可证案

B. 吴某破坏乡长选举案

C. 负有解救被拐卖儿童职责的李某利用职务阻碍解救案

D. 某地从事实验、保藏传染病菌种的钟某，违反国务院卫生行政部门的有关规定，造成传染病菌种扩散构成犯罪的案件

答案（　　　）①

【考点提示】本题表面上考查公安机关的立案管辖问题，实质是在考查考生对公安机关、检察院和法院立案管辖的综合掌握能力。我国绝大多数刑事案件都是由公安机关立案管辖，考生只需要重点掌握检察机关和法院立案管辖的案件范围即可，其他案件都是由公安机关立案管辖。

【解析】需要注意，立案管辖涉及公安机关、检察机关和人民法院受理什么案件的问题。其中，公安机关管辖绝大多数刑事案件。考生需要掌握检察机关和人民法院法院的立案管辖范围，其余案件都归公安机关管辖。

检察机关立案管辖的案件：

《人民检察院刑事诉讼法规则（试行）》第8条规定："人民检察院立案侦查贪污贿赂犯罪、国家工作人员的渎职犯罪、国家机关工作人员利用职权实施的非法拘禁、刑讯逼供、报复陷害、非法搜查的侵犯公民人身权利的犯罪以及侵犯公民民主权利的犯罪案件。

贪污贿赂犯罪是指刑法分则第八章规定的贪污贿赂犯罪及其他章中明确规定依照第八章相关条文定罪处罚的犯罪案件。

国家工作人员的渎职犯罪是指刑法分则第九章规定的渎职犯罪案件。

国家机关工作人员利用职权实施的侵犯公民人身权利和民主权利的犯罪案件包括：

（一）非法拘禁案（刑法第二百三十八条）；

（二）非法搜查案（刑法第二百四十五条）；

（三）刑讯逼供案（刑法第二百四十七条）；

（四）暴力取证案（刑法第二百四十七条）；

（五）虐待被监管人案（刑法第二百四十八条）；

（六）报复陷害案（刑法第二百五十四条）；

（七）破坏选举案（刑法第二百五十六条）。"

人民法院立案管辖的案件：

《最高人民法院关于适用〈中华人民共和国刑事诉讼法〉的解释》第1条规定："人民法院直接受理的自诉案件包括：

（一）告诉才处理的案件：

参考答案：①D

1. 侮辱、诽谤案(刑法第二百四十六条规定的,但严重危害社会秩序和国家利益的除外);

2. 暴力干涉婚姻自由案(刑法第二百五十七条第一款规定的);

3. 虐待案(刑法第二百六十条第一款规定的);

4. 侵占案(刑法第二百七十条规定的)。

(二)人民检察院没有提起公诉,被害人有证据证明的轻微刑事案件:

1. 故意伤害案(刑法第二百三十四条第一款规定的);

2. 非法侵入住宅案(刑法第二百四十五条规定的);

3. 侵犯通信自由案(刑法第二百五十二条规定的);

4. 重婚案(刑法第二百五十八条规定的);

5. 遗弃案(刑法第二百六十一条规定的);

6. 生产、销售伪劣商品案(刑法分则第三章第一节规定的,但严重危害社会秩序和国家利益的除外);

7. 侵犯知识产权案(刑法分则第三章第七节规定的,但严重危害社会秩序和国家利益的除外);

8. 刑法分则第四章、第五章规定的,对被告人可能判处三年有期徒刑以下刑罚的案件。

本项规定的案件,被害人直接向人民法院起诉的,人民法院应当依法受理。对其中证据不足、可以由公安机关受理的,或者认为对被告人可能判处三年有期徒刑以上刑罚的,应当告知被害人向公安机关报案,或者移送公安机关立案侦查。

(三)被害人有证据证明对被告人侵犯自己人身、财产权利的行为应当依法追究刑事责任,且有证据证明曾经提出控告,而公安机关或者人民检察院不予追究被告人刑事责任的案件。"

在本案中,A 项,林业局副局长王某违法发放林木采伐许可证案属于国家机关工作人员的渎职犯罪,应该由检察院侦查。A 错误。

B 项,吴某破坏选举案由谁管辖需要判断吴某的身份,如果吴某系国家机关工作人员并利用职权破坏选举,应当由检察机关立案侦查。如果吴某系一般主体,则由公安机关立案侦查。选项中没有明确吴某的身份,因此不能说该案应当、必须、一定由公安机关立案管辖。B 错误。

C 项,李某利用职务阻碍解救被拐卖儿童属于国家机关工作人员的渎职犯罪,依法应当由人民检察院立案侦查。C 错误。

D 项,钟某涉嫌传染病菌种扩散罪,不属于前条规定的人民检察院立案侦查的范围,也没有被害人到法院提起自诉,应当由公安机关直接受理立案侦查。D 正确。

综上所述,本题答案是 D。

田某涉嫌挪用公款被立案侦查并逮捕,侦查过程中发现田某还涉嫌重婚。关于本案处理,下列哪些选项是正确的?(2016－2－66,多选)

A. 如挪用公款与重婚互有牵连,检察院可并案侦查

B. 对田某的侦查羁押期限可自发现其涉嫌重婚之日起重新计算

C. 如检察院审查起诉后认为田某构成挪用公款而不构成重婚,应当对重婚罪作出不起诉决定

D. 如检察院只对田某以挪用公款罪提起公诉,重婚罪的被害人可向法院提起自诉

答案(　　　)①

【考点提示】本题综合考查并案侦查、侦查羁押期限重新计算及自诉。从近年来的真题风格可以看出,综合考查不同章节的相关知识是主要的命题方式。

参考答案:①AD

【解析】A 项,《人民检察院刑事诉讼法规则(试行)》第 12 条第 2 款规定:“对于一人犯数罪、共同犯罪、多个犯罪嫌疑人实施的犯罪相互关联,并案处理有利于查明案件事实和诉讼进行的,人民检察院可以对相关犯罪案件并案处理。”可见,A 项中如挪用公款与重婚互有牵连,属于一人犯数罪相互关联,检察院可并案侦查。A 正确。

B 项,《刑事诉讼法》第 158 条规定:“在侦查期间,发现犯罪嫌疑人另有重要罪行的,自发现之日起依照本法第一百五十四条的规定重新计算侦查羁押期限。”《公安机关办理刑事案件程序规定》第 147 条第 2 款规定:前款规定的“另有重要罪行”,是指与逮捕时的罪行不同种的重大犯罪以及同种犯罪并将影响罪名认定、量刑档次的重大犯罪。可见,B 中的重婚案不属于“另有重要罪行”的范畴。B 错误。

C 项,《人民检察院刑事诉讼法规则(试行)》第 401 条第 1 款规定:“人民检察院对于公安机关移送审查起诉的案件,发现犯罪嫌疑人没有犯罪事实,或者符合刑事诉讼法第十五条规定的情形之一的,经检察长或者检察委员会决定,应当作出不起诉决定。”

《人民检察院刑事诉讼法规则(试行)》第 402 条规定:“公诉部门对于本院侦查部门移送审查起诉的案件,发现具有本规则第 401 条第 1 款规定情形的,应当退回本院侦查部门,建议作出撤销案件的处理。”

可见,如果本案挪用公款案与重婚案是由检察院并案侦查的,公诉部门应当将重婚案退回本院侦查部门,建议撤销案件。C 错误。

D 项,《最高人民法院关于适用〈中华人民共和国刑事诉讼法〉的解释》第 1 条规定:“人民法院直接受理的自诉案件包括:

(一)告诉才处理的案件:

1. 侮辱、诽谤案(刑法第二百四十六条规定的,但严重危害社会秩序和国家利益的除外);
2. 暴力干涉婚姻自由案(刑法第二百五十七条第一款规定的);
3. 虐待案(刑法第二百六十条第一款规定的);
4. 侵占案(刑法第二百七十条规定的)。

(二)人民检察院没有提起公诉,被害人有证据证明的轻微刑事案件:

1. 故意伤害案(刑法第二百三十四条第一款规定的);
2. 非法侵入住宅案(刑法第二百四十五条规定的);
3. 侵犯通信自由案(刑法第二百五十二条规定的);
4. 重婚案(刑法第二百五十八条规定的);
5. 遗弃案(刑法第二百六十一条规定的);
6. 生产、销售伪劣商品案(刑法分则第三章第一节规定的,但严重危害社会秩序和国家利益的除外);
7. 侵犯知识产权案(刑法分则第三章第七节规定的,但严重危害社会秩序和国家利益的除外);
8. 刑法分则第四章、第五章规定的,对被告人可能判处三年有期徒刑以下刑罚的案件。

本项规定的案件,被害人直接向人民法院起诉的,人民法院应当依法受理。对其中证据不足、可以由公安机关受理的,或者认为对被告人可能判处三年有期徒刑以上刑罚的,应当告知被害人向公安机关报案,或者移送公安机关立案侦查。

(三)被害人有证据证明对被告人侵犯自己人身、财产权利的行为应当依法追究刑事责任,且有证据证明曾经提出控告,而公安机关或者人民检察院不予追究被告人刑事责任的案件。”

可见,重婚案可以属于第二类自诉案件,可以由被害人直接向法院起诉。D 正确。

综上所述,本题应当选 AD。

关于监狱在刑事诉讼中的职权,下列哪一选项是正确的?(2016-2-23,单选)

A. 监狱监管人员指使被监管人体罚虐待其他被监管人的犯罪,由监狱进行侦查

B. 罪犯在监狱内犯罪并被发现判决时所没有发现的罪行,应由监狱一并侦查

C. 被判处有期徒刑罪犯的暂予监外执行均应当由监狱提出书面意见,报省级以上监狱管理部门批准

D. 被判处有期徒刑罪犯的减刑应当由监狱提出建议书,并报法院审核裁定

答案(　　　)①

【考点提示】本题综合考查监狱的侦查管辖权、减刑程序。

【解析】监狱负责立案、侦查发生在监狱内部的犯罪行为,但法律另有规定的除外。

A 项,监狱监管人员指使被监管人体罚虐待其他被监管人的犯罪属于虐待被监管人案,依法应当由检察院立案侦查,监狱无权管辖。A 错误。

B 项,罪犯在监狱内犯罪可以由监狱立案侦查,但是罪犯在监狱之外所犯的判决时没有发现的罪行,则不能由监狱并案侦查,而应当由有管辖权的公安机关或者检察院立案侦查。B 错误。

C 项,关于暂予监外执行的批准、决定机关见下表:

暂予监外执行的批准、决定机关	1. 在交付执行前,暂予监外执行由交付执行的人民法院决定; 2. 在交付执行后,暂予监外执行由监狱或者看守所提出书面意见,报省级以上监狱管理机关或者设区的市一级以上公安机关批准。

可见,一般而言,被判处有期徒刑罪犯的暂予监外执行是由监狱提出书面意见,报省级以上监狱管理部门批准。但是,如果有期徒刑余刑在 3 个月以下,刑罚由看守所代为执行,此时,暂予监外执行则应由看守所提出书面意见,报设区的市一级以上的公安机关批准。C 错误。

D 项,《最高人民法院关于减刑、假释案件审理程序的规定》第 1 条规定:"对减刑、假释案件,应当按照下列情形分别处理:

(一)对被判处死刑缓期执行的罪犯的减刑,由罪犯服刑地的高级人民法院在收到同级监狱管理机关审核同意的减刑建议书后一个月内作出裁定;

(二)对被判处无期徒刑的罪犯的减刑、假释,由罪犯服刑地的高级人民法院在收到同级监狱管理机关审核同意的减刑、假释建议书后一个月内作出裁定,案情复杂或者情况特殊的,可以延长一个月;

(三)对被判处有期徒刑和被减为有期徒刑的罪犯的减刑、假释,由罪犯服刑地的中级人民法院在收到执行机关提出的减刑、假释建议书后一个月内作出裁定,案情复杂或者情况特殊的,可以延长一个月;

(四)对被判处拘役、管制的罪犯的减刑,由罪犯服刑地中级人民法院在收到同级执行机关审核同意的减刑、假释建议书后一个月内作出裁定。

对暂予监外执行罪犯的减刑,应当根据情况,分别适用前款的有关规定。"

可见,根据该条"(三)",D 正确。

综上所述,本题应当选 D。

考点 2　审判管辖

周某采用向计算机植入木马程序的方法窃取齐某的网络游戏账号、密码等信息,将窃取到的相关数据存放在其租用的服务器中,并利用这些数据将齐某游戏账户内的金币、点券等虚拟商品放在第三

参考答案:①D

方网络交易平台上进行售卖,获利5000元。下列哪些地区的法院对本案具有管辖权?(2013-2-65,多选)

A. 周某计算机所在地　　B. 齐某计算机所在地

C. 周某租用的服务器所在地　　D. 经营该网络游戏的公司所在地

答案(　　)①

【考点提示】本题考查利用计算机网络实施犯罪的管辖问题。近年来,我国的网络犯罪问题较为突出,尤其是网络诈骗等犯罪较为多发,为了最大限度地打击利用网络实施的犯罪,《最高人民法院关于适用〈中华人民共和国刑事诉讼法〉的解释》针对网络犯罪专门规定了管辖条款。

【解析】《最高人民法院关于适用〈中华人民共和国刑事诉讼法〉的解释》第2条规定:"犯罪地包括犯罪行为发生地和犯罪结果发生地。针对或者利用计算机网络实施的犯罪,犯罪地包括犯罪行为发生地的网站服务器所在地,网络接入地,网站建立者、管理者所在地,被侵害的计算机信息系统及其管理者所在地,被告人、被害人使用的计算机信息系统所在地,以及被害人财产遭受损失地。"

可见,A项,周某计算机所在地属于被告人使用的计算机信息系统所在地。A正确。

B项,齐某计算机所在地属于被害人使用的计算机信息系统所在地。B正确。

C项,周某租用的服务器所在地属于犯罪行为发生地的网站服务器所在地。C正确。

D项,经营该网络游戏的公司所在地属于网站建立者、管理者所在地。D正确。

综上所述,本题选ABCD。

美国人杰克与香港居民赵某在内地私藏枪支、弹药,公安人员查缉枪支、弹药时,赵某以暴力方法阻碍公安人员依法执行职务。下列哪一说法是正确的?(2011-2-23,单选)

A. 全案由犯罪地的基层法院审判,因为私藏枪支、弹药罪和妨碍公务罪都不属于可能判处无期徒刑以上刑罚的案件

B. 杰克由犯罪地中级法院审判,赵某由犯罪地的基层法院审判

C. 杰克由犯罪地中级法院审判,赵某由中级法院根据具体案件情况而决定是否交由基层法院审判

D. 全案由犯罪地的中级法院审判

答案(　　)②

【考点提示】本题考查审判管辖中的级别管辖,请考生重点掌握中级人民法院的管辖范围。

【解析】《刑事诉讼法》第20条规定:"中级人民法院管辖下列第一审刑事案件:

(一)危害国家安全、恐怖活动案件;

(二)可能判处无期徒刑、死刑的案件。"

《刑事诉讼法》第24条规定,刑事案件由犯罪地法院管辖。

本题中,私藏枪支、弹药罪和妨碍公务罪都不属于可能判处无期徒刑以上刑罚的案件。外国人犯罪只要不属于危害国家安全、恐怖活动案件或者可能判处无期徒刑、死刑的案件,也应当由基层人民法院管辖。因此,本题不属于中级人民法院管辖。

本题的难点在于综合考查了刑法与刑事诉讼法的知识,需要考生了解私藏枪支、弹药罪和妨碍公务罪的量刑,难度较高,但这种考查方式在刑事诉讼法真题中不太常见。

综上所述,本题选A。

某县破获一抢劫团伙,涉嫌多次入户抢劫,该县法院审理后认为,该团伙中只有主犯赵某可能被判

参考答案:①ABCD　②A

处无期徒刑。关于该案的移送管辖,下列哪些选项是正确的?(2014-2-66,多选)

A. 应当将赵某移送中级法院审理,其余被告人继续在县法院审理

B. 团伙中的未成年被告人应当一并移送中级法院审理

C. 中级法院审查后认为赵某不可能被判处无期徒刑,可不同意移送

D. 中级法院同意移送的,应当书面通知其同级检察院

答案( )①

【考点提示】本题考查级别管辖,但是本题很难,不仅考查了未成年人案件的分案处理问题,还考查了上级法院对下级法院请求移送管辖的处理问题,属于综合知识考查试题。

【解析】A项,《刑事诉讼法》第20条规定:"中级人民法院管辖下列第一审刑事案件:

(一)危害国家安全、恐怖活动案件;

(二)可能判处无期徒刑、死刑的案件。"

《最高人民法院关于适用〈中华人民共和国刑事诉讼法〉的解释》第13条规定:"一人犯数罪、共同犯罪和其他需要并案审理的案件,其中一人或者一罪属于上级人民法院管辖的,全案由上级人民法院管辖。"

本案属于团伙作案,应对秉承"就高不就低"的处理方式,将全案移送中级法院审理。A错误。

B项,《人民检察院刑事诉讼法规则(试行)》第51条规定:"人民检察院审查未成年人与成年人共同犯罪案件,一般应当将未成年人与成年人分案起诉。……"如此规定,是为了照顾未成年人的人格尊严,保护未成年犯罪嫌疑人、被告人的合法权益。本案中,未成年人与成年人共同抢劫,如果检察机关对未成年人分案起诉,就会对未成年人案件单独处理,与其他成年人的抢劫案拆分成两个独立的案件。因此,其他成年人中有人可能被判处无期徒刑而需要移送中级法院审理时,未成年人不受影响,其所涉抢劫案仍由基层法院审理即可。B错误。

C项,《最高人民法院关于适用〈中华人民共和国刑事诉讼法〉的解释》第15条第3款规定:"需要将案件移送中级人民法院审判的,应当在报请院长决定后,至迟于案件审理期限届满十五日前书面请求移送。中级人民法院应当在接到申请后十日内作出决定。不同意移送的,应当下达不同意移送决定书,由请求移送的人民法院依法审判;同意移送的,应当下达同意移送决定书,并书面通知同级人民检察院。"可见,中级法院可以不同意移送。C正确。

D项,《最高人民法院关于适用〈中华人民共和国刑事诉讼法〉的解释》第14条规定:"上级人民法院决定审判下级人民法院管辖的第一审刑事案件的,应当向下级人民法院下达改变管辖决定书,并书面通知同级人民检察院。"可见,D正确。

综上所述,本题应当选CD。

甲省A市副市长涉嫌受贿2000万元,为保证诉讼顺利进行,拟指定甲省B市管辖。关于本案指定管辖,下列哪一选项是正确的?(2016-2-24,单选)

A. 如指定B市中级法院审理,应由B市检察院侦查并提起公诉

B. 甲省检察院可指定B市检察院审查起诉并指定B市中级法院审理

C. 可由最高检察院直接指定B市检察院立案侦查

D. 如甲省高级法院指定B市中级法院审理,A市中级法院应将案卷材料移送B市中级法院

答案( )②

参考答案:①CD ②C

【考点提示】本题考查指定管辖,需要考生注意,在我国,法院和检察院虽然同属司法机关,检察院作为法律监督机关也可以监督法院,法院和检察院之间没有隶属管辖,法院不可以命令检察院,检察院也不能指示法院。

【解析】A 项,甲省高级法院有权将案件由 A 市中级法院指定给 B 市中级法院管辖,但这里指定的是"审判管辖",而非"立案、侦查管辖",对于立案、侦查来说,该副市长的受贿案仍应当由甲省 A 市检察院立案、侦查,A 市检察院侦查终结后,可以将案件移送甲省 B 市检察院审查起诉,B 市检察院决定起诉的,可以向甲省 B 市中级法院提起公诉。A 错误。

B 项,在我国,检察院上下级之间是领导与被领导的关系,因此,甲省检察院可指定 B 市检察院审查起诉。但是,检察院却不能领导法院,检察院和法院是并列的分管起诉和审判的司法机关,因此,甲省检察院无权指定 B 市中级法院审理。B 错误。

C 项,由于我国检察系统是上命下从的领导与被领导的行政管理体制,最高检察院作为最高司法机关有权直接指定 B 市检察院立案侦查。C 正确。

D 项,《最高人民法院关于适用〈中华人民共和国刑事诉讼法〉的解释》第 20 条规定:"原受理案件的人民法院在收到上级人民法院改变管辖决定书、同意移送决定书或者指定其他人民法院管辖决定书后,对公诉案件,应当书面通知同级人民检察院,并将案卷材料退回,同时书面通知当事人;对自诉案件,应当将案卷材料移送被指定管辖的人民法院,并书面通知当事人。"可见,如甲省高级法院指定 B 市中级法院审理,A 市中级法院应将案卷材料移退回 A 市检察院,由 A 市检察院移送 B 市检察院,再由 B 市检察院向 B 市中级法院提起公诉。A 市中级法院不可以将案卷材料直接移送 B 市中级法院。D 错误。

综上所述,本题应当选 C。

甲、乙(户籍地均为 M 省 A 市)共同运营一条登记注册于 A 市的远洋渔船。某次在公海捕鱼时,甲乙二人共谋杀害了与他们素有嫌隙的水手丙。该船回国后首泊于 M 省 B 市港口以作休整,然后再航行至 A 市。从 B 市起航后,在途经 M 省 C 市航行至 A 市过程中,甲因害怕乙投案自首一直将乙捆绑拘禁于船舱。该船于 A 市靠岸后案发。关于本案管辖,下列选项正确的是:(2016－2－92,不定项)

A. 故意杀人案和非法拘禁案应分别由中级法院和基层法院审理

B. A 市和 C 市对非法拘禁案有管辖权

C. B 市中级法院对故意杀人案有管辖权

D. A 市中级法院对故意杀人案有管辖权

答案(　　　)①

【考点提示】本题综合考查级别管辖、地区管辖和特殊情况管辖。

【解析】A 项,《刑事诉讼法》第 20 条规定:"中级人民法院管辖下列第一审刑事案件:

(一)危害国家安全、恐怖活动案件;

(二)可能判处无期徒刑、死刑的案件。"

《最高人民法院关于适用〈中华人民共和国刑事诉讼法〉的解释》第 13 条规定:"一人犯数罪、共同犯罪和其他需要并案审理的案件,其中一人或者一罪属于上级人民法院管辖的,全案由上级人民法院管辖。"

本案中,甲故意杀人案如果有可能被判处无期徒刑或者死刑,应当由中级法院管辖,因此,其涉嫌

参考答案:①BC

的非法拘禁案也应当由中级法院管辖,A 错误。

B 项,《最高人民法院关于适用〈中华人民共和国刑事诉讼法〉的解释》第 2 条规定:“犯罪地包括犯罪行为发生地和犯罪结果发生地。”本案针对非法拘禁案中,在途经 M 省 C 市航行至 A 市过程中,甲因害怕乙投案自首一直将乙捆绑拘禁于船舱,整个拘禁犯罪行为地和结果地在 A 市和 C 市,所以 A 市和 C 市对非法拘禁案有管辖权。B 正确。

CD 项,《最高人民法院关于适用〈中华人民共和国刑事诉讼法〉的解释》第 4 条:“在中华人民共和国领域外的中国船舶内的犯罪,由该船舶最初停泊的中国口岸所在地的人民法院管辖。”甲乙二人在远洋渔船上故意杀害丙后,该船回国后首泊于 M 省 B 市港口以作休整,最初停泊的中国口岸所在地为 B 市,所以 B 市中级法院对故意杀人案有管辖权。C 正确,D 错误。

综上所述,本题应当选 BC。

考题拓展

甲非法拘禁乙于某市 A 区,后又用汽车经该市 B 区、C 区,将乙转移到 D 区继续拘禁。对于甲所涉非法拘禁案,下列哪些法院依法享有管辖权?(2006 - 2 - 66,多选)

A. A 区法院

B. B 区法院

C. C 区法院

D. D 区法院

答案(　　　)①

【解析】在地区管辖问题上,我国奉行犯罪地管辖为主、居住地管辖为辅的原则。也就是说,刑事案件由犯罪地的人民法院管辖。如果由被告人居住地的人民法院审判更为适宜的,可以由被告人居住地的人民法院管辖。

由于非法拘禁是继续犯,甲与乙经过的 ABCD 四区都可看作犯罪地。其中 A 区、D 区为主要犯罪地,B 区、C 区也为犯罪地,因此四地法院都有管辖权。故本题正确答案为 ABCD。

参考答案:①ABCD

专题五 回 避

点评：

本章比较重要，平均每年出一道题。本章知识点主要包括：回避的适用人员，回避的理由，回避的种类，回避的期间，回避的申请与决定，回避的申请复议。

考生需要重点掌握回避的理由、回避的申请与决定、回避的复议。

考点1 回避的理由

法院审理过程中，被告人赵某在最后陈述时，以审判长数次打断其发言为理由申请更换审判长。对于这一申请，下列哪一说法是正确的？（2013－2－28，单选）

A. 赵某的申请理由不符合法律规定，法院院长应当驳回申请

B. 赵某在法庭调查前没有申请回避，法院院长应当驳回申请

C. 如法院作出驳回申请的决定，赵某可以在决定作出后五日内向上级法院提出上诉

D. 如法院作出驳回申请的决定，赵某可以向上级法院申请复议一次

答案（　　　）①

【考点提示】 回避从理论上可以区分为有因回避和无因回避。有因回避是指申请回避必须具有法定的回避理由，无因回避是指申请回避无需提出特定的法定理由。我国只适用有因回避。

【解析】 A项，《刑事诉讼法》28条规定："审判人员、检察人员、侦查人员有下列情形之一的，应当自行回避，当事人及其法定代理人也有权要求他们回避：

（一）是本案的当事人或者是当事人的近亲属的；

（二）本人或者他的近亲属和本案有利害关系的；

（三）担任过本案的证人、鉴定人、辩护人、诉讼代理人的；

（四）与本案当事人有其他关系，可能影响公正处理案件的。"

《刑事诉讼法》第29条规定："审判人员、检察人员、侦查人员不得接受当事人及其委托的人的请客送礼，不得违反规定会见当事人及其委托的人。

审判人员、检察人员、侦查人员违反前款规定的，应当依法追究法律责任。当事人及其法定代理人有权要求他们回避。"

本题中，赵某申请回避的理由是审判长打断其发言，不属于以上法定的回避理由。在我国的庭审中，法官负责指挥、推进庭审进程，各方诉讼参与主体都应当听从法官的指挥，法官打断当事人发言属

参考答案：①A

于法官职权范围内的事,并无不妥。A 正确。

B 项,申请回避可以在各个诉讼阶段进行,并不必然限制于法庭调查前。B 错误。

C 项,对于驳回回避申请决定的救济方式应当是申请复议,而不能是上诉或者抗诉。C 错误。

D 项,《最高人民法院关于适用〈中华人民共和国刑事诉讼法〉的解释》第 30 条第 2 款规定:"当事人及其法定代理人申请回避被驳回的,可以在接到决定时申请复议一次。不属于刑事诉讼法第二十八条、第二十九条规定情形的回避申请,由法庭当庭驳回,并不得申请复议。本案中,赵某申请回避的理由不是法定回避理由,应由法庭当庭驳回其申请,并且赵某不能提起复议。"此外,就算赵某可以复议,也应当向作出驳回回避申请决定的法院申请复议,而非向上级法院复议。故 D 错误。

综上所述,本题选 A。

林某盗版销售著名作家黄某的小说涉嫌侵犯著作权罪,经一审和二审后,二审法院裁定撤销原判,发回原审法院重新审判。关于该案的回避,下列哪些选项是正确的?(2014－2－67,多选)

A. 一审法院审判委员会委员甲系林某辩护人妻子的弟弟,黄某的代理律师可申请其回避

B. 一审书记员乙系林某的表弟而未回避,二审法院可以此为由裁定发回原审法院重审

C. 一审合议庭审判长丙系黄某的忠实读者,应当回避

D. 丁系二审合议庭成员,如果林某对一审法院重新审判作出的裁判不服再次上诉至二审法院,丁应当自行回避

答案(　　　)①

【考点提示】根据我国《刑事诉讼法》及《最高人民法院关于适用〈中华人民共和国刑事诉讼法〉的解释》的规定,法定的回避理由很多,可以区分为特定身份回避、违法违规回避、跨越阶段回避、律师执业回避等,但导致公安机关、人民检察院和人民法院人员回避的理由万变不离其宗即存在可能有违司法公正的利害关系。

【解析】A 项,一方面,《刑事诉讼法》第 28 条规定:"审判人员、检察人员、侦查人员有下列情形之一的,应当自行回避,当事人及其法定代理人也有权要求他们回避:

(一)是本案的当事人或者是当事人的近亲属的;

(二)本人或者他的近亲属和本案有利害关系的;

(三)担任过本案的证人、鉴定人、辩护人、诉讼代理人的;

(四)与本案当事人有其他关系,可能影响公正处理案件的。"

可见,"一审法院审判委员会委员甲系林某辩护人妻子的弟弟"属于该条(四)的回避情形。

另一方面,《刑事诉讼法》第 31 条第 2 款规定:"辩护人、诉讼代理人可以依照本章的规定要求回避、申请复议。"可见,黄某的代理律师可申请回避。A 正确。

B 项,《刑事诉讼法》第 31 条第 1 款规定:"本章关于回避的规定适用于书记员、翻译人员和鉴定人。"可见,书记员适用回避。根据上述《刑事诉讼法》第 28 条(四),书记员系林某亲属,可能影响公正审判,本应回避但一审中未回避。

《刑事诉讼法》第 227 条规定:"第二审人民法院发现第一审人民法院的审理有下列违反法律规定的诉讼程序的情形之一的,应当裁定撤销原判,发回原审人民法院重新审判:

(一)违反本法有关公开审判的规定的;

(二)违反回避制度的;

参考答案:①AB

（三）剥夺或者限制了当事人的法定诉讼权利，可能影响公正审判的；

（四）审判组织的组成不合法的；

（五）其他违反法律规定的诉讼程序，可能影响公正审判的。”

根据该条（二），二审法院应当撤销原判、发回重审。需要注意的是，该项的表述是“可以此为由”，这里的“可”没错，二审法院“可”以此为由，但一旦以此为由，就是“应当”撤销原判、发回重审。B正确。

C项，“忠实读者”不属于存在利害关系或者会影响公正审判的原因，也就是说，不属于法定回避理由。C错误。

D项，《刑事诉讼法》第228条规定：“原审人民法院对于发回重新审判的案件，应当另行组成合议庭，依照第一审程序进行审判。……”可见，二审发回第一审法院重新审判，第一审法院应当另行组成合议庭，也就是说，原合议庭应当回避。立法及司法解释没有关于被告人对一审法院重新审判作出的裁判不服再次上诉至二审法院后，二审法院合议庭成员应当回避的规定。D错误。

综上所述，本题应当选AB。

未成年人小付涉嫌故意伤害袁某，袁某向法院提起自诉。小付的父亲委托律师黄某担任辩护人，袁某委托其在法学院上学的儿子担任诉讼代理人。本案中，下列哪些人有权要求审判人员回避？（2015－2－68，多选）

A. 黄某　　B. 袁某

C. 袁某的儿子　　D. 小付的父亲

答案（　　）①

【考点提示】本题考查回避的申请主体。

【解析】能够申请回避的主体包括：当事人、法定代理人、辩护人和诉讼代理人。

当事人包括：被害人、自诉人、犯罪嫌疑人、被告人、附带民事诉讼原告人、附带民事诉讼被告人。

本题中，黄某属于辩护人。袁某是自诉人，属于当事人。袁某的儿子属于诉讼代理人。小付是未成年人，小付的父亲属于法定代理人。他们都有权申请回避。

综上所述，本题应当选ABCD。

考点2　回避的决定

甲涉嫌刑讯逼供罪被立案侦查。甲以该案侦查人员王某与被害人存在近亲属关系为由，提出回避申请。对此，下列哪一选项是错误的？（2010－2－21，单选）

A. 王某可以口头提出自行回避的申请

B. 作出回避决定以前，王某不能停止案件的侦查工作

C. 王某的回避由公安机关负责人决定

D. 如甲的回避申请被驳回，甲有权申请复议一次

答案（　　）②

【考点提示】本题综合考查回避制度，涉及回避的申请方式、侦查人员的回避、回避的决定、回避的复议。

参考答案：①ABCD　②C

【解析】A 项,《人民检察院刑事诉讼法规则(试行)》第 8 条第 1 款规定:“人民检察院立案侦查贪污贿赂犯罪、国家工作人员的渎职犯罪、国家机关工作人员利用职权实施的非法拘禁、刑讯逼供、报复陷害、非法搜查的侵犯公民人身权利的犯罪以及侵犯公民民主权利的犯罪案件。”本案中,刑讯逼供罪系国家机关工作人员利用职权实施的犯罪,属于检察院管辖。

《人民检察院刑事诉讼法规则(试行)》第 21 条规定:“检察人员自行回避的,可以口头或者书面提出,并说明理由。口头提出申请的,应当记录在案。”可见,王某可以口头提出自行回避的申请。A 正确。

B 项,《刑事诉讼法》第 30 条第 2 款:“对侦查人员的回避作出决定前,侦查人员不能停止对案件的侦查。”所以,在作出回避决定以前,王某不能停止案件的侦查工作。B 正确。

C 项,《刑事诉讼法》第 30 条第 1 款规定:“审判人员、检察人员、侦查人员的回避,应当分别由院长、检察长、公安机关负责人决定;……”本案中,刑讯逼供罪的侦查机关是检察院,王某的回避应由检察长决定,公安机关负责人无权决定。C 错误。

D 项,《刑事诉讼法》第 30 条第 3 款规定:“对驳回申请回避的决定,当事人及其法定代理人可以申请复议一次。”可见,甲作为当事人有权申请复议一次。D 正确。

综上所述,本题答案为 C。

考点 3　回避的复议

郭某(16 岁)与罗某发生争执,被打成轻伤,遂向法院提起自诉。法庭审理中,罗某提出,审判员李某曾在开庭前违反规定与自诉人父亲及姐姐会见,要求李某回避,但郭某父亲及姐姐均否认此事。法院院长经过审查作出李某回避的决定。下列何人有权要求对回避决定进行复议?(2011－2－24,单选)

A. 郭某　　B. 郭某父亲

C. 郭某姐姐　　D. 李某

答案(　　　)①

【考点提示】根据 1996 年《刑事诉讼法》的规定,被决定回避的人(公安机关、人民检察院和人民法院人员)与被驳回回避申请的人(当事人、法定代理人)对回避决定不服,均可提出复议。但 2012 年修正,2013 年生效的《刑事诉讼法》仅规定被驳回回避申请的人有权对驳回回避的决定申请复议一次,被决定回避的人无权对回避决定申请复议。

【解析】1998 年《最高人民法院关于适用〈中华人民共和国刑事诉讼法〉的解释》曾规定,被驳回回避申请的人(当事人等人)对驳回回避的决定不服,可以申请复议一次。被决定回避的人(相关公安机关、人民检察院和人民法院人员)对回避决定不服,可以申请复议一次。2012 年修正,2013 年生效的《最高人民法院关于适用〈中华人民共和国刑事诉讼法〉的解释》第 30 条第 2 款的规定:“当事人及其法定代理人申请回避被驳回的,可以在接到决定时申请复议一次。不属于刑事诉讼法第二十八条、第二十九条规定情形的回避申请,由法庭当庭驳回,并不得申请复议。”

可见,被决定回避的人(相关公安机关、人民检察院和人民法院人员)对回避决定不服,无权再申请

参考答案:①根据现行法律无答案

复议。原因是，相关公安机关、人民检察院和人民法院人员被决定回避后，已经实现了回避制度的设计目的，相关公安机关、人民检察院和人民法院人员被决定回避并不等于对其有否定评价，不能办理这一案件，还可以办理其他案件。因此，无需再申请复议。

本案中，李法官被决定回避，退出庭审程序即可，无需再申请复议，郭某及其法定代理人有权针对驳回回避申请的决定复议，但无权对回避决定复议。故，没有正确答案。

考题拓展

庭审过程中，被告人赵某指出，公诉人的书记员李某曾在侦查阶段担任鉴定人，并据此要求李某回避。对于赵某的回避申请，下列哪一选项是正确的？（2007 -2 -34，单选）

A. 法庭应以不属于法定回避情形为由当庭驳回

B. 法庭应以符合法庭回避情形为由当庭做出回避决定

C. 李某应否回避需提交法院院长决定

D. 李某应否回避需提交检察院检察长决定

答案（　　）①

【解析】 法官无权决定检察官回避。如果当事人及其法定代理人申请出庭的检察人员回避的，人民法院应当决定休庭，并通知人民检察院。故，本题赵某申请公诉人的书记员李某回避，法院应当休庭，并通知检察院，最后李某是否回避应当由检察院的检察长决定，本题应当选 D。

参考答案：①D

专题六 辩护与代理

点评:

辩护与代理是司考刑事诉讼法的重要考点,一方面,辩护是刑事诉讼法三大诉讼职能(控诉、辩护、审判)中的重要一极。离开了辩护,诉讼构造将不完整,司法将不公正;另一方面,我国的司法实践中,辩护律师在行使辩护权的过程中仍然会遇到不少困难。但是,如果辩护权无法得到保障,犯罪嫌疑人、被告人的诉讼权利就会受损,其合法权益可能会被侵犯。2012 年修正,2013 年生效的《刑事诉讼法》在辩护权保障、法律援助与拒绝辩护等方面进行了修改和完善,考生应当重点复习。

考点1 有效辩护原则

关于有效辩护原则,下列哪些理解是正确的?(2015 -2 -69,多选)

A. 有效辩护原则的确立有助于实现控辩平等对抗

B. 有效辩护是一项主要适用于审判阶段的原则,但侦查、审查起诉阶段对辩护人权利的保障是审判阶段实现有效辩护的前提

C. 根据有效辩护原则的要求,法庭审理过程中一般不应限制被告人及其辩护人发言的时间

D. 指派没有刑事辩护经验的律师为可能被判处无期徒刑、死刑的被告人提供法律援助,有违有效辩护原则

答案(　　　)①

【考点提示】本题考查有效辩护原则。有效辩护原则是2015 年司考刑诉大纲中新增考点。

【解析】根据《国家司法考试辅导用书》(三大本)中的表述:"有效辩护原则是辩护权的体现,也是对辩护权的保障。在刑事诉讼中,辩护应当对保护犯罪嫌疑人、被告人的权利具有实质意义,而不仅仅是形式上的,这就是有效辩护原则的基本要求。具体来说,有效辩护原则应当包括以下几个方面的内容:(1)犯罪嫌疑人、被告人作为刑事诉讼的当事人在整个诉讼过程中应当享有充分的辩护权;(2)允许犯罪嫌疑人、被告人聘请合格的能够有效履行辩护职责的辩护人为其辩护,这种辩护同样应当覆盖从侦查到审判甚至执行阶段的整个刑事诉讼过程;(3)国家应当保障犯罪嫌疑人、被告人自行辩护权的充分行使,并通过设立法律援助制度确保犯罪嫌疑人、被告人能够获得复核最低标准并具有实质意义的律师帮助。有效辩护原则的确立,是人类社会文明、进步在刑事诉讼中的体现,体现了犯罪嫌疑人、被告人刑事诉讼主体地位的确立和人权保障的理念,还有助于强化辩方成为影响诉讼进程的重要力量,维系控辩平等对抗和审判方居中'兼听则明'的刑事诉讼构造。"

参考答案:①ACD

可见,“有助于强化辩方成为影响诉讼进程的重要力量,维系控辩平等对抗”,A 正确。

“这种辩护同样应当覆盖从侦查到审判甚至执行阶段的整个刑事诉讼过程”,B 说“有效辩护是一项主要适用于审判阶段的原则”错误。

“犯罪嫌疑人、被告人作为刑事诉讼的当事人在整个诉讼过程中应当享有充分的辩护权”,“不应限制被告人及其辩护人发言的时间”属于保障辩护权的应有之义。C 正确。

“通过设立法律援助制度确保犯罪嫌疑人、被告人能够获得复核最低标准并具有实质意义的律师帮助”,而如果“指派没有刑事辩护经验的律师为可能被判处无期徒刑、死刑的被告人提供法律援助”,显然无法保障被告人获得实质意义的律师帮助。D 正确。

综上所述,本题应当选 ACD。

考点 2 辩护人的范围

鲁某与洪某共同犯罪,洪某在逃。沈律师为鲁某担任辩护人。案件判决生效三年后,洪某被抓获并被起诉。关于沈律师可否担任洪某辩护人,下列哪一说法是正确的?(2013 - 2 - 29,单选)

A. 沈律师不得担任洪某辩护人

B. 如果洪某系法律援助对象,沈律师可以担任洪某辩护人

C. 如果被告人洪某同意,沈律师可以担任洪某辩护人

D. 如果公诉人未提出异议,沈律师可以担任洪某辩护人

答案(　　　)①

【考点提示】 本题考查辩护人的范围,属于常规考查点。

【解析】《最高人民法院、最高人民检察院、公安部、国家安全部、司法部、全国人大常委会法制工作委员会关于实施刑事诉讼法若干问题的规定》第 4 条规定:“……一名辩护人不得为两名以上的同案犯罪嫌疑人、被告人辩护,不得为两名以上的未同案处理但实施的犯罪存在关联的犯罪嫌疑人、被告人辩护。”

本题中,鲁某、洪某属于共同犯罪,属于同案犯。虽然洪某在逃并在鲁某案件判决 3 年后才归案,但这并不改变鲁某、洪某之间的同案犯关系。因此沈律师担任鲁某辩护人后不得再为洪某辩护。A 正确,BCD 错误。

此外,请考生扩展理解一下,为什么一名辩护人不得为两名以上的同案犯罪嫌疑人、被告人辩护,不得为两名以上的未同案处理但实施的犯罪存在关联的犯罪嫌疑人、被告人辩护?这是为了避免使律师陷入辩护立场上的“人格分裂”。譬如,甲乙共同盗窃,王律师同时为甲乙辩护,在法庭上就会出现以下匪夷所思的场景,当王律师为甲辩护时,会辩称甲是从犯,乙是主犯;为乙辩护时,又会转而辩称甲是主犯,乙是从犯。这种自相矛盾的辩护不仅不利于保护被告人合法权益,也容易让法官产生混乱和反感的情绪。

综上所述,本题选 A。

法官齐某从 A 县法院辞职后,在其妻洪某开办的律师事务所从业。关于齐某与洪某的辩护人资格,下列哪一选项是正确的?(2016 - 2 - 25,单选)

A. 齐某不得担任 A 县法院审理案件的辩护人

B. 齐某和洪某不得分别担任同案犯罪嫌疑人的辩护人

参考答案:①A

C. 齐某和洪某不得同时担任同一犯罪嫌疑人的辩护人

D. 洪某可以律师身份担任A县法院审理案件的辩护人

答案（　　）①

【考点提示】本题综合考查犯罪嫌疑人、被告人委托辩护人的人数和检察官、法官辞职后从事律师业务的执业禁止。

【解析】A项，《最高人民法院关于适用〈中华人民共和国刑事诉讼法〉的解释》第36条第1款规定："**审判人员和人民法院其他工作人员从人民法院离任后二年内，不得以律师身份担任辩护人。**"

可见，齐某只是不得担任以律师身份担任A县法院审理案件的辩护人，但不以律师身份担任辩护人不受限制。A错误。

BC项，《最高人民法院关于适用〈中华人民共和国刑事诉讼法〉的解释》第38条第2款规定："**一名辩护人不得为两名以上的同案被告人，或者未同案处理但犯罪事实存在关联的被告人辩护。**"但并未规定两名辩护人不得分别担任同案犯罪嫌疑人的辩护人或者不得同时担任同一犯罪嫌疑人的辩护人。BC错误。

D项，《最高人民法院关于适用〈中华人民共和国刑事诉讼法〉的解释》第36条第3款规定："审判人员和人民法院其他工作人员的配偶、子女或者父母不得担任其任职法院所审理案件的辩护人，但作为被告人的监护人、近亲属进行辩护的除外。"可见，本案中，洪某虽然是齐某的配偶，但齐某已经辞职，其身份已经不是法院工作人员，因此，洪某可以律师身份担任A县法院审理案件的辩护人。D正确。

综上所述，本题应当选D。

郭某涉嫌招摇撞骗罪。在检察机关审查起诉时，郭某希望委托辩护人。下列哪一人员可以被委托担任郭某的辩护人？（2009-2-23，单选）

A. 郭某的爷爷，美籍华人

B. 郭某的儿子，16岁

C. 郭某的朋友甲，曾为郭某招摇撞骗伪造国家机关证件

D. 郭某的朋友乙，司法行政部门负责人

答案（　　）②

【考点提示】本题考查辩护人范围中哪些人可以担任辩护人、哪些人不可以担任辩护人。此考点较为重要，尤其是请考生重点掌握不能担任辩护人的范围及例外。

【解析】《最高人民法院关于适用〈中华人民共和国刑事诉讼法〉的解释》第35条规定："人民法院审判案件，应当充分保障被告人依法享有的辩护权利。被告人除自己行使辩护权以外，还可以委托辩护人辩护。下列人员不得担任辩护人：(1)正在被执行刑罚或者处于缓刑、假释考验期间的人；(2)依法被剥夺、限制人身自由的人；(3)无行为能力或者限制行为能力的人；(4)人民法院、人民检察院、公安机关、国家安全机关、监狱的现职人员；(5)人民陪审员；(6)与本案审理结果有利害关系的人；(7)外国人或者无国籍人。前款第4项至第7项规定的人员，如果是被告人的监护人、近亲属，由被告人委托担任辩护人的，可以准许。"

本题中，A项，郭某的爷爷是外国人，不是郭某的近亲属或监护人，不能担任郭某的辩护人。A不正确。

B项，郭某的儿子是未成年人，属于限制行为能力人，按照《最高人民法院关于适用〈中华人民共和国刑事诉讼法〉的解释》第35条第(3)规定，不能担任辩护人。B不正确。

C项，甲为郭某招摇撞骗伪造国家机关证件，与郭某犯罪存在关联或者是共犯，虽然没有明确交代

参考答案：①D　②D

甲是否被剥夺或者限制人身自由,但在司法实践中,不可能让共犯或者关联犯担任辩护人。C 不正确。

D 项,乙是郭某的朋友,司法行政部门负责人不属于法定的不能担任辩护人的人员,可以担任辩护人。D 项正确。

综上所述,本题答案是 D 项。

考点3 辩护权利与义务

关于辩护律师在刑事诉讼中享有的权利和承担的义务,下列哪一说法是正确的?(2012-2-25,单选)

A. 在侦查期间可以向犯罪嫌疑人核实证据

B. 会见在押的犯罪嫌疑人、被告人,可以了解案件有关情况

C. 收集到的有利于犯罪嫌疑人的证据,均应及时告知公安机关、检察院

D. 在执业活动中知悉犯罪嫌疑人、被告人曾经实施犯罪的,应及时告知司法机关

答案(　　)①

【考点提示】本题综合考查辩护人的权利和义务。辩护人的权利和义务是辩护权的核心,也是每年司考中的必考点,需要认真学习。

【解析】AB 项,《刑事诉讼法》第 37 条第 4 款规定:"辩护律师会见在押的犯罪嫌疑人、被告人,可以了解案件有关情况,提供法律咨询等;自案件移送审查起诉之日起,可以向犯罪嫌疑人、被告人核实有关证据。辩护律师会见犯罪嫌疑人、被告人时不被监听。"

可见,律师自移送审查起诉之日起才能向犯罪嫌疑人核实证据。A 错误,B 正确。

C 项,《刑事诉讼法》第 40 条规定:"辩护人收集的有关犯罪嫌疑人不在犯罪现场、未达到刑事责任年龄、属于依法不负刑事责任的精神病人的证据,应当及时告知公安机关、人民检察院。"

可见,律师有义务及时告知公安机关、检察院的事由仅限于犯罪嫌疑人"不在场"、"不够大"和"不正常"三种情况,并不是所有有利于犯罪嫌疑人的证据都应当及时告知公安机关、检察院。C 错误。

D 项,《刑事诉讼法》第 46 条规定:"辩护律师对在执业活动中知悉的委托人的有关情况和信息,有权予以保密。但是,辩护律师在执业活动中知悉委托人或者其他人,准备或者正在实施危害国家安全、公共安全以及严重危害他人人身安全的犯罪的,应当及时告知司法机关。"

可见,针对"危害国家安全、公共安全以及严重危害他人人身安全的犯罪",只有当行为处于"准备或者正在"的状态,律师才有义务揭发检举。因此,对于在执业活动中知悉犯罪嫌疑人、被告人"曾经"实施的犯罪行为,辩护律师没有揭发检举的义务。D 错误。

综上所述,本题答案为 B。

刘某涉嫌特别重大贿赂犯罪被指定居所监视居住,律师洪某担任其辩护人。关于洪某在侦查阶段参与刑事诉讼,下列哪些选项是正确的?(2014-2-68,多选)

A. 会见刘某应当经公安机关许可

B. 可申请将监视居住的地点变更为刘某的住处

C. 可向刘某核实有关证据

参考答案:①B

D. 会见刘某不受监听

答案（　　）①

【考点提示】本题综合考查辩护权利，对于特别重大的贿赂犯罪，一定注意侦查机关是检察院而非公安机关。

【解析】A 项，《刑事诉讼法》第 37 条第 3 款规定："危害国家安全犯罪、恐怖活动犯罪、特别重大贿赂犯罪案件，在侦查期间辩护律师会见在押的犯罪嫌疑人，应当经侦查机关许可。上述案件，侦查机关应当事先通知看守所。"

《刑事诉讼法》第 37 条第 5 款规定："辩护律师同被监视居住的犯罪嫌疑人、被告人会见、通信，适用第一款、第三款、第四款的规定。"

可见，A 中，刘某涉嫌特别重大贿赂犯罪被指定居所监视居住，刘某律师在会见刘某前应当取得侦查机关的许可，侦查机关应当是检察院而非公安机关。A 错误。

B 项，《刑事诉讼法》第 95 条规定："犯罪嫌疑人、被告人及其法定代理人、近亲属或者辩护人有权申请变更强制措施。人民法院、人民检察院和公安机关收到申请后，应当在三日以内作出决定；不同意变更强制措施的，应当告知申请人，并说明不同意的理由。"可见，洪某作为辩护人可申请将监视居住的地点变更为刘某的住处，属于"申请变更强制措施"。B 正确。

CD 项，《刑事诉讼法》第 37 条第 4 款规定："辩护律师会见在押的犯罪嫌疑人、被告人，可以了解案件有关情况，提供法律咨询等；自案件移送审查起诉之日起，可以向犯罪嫌疑人、被告人核实有关证据。辩护律师会见犯罪嫌疑人、被告人时不被监听。"可见，自案件移送审查起诉之日起才能核实证据，侦查阶段不允许核实证据。C 错误。辩护律师会见犯罪嫌疑人、被告人时不被监听。D 正确。

综上所述，本题应当选 BD。

郭某涉嫌参加恐怖组织罪被逮捕，随后委托律师姜某担任辩护人。关于姜某履行辩护职责，下列哪一选项是正确的？（2016－2－26，单选）

A. 姜某到看守所会见郭某时，可带 1－2 名律师助理协助会见

B. 看守所可对姜某与郭某的往来信件进行必要的检查，但不得截留、复制

C. 姜某申请法院收集、调取证据而法院不同意的，法院应书面说明不同意的理由

D. 法庭审理中姜某作无罪辩护的，也可当庭对郭某从轻量刑的问题发表辩护意见

答案（　　）②

【考点提示】本题综合考查辩护人的权利。请注意，本题考查了**最高人民法院、最高人民检察院、公安部、国家安全部、司法部《关于依法保障律师执业权利的规定》，该规定是 2016 年司法考试大纲中的新增考点，每年的新增考点一定是当年的必考重点。**

【解析】A 项，**最高人民法院、最高人民检察院、公安部、国家安全部、司法部《关于依法保障律师执业权利的规定》第 7 条第 4 款中规定，辩护律师可以带一名律师助理协助会见。**而 A 中说姜某到看守所会见郭某时，可带 1－2 名律师助理协助会见，错误。

B 项，最高人民法院、最高人民检察院、公安部、国家安全部、司法部《关于依法保障律师执业权利的规定》第 13 条规定："看守所应当及时传递辩护律师同犯罪嫌疑人、被告人的往来信件。看守所可以对信件进行必要的检查，但不得截留、复制、删改信件，不得向办案机关提供信件内容，但信件内容涉及危害国家安全、公共安全、严重危害他人人身安全以及涉嫌串供、毁灭证据等情形的除外。"本案中，郭

参考答案：①BD　②D

某涉嫌参加恐怖组织罪，该犯罪显然属于涉及危害公共安全或者严重危害他人人身安全，因此看守所可以对信件截留、复制。B 错误。

C 项，最高人民法院、最高人民检察院、公安部、国家安全部、司法部《关于依法保障律师执业权利的规定》第 18 条规定："辩护律师申请人民检察院、人民法院收集、调取证据的，人民检察院、人民法院应当在三日以内作出是否同意的决定，并通知辩护律师。辩护律师书面提出有关申请时，办案机关不同意的，应当书面说明理由；辩护律师口头提出申请的，办案机关可以口头答复。"可见，如果辩护律师口头提出申请的，办案机关也可以口头答复。C 错误。

D 项，最高人民法院、最高人民检察院、公安部、国家安全部、司法部《关于依法保障律师执业权利的规定》第 35 条规定："辩护律师作无罪辩护的，可以当庭就量刑问题发表辩护意见，也可以庭后提交量刑辩护意见。法庭审理中姜某作无罪辩护的，也可当庭对郭某从轻量刑的问题发表辩护意见。D 正确。

综上所述，本题应当选 D。

根据《刑事诉讼法》的规定，辩护律师收集到的下列哪一证据应及时告知公安机关、检察院？（2016 - 2 - 27，单选）

A. 强奸案中被害人系精神病人的证据

B. 故意伤害案中犯罪嫌疑人系正当防卫的证据

C. 投放危险物质案中犯罪嫌疑人案发时在外地出差的证据

D. 制造毒品案中犯罪嫌疑人犯罪时刚满 16 周岁的证据

答案（　　）①

【考点提示】 本题考查辩护人的义务，比较简单。

【解析】《刑事诉讼法》第 40 条规定："辩护人收集的有关犯罪嫌疑人不在犯罪现场、未达到刑事责任年龄、属于依法不负刑事责任的精神病人的证据，应当及时告知公安机关、人民检察院。"

可见，只有 C 项符合该条文要求。A 项中被害人是精神病，必须是犯罪嫌疑人是不负刑事责任的精神病人才适用。B 项中正当防卫不符合该条文规定。D 项中制造毒品案中犯罪嫌疑人已满 16 岁，不属于未达刑事责任年龄的情形。ABD 均错误。

综上所述，本题应当选 C。

考点 4 拒绝辩护

在法庭审判中，被告人翻供，否认犯罪，并当庭拒绝律师为其进行有罪辩护。合议庭对此问题的处理，下列哪一选项是正确的？（2013 - 2 - 38，单选）

A. 被告人有权拒绝辩护人辩护，合议庭应当准许

B. 辩护律师独立辩护，不受当事人意思表示的约束，合议庭不应当准许拒绝辩护

C. 属于应当提供法律援助的情形的，合议庭不应当准许拒绝辩护

D. 有多名被告人的案件，部分被告人拒绝辩护人辩护的，合议庭不应当准许

答案（　　）②

【考点提示】 拒绝辩护是重点知识点。拒绝辩护可以被区分为辩护律师拒绝为犯罪嫌疑

参考答案：①C　②A

人、被告人辩护和犯罪嫌疑人、被告人拒绝律师进行辩护。其中,犯罪嫌疑人、被告人拒绝律师辩护是考试重点。考生注意,《最高人民法院关于适用〈中华人民共和国刑事诉讼法〉的解释》中关于拒绝辩护的法律规定看似有些冲突,需要仔细分析。

【解析】《最高人民法院关于适用〈中华人民共和国刑事诉讼法〉的解释》第45条规定:"被告人拒绝法律援助机构指派的律师为其辩护,坚持自己行使辩护权的,人民法院应当准许。

属于应当提供法律援助的情形,被告人拒绝指派的律师为其辩护的,人民法院应当查明原因。理由正当的,应当准许,但被告人须另行委托辩护人;被告人未另行委托辩护人的,人民法院应当在三日内书面通知法律援助机构另行指派律师为其提供辩护。"

《最高人民法院关于适用〈中华人民共和国刑事诉讼法〉的解释》第254条规定:"被告人当庭拒绝辩护人辩护,要求另行委托辩护人或者指派律师的,合议庭应当准许。被告人拒绝辩护人辩护后,没有辩护人的,应当宣布休庭;仍有辩护人的,庭审可以继续进行。

有多名被告人的案件,部分被告人拒绝辩护人辩护后,没有辩护人的,根据案件情况,可以对该被告人另案处理,对其他被告人的庭审继续进行。

重新开庭后,被告人再次当庭拒绝辩护人辩护的,可以准许,但被告人不得再次另行委托辩护人或者要求另行指派律师,由其自行辩护。

被告人属于应当提供法律援助的情形,重新开庭后再次当庭拒绝辩护人辩护的,不予准许。"

从上述法条可见,《最高人民法院关于适用〈中华人民共和国刑事诉讼法〉的解释》第45条规定,属于应当提供法律援助的情形,被告人拒绝指派的律师为其辩护的,人民法院应当查明原因。理由正当的,应当准许……而第254条规定,被告人当庭拒绝辩护人辩护,要求另行委托辩护人或者指派律师的,合议庭应当准许。因此,对于应当接受法律援助的被告人拒绝辩护,是否需要经过法院查明原因呢?笔者认为,需要看真题怎么出。如果真题问:"应当接受法律援助的被告人拒绝指派的律师为其辩护",则法院应当审查拒绝的原因。如果真题问:"应当接受法律援助的被告人当庭拒绝指派的律师为其辩护",则合议庭应当准许。

AC项,本题属于"当庭拒绝律师为其进行有罪辩护",不论被告人是应当提供法律援助的被告人还是其他情况的被告人,合议庭应当准许。A正确,C错误。

B项,合议庭不能以辩护律师具有独立地位为由不予准许拒绝辩护的请求。B错误。

D项,根据《最高人民法院关于适用〈中华人民共和国刑事诉讼法〉的解释》第254条第2款的规定:"有多名被告人的案件,部分被告人拒绝辩护人辩护后,没有辩护人的,根据案件情况,可以对该被告人另案处理,对其他被告人的庭审继续进行。"可知,部分被告人拒绝辩护的,合议庭并非不能准许。故,D错误。

综上所述,本题选A。

考点5 刑事代理

在张某故意毁坏李某汽车案中,张某聘请赵律师为辩护人,李某聘请孙律师为诉讼代理人。关于该案辩护人和诉讼代理人,下列哪一选项是正确的?(2010-2-22,单选)

A. 赵律师、孙律师均自案件移送审查起诉之日起方可接受委托担任辩护人、诉讼代理人

B. 赵律师、孙律师均有权申请该案的审判人员和公诉人员回避

C. 赵律师可在审判中向张某发问,孙律师无权向张某发问

D. 赵律师应以张某的意见作为辩护意见，孙律师应以李某的意见为代理意见

答案（　　）①

【考点提示】本题考查辩护人与诉讼代理人的区别，请考生注意，这一知识点在“专题三：刑事诉讼中的专门机关与诉讼参与人”中也出现过，需要重点学习。

【解析】请考生注意辩护人与诉讼代理人的区别：

区别	辩护人	诉讼代理人
1. 诉讼地位	依据事实和法律提出意见，有独立诉讼地位	帮助被害人时：依据事实和法律提出意见。帮助附带民事诉讼当事人时：听从被代理人意见
2. 服务对象	帮助犯罪嫌疑人、被告人	帮助(1)被害人、法定代理人、近亲属，(2)自诉人、法定代理人，(3)附带民事诉讼当事人、法定代理人。特别程序中：(4)在犯罪嫌疑人、被告人逃匿、死亡违法所得财产没收程序中，帮助犯罪嫌疑人、被告人的近亲属，利害关系人。(5)在精神病强制医疗程序中，帮助被申请人、被告人
3. 产生时间	公诉案件：被侦查机关第一次讯问或者采取强制措施之日起。自诉案件：随时	公诉案件：审查起诉之日起。自诉案件：随时
4. 委托人	犯罪嫌疑人、被告人，监护人、近亲属	公诉案件委托诉讼代理人的主体：被害人，法定代理人，近亲属；附带民事诉讼当事人，法定代理人。自诉案件委托诉讼代理人的主体：自诉人，法定代理人；附带民事诉讼当事人，法定代理人
5. 诉讼权利	拥有会见犯罪嫌疑人、被告人等权利	不能会见犯罪嫌疑人、被告人

A 项，由表可知，张某在被侦查机关第一次讯问或者采取强制措施之日起就有权委托辩护人，所以 A 项错误。

B 项，《刑事诉讼法》第 31 条第 2 款规定：“辩护人、诉讼代理人可以依照本章的规定要求回避、申请复议。”可见，赵律师、孙律师作为辩护人和诉讼代理人有权申请回避。B 项正确。

C 项，《刑事诉讼法》第 186 条规定：“公诉人在法庭上宣读起诉书后，被告人、被害人可以就起诉书指控的犯罪进行陈述，公诉人可以讯问被告人。被害人、附带民事诉讼的原告人和辩护人、诉讼代理人，经审判长许可，可以向被告人发问。……”可见，赵律师、孙律师均有权向被告人张某发问。C 项错误。

D 项，由表可知，诉讼代理帮助刑事被害人时根据事实和法律提出意见，而不是依被害人的意见。所以 D 项错误。

综上所述，本题答案为 B。

考题拓展

关于律师担任刑事案件被告人的辩护人，下列哪些选项是正确的？（2007－2－66，多选）

参考答案：①B

A. 辩护人不是被告人的代言人
B. 辩护人应当维护被告人的合法权益
C. 辩护人须按照被告人的要求作无罪辩护
D. 辩护人有权独立发表辩护意见

答案（　　）①

【解析】辩护人是指接受被追诉一方委托或者受法律援助机构指派，帮助犯罪嫌疑人、被告人行使辩护权以维护其合法权益的人。根据《刑事诉讼法》的规定，辩护人的责任是根据事实和法律，提出证明犯罪嫌疑人、被告人无罪、罪轻或者减轻、免除其刑事责任的材料和意见，维护犯罪嫌疑人、被告人的诉讼权利和其他合法权益。辩护人在刑事诉讼中是独立的诉讼参与人，有独立的诉讼地位，并不是被告人的代言人，所以 A 项和 D 项正确，C 项错误。根据辩护人的定义可知，辩护人是维护被告人的合法权益的，而并不维护被告人的非法权利。所以 B 项正确。

综上所述，本题的正确选项是 ABD。

参考答案：①ABD

专题七　刑事证据

点评:

证据是历年司考刑事诉讼法的重点考查点。刑事证据这一章有两条主线:一是证据,指能够证明案件事实的具有法定证据表现形式的客观材料。二是证明,指运用证据对案件事实进行追溯和还原的动态过程。

在证据部分,需要考生重点掌握证据的概念和属性,证据的种类与分类,证据的原则与规则,各种证据的审查和判断。

在证明部分,需要考生重点掌握证明对象、证明责任和证明标准。

考点1　证据属性

关于证据的关联性,下列哪一选项是正确的?(2014-2-27,单选)

A. 关联性仅指证据事实与案件事实之间具有因果关系

B. 具有关联性的证据即具有可采性

C. 证据与待证事实的关联度决定证据证明力的大小

D. 类似行为一般具有关联性

答案(　　　)①

【考点提示】本题考查证据三性中的关联性。需要考生注意的是:一方面,证据三性指的是客观性、关联性和合法性。这三性中,关联性是最没有争议的一项属性,易于考查;另一方面,与关联性相关,请考生同时掌握证据规则中的关联性规则。

【解析】刑事证据具有以下三个紧密联系的基本属性:

1. 客观性。证据的客观性,是指证据是客观存在的,不以人的主观意志为转移。

2. 关联性。关联性也称为相关性,是指证据必须与案件事实有客观联系,对证明刑事案件事实具有某种实际意义。

3. 合法性。合法性是指对证据必须依法加以收集和运用。证据的合法性是证据客观性和相关性的重要保证,也是证据具有法律效力的重要条件。在这三性中,关联性最容易被考查。

A项,关联性是指证据必须与案件事实有客观联系,但这种客观联系不一定是因果关系,譬如,犯罪嫌疑人实施杀人行为时穿一双白色袜子,"白色袜子"可能与锁定犯罪嫌疑人身份具有关联性,但不能说因为犯罪嫌疑人穿了白色袜子,所以其实施了故意杀人行为。A错误。

参考答案:①C

B 项，证据的可采性也被称为证据资格、证据能力，是指在诉讼中有关人员所提出的证据材料能否被采用作为定案根据的标准，是某一材料能够用于严格的证明的能力或者资格。证据材料必须同时具备上述三性才具有可采性，仅与案件事实具有相关性不一定意味着证据具有可采性。譬如，通过刑讯逼供方式获取的犯罪嫌疑人供述即使与案件事实相关，该供述也会被依法排除而不具备可采性。B 错误。

C 项，在证据规则理论体系中，关联性规则与证据能力和证明力都相关。有关联性，才能有证据能力，证据与待证事实的关联度越大，证据的证明力就越大。反之，证据与待证事实的关联度越小，证据的证明力就越小。C 正确。

D 项，关于关联性：

(1)品格材料不具有定罪的关联性。品格材料指的是证明犯罪嫌疑人、被告人品性道德状况的材料。此类材料被认为同其是否及如何实施犯罪行为没有关系。譬如，公诉人指控说："被告人一定是盗窃犯！"法官问："为什么？"公诉人道："因为有证据证明被告人一贯表现恶劣，小学就被开除，没有正常工作，游手好闲。所以这次盗窃犯罪极可能就是他干的"。显然，被告人品质如何与这次盗窃是否系他所为没有关系。

(2)类似行为材料不具有定罪的关联性，指的是证明犯罪嫌疑人、被告人曾经实施过与被指控罪行类似的犯罪行为。此类材料也被认为与其正在被指控的犯罪无关。例如，公诉人指控说："被告人一定是盗窃犯！"法官问："为什么？"公诉人道："因为有证据证明被告人一年前也因盗窃被处理过。所以这次盗窃犯罪极可能就是他干的"。显然，被告人是否曾经干过类似行为与这次盗窃是否系他所为没有关系。因此，D 错误。

综上所述，本题应当选 C。

考点 2　证据种类

法院审理一起受贿案时，被告人石某称因侦查人员刑讯不得已承认犯罪事实，并讲述受到刑讯的具体时间。检察机关为证明侦查讯问程序合法，当庭播放了有关讯问的录音录像，并提交了书面说明。关于该录音录像的证据种类，下列哪一选项是正确的？（2010－2－23，单选）

A. 犯罪嫌疑人供述和辩解

B. 视听资料

C. 书证

D. 物证

答案（　　　）①

【考点提示】根据《刑事诉讼法》第 48 条的规定，刑事证据的法定种类共有八种，分别是：物证，书证，证人证言，犯罪嫌疑人、被告人陈述和辩解，被害人陈述，鉴定意见，勘验、检查、侦查实验、辨认等笔录，视听资料、电子数据。这八种证据不需要考生背过，而是要求活学活用。需要做到，给你一个材料，能马上判断该材料是不是证据，如果是，是什么种类的证据。

【解析】考生需要注意，视听资料一般体现为录音、录像，但不能说，凡是录音、录像都是视听

参考答案：①B

资料,视听资料要求内容与犯罪事实相关。申言之,判断一个录音、录像是什么?需要具体分析录音、录像的内容。如果录音、录像反映的内容与案件无关,它就不是证据。如果录音、录像反映的内容与案件有关,可以考虑作为证据。那么,是什么证据呢?这就需要进一步判断录音、录像的内容是用来证明什么的。譬如,录音、录像内容反映了侦查人员讯问犯罪嫌疑人的过程,如果是为了证明犯罪嫌疑人说了什么,则该录音、录像应当属于犯罪嫌疑人供述和辩解。如果是为了证明侦查人员是否存在刑讯逼供等犯罪行为,则该录音、录像应当属于视听资料。本案中,被告人石某称遭受了刑讯,检察机关为证明侦查讯问程序合法,当庭播放了有关讯问的录音录像,从录像中要看是否存在刑讯逼供的犯罪事实,这一录音录像属于视听资料。

故,本题正确答案应当为 B。

张某、李某共同抢劫被抓获。张某下列哪一陈述属于证人证言?(2009-2-24,单选)

A. 我确实参加了抢劫银行

B. 李某逼我去抢的

C. 李某策划了整个抢劫,抢的钱他拿走了一大半

D. 李某在这次抢劫前还杀了赵某

答案(　　)①

【考点提示】本题考查证人证言,证人证言必须是案外人陈述。也就是说,证人不能以案件的当事人身份出现。

【解析】证人证言是法定证据种类之一,指证人就自己所知道的案件情况向公安司法机关所作的陈述。凡是知道案件情况的人,都有作证的义务。但生理上、精神上有缺陷或者年幼,不能辨别是非,不能正确表达的人,不能作证人。

证人证言需要具备"证他性"。说得通俗一些即犯罪嫌疑人之间你证明我干了什么,我证明你干了什么不算证人证言,这被称为"攀供"。证人证言必须涉及除了你和我之外的第三人"他"才算合格。简言之,证人在其所证明的事件中应当是"案外人"。

ABC 三项都是与两人共同犯罪有关的内容,属于犯罪嫌疑人供述或者辩解,不是证人证言。故错误。

D 项,李某在抢劫前还杀害赵某,张某就属于该故意杀人案的案外人,张某所言属于证人证言。D 正确。

综上所述,本题答案为 D。

甲女与乙男在某社交软件互加好友,手机网络聊天过程中,甲女多次向乙男发送暧昧言语和色情图片,表示可以提供有偿性服务。二人于酒店内见面后因价钱谈不拢而争吵,乙男强行将甲女留在房间内,并采用胁迫手段与其发生性关系。后甲女向公安机关报案,乙男则辩称双方系自愿发生性关系。乙男提供了二人之前的网络聊天记录。关于这一网络聊天记录,下列选项正确的是:(2016-2-95,不定项)

A. 属电子数据的一种

B. 必须随原始的聊天时使用的手机移送才能作为定案的依据

C. 只有经甲女核实认可后才能作为定案的依据

D. 因不具有关联性而不得作为本案定罪量刑的依据

答案(　　)②

参考答案:①D　②A

【考点提示】本题综合考查电子数据及其适用。

【解析】A 项，电子数据是案件发生过程中形成的，以数字化形式存储、处理、传输的，能够证明案件事实的数据。一般认为，电子数据包括但不限于下列信息、电子文件：

（一）网页、博客、微博客、朋友圈、贴吧、网盘等网络平台发布的信息；

（二）手机短信、电子邮件、即时通信、通讯群组等网络应用服务的通信信息；

（三）用户注册信息、身份认证信息、电子交易记录、通信记录、登录日志等信息；

（四）文档、图片、音视频、数字证书、计算机程序等电子文件。

可见，本题中的网络聊天记录应当属于电子数据。A 正确。

B 项，《最高人民法院、最高人民检察院、公安部关于办理网络犯罪案件适用刑事诉讼程序若干问题的意见》第 15 条规定："具有下列情形之一，无法获取原始存储介质的，可以提取电子数据，但应当在笔录中注明不能获取原始存储介质的原因、原始存储介质的存放地点等情况，并由侦查人员、电子数据持有人、提供人签名或者盖章；持有人、提供人无法签名或者拒绝签名的，应当在笔录中注明，由见证人签名或者盖章；有条件的，侦查人员应当对相关活动进行录像：

（1）原始存储介质不便封存的；

（2）提取计算机内存存储的数据、网络传输的数据等不是存储在存储介质上的电子数据的；

（3）原始存储介质位于境外的；

（4）其他无法获取原始存储介质的情形。"

本案中，手机即为网络聊天记录的原始存储介质，但不一定必须随案移送。B 错误。

C 项，《刑事诉讼法》第 48 条第 3 款规定："证据必须经过查证属实，才能作为定案的根据。"但是，查证属实有很多种方法，不一定必须经过被害人核实。C 错误。

D 项，网络聊天记录可以证明犯罪行为发生的起因，与犯罪具有关联性。D 错误。

综上所述，本题应当选 A。

考点 3　证据分类

张某伪造、变造国家机关公文、证件、印章案的下列哪一证据既属于言词证据，又属于间接证据？（2011－2－25，单选）

A. 用于伪造、变造国家机关公文、证件、印章的设备、工具

B. 伪造、变造的国家机关公文、证件、印章

C. 张某关于实施伪造、变造行为的供述

D. 判别国家机关公文、证件、印章真伪的鉴定结论

答案（　　　）①

【考点提示】本题考查刑事证据的分类，请考生注意，分类与种类不同，分类指的是证据的理论分类，而种类指的是证据的法定种类。两者都是考试重点。

【解析】知识介绍：

刑事证据的分类主要有四种：

参考答案：①D

1. 原始证据与传来证据

根据证据材料的来源的不同,可以分为原始证据和传来证据。

原始证据是指,来自原始出处,直接来源于案件事实的证据材料即第一手材料。反之,凡不是直接来源于案件事实,而是从间接的来源获得的证据材料,称为传来证据。

通常情况下原始证据的证明价值大于传来证据,办案人员应当尽一切可能和力量收集原始证据。但传来证据在司法实践中也起到不可忽视的作用,在无法获得原始证据时,传来证据也可以用来证明案件的次要事实和情节。

2. 有罪证据与无罪证据

根据证据是否能够证明犯罪事实的存在或者犯罪行为系犯罪嫌疑人、被告人所为,可以将证据分为有罪证据和无罪证据。

凡是能够证明犯罪事实存在和犯罪行为系犯罪嫌疑人、被告人所为的证据,是有罪证据;凡是能够否定犯罪事实存在,或者能够证明犯罪嫌疑人、被告人未实施犯罪行为的证据,是无罪证据。

《刑事诉讼法》第50规定:"审判人员、检察人员、侦查人员必须依照法定程序,收集能够证实犯罪嫌疑人、被告人有罪或者无罪、犯罪情节轻重的各种证据。……"

3. 言词证据与实物证据

根据证据的表现形式不同,可以将证据分为言词证据和实物证据。

凡是表现为人的陈述即以言词作为表现形式的证据,是言词证据;凡是以实物作为表现形式的证据,是实物证据。

在法律规定的几种证据中,证人证言,被害人陈述,犯罪嫌疑人、被告人供述和辩解,鉴定意见,辨认、侦查实验笔录属于言词证据。物证,书证,勘验、检查笔录属于实物证据。视听资料,电子数据一般属于实物证据,但也可能属于言词证据。

4. 直接证据与间接证据

根据证据与案件主要事实的证明关系的不同,可以将证据划分为直接证据与间接证据。所谓刑事案件的主要事实,是指犯罪行为是否系犯罪嫌疑人、被告人所实施。

直接证据是指,能够单独、直接证明案件主要事实的证据。

间接证据是指,不能单独直接证明刑事案件主要事实,需要与其他证据相结合才能证明的证据。

需要特别注意,直接证据与间接证据的区分是重点。

直接证据必须能够记录或说明案件事实发生的全过程,一个证据就能够体现案件全貌,真假在所不论。例如,证人甲说:"我看见张三用刀捅了李四的肚子,李四就倒下了。"这就是直接证据;而如果证人甲说:"我看见张三拿着刀,全身是血,神色慌张地从李四家跑出来。"这是间接证据,因为即便张三全身是血、神色紧张,也不能证明张三杀了李四。此外,至于证人甲所做的证言是否属实,还有待于在法庭上进行质证,不影响对直接证据或间接证据的判断。

本题解析:

本题中,A项,用于伪造、变造国家机关公文、证件、印章的设备、工具属于实物证据,同时这些证据只能证明案发的片段,属于间接证据。A错误。

B项,伪造、变造的国家机关公文、证件、印章也是实物证据和间接证据。B错误。

C项,张某关于实施伪造、变造行为的供述属于言词证据,同时,供述可以反映案发过程,属于直接证据。C错误。

D项,判别国家机关公文、证件、印章真伪的鉴定结论属于言词证据和间接证据。D正确。

综上所述,本题答案为D。

下列哪一选项既属于原始证据，又属于间接证据？（2010－2－24，单选）

A. 被告人丁某承认伤害被害人的供述

B. 证人王某陈述看到被告人丁某在案发现场擦拭手上血迹的证言

C. 证人李某陈述被害人向他讲过被告人丁某伤害她的经过

D. 被告人丁某精神病鉴定结论的抄本

答案（ ）①

【考点提示】本题考查证据的分类，证据分类是历年考试重点。

【解析】关于本题所涉及的证据分类知识，可见上一题目（2011－2－25，单选）解析中的“知识介绍”。

本题中，A 项，被告人的供述属于原始证据，同时又能直接证明案件主要事实，属于直接证据。故 A 项错误。

B 项，证人王某的证言直接来源与案件事实，属于原始证据。但该证言只能证明被告人丁某在案发现场，无法证明案发过程，属于间接证据。所以 B 项正确。

C 项，证人李某陈述被害人向他讲过被告人丁某伤害她的经过，属于直接证据，但是，该证人证言来自被害人向他的讲述，属于传来证据。所以 C 项错误。

D 项，精神病鉴定不能单独证明案件的主要事实，所以属于间接证据。同时，抄本属于传来证据。所以 D 项错误。

综上所述，本题答案为 B。

甲涉嫌盗窃室友乙存放在储物柜中的笔记本电脑一台并转卖他人，但甲辩称该电脑系其本人所有，只是暂存于乙处。下列哪一选项既属于原始证据，又属于直接证据？（2015－2－25，单选）

A. 侦查人员在乙储物柜的把手上提取的甲的一枚指纹

B. 侦查人员在室友丙手机中直接提取的视频，内容为丙偶然拍下的甲打开储物柜取走电脑的过程

C. 室友丁的证言，内容是曾看到甲将一台相同的笔记本电脑交给乙保管

D. 甲转卖电脑时出具的现金收条

答案（ ）②

【考点提示】本题考查证据分类的具体应用。

【解析】原始证据是指，来自原始出处，直接来源于案件事实的证据材料即第一手材料如被害人陈述、物证原物等。反之，凡不是直接来源于案件事实，而是从间接的来源获得的证据材料，称为传来证据如转述的证人证言、物证的照片等。

根据证据与案件主要事实的证明关系的不同，可以将证据划分为直接证据与间接证据。“主要事实”是指犯罪行为是否系犯罪嫌疑人、被告人所实施。“证明关系”是指某一证据是否可以单独、直接地证明案件的主要事实。能够单独、直接证明案件主要事实的证据是直接证据。不能单独直接证明刑事案件主要事实，需要与其他证据相结合才能证明的证据是间接证据。

本案中，A 项，甲的指纹属于原始证据和间接证据。因为，提取的指纹是第一手材料，但指纹本身却不能反映案发过程。

B 项，手机中的视频由侦查人员直接提取，属于原始证据，视频内容反映了甲打开储物柜取走电脑

参考答案：①B　②C

的过程,但是,无法证明甲打开的是否是乙的储物柜,也无法证明取走的电脑是否是案件中所涉电脑,此外也没有反映出转卖的行为,因此,应当属于间接证据。

C 项,丁直接作出的证言属于原始证据,证明的内容是甲将一台相同的笔记本电脑交给乙保管,这属于否定性直接证据,可以直接证明甲没有盗窃行为,属于直接证据。

D 项,现金收条属于原始证据,但不能证明盗窃过程,属于间接证据。

综上所述,本题应当选 C。

甲驾车将昏迷的乙送往医院,并垫付了医疗费用。随后赶来的乙的家属报警称甲驾车撞倒乙。急救中,乙曾短暂清醒并告诉医生自己系被车辆撞倒。医生将此话告知警察,并称从甲送乙入院时的神态看,甲应该就是肇事者。关于本案证据,下列哪些选项是正确的?(2016－2－67,多选)

A. 甲垫付医疗费的行为与交通肇事不具有关联性

B. 乙告知医生"自己系被车辆撞倒"属于直接证据

C. 医生基于之前乙的陈述,告知警察乙系被车辆撞倒,属于传来证据

D. 医生认为甲是肇事者的证词属于符合一般生活经验的推断性证言,可作为定案依据

答案(　　　)①

【考点提示】本题综合考查证据的分类。

【解析】A 项,关联性是刑事证据的基本属性之一,指的是证据必须与案件事实有客观联系,对证明刑事案件事实具有某种实际意义。A 中,甲垫付医疗费与甲是否交通肇事没有任何联系,不具有关联性。A 正确。

B 项,根据证据与案件主要事实的证明关系的不同,可以将证据划分为直接证据与间接证据。"主要事实"是指犯罪行为是否系犯罪嫌疑人、被告人所实施。"证明关系"是指某一证据是否可以单独、直接地证明案件的主要事实。能够单独、直接证明案件主要事实的证据是直接证据。不能单独直接证明刑事案件主要事实,需要与其他证据相结合才能证明的证据是间接证据。B 中,乙只说了自己被车撞了,但没有交代清楚是什么人如何撞的自己,属于间接证据。B 错误。

C 项,根据证据材料的来源的不同,可以分为原始证据和传来证据。原始证据是指,来自原始出处,直接来源于案件事实的证据材料即第一手材料如被害人陈述、物证原物等。反之,凡不是直接来源于案件事实,而是从间接的来源获得的证据材料,称为传来证据如转述的证人证言、物证的照片等。C 中,医生并非直接目击肇事现场,医生的陈述是对乙的陈述的转述,属于传来证据。C 正确。

D 项,《最高人民法院关于适用〈中华人民共和国刑事诉讼法〉的解释》第 75 条第 2 款规定:"证人的猜测性、评论性、推断性的证言,不得作为证据使用,但根据一般生活经验判断符合事实的除外。"D 中,医生的陈述明显属于一种猜测性、推断性证言,不属于符合生活经验的判断,不得作为定案根据。D 错误。

综上所述,本题应当选 AC。

考点 4　证据规则

下列哪一选项所列举的证据属于补强证据?(2014－2－28,单选)

A. 证明讯问过程合法的同步录像材料

参考答案:①AC

B. 证明获取被告人口供过程合法，经侦查人员签名并加盖公章的书面说明材料

C. 根据被告人供述提取到的隐蔽性极强、并能与被告人供述和其他证据相印证的物证

D. 对与被告人有利害冲突的证人所作的不利被告人的证言的真实性进行佐证的书证

答案(　　　　)①

【考点提示】本题考查刑事证据规则中的补强证据规则。我国的证据规则包括传闻证据规则、非法证据排除规则、自白任意性规则、关联性规则、意见证据规则、最佳证据规则等，这些证据规则中，非法证据排除规则基本上年年考，其他证据规则基本上每年会随机考1～2个。

【解析】知识介绍：

补强证据规则是指在运用某些证明力显然薄弱的证据认定案情时，必须有其他证据补充、强化其证明力，才能被法官采信为定案根据。一般来说，需要补强的证据包括犯罪嫌疑人、被告人供述、证人证言、被害人陈述等特定证据。

补强证据需要具备的条件包括：

(1)补强证据具有证据能力。

(2)补强证据具有担保补强对象真实的能力即具有一定的证明力。

当然，补强证据仅担保特定补强对象的真实性，而对整个待证事实或案件事实不具有补强功能。

(3)补强证据具有独立的来源。

上述三个条件也可以换一种方式表达：

第一，需要有A和B两种证据，这是进行补强的前提。譬如，一个人的身体虚弱，他需要喝一碗鸡汤补一补。那么，就得存在一个虚弱的身体和一碗鸡汤，不可以身体补身体，鸡汤补鸡汤。

第二，由A来补B。例如，由鸡汤来补身体。

第三，A和B不可以是同一来源或者派生关系。譬如，侦查人员第一次讯问我，问："是不是你干的？"我答："我发誓，不是我。"过了几天，侦查人员第二次讯问我，问："你好好想想，到底是不是你干的？"我答："我再发誓，真的不是我干的。"同学们想一想，我的第二次发誓可否补强我的第一次发誓？当然不可以，因为两次发誓都是我作出的，这就叫同一来源。再如，侦查人员讯问我："杀完人，刀扔哪里了？"我说："藏在家里的床下面了。"侦查人员随后进行搜查，果然在我家床下找到了刀。同学们再想一想，这把刀能否补强我的供述？也不可以，因为这把刀和我的供述属于派生关系。

本题解析：A项错误。在A项中，只能找到一项证据即同步录像可能属于视听资料，而无法找到第二项证据。"证明讯问过程合法"只是这段录像的内容，而不是一个单独的证据种类。刚才讲过，补强条件首先需要有A和B两个证据，而我国的八种法定证据种类中(物证，书证，证人证言，犯罪嫌疑人、被告人供述、辩解，被害人陈述，鉴定意见，勘验、检查、辨认、侦查实验等笔录，视听资料、电子数据)，没有"讯问过程"这种证据。

B项错误。B的错误与A相同。B项中只能看到"经侦查人员签名并加盖公章的书面说明材料"可能属于书证，而"证明获取被告人口供过程合法"是该书面说明材料的内容，而非单独的证据种类，根据补强证据需要有两个证据存在的前提要求。B错误。

C项错误。根据被告人供述提取到的隐蔽性极强并能与被告人供述和其他证据相印证的物证，该物证属于被告人供述的派生证据，根据补强证据规则要求补强与被补强的证据相互独立，不存在派生关系的原理，该物证不能补强供述。

参考答案：①D

D 项正确。D 项中，是用书证补强证人证言，两种证据相互独立，没有派生关系，不属于同一来源，可以进行补强。

综上所述，本题应当选 D。

关于补强证据，下列哪一说法是正确的？（2012－2－40，单选）

A. 应当具有证据能力　　B. 可以和被补强证据来源相同

C. 对整个待证事实有证明作用　　D. 应当是物证或者书证

答案（　　）①

【疑难解析】本题考查刑事证据规则中的补强证据规则。

【解析】根据上一题（2014－2－28，单选）的“知识介绍”可知：A 项，补强证据自身如果都没有证据能力，何谈对其他证据进行补强？A 正确。

B 项，补强证据如果没有独立来源将不能起到补强作用。譬如，甲第一次供述称盗窃 1 万元，第二次供述称盗窃 2 万元，第三次供述称盗窃 1.5 元。这三次供述根本无法相互补强。除非出现了被害人声称自己丢了 1 万元，被害人陈述即可对甲第一次供述进行补强。B 错误。

C 项，补强证据的作用在于对抓证（主要是供述）进行补充或者强化证明力，不一定需要对整个待证事实有证明作用。C 错误。

D 项，补强证据只要不和被补强的证据是同一来源或者派生关系即可，至于是什么证据种类没有限制。D 错误。

另外请考生们注意一下，被补强的证据必须是犯罪嫌疑人、被告人供述、证人证言、被害人陈述等言辞证据，补强的证据则种类不限。意思是，如果用一项物证去补强一项书证是不适用补强证据规则的。

综上所述，本题答案为 A。

在法庭审理过程中，被告人屠某、沈某和证人朱某提出在侦查期间遭到非法取证，要求确认其审前供述或证言不具备证据能力。下列哪些情形下应当根据法律规定排除上述证据？（2013－2－68，多选）

A. 将屠某“大”字型吊铐在窗户的铁栏杆上，双脚离地

B. 对沈某进行引诱，说“讲了就可以回去”

C. 对沈某进行威胁，说“不讲就把你老婆一起抓进来”

D. 对朱某进行威胁，说“不配合我们的工作就把你关进来”

答案（　　）②

【考点提示】本题考查非法证据排除规则。非法证据排除规则一个体系，包括非法证据的范围、排除非法证据的主体、非法证据排除的后果、非法证据排除的程序等。本知识点是重点考查点，需要考生认真学习。

【解析】《刑事诉讼法》第 54 条规定：“采用刑讯逼供等非法方法收集的犯罪嫌疑人、被告人供述和采用暴力、威胁等非法方法收集的证人证言、被害人陈述，应当予以排除。收集物证、书证不符合法定程序，可能严重影响司法公正的，应当予以补正或者作出合理解释；不能补正或者作出合理解释的，对该证据应当予以排除。在侦查、审查起诉、审判时发现有应当排除的证据的，应当依法予以排除，不得作为起诉意见、起诉决定和判决的依据。”

《最高人民法院关于适用〈中华人民共和国刑事诉讼法〉的解释》第 95 条规定：“使用肉刑或者变相肉刑，或者采用其他使被告人在肉体上或者精神上遭受剧烈疼痛或者痛苦的方法，迫使被告人违背

参考答案：①A　②AD

意愿供述的，应当认定为刑事诉讼法第五十四条规定的‘刑讯逼供等非法方法。’”

本题中，A项，将屠某“大”字吊铐在窗户的铁栏杆上，属于采用刑讯逼供方法取得的被告人供述，属于非法言词证据，应当排除。故A项正确。

B项，侦查人员对沈某说“讲了就可以回去”，这属于引诱、欺骗。根据《最高人民法院关于适用〈中华人民共和国刑事诉讼法〉的解释》第95条规定关于刑讯逼供的定义，“刑讯逼供等”一般不包含威胁、引诱、欺骗。因为威胁、引诱、欺骗不属于肉刑或者变相肉刑，也不一定造成剧烈疼痛或者痛苦，因此，通过威胁、引诱、欺骗等方式获取犯罪嫌疑人、被告人供述的，不适用非法证据排除规则予以排除。B项错误。此外，这并不是说威胁、引诱、欺骗属于合法的取证手段，从定性上来说，威胁、引诱、欺骗仍然属于非法取证方法，只不过，考虑到侦查活动的实践需要，没有将通过该手段获取的口供纳入到非法证据排除规则的适用范围。

C项，对沈某进行威胁，说“不讲就把你老婆一起抓进来”，不属于使用“肉刑或者变相肉刑”，也没有达到令人感到“剧烈疼痛或者痛苦”的程度，用这种方法获取的供述不会适用非法证据排除规则排除。C错误。

D项，朱某属于证人，对朱某进行威胁取得的证言，属于非法言词证据，《刑事诉讼法》第54条规定应当排除。故D项正确。需要注意的是，对犯罪嫌疑人、被告人进行威胁获取的口供可能不会被排除，但对证人、被害人进行威胁获取的证人证言及被害人陈述一定会被排除。

综上所述，本题选AD。

关于非法证据的排除，下列哪些说法是正确的？（2012－2－67，多选）

A. 非法证据排除的程序，可以根据当事人等申请而启动，也可以由法庭依职权启动

B. 申请排除以非法方法收集的证据的，应当提供相关线索或者材料

C. 检察院应当对证据收集的合法性加以证明

D. 只有确认存在《刑事诉讼法》第54条规定的以非法方法收集证据情形时，才可以对有关证据应当予以排除

答案（　　　）①

【考点提示】 本题考查非法证据排除规则的具体程序，请考生注意，非法证据排除规则排除的是非法证据，但却不能说任何通过非法方法获取的证据都能适用非法证据排除规则。譬如，通过威胁、引诱、欺骗等方法获取的犯罪嫌疑人供述。威胁属于非法方法，但通过该手段获取的供述却不适用非法证据排除规则。

【解析】 AB项，《刑事诉讼法》第56条第1款规定：“法庭审理过程中，审判人员认为可能存在本法第五十四条规定的以非法方法收集证据情形的，应当对证据收集的合法性进行法庭调查。”这属于法院依职权启动非法证据的调查程序。《刑事诉讼法》第56条第2款规定：“当事人及其辩护人、诉讼代理人有权申请人民法院对以非法方法收集的证据依法予以排除。申请排除以非法方法收集的证据的，应当提供相关线索或者材料。”这属于法院根据申请启动非法证据的调查程序。可见，A正确。此外，如果是依申请启动排除非法证据程序的，需要申请人提供相关线索或者材料。B正确。

C项，《刑事诉讼法》第57条第1款规定：“在对证据收集的合法性进行法庭调查的过程中，人民检察院应当对证据收集的合法性加以证明。”可见，检察院应当对证据收集的合法性加以证明。C正确。

D项，《刑事诉讼法》第58条规定：“对于经过法庭审理，确认或者不能排除存在本法第五十四条规

参考答案：①ABC

定的以非法方法收集证据情形的,对有关证据应当予以排除。”可见,排除非法证据的证明标准有两个:(一)确认存在本法第54条规定的以非法方法收集证据情形;(二)不能排除存在本法第54条规定的以非法方法收集证据情形。“不能排除”的标准比“确认”的标准略低一些,目的是为了尽可能地排除非法证据,保障被告人合法权益。故,D项说“只有确认”,这一标准太片面了,错误。

综上所述,本题答案为ABC。

公安机关发现一具被焚烧过的尸体,因地处偏僻且天气恶劣,无法找到见证人,于是对勘验过程进行了全程录像,并在笔录中注明原因。法庭审理时,辩护人以勘验时没有见证人在场为由,申请排除勘验现场收集的物证。关于本案证据,下列哪一选项是正确的?(2016-2-29,单选)

A. 因违反取证程序的一般规定,应当排除

B. 应予以补正或者作出合理解释,否则予以排除

C. 不仅物证应当排除,对物证的鉴定意见等衍生证据也应排除

D. 有勘验过程全程录像并在笔录中已注明理由,不予排除

答案(　　　)①

【考点提示】本题综合考查非法证据排除规则中物证的排除。

【解析】《刑事诉讼法》第54条第1款规定:“采用刑讯逼供等非法方法收集的犯罪嫌疑人、被告人供述和采用暴力、威胁等非法方法收集的证人证言、被害人陈述,应当予以排除。收集物证、书证不符合法定程序,可能严重影响司法公正的,应当予以补正或者作出合理解释;不能补正或者作出合理解释的,对该证据应当予以排除。”本案中,辩护人申请排除勘验现场收集的物证。根据《刑事诉讼法》第54条第1款的规定,应当具备三个条件:(1)不符合法定程序;(2)严重影响司法公正;(3)不能补正不能解释。

A项,仅“因违反取证程序的一般规定”,没有达到排除的条件,因此不需要排除物证。A错误。

B项,如果仅仅不能补正或者作出合理解释,还不会排除。而如果违反程序,严重影响司法公正则应排除。B错误。

C项,不仅物证没有达到排除的条件,更谈不上根据物证进而获取的其他证据。C错误。

D项,本案中物证不符合《刑事诉讼法》第54条规定的排除条件,并且**本案中**,因地处偏僻且天气恶劣,无法找到见证人,但侦查机关对勘验过程进行了全程录像,并在笔录中注明原因。足以证明勘验的合法性。因此,这属于合法的勘验过程。D正确。

综上所述,本题应当选D。

“证人猜测性、评论性、推断性的证言,不能作为证据使用”,系下列哪一证据规则的要求?(2011-2-26,单选)

A. 传闻证据规则　　B. 意见证据规则　　C. 补强证据规则　　D. 最佳证据规则

答案(　　　)②

【考点提示】本题考查意见证据规则,该规则仅规制证人证言,简单地说,指证人只能客观陈述自己所了解的案件事实,不能提出推断性、定性式的意见。

【解析】知识介绍:

刑事证据规则是规范证据的收集、审查、评价等诉讼证明活动的准则。大多数刑事证据规则都源于英美法系。

刑事证据规则主要有:非法证据排除规则、自白任意性规则、传闻证据规则、最佳证据规则、意见证

参考答案:①D　②B

据规则、关联性规则、补强证据规则。

1. 关联性规则

顾名思义,关联性证据规则是指证据所要证明的内容必须要与案件事实有关联。

2. 传闻证据规则

传闻证据规则(Hearsay Rule),又称传闻法则、传闻规则、传闻证据排除规则,是指证人所陈述的非亲身经历的事实,以及证人未出庭作证时向法庭提出的文件中的主张,原则上不能作为认定犯罪事实的根据。简言之,也就是说,传闻证据不具有可采性。传闻证据规则是排除一种证明手段的规则,不是排除事实的规则。

3. 最佳证据规则

该规则含义简单,仅针对书证,指的是在能向法庭出示书证原件的情况下就不能出示复印件、照片。因为复印件、照片的真实性无法和原件相比。

4. 意见证据规则

该规则指的是,证人在作证过程中,只能客观陈述自己的感知,而不能对自己感知的事实提出定性意见。譬如,证人说:"我那天上午却是看见被告人进入被害人家里了,他们俩本来关系就不好,被害人肯定是被告人杀害的。"在证言中,"被告人进入被害人家里"和"被告人与被害人关系不好"属于证人的客观陈述,而"被害人肯定是被告人杀害的"则涉及定性,且证人又没有亲眼看到杀害过程,只是一种意见性推测。这种推测受到意见证据规则限制,不能作为证据使用。

5. 补强证据规则

补强证据规则指的是现有证据不足以对犯罪嫌疑人、被告人定罪,需要其他证据予以补充、佐证。在司法实践中,主要指不能仅凭口供定罪。

6. 自白任意性规则

自白任意性规则指的是犯罪嫌疑人、被告人所作的任何供述都应当是出于自愿而非被强迫作出的,对于被强迫作出的自白不能作为证据使用的规则。实际上就是我国《刑事诉讼法》第50条中确立的"不被强迫自证其罪"。

7. 非法证据排除规则

非法证据排除规则指的是对于通过非法手段获取的证据应当排除的规则。

本题解析:

本题中"证人猜测性、评论性、推断性的证言,不能作为证据使用"属于意见证据规则,应当选B。

下列哪一选项表明我国基本确立了自白任意性规则?(2012-2-28,单选)

A. 侦查人员在讯问犯罪嫌疑人的时候,可以对讯问过程进行录音或者录像

B. 不得强迫任何人证实自己有罪

C. 逮捕后应当立即将被逮捕人送交看守所羁押

D. 不得以连续拘传的方式变相拘禁犯罪嫌疑人、被告人

答案(　　　)①

【考点提示】 本题考查自白任意性规则。本题难度较高,因为ABCD四个选项融合了侦查章节中的相关程序,实质考查考生对刑诉知识的综合掌握能力。

【解析】 自白任意规则,又称非任意自白排除规则,是指犯罪嫌疑人、被告人所作的任何供述

参考答案:①B

都应当是出于自愿而非被强迫作出的，对于被强迫作出的自白不能作为定案根据的规则。实际上就是我国《刑事诉讼法》第50条中确立的“不被强迫自证其罪”。

我国《刑事诉讼法》第50条，《最高人民法院关于适用〈中华人民共和国刑事诉讼法〉的解释》第61条和《人民检察院刑事诉讼法规则(试行)》第265条均规定了非法言词证据的排除规则，指出严禁刑讯逼供和以威胁、引诱、欺骗以及其他非法方法收集证据，不得强迫任何人证实自己有罪。可见，我国已经基本确立了自白任意规则。

综上，本题应当选B。此外，A项说的是侦查程序中讯问时录音录像，C项说的是逮捕后立即送押，D项说的是禁止连续拘传。这些都可以视为保障自白任意性的手段，但不能直接表明我国确立了自白任意性规则。

下列哪一选项属于传闻证据？(2015-2-26，单选)

A. 甲作为专家辅助人在法庭上就一起伤害案的鉴定意见提出的意见

B. 乙了解案件情况但因重病无法出庭，法官自行前往调查核实的证人证言

C. 丙作为技术人员“就证明讯问过程合法性的同步录音录像是否经过剪辑”在法庭上所作的说明

D. 丁曾路过发生杀人案的院子，其开庭审理时所作的“当时看到一个人从那里走出来，好像喝了许多酒”的证言

答案(　　　)①

【考点提示】本题考查传闻证据规则。

【解析】传闻证据规则(Hearsay Rule)，又称传闻法则、传闻规则、传闻证据排除规则，是指证人所陈述的非亲身经历的事实，以及证人未出庭作证时向法庭提出的文件中的主张，原则上不能作为认定犯罪事实的根据。简言之，也就是说，传闻证据不具有可采性。传闻证据规则是排除一种证明手段的规则，不是排除事实的规则。

可见，传闻证据规则强调三个方面：一是针对证人证言，二是应当由证人亲自陈述，三是证人一般应当在庭审期间出庭作证。

A项，甲不是证人，不属于传闻证据，错误。

B项，乙无法出庭，属于庭外所作证言，该证言属于传闻证据。B正确。

C项，丙直接出庭说明录音录像是否经过剪辑，证言没有发生转述，不属于传闻证据。C错误。

D项，丁所作证言属于丁的亲身经历，不属于传闻证据。D错误。

综上所述，本题应当选B。

考点5　对各种证据的审查和判断

关于证人证言的收集程序和方式存在瑕疵，经补正或者作出合理解释后，可以作为证据使用的情形，下列哪一选项是正确的？(2012-2-42，单选)

A. 询问证人时没有个别进行的

B. 询问笔录反映出在同一时间内，同一询问人员询问不同证人的

C. 询问聋哑人时应当提供翻译而未提供的

参考答案：①B

D. 没有经证人核对确认并签名(盖章)、捺指印的

答案(　　　)①

【考点提示】请考生重点掌握各种证据的审查、判断和运用。也就是说,物证、书证、证人证言等证据在什么情况下不能作为定案根据的情形。本题属于重点考查点,未来仍将考查。

【解析】《最高人民法院关于适用〈中华人民共和国刑事诉讼法〉的解释》第76条规定:"证人证言具有下列情形之一的,不得作为定案的根据:

(一)询问证人没有个别进行的;

(二)书面证言没有经证人核对确认的;

(三)询问聋、哑人,应当提供通晓聋、哑手势的人员而未提供的;

(四)询问不通晓当地通用语言、文字的证人,应当提供翻译人员而未提供的。"

《最高人民法院关于适用〈中华人民共和国刑事诉讼法〉的解释》第77条规定:"证人证言的收集程序、方式有下列瑕疵,经补正或者作出合理解释的,可以采用;不能补正或者作出合理解释的,不得作为定案的根据:

(一)询问笔录没有填写询问人、记录人、法定代理人姓名以及询问的起止时间、地点的;

(二)询问地点不符合规定的;

(三)询问笔录没有记录告知证人有关作证的权利义务和法律责任的;

(四)询问笔录反映出在同一时段,同一询问人员询问不同证人的。"

这其中,《最高人民法院关于适用〈中华人民共和国刑事诉讼法〉的解释》第76条规定证人证言不得作为定案根据的情形,只要证人证言存在该条中的程序违法情形,证人证言绝对地不能作为定案根据,也不存在补救措施。《最高人民法院关于适用〈中华人民共和国刑事诉讼法〉的解释》第77条规定证人证言瑕疵的情形。瑕疵,顾名思义,小毛小病。如果一项证据仅仅出现瑕疵,一般允许侦查人员通过补正或者作出合理解释的方式使该证据具备可采性。当然,如果不能补正或者作出合理解释,该证据将不得作为定案根据。

本题中,ACD属于不得作为定案根据的情形。B属于瑕疵证据,补正或者作出合理解释后,仍然可采。故B正确,ACD错误。

综上所述,本题答案为B。

关于证据的审查判断,下列哪一说法是正确的?(2011-2-27,单选)

A. 被害人有生理缺陷,对案件事实的认知和表达存在一定困难,故其陈述在任何情况下都不得采信

B. 与被告人有利害冲突的证人提供的对被告人不利的证言,在任何情况下都不得采信

C. 公安机关制作的放火案的勘验、检查笔录没有见证人签名,一律不得采信

D. 搜查获得的杀人案凶器,未附搜查笔录,不能证明该凶器来源,一律不得采信

答案(　　　)②

【考点提示】该题考查的是《关于办理死刑案件审查判断证据若干问题的规定》,这一法律文件至今仍然有效,但已经不是考试重点,请考生重点复习《最高人民法院关于适用〈中华人民共和国刑事诉讼法〉的解释》中关于各种证据的审查、判断的相关规定。

【解析】AB项,《关于办理死刑案件审查判断证据若干问题的规定》第37条规定:"对于有下列情形的证据应当慎重使用,有其他证据印证的,可以采信:

参考答案:①B　②D

（一）生理上、精神上有缺陷的被害人、证人和被告人，在对案件事实的认知和表达上存在一定困难，但尚未丧失正确认知、正确表达能力而作的陈述、证言和供述；

（二）与被告人有亲属关系或者其他密切关系的证人所作的对该被告人有利的证言，或者与被告人有利害冲突的证人所作的对该被告人不利的证言。”

可见，被害人有生理缺陷，对案件事实的认知和表达存在一定困难或者与被告人有利害冲突的证人提供的对被告人不利的证言，在有其他证据印证的情形下仍可采信。AB 错误。

C 项，《关于办理死刑案件审查判断证据若干问题的规定》第 26 条规定：“勘验、检查笔录存在明显不符合法律及有关规定的情形，并且不能作出合理解释或者说明的，不能作为证据使用。勘验、检查笔录存在勘验、检查没有见证人的，勘验、检查人员和见证人没有签名、盖章的，勘验、检查人员违反回避规定的等情形，应当结合案件其他证据，审查其真实性和关联性。”

可见，勘验、检查笔录没有见证人签名的不一定不能被采信，应当结合案件其他证据审查其真实性和关联性。C 错误。

D 项，《关于办理死刑案件审查判断证据若干问题的规定》第 9 条第 1 款规定：“经勘验、检查、搜查提取、扣押的物证、书证，未附有勘验、检查笔录，搜查笔录，提取笔录，扣押清单，不能证明物证、书证来源的，不能作为定案的根据。”

可见，没有笔录或者清单、不能证明来源的物证、书证不能采信。D 正确。

综上所述，本题答案为 D。

具有特定情形的下列哪些证据不能作为定案的根据？（2011－2－66，多选）

A. 视听资料的制作时间、地点存有异议，不能作出合理解释，也没有提供必要证明的

B. 在做 DNA 检测时送检材料与比对样本属于同一个来源的

C. 证人在犯罪现场听到被告人喊“给他点厉害瞧瞧”的陈述

D. 犯罪嫌疑人拒绝签名、盖章而由侦查人员在笔录上注明情况的讯问笔录

答案（　　　）①

【考点提示】本题综合考查对证据的审查和判断，同时，本题还考查了非法证据排除规则。请考生注意，一方面，非法证据会被排除，不得作为定案根据；另一方面，证据如果不符合法定程序，也有可能不得作为定案根据。这两者不同，非法证据排除规则排除非法证据的理由主要是因为获取证据的手段非法如刑讯逼供。而证据不符合法定程序却不一定是因为手段非法，还有可能是因为证据的收集程序不符合法定要求或者证据表现形式不合法等。

【解析】A 项，《最高人民法院关于适用〈中华人民共和国刑事诉讼法〉的解释》第 94 条规定：“视听资料、电子数据具有下列情形之一的，不得作为定案的根据：

（一）经审查无法确定真伪的；

（二）制作、取得的时间、地点、方式等有疑问，不能提供必要证明或者作出合理解释的。”

可见，A 说“视听资料的制作时间、地点存有异议，不能作出合理解释，也没有提供必要证明的”，属于该条文中的“（二）”，不得作为定案根据，正确。

B 项，《最高人民法院关于适用〈中华人民共和国刑事诉讼法〉的解释》第 85 条规定：“鉴定意见具有下列情形之一的，不得作为定案的根据：

（一）鉴定机构不具备法定资质，或者鉴定事项超出该鉴定机构业务范围、技术条件的；

参考答案：①ABD

(二)鉴定人不具备法定资质,不具有相关专业技术或者职称,或者违反回避规定的;

(三)送检材料、样本来源不明,或者因污染不具备鉴定条件的;

(四)鉴定对象与送检材料、样本不一致的;

(五)鉴定程序违反规定的;

(六)鉴定过程和方法不符合相关专业的规范要求的;

(七)鉴定文书缺少签名、盖章的;

(八)鉴定意见与案件待证事实没有关联的;

(九)违反有关规定的其他情形。”

可见,B 属于上述(五)或者(六)的情形,也不得作为定案根据。B 正确。

C 项,证人在犯罪现场听到被告人喊“给他点厉害瞧瞧”的陈述属于合格的证人证言,可以作为定案根据。C 错误。

D 项,《关于办理死刑案件审查判断证据若干问题的规定》第 20 条第(一)项规定,讯问笔录没有经被告人核对确认并签名(盖章)、捺指印的,不能作为定案的根据。D 正确。此外,根据现行《人民检察院刑事诉讼法规则(试行)》第 199 条规定:“如果犯罪嫌疑人拒绝签名、盖章、捺指印的,检察人员应当在笔录上注明。讯问的检察人员也应当在笔录上签名。”根据这一规定,犯罪嫌疑人拒绝签名、盖章而由侦查人员在笔录上注明情况的讯问笔录好像也有可能作为定案根据。那么,D 项到底对不对呢? 针对这一问题,考生不用过于纠结。一方面,本题是 2011 年的考题,当时现行《人民检察院刑事诉讼法规则(试行)》还未实施,根据当时的《关于办理死刑案件审查判断证据若干问题的规定》第 20 条第(一)项规定,D 项确实正确。另一方面,一项证据能否作为定案根据,应当属于法院的权力,而非检察院的权力。《人民检察院刑事诉讼法规则(试行)》第 199 条也只是规定:“如果犯罪嫌疑人拒绝签名、盖章、捺指印的,检察人员应当在笔录上注明。讯问的检察人员也应当在笔录上签名。”而仅仅是“注明”、“签名”也不能说明该笔录就能作为定案根据了。因此,D 项应当正确。

综上所述,本题答案为 ABD。

关于辨认程序不符合有关规定,经补正或者作出合理解释后,辨认笔录可以作为证据使用的情形,下列哪一选项是正确的?(2012 -2 -27,单选)

A. 辨认前使辨认人见到辨认对象的

B. 供辨认的对象数量不符合规定的

C. 案卷中只有辨认笔录,没有被辨认对象的照片、录像等资料,无法获悉辨认的真实情况的

D. 辨认活动没有个别进行的

答案(　　　　)①

【考点提示】本题考查对辨认笔录的审查和判断。再次重申,各种证据的审查、判断是考试重点,请考生尤其重点掌握各种证据不得作为定案根据的情形。

【解析】《最高人民法院关于适用〈中华人民共和国刑事诉讼法〉的解释》第 90 条规定:“对辨认笔录应当着重审查辨认的过程、方法,以及辨认笔录的制作是否符合有关规定。

辨认笔录具有下列情形之一的,不得作为定案的根据:

(一)辨认不是在侦查人员主持下进行的;

(二)辨认前使辨认人见到辨认对象的;

参考答案:①C

(三)辨认活动没有个别进行的;

(四)辨认对象没有混杂在具有类似特征的其他对象中,或者供辨认的对象数量不符合规定的;

(五)辨认中给辨认人明显暗示或者明显有指认嫌疑的;

(六)违反有关规定、不能确定辨认笔录真实性的其他情形。"

可见,A 属于上述(二),错误。B 属于上述(四),错误。D 属于上述(三),错误。

C 的表述有些不够精确。一方面,C 的情形不属于《最高人民法院关于适用〈中华人民共和国刑事诉讼法〉的解释》第 90 条规定,"案卷中只有辨认笔录,没有被辨认对象的照片、录像等资料"属于瑕疵,应当允许补正或者作出合理解释。C 项正确。但另一方面,根据上述(六),"只有辨认笔录,没有被辨认对象的照片、录像等资料"即为"违反有关规定",无法"确定辨认笔录真实性"即无法确认"辨认的真实情况",从这个角度看,C 项错误。可是,如果 C 错误,本题将无正确答案。是故,本题 C 项表达上有点问题,但严格根据法条表述的话,还是选择 C 较为妥当。

综上所述,本题应当选 C。

赵某、石某抢劫杀害李某,被路过的王某、张某看见并报案。赵某、石某被抓获后,2 名侦查人员负责组织辨认。关于辨认笔录的审查与认定,下列选项正确的是:(2014－2－93,不定项)

A. 如对尸体的辨认过程没有录像,则辨认结果不得作为定案证据

B. 如侦查人员组织辨认时没有见证人在场,则辨认结果不得作为定案的根据

C. 如在辨认前没有详细向辨认人询问被辨认对象的具体特征,则辨认结果不得作为定案证据

D. 如对赵某的辨认只有笔录,没有赵某的照片,无法获悉辨认真实情况的,也可补正或进行合理解释

答案(　　　)①

【考点提示】本题考查对辨认笔录的审查和判断。

【解析】《最高人民法院关于适用〈中华人民共和国刑事诉讼法〉的解释》第 90 条规定:"对辨认笔录应当着重审查辨认的过程、方法,以及辨认笔录的制作是否符合有关规定。

辨认笔录具有下列情形之一的,不得作为定案的根据:

(一)辨认不是在侦查人员主持下进行的;

(二)辨认前使辨认人见到辨认对象的;

(三)辨认活动没有个别进行的;

(四)辨认对象没有混杂在具有类似特征的其他对象中,或者供辨认的对象数量不符合规定的;

(五)辨认中给辨认人明显暗示或者明显有指认嫌疑的;

(六)违反有关规定、不能确定辨认笔录真实性的其他情形。"

本题中,ABC 项,"对尸体的辨认过程没有录像"、"组织辨认时没有见证人在场","辨认前没有详细向辨认人询问被辨认对象的具体特征"并非导致辨认笔录不得作为定案根据的原因。这些情况都属于瑕疵,如果能够补正或者作出合理解释,辨认笔录仍然可以作为定案根据。ABC 错误。

D 项,《关于办理死刑案件审查判断证据若干问题的规定》第 30 条第 2 款规定:"有下列情形之一的,通过有关办案人员的补正或者作出合理解释的,辨认结果可以作为证据使用:

(一)主持辨认的侦查人员少于二人的;

(二)没有向辨认人详细询问辨认对象的具体特征的;

(三)对辨认经过和结果没有制作专门的规范的辨认笔录,或者辨认笔录没有侦查人员、辨认人、见

参考答案:①D

证人的签名或者盖章的；

（四）辨认记录过于简单，只有结果没有过程的；

（五）案卷中只有辨认笔录，没有被辨认对象的照片、录像等资料，无法获悉辨认的真实情况的。”

根据该条（五），D 正确。综上所述，本题应当选 D。

某地发生一起以爆炸手段故意杀人致多人伤亡的案件。公安机关立案侦查后，王某被确定为犯罪嫌疑人。关于本案辨认，下列哪一选项是正确的？（2016－2－34，单选）

A. 证人甲辨认制造爆炸物的工具时，混杂了另外 4 套同类工具

B. 证人乙辨认犯罪嫌疑人时未同步录音或录像，辨认笔录不得作为定案的依据

C. 证人丙辨认犯罪现场时没有见证人在场，辨认笔录不得作为定案的依据

D. 王某作为辨认人时，陪衬物不受数量的限制

答案（　　）①

【考点提示】 本题综合考查辨认。

【解析】 AD 项，《公安机关办理刑事案件程序规定》第 251 条规定："辨认时，应当将辨认对象混杂在特征相类似的其他对象中，不得给辨认人任何暗示。辨认犯罪嫌疑人时，被辨认的人数不得少于七人；对犯罪嫌疑人照片进行辨认的，不得少于十人的照片；辨认物品时，混杂的同类物品不得少于五件。

对场所、尸体等特定辨认对象进行辨认，或者辨认人能够准确描述物品独有特征的，陪衬物不受数量的限制。”

可见，辨认物品不少于五件。A 项中除了制造爆炸物的工具外，还有其他 4 套工具，一共 5 套，故数量合法。A 正确。此外，辨认人的时候，应当不少于 7 人，D 项说王某作为辩护人时，陪衬无不受数量限制错误。

BC 项，《最高人民法院关于适用〈中华人民共和国刑事诉讼法〉的解释》第 90 条规定："对辨认笔录应当着重审查辨认的过程、方法，以及辨认笔录的制作是否符合有关规定。

辨认笔录具有下列情形之一的，不得作为定案的根据：

（一）辨认不是在侦查人员主持下进行的；

（二）辨认前使辨认人见到辨认对象的；

（三）辨认活动没有个别进行的；

（四）辨认对象没有混杂在具有类似特征的其他对象中，或者供辨认的对象数量不符合规定的；

（五）辨认中给辨认人明显暗示或者明显有指认嫌疑的；

（六）违反有关规定、不能确定辨认笔录真实性的其他情形。”

可见，B 项中没有录音录像，C 项中没有见证人，均不属于不得作为定案根据的情形，应当允许补正或者作出合理解释。BC 错误。

综上所述，本题应当选 A。

关于网络犯罪案件证据的收集与审查，下列哪一选项是正确的？（2015－2－24，单选）

A. 询问异地证人、被害人的，应由办案地公安机关通过远程网络视频等方式进行

B. 收集、提取电子数据，能够获取原始存储介质的应封存原始存储介质，并对相关活动录像

C. 远程提取电子数据的，应说明原因，并对相关活动录像

D. 对电子数据涉及的专门性问题难以确定的，可由公安部指定的机构出具检验报告

答案（　　）②

参考答案：①A　②D

【考点提示】本题考查网络犯罪案件证据的收集与审查，法律依据是《最高人民法院、最高人民检察院、公安部关于办理网络犯罪案件适用刑事诉讼程序若干问题的意见》，该法律文件由2015年司考大纲新增。

【解析】《最高人民法院、最高人民检察院、公安部关于办理网络犯罪案件适用刑事诉讼程序若干问题的意见》第12条规定："询(讯)问异地证人、被害人以及与案件有关联的犯罪嫌疑人的，可以由办案地公安机关通过远程网络视频等方式进行询(讯)问并制作笔录。……"A中的"应由"错误。

《最高人民法院、最高人民检察院、公安部关于办理网络犯罪案件适用刑事诉讼程序若干问题的意见》第14条规定："收集、提取电子数据，能够获取原始存储介质的，应当封存原始存储介质，并制作笔录，记录原始存储介质的封存状态，由侦查人员、原始存储介质持有人签名或者盖章；持有人无法签名或者拒绝签名的，应当在笔录中注明，由见证人签名或者盖章。有条件的，侦查人员应当对相关活动进行录像。"可见，不是全都要录像，是"有条件的"才录。B错误。

《最高人民法院、最高人民检察院、公安部关于办理网络犯罪案件适用刑事诉讼程序若干问题的意见》第16条规定："……远程提取电子数据的，应当说明原因，有条件的，应当对相关活动进行录像。……"可见，不是全都要录像，是"有条件的"才录。C错误。

《最高人民法院、最高人民检察院、公安部关于办理网络犯罪案件适用刑事诉讼程序若干问题的意见》第18条规定："对电子数据涉及的专门性问题难以确定的，由司法鉴定机构出具鉴定意见，或者由公安部指定的机构出具检验报告。"可见，D正确。

综上所述，本题应当选D。

考点6 证明对象

关于吴某涉嫌故意泄露国家秘密罪，下列哪些选项属于需要运用证据加以证明的事实？(2009－2－71，多选)

A. 吴某是否为国家机关工作人员

B. 是否存在为吴某所实施的被指控事实

C. 被指控事实是否情节严重

D. 是否具有法定或酌定从重、从轻、减轻及免除处罚的情节

答案(　　　)①

【考点提示】本题考查刑事证明中的证明对象，本题是2009年真题，当时适用1998年《最高人民法院关于适用〈中华人民共和国刑事诉讼法〉的解释》，而现在该法律文件已经被修订，取而代之的是2012年修正，2013年生效的《最高人民法院关于适用〈中华人民共和国刑事诉讼法〉的解释》。关于证明对象，现行《最高人民法院关于适用〈中华人民共和国刑事诉讼法〉的解释》规定的特色在于：

(1)增加了"有关附带民事诉讼、涉案财物处理的事实"。

(2)增加了"关管辖、回避、延期审理等的程序事实"。

(3)删掉了"被告人的行为是否构成犯罪"。

【解析】刑事诉讼的证明对象指的是证明主体运用一定的证明方法所要证明的一切法律要件事实。

参考答案：①ABCD

《最高人民法院关于适用〈中华人民共和国刑事诉讼法〉的解释》第64条第1款规定："应当运用证据证明的案件事实包括：

（一）被告人、被害人的身份；

（二）被指控的犯罪是否存在；

（三）被指控的犯罪是否为被告人所实施；

（四）被告人有无刑事责任能力，有无罪过，实施犯罪的动机、目的；

（五）实施犯罪的时间、地点、手段、后果以及案件起因等；

（六）被告人在共同犯罪中的地位、作用；

（七）被告人有无从重、从轻、减轻、免除处罚情节；

（八）有关附带民事诉讼、涉案财物处理的事实；

（九）有关管辖、回避、延期审理等的程序事实；

（十）与定罪量刑有关的其他事实。"

本题中，A项，"吴某是否为国家机关工作人员"属于上述（一）；B项，"是否存在为吴某所实施的被指控事实"属于上述（二）；CD项，"被指控事实是否情节严重"和"是否具有法定或酌定从重、从轻、减轻及免除处罚的情节"属于上述（七）。因此，ABCD都当选。

考生无须背过上述十项，但需要注意：这十项证明对象可以被区分为两类：

（1）实体法事实

（a）与定罪相关的事实

（b）与量刑相关的事实

（2）程序法事实

甲乙两家曾因宅基地纠纷诉至法院，尽管有法院生效裁判，但甲乙两家关于宅基地的争议未得到根本解决。一日，甲、乙因各自车辆谁先过桥引发争执继而扭打，甲拿起车上的柴刀砍中乙颈部，乙当场死亡。对此，下列哪一选项是不需要用证据证明的免证事实？（2010－2－25，单选）

A. 甲的身份状况

B. 甲用柴刀砍乙颈部的时间、地点、手段、后果

C. 甲用柴刀砍乙颈部时精神失常

D. 法院就甲乙两家宅基地纠纷所作出的裁判事项

答案（　　　）①

【考点提示】本题考查证明对象中的免证事实。考生需要熟悉免证事实的范围。

【解析】《最高人民法院关于适用〈中华人民共和国刑事诉讼法〉的解释》第64条第1款规定："应当运用证据证明的案件事实包括：

（一）被告人、被害人的身份；

（二）被指控的犯罪是否存在；

（三）被指控的犯罪是否为被告人所实施；

（四）被告人有无刑事责任能力，有无罪过，实施犯罪的动机、目的；

（五）实施犯罪的时间、地点、手段、后果以及案件起因等；

（六）被告人在共同犯罪中的地位、作用；

参考答案：①D

（七）被告人有无从重、从轻、减轻、免除处罚情节；

（八）有关附带民事诉讼、涉案财物处理的事实；

（九）有关管辖、回避、延期审理等的程序事实；

（十）与定罪量刑有关的其他事实。"

可见，上述条文规定了刑事证明对象，简单地说，就是与案件定罪量刑或者程序事项有关的各种事实。本题中，A属于上述（一），B属于上述（五），C属于上述（四），这些都需要运用证据予以证明。

《人民检察院刑事诉讼法规则（试行）》第437条规定："在法庭审理中，下列事实不必提出证据进行证明：

（一）为一般人共同知晓的常识性事实；

（二）人民法院生效裁判所确认的并且未依审判监督程序重新审理的事实；

（三）法律、法规的内容以及适用等属于审判人员履行职务所应当知晓的事实；

（四）在法庭审理中不存在异议的程序事实；

（五）法律规定的推定事实；

（六）自然规律或者定律。"

可见，上述条文规定了免证事实即不需要控辩双方运用证据予以证明而由法院直接确认的事实。D项属于上述（二），无须证明。

综上所述，ABC属于证明对象，需要运用证据予以证明。D属于人民法院生效裁判所确认的并且未依审判监督程序重新审理的事实，系免证事实。应当选D。

关于死刑案件的证明对象的表述，下列哪些选项是正确的？（2011－2－74，多选）

A. 被指控的犯罪事实的发生

B. 被告人实施犯罪的时间、地点、手段、后果以及其他情节

C. 被害人有无过错及过错程度

D. 被告人的近亲属是否协助抓获被告人

答案（　　）①

【考点提示】本题考查刑事证明中的证明对象。

【解析】AB项，《关于办理死刑案件审查判断证据若干问题的规定》第5条第3款规定："办理死刑案件，对于以下事实的证明必须达到证据确实、充分：（一）被指控的犯罪事实的发生；（二）被告人实施了犯罪行为与被告人实施犯罪行为的时间、地点、手段、后果以及其他情节；（三）影响被告人定罪的身份情况；（四）被告人有刑事责任能力；（五）被告人的罪过；（六）是否共同犯罪及被告人在共同犯罪中的地位、作用；（七）对被告人从重处罚的事实。"

可见，A属于上述（一），B属于上述（二），都属于死刑案件的证明对象，正确。

CD项，《关于办理死刑案件审查判断证据若干问题的规定》第36条第1款规定："在对被告人作出有罪认定后，人民法院认定被告人的量刑事实，除审查法定情节外，还应审查以下影响量刑的情节：（一）案件起因；（二）被害人有无过错及过错程度，是否对矛盾激化负有责任及责任大小；（三）被告人的近亲属是否协助抓获被告人；（四）被告人平时表现及有无悔罪态度；（五）被害人附带民事诉讼赔偿情况，被告人是否取得被害人或者被害人近亲属谅解；（六）其他影响量刑的情节。"

可见，C属于上述（二），D属于上述（三），都属于死刑案件的证明对象，正确。综上所述，本题正确

参考答案：①ABCD

选项为 ABCD。

下列哪些选项属于刑事诉讼中的证明对象?(2016-2-69,多选)

A. 行贿案中,被告人知晓其谋取的系不正当利益的事实

B. 盗窃案中,被告人的亲友代为退赃的事实

C. 强奸案中,用于鉴定的体液检材是否被污染的事实

D. 侵占案中,自诉人申请期间恢复而提出的其突遭车祸的事实,且被告人和法官均无异议

答案( )①

【考点提示】本题考查证明对象。需要考生重点注意的是,证据事实不是证明对象,证据事实只是一种证明手段,它有利于查明证明对象。

【解析】刑事诉讼的证明对象指的是证明主体运用一定的证明方法所要证明的一切法律要件事实。

《最高人民法院关于适用〈中华人民共和国刑事诉讼法〉的解释》第64条第1款规定:"应当运用证据证明的案件事实包括:

(一)被告人、被害人的身份;

(二)被指控的犯罪是否存在;

(三)被指控的犯罪是否为被告人所实施;

(四)被告人有无刑事责任能力,有无罪过,实施犯罪的动机、目的;

(五)实施犯罪的时间、地点、手段、后果以及案件起因等;

(六)被告人在共同犯罪中的地位、作用;

(七)被告人有无从重、从轻、减轻、免除处罚情节;

(八)有关附带民事诉讼、涉案财物处理的事实;

(九)有关管辖、回避、延期审理等的程序事实;

(十)与定罪量刑有关的其他事实。"

A 项属于上述"(四)",属于证明对象。B 项属于上述"(七)",属于证明对象。

C 项,对证据材料的审查与判断被称为验证"证据事实"的过程,证据事实不是证明对象,而是证明手段。证明对象是指需要用证据证明的案件事实,而证据事实则是指证据本身的来源、构成等要素,在C中,强奸案中用于鉴定的体液检材是否被污染的事实属于"证据事实",而非证明对象。C 错误。

D 项,证明对象需要与案件的定罪、量刑有关,突遭车祸的事实与侵占事实本身没有任何联系,不属于证明对象。D 错误。

综上所述,本题应当选 AB。

考点7 证明责任

关于刑事诉讼中的证明责任,下列哪些选项是正确的?(2009-2-70,多选)

A. 总是与一定的积极诉讼主张相联系,否认一方不负证明责任

B. 总是与一定的不利诉讼后果相联系,受到不利裁判的不一定承担证明责任

C. 是提出证据责任与说服责任的统一,提出证据并非完全履行了证明责任

D. 是专属于控诉方独自承担的责任,具有一定的责任排他性

答案( )②

参考答案:①AB ②ABC

【考点提示】请考生注意，证明责任是“证明”和“责任”的结合。首先，它需要控方或者辩方提出证据即“证明”。其次，它需要提出证据的一方说服法官采纳己方证据，否则，将会承担对己方不利的诉讼后果。

【解析】A项，证明责任总是与一定的积极诉讼主张相联系，否认一方不负证明责任。在刑事诉讼活动中，积极诉讼主张即为控方对被告人的指控，若被告人否定，被告人不承担证明自己有罪或者无罪的证明责任。A正确。

B项，证明责任总是与一定的不利诉讼后果相联系，甚至可以说证明责任就是证明不了就败诉的责任。在审判程序中，被告人很有可能被判处有罪，虽然其得到了不利判决，但不能说被告人因此负有证明责任，因为根据《刑事诉讼法》第49条的规定，公诉案件中被告人有罪的举证责任由人民检察院承担。因此。B正确。

C项，证明责任是提供证据责任与说服责任的统一，仅仅提出证据不等于完成了证明，还必须尽可能说服裁判者相信其主张的事实。C正确。

D项，根据《刑事诉讼法》第49条的规定，公诉案件中被告人有罪的举证责任由人民检察院承担。可知，一般而言，公诉案件中，只有检察院承担证明责任，作为可能受到不利裁判的被告人不承担任何证明责任。但是，并不绝对，对于少量的非法持有型犯罪如巨额财产来源不明案、非法持有枪支、弹药案、非法持有国家秘密案等，需要被告人承担一定的提出证据的证明责任，也被称为举证责任倒置。因此，D中说“是专属于控诉方独自承担的责任”过于绝对，错误。

综上所述，本题应当选ABC。

关于《刑事诉讼法》规定的证明责任分担，下列哪一选项是正确的？（2016－2－30，单选）

A. 公诉案件中检察院负有证明被告人有罪的责任，证明被告人无罪的责任由被告方承担

B. 自诉案件的证明责任分配依据“谁主张，谁举证”的法则确定

C. 巨额财产来源不明案中，被告人承担说服责任

D. 非法持有枪支案中，被告人负有提出证据的责任

答案（　　　）①

【考点提示】本题考查证明责任的分配。

【解析】根据司法部《国家司法考试辅导用书》（三大本）教材中的观点：“在我国，证明责任的承担主体首先是控诉机关和负有证明责任的当事人即公诉案件中的公诉人和自诉案件中的自诉人，只有他们才应依照法定程序承担证明犯罪事实是否发生、犯罪嫌疑人或被告人有罪、无罪以及犯罪情节轻重的责任，这是证明责任理论中‘谁主张、谁举证’的古老法则在刑事诉讼中的直接体现。此外，根据‘否认者不负证明责任’的古老法则和现代无罪推定原则的要求，犯罪嫌疑人、被告人不负证明自己无罪的责任。这表明，从整体上看，刑事诉讼中的证明责任是一个专属于控方的概念。但是，在少数持有类的特定案件如巨额财产来源不明案件及非法持有属于国家绝密、机密文件、资料、物品罪中，犯罪嫌疑人、被告人也负有提出证据的责任。”

可见，A项，错在“证明被告人无罪的责任由被告方承担”，因为一般而言，证明责任就是由控诉方承担。A错误。

B项，自诉案件的证明责任分配依据不仅仅是“谁主张，谁举证”的法则，还包括“否认者不负证明责任”和“无罪推定”。B错误。

参考答案：①D

C 项，在少数持有类的特定案件，犯罪嫌疑人、被告人也负有提出证据的责任，而非说服责任。C 错误。

D 项，正确，在少数持有类的特定案件，犯罪嫌疑人、被告人也负有提出证据的责任。

综上所述，本题应当选 D。

考题拓展

下列哪些证据属于书证？（2005－2－69，多选）

A. 某强奸案，在犯罪嫌疑人住处收集的笔记本，其中记载着其作案经过及对被害人的描述

B. 某贪污案，为查明账册涂改人而进行鉴定的笔迹

C. 某故意伤害案，证人书写的书面证词

D. 某走私淫秽物品案，犯罪嫌疑人非法携带的淫秽书刊

答案（　　　）①

【解析】 A 项，笔记本记录了犯罪的过程，与犯罪事实相关，属于书证。A 正确。

B 项，笔记属于痕迹，痕迹属于物证。B 错误。

C 项，书面证词属于证人证言。请注意，并非以白纸黑字形式表现的证据都是书证，如果由证人作出就是证人证言，如果由被害人作出就是被害人陈述，如果由鉴定人作出就是鉴定意见。C 错误。

D 项，从走私的物品来看，淫秽书刊属于物证，但凭什么说"淫秽"？需要审查内容和思想，这些书刊也可以成为书证即物证、书证同体。D 正确。

综上所述，本题应当选 AD。

童某涉嫌故意杀人案，有下列几种证据，其中属于书证的有哪些？（2003－2－63，多选）

A. 受指派的精神病医院为其开具的精神病情况的诊断结论

B. 案发现场找到的童某写的一封尚未邮寄出去的家信，通过对信上的笔迹鉴定，找到了犯罪嫌疑人童某

C. 童某单位开具的关于童某一贯表现的证明

D. 被害人临死之前在地上写下的一组数字，通过数字查到了童某的门房号码

答案（　　　）②

【解析】 A 项，精神病医院受到指派，针对精神病问题做出专门的诊断结论，应当属于鉴定意见。A 错误。

B 项，笔迹属于痕迹，痕迹属于物证。B 错误。

C 项，一贯表现的证明属于书证。有的考生可能认为，一贯表现与童某故意杀人事实没有关联性，应当不是证据，这种观点是错误的。因为，案件事实可以区分为定罪事实和量刑事实，一贯表现与定罪事实无关，但却与量刑轻重有关，故，属于书证。C 正确。

D 项，通过数字反映出的思想找到了房间号码，属于书证。D 正确。

综上所述，本题应当选 CD。

公安机关在一盗窃案现场收集到犯罪嫌疑人张某书写的一张字条，收缴了被盗电视剧录像带、DVD 光盘、书籍等，被盗超市提供了被盗物品清单。下列哪一选项是正确的？（2008 四川单考－2－22，单选）

A. 该字条是书证

参考答案：①AD　②CD

B. 电视剧录像带和 DVD 光盘是物证

C. 收缴的被盗书籍是书证

D. 被盗物品清单属于证人证言

答案(　　　)①

【解析】关于字条,因为没有明确说明以其记载的内容和反映的思想来证明案件真实情况,因此不能笼统地认为是书证,如果是以字条上的笔迹来证明案件真实情况的话,则字条本身就是物证,而不是书证。因此,A 项说法错误。

被盗的电视剧录像带、DVD 光盘、书籍是以其外在特征来证明盗窃事实的,是物证。因此,B 项说法正确,C 项说法错误。

被盗的物品清单是以其记载的内容(盗窃了多少东西)来证明盗窃事实的,所以是书证,而不是证人证言。因此,D 项说法错误。

综上所述,本题应当选 B。

侦查人员在杀人案件现场收集到一封信和一张字条,信的内容与案件无关,但根据通信对方的姓名和地址查出了犯罪分子。字条的内容也与案件无关,但根据笔迹鉴定找到了字条的书写人,从而发现了犯罪分子。对于本案中的信件和字条属于何种证据种类,下列表述中哪一项是正确的?(2002－2－19,单选)

A. 信件是物证,字条是物证

B. 信件是物证,字条是书证

C. 信件是书证,字条是物证

D. 信件是书证,字条是书证

答案(　　　)②

【解析】本题比较简单。虽然信和字条本身内容看似与案件无关,但实质上是有关的。因为根据通信对方的姓名和地址查出了犯罪分子,信件内容属于书证。因为根据字条笔迹发现了犯罪分子,字条笔迹属于物证。故,本题应当选 C。

下列哪些选项属于实物证据?(2008－2－74,多选)

A. 杀人案中现场勘验笔录

B. 贪污案中证明贪污数额的账册

C. 强奸案中证明被害人精神状态的鉴定结论

D. 伤害案中证明伤害发生过程情况的监控录像

答案(　　　)③

【解析】勘验笔录客观记录案发现场情况,属于实物证据。A 正确。

账册记录了贪污数额,是书证,书证属于实物证据。B 正确。

鉴定结论(这是 2008 年的真题,现在叫“鉴定意见”)代表了鉴定人的言语意见,属于言词证据。C 错误。

记录伤害过程的监控录像属于视听资料,视听资料一般认为属于实物证据。D 正确。

综上所述,本题应当选 ABD。

考生需要注意,在法定的八种证据中,属于实物证据的包括:物证,书证,勘验、检查笔录,视听资

参考答案:①B　②C　③ABD

料、电子数据;属于言词证据的包括:证人证言,犯罪嫌疑人、被告人供述和辩解,被害人陈述,鉴定意见,辨认、侦查实验笔录。

甲致乙重伤,收集到下列证据,其中既属于直接证据,又属于原始证据的是哪一项?(2008-2-35,单选)

A. 有被害人血迹的匕首

B. 证人看到甲身上有血迹,从现场走出的证言

C. 匕首上留下的指印与甲的指纹同一的鉴定结论

D. 乙对甲伤害自己过程的陈述

答案(　　　)①

【解析】A 项,带血迹的匕首属于原始证据,但仅一把匕首无法证明案件主要事实,属于间接证据。A 错误。

B 项,证人证言属于原始证据,但仅看到从现场走出,无法证明案件主要事实,属于间接证据。B 错误。

C 项,指纹同一的鉴定意见属于原始证据,但指纹同一不能证明案件主要事实,属于间接证据。C 错误。

D 项,被害人讲述被害过程属于直接证据,并且通过陈述能够证明案件主要事实,属于直接证据。D 正确。

综上所述,本题应当选 D。

被害人在临死前向抢救他的医生魏某讲述了遭受犯罪分子侵害的事实,在诉讼过程中医生魏某就该情况向司法机关作证。根据刑事诉讼证据的分类理论,医生魏某的证言属于什么类型的证据?(2004-2-35,单选)

A. 言词证据、原始证据、直接证据、有罪证据

B. 言词证据、传来证据、直接证据、有罪证据

C. 言词证据、原始证据、间接证据、无罪证据

D. 实物证据、传来证据、直接证据、有罪证据

答案(　　　)②

【解析】魏医生的证言属于证人证言,该证言属于言词证据。

魏医生自己没有亲眼看到犯罪事实,其证言是听被害人说的,属于转述,是传来证据。

魏医生的证言中包含了被害人遭受犯罪分子侵害的事实,属于直接证据。

魏医生的证言讲述了犯罪分子伤害被害人的过程,属于有罪证据。

可见,魏医生的证言属于言词证据、传来证据、直接证据、有罪证据,本题应当选 B。

甲故意杀人案件中,公安机关在侦查过程中除了其他证据外,还收集到了下列材料,如果要认定甲犯有故意杀人罪,这些材料中哪些不具备证据的相关性特征?(2003-2-53,多选)

A. 甲写给被害人的恐吓信

B. 甲在 10 年以前曾采用过与本案相同的手段实施过杀人行为(未遂,被判过刑)

C. 甲吃、喝、嫖、赌,道德品质败坏

D. 甲的情妇证明,在本案的作案时间中,甲曾与她一起在某电影院看电影,电影的名字是《泰坦尼克号》

答案(　　　)③

参考答案:①D　②B　③BC

【解析】B和C对于认定本案甲故意杀人没有任何帮助和联系，分别属于类似行为和品格证据，这两种证据材料被认为与定罪没有关联性。而AD均与案件具有相关性，其中A可以证明甲具有杀人动机，D可以证明甲有无作案时间。

综上所述，本题应当选BC。

关于我国刑事诉讼中证明责任的分担，下列说法正确的是：(2005-2-97，不定项)

A. 犯罪嫌疑人应当如实回答侦查人员的提问，承担证明自己无罪的责任

B. 自诉人对其控诉承担提供证据予以证明的责任

C. 律师进行无罪辩护时必须承担提供证据证明其主张成立的责任

D. 在巨额财产来源不明案中，检察机关应当证明国家工作人员的财产明显超过合法收入且差额巨大这一事实的存在。

答案(　　　)①

【解析】我国《刑事诉讼法》第12条规定："未经人民法院依法判决，对任何人都不得确定有罪。"虽然在理论上讲我国并没有确定完整的无罪推定原则，但其合理精神我们是接受的，一般情况下，被告人既不承担证明自己有罪的责任，也不承担证明自己无罪的责任。因此，A错误。

自诉人相当于原告，根据"谁主张、谁举证"的古老原理，应承担举证责任。B正确。

C错误。律师进行无罪辩护时无需承担证明其主张成立的证明责任，律师无法承担证明责任时，不必然导致被告人被定罪或者重判。

D项，在非法持有型犯罪中，奉行举证责任倒置，由被告人承担一定程度的证明责任。但是，不能理解为，由被告人承担全部的证明责任。譬如，在巨额财产来源不明案中，检察机关应当证明国家工作人员的财产明显超过合法收入且差额巨大这一事实的存在。被告人只需要说明差额部分的来源是合法的即可。因此，D正确。

综上所述，本题应当选BD。

参考答案：①BD

专题八　强制措施

点评：

我国的强制措施由轻到重包括拘传、取保候审、监视居住、拘留和逮捕五种。强制措施适用得当，有利于侦查机关侦破案件。但如果适用不当，强制措施则会侵犯犯罪嫌疑人、被告人的人权。与1996年《刑事诉讼法》相比，2012年修正，2013年生效的《刑事诉讼法》对强制措施的规定更加细致、完备，强制措施是历年司考《刑事诉讼法》中的必考考点，需要考生认真学习。

考点1　拘　　传

关于拘传，下列哪些说法是正确的？（2012－2－66，多选）

A. 对在现场发现的犯罪嫌疑人，经出示工作证件可以口头拘传，并在笔录中注明

B. 拘传持续的时间不得超过12小时

C. 案情特别重大、复杂，需要采取拘留、逮捕措施的，拘传持续的时间不得超过24小时

D. 对于被拘传的犯罪嫌疑人，可以连续讯问24小时

答案（　　　）①

【考点提示】本题考查拘传的程序。需要注意拘传与传唤的不同。拘传属于强制措施，传唤不是。拘传可以强制到案，传唤不行。拘传只针对犯罪嫌疑人、被告人，而传唤针对当事人。拘传必须持证进行，传唤可以口头进行。

【解析】《刑事诉讼法》第117条规定："对不需要逮捕、拘留的犯罪嫌疑人，可以传唤到犯罪嫌疑人所在市、县内的指定地点或者到他的住处进行讯问，但是应当出示人民检察院或者公安机关的证明文件。对在现场发现的犯罪嫌疑人，经出示工作证件，可以口头传唤，但应当在讯问笔录中注明。传唤、拘传持续的时间不得超过十二小时；案情特别重大、复杂，需要采取拘留、逮捕措施的，传唤、拘传持续的时间不得超过二十四小时。不得以连续传唤、拘传的形式变相拘禁犯罪嫌疑人。传唤、拘传犯罪嫌疑人，应当保证犯罪嫌疑人的饮食和必要的休息时间。"

本题中，A项，对在现场发现的犯罪嫌疑人，经出示工作证件，可以口头"传唤"而非"拘传"，拘传不可以口头，必须持有拘传证或者拘传票。A错误。

BC项，传唤、拘传持续的时间不得超过12小时，需要采取拘留、逮捕措施的，传唤、拘传持续的时间不得超过24小时。BC正确。

D项，对于拘传的犯罪嫌疑人，应当保证饮食和必要的休息时间，不得连续讯问24小时，连续审讯

参考答案：①BC

24小时属于变相的刑讯逼供。D错误。

综上所述,本题选BC。

需要注意的是,本题B项容易引发歧义。BC项连续看当然是正确的,但单独分析B项时,会发现“拘传持续的时间不得超过12小时”表述的过于片面,因为还可以延长至24小时。对于类似有歧义的选项,每年真题中只会偶然出现,考生按自己的理解尽力作答即可。

考点2 取保候审、监视居住

关于被法院决定取保候审的被告人在取保候审期间应当遵守的法定义务,下列哪些选项是正确的?(2010-2-68,多选)

A. 未经法院批准不得离开所居住的市、县

B. 未经公安机关批准不得会见他人

C. 在传讯的时候及时到案

D. 不得以任何形式干扰证人作证

答案(　　)①

【考点提示】本题考查取保候审期间,犯罪嫌疑人、被告人应当遵守的义务。考生需要注意,被取保候审的人应当遵守的义务与被监视居住的人应当遵守的义务相似却不同,这些不同之处是考查重点。

【解析】知识介绍:

《刑事诉讼法》第69条规定了被取保候审人的义务:“被取保候审的犯罪嫌疑人、被告人应当遵守以下规定:

(一)未经执行机关批准不得离开所居住的市、县;

(二)住址、工作单位和联系方式发生变动的,在二十四小时以内向执行机关报告;

(三)在传讯的时候及时到案;

(四)不得以任何形式干扰证人作证;

(五)不得毁灭、伪造证据或者串供。

人民法院、人民检察院和公安机关可以根据案件情况,责令被取保候审的犯罪嫌疑人、被告人遵守以下一项或者多项规定:

(一)不得进入特定的场所;

(二)不得与特定的人员会见或者通信;

(三)不得从事特定的活动;

(四)将护照等出入境证件、驾驶证件交执行机关保存。

被取保候审的犯罪嫌疑人、被告人违反前两款规定,已交纳保证金的,没收部分或者全部保证金,并且区别情形,责令犯罪嫌疑人、被告人具结悔过,重新交纳保证金、提出保证人,或者监视居住、予以逮捕。

对违反取保候审规定,需要予以逮捕的,可以对犯罪嫌疑人、被告人先行拘留。”

在本条文中,第1款规定的五项义务是被取保候审人必须遵守的义务,第2款规定的四项义务不是被取保候审人必须遵守的义务,而是由公安机关、人民检察院和人民法院根据案件情况具体问题具

参考答案:①CD

体决定的，对被取保候审人来说属于酌定遵守的义务。这些义务无需背过，但要熟悉。

《刑事诉讼法》第75条规定了被监视居住人的义务："被监视居住的犯罪嫌疑人、被告人应当遵守以下规定：

（一）未经执行机关批准不得离开执行监视居住的处所；

（二）未经执行机关批准不得会见他人或者通信；

（三）在传讯的时候及时到案；

（四）不得以任何形式干扰证人作证；

（五）不得毁灭、伪造证据或者串供；

（六）将护照等出入境证件、身份证件、驾驶证件交执行机关保存。

被监视居住的犯罪嫌疑人、被告人违反前款规定，情节严重的，可以予以逮捕；需要予以逮捕的，可以对犯罪嫌疑人、被告人先行拘留。"

综上，被监视居住人的义务与被取保候审人的义务区别如下：

（1）监视居住中，未经批准，不得离开执行监视居住的处所。取保候审是不得离开所居住的市、县。

（2）监视居住中，未经执行机关批准不得会见他人或者通信。取保候审中，是否禁止与他人会见通信由公安机关、人民检察院和人民法院根据案件具体情况决定。

（3）监视居住中，将护照等出入境证件、身份证件、驾驶证件交执行机关保存。取保候审中，是否需要交证件由公安机关、人民检察院和人民法院根据案件具体情况决定。且上交的证件中，没有身份证。

此外，《最高人民法院、最高人民检察院、公安部、国家安全部、司法部、全国人大常委会法制工作委员会关于实施刑事诉讼法若干问题的规定》第13条还做了一个特殊规定，被取保候审、监视居住的犯罪嫌疑人、被告人无正当理由不得离开所居住的市、县或者执行监视居住的处所，有正当理由需要离开所居住的市、县或者执行监视居住的处所，应当经执行机关批准。如果取保候审、监视居住是由人民检察院、人民法院决定的，执行机关在批准犯罪嫌疑人、被告人离开所居住的市、县或者执行监视居住的处所前，应当征得决定机关同意。

这意味着，被取保候审或者监视居住的人，在离开所居住的市县或者处所前，既要经过执行机关的批准，还要经过决定机关的同意。

本题解析：

A项，取保候审的执行机关为公安机关，故未经公安机关批准，法院同意，不得离开所居住的市、县。需要注意，《最高人民法院、最高人民检察院、公安部、国家安全部、司法部、全国人大常委会法制工作委员会关于实施刑事诉讼法若干问题的规定》第13条要求需要执行机关"批准"，决定机关"同意"。"同意"与"批准"严格来说意义不同。批准更为正式，强调书面形式。同意较为随意，一般书面或者口头形式均可。所以A项错误。

B项，"未经执行机关批准不得会见他人"是被监视居住的犯罪嫌疑人、被告人应当遵守的义务，而不是取保候审的犯罪嫌疑人、被告人应当遵守的义务，除非由公安机关、人民检察院和人民法院机关根据案件具体情况决定。所以B项错误。

C项，"传讯时及时到案"是被取保候审人应遵守的义务，所以C项正确。

D项，"不得以任何形式干扰证人作证"是被取保候审人应遵守的义务，所以D项正确。

综上所述，本题答案为CD。

未成年人郭某涉嫌犯罪被检察院批准逮捕。在审查起诉中，经羁押必要性审查，拟变更为取保候审并适用保证人保证。关于保证人，下列哪一选项是正确的？（2014－2－30，单选）

A. 可由郭某的父亲担任保证人，并由其交纳1000元保证金

B. 可要求郭某的父亲和母亲同时担任保证人

C. 如果保证人协助郭某逃匿，应当依法追究保证人的刑事责任，并要求其承担相应的民事连带赔偿责任

D. 保证人未履行保证义务应处罚款的，由检察院决定

答案(　　)①

【考点提示】本题考查取保候审保证人的条件，属于常规考点。

【解析】AB 项，《人民检察院刑事诉讼法规则(试行)》第 87 条规定："人民检察院决定对犯罪嫌疑人取保候审，应当责令犯罪嫌疑人提出保证人或者交纳保证金。

对同一犯罪嫌疑人决定取保候审，不得同时使用保证人保证和保证金保证方式。

对符合取保候审条件，具有下列情形之一的犯罪嫌疑人，人民检察院决定取保候审时，可以责令其提供一至二名保证人：

(一)无力交纳保证金的；

(二)系未成年人或者已满七十五周岁的人；

(三)其他不宜收取保证金的。"

可见，不得同时使用保证人保证和保证金保证方式。A 错误。可以最多提供两名保证人。B 正确。

CD 项，《人民检察院刑事诉讼法规则(试行)》第 98 条规定："人民检察院发现保证人没有履行刑事诉讼法第六十八条的规定的义务，应当通知公安机关，要求公安机关对保证人作出罚款决定。构成犯罪的，依法追究保证人的刑事责任。"可见，对保证人的处罚有两种方式：(1)罚款；(2)追究刑事责任。但是，并没有"要求其承担相应的民事连带赔偿责任"的规定。C 错误。保证人未履行保证义务应处罚款的，应当要求公安机关对保证人作出罚款决定。可见，决定机关是公安机关而非检察院，D 错误。

综上所述，本题应当选 B。

甲涉嫌盗窃罪被逮捕。甲父为其申请取保候审，公安机关要求甲父交纳 10 万元保证金。甲父请求减少保证金的数额。公安机关在确定保证金数额时应当考虑下列哪些情况？(2009－2－72，多选)

A. 当地经济水平落后

B. 甲和甲父靠种地为生且无其他收入，生活贫困

C. 甲只偷他人一头牛，可能判处的刑罚不重

D. 甲无前科，社会危险性小，妨碍诉讼可能性小

答案(　　)②

【考点提示】本题考查决定取保候审保证金数额时应当考虑的条件。考生需要注意，根据 2012 年修正，2013 年生效的《刑事诉讼法》的规定，决定取保候审保证金的数额时无需考虑当地经济水平，因为当地经济水平落后不一定代表被取保候审的人的经济水平也落后。

【解析】《刑事诉讼法》第 70 条第 1 款规定："取保候审的决定机关应当综合考虑保证诉讼活动正常进行的需要，被取保候审人的社会危险性，案件的情节、性质，可能判处刑罚的轻重，被取保候审人的经济状况等情况，确定保证金的数额。"

可见，确定保证金数额需要考虑五个方面：(1)保证诉讼活动正常进行的需要；(2)被取保候审人的社会危险性；(3)案件的情节、性质；(4)可能判处刑罚的轻重；(5)被取保受审人的经济状况。本题中，B 属于(5)，C 属于(4)，D 属于(2)，BCD 正确。当地经济水平落后不代表被取保候审人的经济水

参考答案：①B　②BCD

平也落后，应当具体问题具体分析。A 错误。

综上所述，本题应当选 BCD。

甲与邻居乙发生冲突致乙轻伤，甲被刑事拘留期间，甲的父亲代为与乙达成和解，公安机关决定对甲取保候审。关于甲在取保候审期间应遵守的义务，下列哪一选项是正确的？（2016－2－31，单选）

A. 将驾驶证件交执行机关保存

B. 不得与乙接触

C. 工作单位调动的，在 24 小时内报告执行机关

D. 未经公安机关批准，不得进入特定的娱乐场所

答案（　　　）①

【考点提示】本题考查取保候审应当遵守的义务。

【解析】《刑事诉讼法》第 69 条规定："被取保候审的犯罪嫌疑人、被告人应当遵守以下规定：

（一）未经执行机关批准不得离开所居住的市、县；

（二）住址、工作单位和联系方式发生变动的，在二十四小时以内向执行机关报告；

（三）在传讯的时候及时到案；

（四）不得以任何形式干扰证人作证；

（五）不得毁灭、伪造证据或者串供。

人民法院、人民检察院和公安机关可以根据案件情况，责令被取保候审的犯罪嫌疑人、被告人遵守以下一项或者多项规定：

（一）不得进入特定的场所；

（二）不得与特定的人员会见或者通信；

（三）不得从事特定的活动；

（四）将护照等出入境证件、驾驶证件交执行机关保存。

被取保候审的犯罪嫌疑人、被告人违反前两款规定，已交纳保证金的，没收部分或者全部保证金，并且区别情形，责令犯罪嫌疑人、被告人具结悔过，重新交纳保证金、提出保证人，或者监视居住、予以逮捕。

对违反取保候审规定，需要予以逮捕的，可以对犯罪嫌疑人、被告人先行拘留。"

可见，前五项属于被取保候审人应当遵守的义务，后四项属于被取保候审人酌定遵守的义务。本题中，ABD 都属于酌定遵守的义务，而 C 属于应当遵守的义务，故 C 正确。

综上所述本题应当选 C。

关于取保候审的程序限制，下列哪一选项是正确的？（2013－2－31，单选）

A. 保证金应当由决定机关统一收取，存入指定银行的专门账户

B. 对于可能判处徒刑以上刑罚的，不得采取取保候审措施

C. 对同一犯罪嫌疑人不得同时使用保证金担保和保证人担保两种方式

D. 对违反取保候审规定，需要予以逮捕的，不得对犯罪嫌疑人、被告人先行拘留

答案（　　　）②

【考点提示】本题综合考查取保候审的程序。

【解析】A 项，《刑事诉讼法》第 70 条规定："取保候审的决定机关应当综合考虑保证诉讼活动

参考答案：①C　②C

正常进行的需要,被取保候审人的社会危险性,案件的性质、情节,可能判处刑罚的轻重,被取保候审人的经济状况等情况,确定保证金的数额。提供保证金的人应当将保证金存入执行机关指定银行的专门账户。”

《最高人民法院关于适用〈中华人民共和国刑事诉讼法〉的解释》第119条规定:“对决定取保候审的被告人使用保证金保证的,应当依照刑事诉讼法第七十条第一款的规定确定保证金的具体数额,并责令被告人或者为其提供保证金的单位、个人将保证金一次性存入公安机关指定银行的专门账户。”

由此可见,A项,保证金是由提供保证金的单位、个人将保证金存入公安机关指定的银行专门账户,而不是由决定机关统一收取后在存入指定账户的。A错误。

B项,《刑事诉讼法》第65条规定:“人民法院、人民检察院和公安机关对有下列情形之一的犯罪嫌疑人、被告人,可以取保候审:

(一)可能判处管制、拘役或者独立适用附加刑的;

(二)可能判处有期徒刑以上刑罚,采取取保候审不致发生社会危险性的;

(三)患有严重疾病、生活不能自理,怀孕或者正在哺乳自己婴儿的妇女,采取取保候审不致发生社会危险性的;

(四)羁押期限届满,案件尚未办结,需要采取取保候审的。

取保候审由公安机关执行。”

根据上述(二),对于判处有期徒刑的,采取取保候审不致发生社会危险性的,是可以取保候审的。故B错误。

C项,《最高人民法院关于适用〈中华人民共和国刑事诉讼法〉的解释》第116条规定:“被告人具有刑事诉讼法第六十五条第一款规定情形之一的,人民法院可以决定取保候审。对被告人决定取保候审的,应当责令其提出保证人或者交纳保证金,不得同时使用保证人保证与保证金保证。”可见,C正确。

D项,《刑事诉讼法》第69条规定第4款规定:“对违反取保候审规定,需要予以逮捕的,可以对犯罪嫌疑人、被告人先行拘留。”故,D错误。

综上所述,本题选C。

关于刑期计算,下列哪一说法是不正确的?(2013-2-33,单选)

A. 甲被判处拘役六个月,其被指定居所监视居住154天的期间折抵刑期154天

B. 乙通过贿赂手段被暂予监外执行,其在监外执行的267天不计入执行刑期

C. 丙在暂予监外执行期间脱逃,脱逃的78天不计入执行刑期

D. 丁被判处管制,其判决生效前被逮捕羁押208天的期间折抵刑期416天

答案(　　　)①

【考点提示】本题较难,综合考查刑期的计算规则。本题涉及指定居所监视居住的期限折抵问题,故在此处解析本题。

【解析】A项,《刑事诉讼法》第74条规定:“指定居所监视居住的期限应当折抵刑期。被判处管制的,监视居住一日折抵刑期一日;被判处拘役、有期徒刑的,监视居住二日折抵刑期一日。”

本题中,甲被判处拘役,因此其被指定居所监视居住的154天,2日折抵1日,共可折抵拘役刑期77天。故A错误。

BC项,《刑事诉讼法》第257条第2款规定:“不符合暂予监外执行条件的罪犯通过贿赂等非法手

参考答案:①A

段被暂予监外执行的，在监外执行的期间不计入执行刑期。罪犯在暂予监外执行期间脱逃的，脱逃的期间不计入执行刑期。"

可见，乙暂予监外执行的267天以及丙脱逃的78天均不计入刑期。故BC正确。

D项，《刑法》第41条规定："管制的刑期，从判决执行之日起计算；判决执行以前先行羁押的，羁押一日折抵刑期二日。"

可见，丁被判处管制，其羁押的208天，1日折抵2日，共计折抵416天。D正确。

综上所述，本题选A。

在侦查过程中，下列哪些行为违反我国刑事诉讼法的规定？（2013－2－69，多选）

A. 侦查人员拒绝律师讯问时在场的要求

B. 公安机关变更逮捕措施，没有通知原批准的检察院

C. 公安机关认为检察院不批准逮捕的决定有错误，提出复议前继续拘留犯罪嫌疑人

D. 侦查机关未告知犯罪嫌疑人家属指定居所监视居住的理由和处所

答案（　　）①

【考点提示】本题综合考查侦查行为、逮捕与监视居住，由于涉及监视居住，故在此处解析本题。请注意，强制措施可以由侦查机关决定或者执行，可以作为侦查行为的组成部分，因此，真题中常常喜欢将强制措施与侦查行为放在一起综合查考，需要考生综合掌握。

【解析】A项，《刑事诉讼法》并未规定侦查机关在讯问犯罪嫌疑人的时候必须有律师在场。所以侦查人员拒绝律师讯问时在场的要求不违反我国刑事诉讼法的规定。故A不当选。

B项，《刑事诉讼法》第94条规定："人民法院、人民检察院和公安机关如果发现对犯罪嫌疑人、被告人采取强制措施不当的，应当及时撤销或者变更。公安机关释放被逮捕的人或者变更逮捕措施的，应当通知原批准的人民检察院。"

可见，公安机关变更逮捕措施没有通知原批准的检察院违反了刑事诉讼法的规定。B正确。

C项，《刑事诉讼法》第90条规定："公安机关对人民检察院不批准逮捕的决定，认为有错误的时候，可以要求复议，但是必须将被拘留的人立即释放。如果意见不被接受，可以向上一级人民检察院提请复核。上级人民检察院应当立即复核，作出是否变更的决定，通知下级人民检察院和公安机关执行。"

可见，提出复议前继续拘留犯罪嫌疑人违反了刑事诉讼法的规定。C正确。

D项，《刑事诉讼法》第73条规定："监视居住应当在犯罪嫌疑人、被告人的住处执行；无固定住处的，可以在指定的居所执行。对于涉嫌危害国家安全犯罪、恐怖活动犯罪、特别重大贿赂犯罪，在住处执行可能有碍侦查的，经上一级人民检察院或者公安机关批准，也可以在指定的居所执行。但是，不得在羁押场所、专门的办案场所执行。指定居所监视居住的，除无法通知的以外，应当在执行监视居住后二十四小时以内，通知被监视居住人的家属。被监视居住的犯罪嫌疑人、被告人委托辩护人，适用本法第三十三条的规定。人民检察院对指定居所监视居住的决定和执行是否合法实行监督。"

可见，指定居所监视居住的，在无法通知的情况下，可以不通知被监视居住人的家属。因此，D项中未告知犯罪嫌疑人指定居所监视居住的理由和住所不一定违反刑事诉讼法的规定。D不正确。

综上所述，本题选BC。

郭某涉嫌报复陷害申诉人蒋某，侦查机关因郭某可能毁灭证据将其拘留。在拘留期限即将届满时，因逮捕郭某的证据尚不充足，侦查机关责令其交纳2万元保证金取保候审。关于本案处理，下列哪

参考答案：①BC

一选项是正确的?(2015－2－27,单选)

A. 取保候审由本案侦查机关执行

B. 如郭某表示无力全额交纳保证金,可降低保证金数额,同时责令其提出保证人

C. 可要求郭某在取保候审期间不得进入蒋某居住的小区

D. 应要求郭某在取保候审期间不得变更住址

答案(　　　)①

【考点提示】本题综合考查取保候审程序。

【解析】A 项,取保候审是公安机关、人民检察院和人民法院都可以决定,但是,只能由公安机关执行。本案中,报复陷害罪属于检察院管辖,侦查机关为检察院,A 应当由公安机关执行,故错误。

B 项,保证人与保证金只能择一,不可以同时适用,错误。

C 项,人民法院、人民检察院和公安机关可以根据案件情况,责令被取保候审的犯罪嫌疑人、被告人遵守以下一项或者多项规定:(1)不得进入特定的场所;(2)不得与特定的人员会见或者通信;(3)不得从事特定的活动;(4)将护照等出入境证件、驾驶证件交执行机关保存。可见,可要求郭某在取保候审期间不得进入蒋某居住的小区,这属于"不得进入特定的场所"。C 正确。

D 项,被取保候审的犯罪嫌疑人、被告人应当遵守以下规定:(1)未经执行机关批准,不得离开所居住的市、县;(2)住址、工作单位和联系方式发生变动的,在 24 小时以内向执行机关报告;(3)在传讯的时候及时到案;(4)不得以任何形式干扰证人作证;(5)不得毁灭、伪造证据或者串供。可见,法律只是规定"住址、工作单位和联系方式发生变动的,在二十四小时以内向执行机关报告",但没有规定应要求郭某在取保候审期间不得变更住址。D 错误。

综上所述,本题应当选 C。

在符合逮捕条件时,对下列哪些人员可以适用监视居住措施?(2012－2－68,多选)

A. 甲患有严重疾病、生活不能自理

B. 乙正在哺乳自己婴儿

C. 丙系生活不能自理的人的唯一扶养人

D. 丁系聋哑人

答案(　　　)②

【考点提示】本题考查监视居住的适用条件。需要注意,在适用 1996 年《刑事诉讼法》时,监视居住仅是取保候审的替代性措施。也就是说,对于符合取保候审条件的人,如果既无法提供保证人、又无力交纳保证金,可以对其采取监视居住措施。但在司法实践中,适用监视居住的情况很少,几乎被弃而不用。为此,2012 年修正,2013 年生效的《刑事诉讼法》扩大了监视居住的适用范围,规定监视居住不仅可以适用于符合取保候审条件的人,还可以适用于符合逮捕条件的人。这属于新增法条,所以在 2012 年司考中被重点考查。

【解析】《刑事诉讼法》第 72 条第 1 款规定:"人民法院、人民检察院和公安机关对符合逮捕条件,有下列情形之一的犯罪嫌疑人、被告人,可以监视居住:

(一)患有严重疾病、生活不能自理的;

(二)怀孕或者正在哺乳自己婴儿的妇女;

(三)系生活不能自理的人的唯一扶养人;

(四)因为案件的特殊情况或者办理案件的需要,采取监视居住措施更为适宜的;

(五)羁押期限届满,案件尚未办结,需要采取监视居住措施的。"

参考答案:①C　②ABC

本题中,A 项,属于上述(一),正确。B 项,属于上述(二),正确。C 项,属于上述(三),正确。D 项,聋哑人不属于上述情形,D 错误。

综上所述,本题答案为 ABC。

考点 3　拘　　留

甲涉嫌黑社会性质组织犯罪,10 月 5 日上午 10 时被刑事拘留。下列哪一处置是违法的?(2012－2－29,单选)

A. 甲于当月 6 日上午 10 时前被送至看守所羁押

B. 甲涉嫌黑社会性质组织犯罪,因考虑通知家属有碍进一步侦查,决定暂不通知

C. 甲在当月 6 日被送至看守所之前,公安机关对其进行了讯问

D. 讯问后,发现甲依法需要逮捕,当月 8 日提请检察院审批

答案(　　　)①

【考点提示】本题综合考查拘留的程序,请考生重点掌握公安机关和检察机关拘留的期限。

【解析】AB 项,《刑事诉讼法》第 83 条第 2 款规定,拘留后,应当立即将被拘留人送看守所羁押,至迟不得超过二十四小时。除无法通知或者涉嫌危害国家安全犯罪、恐怖活动犯罪通知可能有碍侦查的情形以外,应当在拘留后二十四小时以内,通知被拘留人的家属。有碍侦查的情形消失以后,应当立即通知被拘留人的家属。

可见,对于甲的拘留至迟不得超过 24 小时,同时,“黑社会性质组织犯罪”不属于排除通知的事由。所以 A 正确,B 错误。

C 项,《刑事诉讼法》第 84 条规定:“公安机关对被拘留的人,应当在拘留后的二十四小时以内进行讯问。在发现不应当拘留的时候,必须立即释放,发给释放证明。”

可见,公安机关在送看前对其进行讯问是合法的。C 正确。

D 项,《刑事诉讼法》第 89 条第 1 款规定:“公安机关对被拘留的人,认为需要逮捕的,应当在拘留后的三日以内,提请人民检察院审查批准。在特殊情况下,提请审查批准的时间可以延长一日至四日。”

可见,甲 10 月 5 日被拘留,10 月 8 日被提请批捕,不违反上述规定。D 正确。

综上所述,本题选 B。

章某涉嫌故意伤害致人死亡,因犯罪后企图逃跑被公安机关先行拘留。关于本案程序,下列哪一选项是正确的?(2015－2－28,单选)

A. 拘留章某时,必须出示拘留证

B. 拘留章某后,应在 12 小时内将其送看守所羁押

C. 拘留后对章某的所有讯问都必须在看守所内进行

D. 因怀疑章某携带管制刀具,拘留时公安机关无需搜查证即可搜查其身体

答案(　　　)②

【考点提示】本题主要考查拘留程序,但同时考查了侦查行为,将不同章节的知识进行综合考查是司法考试命题的重要特点。

参考答案:①B　②D

【解析】A 项，拘留一般应当出示拘留证，但是，公安机关对于现行犯或者重大嫌疑分子，如果有下列情形之一的，可以先行拘留：1. 正在预备犯罪、实行犯罪或者在犯罪后即时被发觉的；2. 被害人或者在场亲眼看见的人指认他犯罪的；3. 在身边或者住处发现有犯罪证据的；4. 犯罪后企图自杀、逃跑或者在逃的；5. 有毁灭、伪造证据或者串供可能的；6. 不讲真实姓名、住址，身份不明的；7. 有流窜作案、多次作案、结伙作案重大嫌疑的。可见，章某企图逃跑，公安机关可以先行拘留。也就是说，无证先抓人，再补办手续。A 错误。

B 项，拘留章某后，应在 24 小时内将其送看守所羁押。B 错误。

C 项，犯罪嫌疑人被送交看守所羁押以后，侦查人员对其进行讯问，应当在看守所内进行。但是，拘留章某后，在 24 小时内送看守所羁押，在这 24 小时内、送交看守所之前，侦查机关可以在公安机关的审讯室讯问章某，不一定在看守所。C 错误。

D 项，在执行逮捕、拘留的时候，遇有紧急情况，不另用搜查证也可以进行搜查。紧急情况是指：(1)可能随身携带凶器的；(2)可能隐藏爆炸、剧毒等危险物品的；(3)可能隐匿、毁弃、转移犯罪证据的；(4)可能隐匿其他犯罪嫌疑人的。可见，管制刀具应当属于凶器，侦查人员可以无证搜查。D 正确。

综上所述，本题应当选 D。

考点 4 逮 捕

检察机关审查批准逮捕，下列哪些情形存在时应当讯问犯罪嫌疑人？（2013－2－67，多选）

A. 犯罪嫌疑人的供述前后反复且与其他证据矛盾

B. 犯罪嫌疑人要求向检察机关当面陈述

C. 侦查机关拘留犯罪嫌疑人 36 小时以后将其送交看守所羁押

D. 犯罪嫌疑人是聋哑人

答案(   )①

【考点提示】本题考查审查逮捕时讯问犯罪嫌疑人。请考生注意，审查逮捕时，对犯罪嫌疑人是“可以”讯问，但《人民检察院刑事诉讼法规则(试行)》规定了一些“应当”讯问犯罪嫌疑人的特殊情况，需要认真掌握。

【解析】《人民检察院刑事诉讼法规则(试行)》305 条第 1 款规定：“侦查监督部门办理审查逮捕案件，可以讯问犯罪嫌疑人；有下列情形之一的，应当讯问犯罪嫌疑人：

(一)对是否符合逮捕条件有疑问的；

(二)犯罪嫌疑人要求向检察人员当面陈述的；

(三)侦查活动可能有重大违法行为的；

(四)案情重大疑难复杂的；

(五)犯罪嫌疑人系未成年人的；

(六)犯罪嫌疑人是盲、聋、哑人或者是尚未完全丧失辨认或者控制自己行为能力的精神病人的。”

本题中，A 项，“犯罪嫌疑人的供述前后反复且与其他证据矛盾”，这可能导致无法证明存在犯罪事实，进而不符合逮捕条件。该情形属于上述(一)，正确。

参考答案：①ABCD

B 项,“犯罪嫌疑人要求向检察机关当面陈述”,属于上述(二),正确。

C 项,《刑事诉讼法》第 83 条规定:“公安机关拘留人的时候,必须出示拘留证。拘留后,应当立即将被拘留人送看守所羁押,至迟不得超过二十四小时。除无法通知或者涉嫌危害国家安全犯罪、恐怖活动犯罪通知可能有碍侦查的情形以外,应当在拘留后二十四小时以内,通知被拘留人的家属。有碍侦查的情形消失以后,应当立即通知被拘留人的家属。”

可见,“侦查机关拘留犯罪嫌疑人 36 小时后将其送交看守所羁押”,属于上述(三),C 正确。

D 项,“犯罪嫌疑人是聋哑人”,属于上述(六),正确。

综上所述,本题选 ABCD。

检察院审查批准逮捕时,遇有下列哪一情形依法应当讯问犯罪嫌疑人?(2012-2-26,单选)

A. 辩护律师提出要求的　　B. 犯罪嫌疑人要求向检察人员当面陈述的

C. 犯罪嫌疑人要求会见律师的　　D. 共同犯罪的

答案(　　)①

【考点提示】本题考查检察院审查逮捕时讯问犯罪嫌疑人。

【解析】《人民检察院刑事诉讼法规则(试行)》第 305 条第 1 款规定:“侦查监督部门办理审查逮捕案件,可以讯问犯罪嫌疑人;有下列情形之一的,应当讯问犯罪嫌疑人:

(一)对是否符合逮捕条件有疑问的;

(二)犯罪嫌疑人要求向检察人员当面陈述的;

(三)侦查活动可能有重大违法行为的;

(四)案情重大疑难复杂的;

(五)犯罪嫌疑人系未成年人的;

(六)犯罪嫌疑人是盲、聋、哑人或者是尚未完全丧失辨认或者控制自己行为能力的精神病人的。”

可见,根据该条(二),犯罪嫌疑人要求向检察人员当面陈述的,依法应当讯问犯罪嫌疑人,B 正确。ACD 所列均不是上述法条规定的检察院应当讯问犯罪嫌疑人的情形,ACD 错误。

综上所述,本题答案为 B。

逮捕条件中“有证据证明有犯罪事实”是指同时具备下列哪些情形?(2011-2-67,多选)

A. 有证据证明犯罪事实已经发生

B. 有证据证明的犯罪事实应当是主要犯罪事实

C. 有证据证明犯罪事实是犯罪嫌疑人实施的

D. 证明犯罪嫌疑人实施犯罪的证据已有查证属实的

答案(　　)②

【考点提示】本题考查何为“有证据证明有犯罪事实”。需要注意,本题实质在考查《最高人民法院、最高人民检察院、公安部、国家安全部、司法部、全国人大常委会法制工作委员会关于实施刑事诉讼法若干问题的规定》的相关内容,《最高人民法院、最高人民检察院、公安部、国家安全部、司法部、全国人大常委会法制工作委员会关于实施刑事诉讼法若干问题的规定》作为协调公安侦查、检察院起诉和法院审判工作的法律文件,是司考刑事诉讼法的重要考查点。

【解析】《最高人民法院、最高人民检察院、公安部、国家安全部、司法部、全国人大常委会法制工作委员会关于实施刑事诉讼法若干问题的规定》第 26 条规定,修改后的刑事诉讼法将原刑事诉讼法

参考答案:①B　②ACD

关于逮捕条件中"主要犯罪事实已经查清"的规定修改为"有证据证明有犯罪事实",是指同时具备下列情形:(1)有证据证明发生了犯罪事实;(2)有证据证明犯罪事实是犯罪嫌疑人实施的;(3)证明犯罪嫌疑人实施犯罪行为的证据已有查证属实的。简单的说就是:(1)有事;(2)有人;(3)属实。可见,A属于"有事"。C属于"有人"。D属于"属实"。ACD正确。B项不符合《最高人民法院、最高人民检察院、公安部、国家安全部、司法部、全国人大常委会法制工作委员会关于实施刑事诉讼法若干问题的规定》第26条的规定,错误。

综上所述,本题应当选ACD。

关于犯罪嫌疑人的审前羁押,下列哪一选项是错误的?(2014-2-31,单选)

A. 基于强制措施适用的必要性原则,应当尽量减少审前羁押

B. 审前羁押是临时性的状态,可根据案件进展和犯罪嫌疑人的个人情况予以变更

C. 经羁押必要性审查认为不需要继续羁押的,检察院应及时释放或变更为其他非羁押强制措施

D. 案件不能在法定办案期限内办结的,应当解除羁押

答案(　　　)①

【考点提示】本题考查审前羁押制度与捕后羁押必要性审查制度。考生需要注意:第一,审前羁押指犯罪嫌疑人被拘留或被逮捕之后被关押于看守所的状态。第二,羁押必要性审查体现了检察机关的法律监督,但法律监督多数情况下应当是一项建议权,而非决定权。

【解析】A项,审前羁押是通过拘留或者逮捕的方式将犯罪嫌疑人关押于看守所,从而保证人身危险性较高的犯罪嫌疑人不致再危害社会并保证后续诉讼程序的顺利进行。审前羁押虽然是一种诉讼保障手段,不具有惩罚目的,但将犯罪嫌疑人羁押于看守所仍然会临时剥夺其人身自由,故,对于人身危险性高的犯罪嫌疑人应当进行审前羁押,而对于人身危险性较小的犯罪嫌疑人,可以采取取保候审等非羁押措施,减少审前羁押的适用。这充分体现了"具体问题具体分析"的必要性原则的要求。A正确。

B项,审前羁押的另一重要原则为变更性原则即任何强制措施,随着诉讼的进展和案情的变化要及时进行变更或者解除。如果犯罪嫌疑人的人身危险性增大,可以从非羁押措施变更为羁押措施,反之,如果犯罪嫌疑人的人身危险性降低,可以从羁押措施变更为非羁押措施。B正确。

C项,《刑事诉讼法》第93条规定:"犯罪嫌疑人、被告人被逮捕后,人民检察院仍应当对羁押的必要性进行审查。对不需要继续羁押的,应当建议予以释放或者变更强制措施。有关机关应当在十日以内将处理情况通知人民检察院。"该条文是我国的捕后羁押必要性审查制度,要求检察院对于被逮捕的犯罪嫌疑人、被告人继续进行羁押必要性审查。需要注意的是,捕后羁押必要性审查制度体现了检察机关的法律监督职权,而法律监督职权应当属于建议权而非决定权,原因是,检察机关可以对公安机关、审判机关进行监督,同时,监督贯穿于立案、侦查、起诉、审判、执行各个阶段,如果监督权是决定权,检察机关就可以凭借监督权成为刑事诉讼活动中的独裁机关,这显然是不合理的。因此,C的错误在于"应当"及时释放,正确的表达应当是"建议"及时释放。C错误。

D项,《刑事诉讼法》第97条规定:"人民法院、人民检察院或者公安机关对被采取强制措施法定期限届满的犯罪嫌疑人、被告人,应当予以释放、解除取保候审、监视居住或者依法变更强制措施……"可见,无论是"释放、解除取保候审、监视居住或者依法变更强制",都属于解除羁押措施。D正确。

综上所述,本题应当选C。

甲、乙(户籍地均为M省A市)共同运营一条登记注册于A市的远洋渔船。某次在公海捕鱼时,

参考答案:①C

甲乙二人共谋杀害了与他们素有嫌隙的水手丙。该船回国后首泊于M省B市港口以作休整,然后再航行至A市。从B市起航后,在途经M省C市航行至A市过程中,甲因害怕乙投案自首一直将乙捆绑拘禁于船舱。该船于A市靠岸后案发。关于本案强制措施的适用,下列选项正确的是:(2016-2-93,不定项)

A. 拘留甲后,应在送看守所羁押后24小时以内通知甲的家属

B. 如有证据证明甲参与了故意杀害丙,应逮捕甲

C. 拘留乙后,应在24小时内进行讯问

D. 如乙因捆绑拘禁时间过长致身体极度虚弱而生活无法自理的,可在拘留后转为监视居住

答案( )①

【考点提示】 本题综合考查拘留、逮捕和强制措施的变更。

【解析】 A项,《刑事诉讼法》第83条第2款规定:"……除无法通知或者涉嫌危害国家安全犯罪、恐怖活动犯罪通知可能有碍侦查的情形以外,应当在拘留后二十四小时以内,通知被拘留人的家属。有碍侦查的情形消失以后,应当立即通知被拘留人的家属。"需要注意的是,犯罪嫌疑人被拘留后,侦查机关应当在24小时以内进行讯问,在将犯罪嫌疑人送交看守所羁押之前,也可以讯问犯罪嫌疑人。因此,A中的"应在送看守所羁押后24小时以内"通知家属,表述不正确。通知家属的时间应当是从"拘留后"而非"送看守所羁押后"开始计算,因为拘留后不一定同时就送看守所羁押了。A错误。

B项,《刑事诉讼法》第79条第1款规定:"对有证据证明有犯罪事实,可能判处徒刑以上刑罚的犯罪嫌疑人、被告人,采取取保候审尚不足以防止发生下列社会危险性的,应当予以逮捕:

(一)可能实施新的犯罪的;

(二)有危害国家安全、公共安全或者社会秩序的现实危险的;

(三)可能毁灭、伪造证据,干扰证人作证或者串供的;

(四)可能对被害人、举报人、控告人实施打击报复的;

(五)企图自杀或者逃跑的。"

本题中,如果有证据证明甲实施了故意杀人行为,甲还有非法拘禁罪行,肯定被判处徒刑以上刑罚,采取取保候审尚不足以防止发生社会危险性,对甲应当逮捕。B正确。

C项,《刑事诉讼法》第84条规定:"公安机关对被拘留的人,应当在拘留后的二十四小时以内进行讯问。在发现不应当拘留的时候,必须立即释放,发给释放证明。"本案中拘留乙后,侦查机关应在24小时内进行讯问。C正确。

D项,《刑事诉讼法》第72条规定:"人民法院、人民检察院和公安机关对符合逮捕条件,有下列情形之一的犯罪嫌疑人、被告人,可以监视居住:

(一)患有严重疾病、生活不能自理的;

(二)怀孕或者正在哺乳自己婴儿的妇女;

(三)系生活不能自理的人的唯一扶养人;

(四)因为案件的特殊情况或者办理案件的需要,采取监视居住措施更为适宜的;

(五)羁押期限届满,案件尚未办结,需要采取监视居住措施的。"

根据上述"(一)",D正确。

综上所述,本题应当选BCD。

参考答案:①BCD

王某涉嫌在多个市县连续组织淫秽表演,2014 年 9 月 15 日被刑事拘留,随即聘请律师担任辩护人,10 月 17 日被检察院批准逮捕,12 月 5 日被移送检察院审查起诉。关于律师提请检察院进行羁押必要性审查,下列哪一选项是正确的?(2015－2－29,单选)

A. 10 月 14 日提出申请,检察院应受理

B. 11 月 18 日提出申请,检察院应告知其先向侦查机关申请变更强制措施

C. 12 月 3 日提出申请,由检察院承担监所检察工作的部门负责审查

D. 12 月 10 日提出申请,由检察院公诉部门负责审查

答案(　　　)①

【考点提示】本题考查捕后羁押必要性审查。

【解析】A 项,《刑事诉讼法》第 93 条规定:"犯罪嫌疑人、被告人被逮捕后,人民检察院仍应当对羁押的必要性进行审查。对不需要继续羁押的,应当建议予以释放或者变更强制措施,有关机关应当在十日以内将处理情况通知人民检察院。可见,羁押必要性审查的前提是"被逮捕后",10 月 14 日,王某还没有被逮捕,检察院不会受理羁押必要性审查的申请的。A 错误。

B 项,"检察院应告知其先向侦查机关申请变更强制措施",没有类似规定。B 错误。

CD 项,**《人民检察院办理羁押必要性审查案件规定(试行)》第 3 条规定:"羁押必要性审查案件由办案机关对应的同级人民检察院刑事执行检察部门统一办理,侦查监督、公诉、侦查、案件管理、检察技术等部门予以配合。"可见,羁押必要性审查现在统一由检察院刑事执行检察部门办理,刑事执行检察部门之前被称为"监所检察部门",其职责就是对看守所、监狱开展检察工作。C 正确。D 错误。**

综上所述,本题应当选 C。

甲乙二人涉嫌猥亵儿童,甲被批准逮捕,乙被取保候审。案件起诉到法院后,乙被法院决定逮捕。关于本案羁押必要性审查,下列哪一选项是正确的?(2016－2－32,单选)

A. 在审查起诉阶段对甲进行审查,由检察院公诉部门办理

B. 对甲可进行公开审查并听取被害儿童法定代理人的意见

C. 检察院可依职权对乙进行审查

D. 经审查发现乙系从犯、具有悔罪表现且可能宣告缓刑,不予羁押不致发生社会危险性的,检察院应要求法院变更强制措施

答案(　　　)②

【考点提示】本题考查羁押必要性审查。当年新增考点必考。

【解析】A 项,**《人民检察院办理羁押必要性审查案件规定(试行)》第 3 条规定:"羁押必要性审查案件由办案机关对应的同级人民检察院刑事执行检察部门统一办理,侦查监督、公诉、侦查、案件管理、检察技术等部门予以配合。"可见,羁押必要性审查现在统一由检察院刑事执行检察部门办理。A 错误。**

B 项,《人民检察院办理羁押必要性审查案件规定(试行)》第 14 条第 1 款规定:"人民检察院可以对羁押必要性审查案件进行公开审查。但是,涉及国家秘密、商业秘密、个人隐私的案件除外。"本案属于强制猥亵案,涉及被害人个人隐私,因此不应当公开审查。B 错误。

C 项,《人民检察院办理羁押必要性审查案件规定(试行)》第 11 条规定:"刑事执行检察部门对本院批准逮捕和同级人民法院决定逮捕的犯罪嫌疑人、被告人,应当依职权对羁押必要性进行初审。"本案中,乙属于被法院决定逮捕,检察院可以依职权对被告人进行羁押必要性审查。C 正确。

参考答案:①C　②C

D 项,《人民检察院办理羁押必要性审查案件规定(试行)》第 17 条规定:“经羁押必要性审查,发现犯罪嫌疑人、被告人具有下列情形之一的,应当向办案机关提出释放或者变更强制措施的建议:

(一)案件证据发生重大变化,没有证据证明有犯罪事实或者犯罪行为系犯罪嫌疑人、被告人所为的;

(二)案件事实或者情节发生变化,犯罪嫌疑人、被告人可能被判处拘役、管制、独立适用附加刑、免予刑事处罚或者判决无罪的;

(三)继续羁押犯罪嫌疑人、被告人,羁押期限将超过依法可能判处的刑期的;

(四)案件事实基本查清,证据已经收集固定,符合取保候审或者监视居住条件的。”

可见,检察院进行羁押必要性审查,如果认为犯罪嫌疑人、被告人不需要被继续羁押的,应当“建议”而非“要求”办案机关变更强制措施。D 错误。

综上所述,本题应当选 C。

考点 5　强制措施的变更

下列哪一情形下,法院对已经逮捕的被告人应当变更强制措施或者释放?(2010－2－26,单选)

A. 涉嫌盗窃的孕妇张某,认罪态度良好

B. 涉嫌故意杀人的李某,因对其进行司法鉴定该案尚未审结,法律规定的期限已届满

C. 涉嫌走私的王某,由于案件复杂不能在法律规定的期限内审结

D. 涉嫌贩毒的孙某,患有严重疾病

答案(　　　)①

【考点提示】 本题考查强制措施的变更。需要注意,强制措施的变更可以被区分为变更逮捕措施与变更为逮捕措施,前者指由逮捕措施变为释放或者其他强制措施,后者指由释放或者其他强制措施状态变更为逮捕措施。

【解析】 知识介绍:

变更逮捕措施指的是从逮捕措施变更为取保候审、监视居住措施或者释放。

1. 可以变更逮捕措施

《最高人民法院关于适用〈中华人民共和国刑事诉讼法〉的解释》第 133 条规定:“被逮捕的被告人具有下列情形之一的,人民法院可以变更强制措施:

(一)患有严重疾病、生活不能自理的;

(二)怀孕或者正在哺乳自己婴儿的;

(三)系生活不能自理的人的唯一扶养人。”

2. 应当变更逮捕措施

《最高人民法院关于适用〈中华人民共和国刑事诉讼法〉的解释》第 134 条规定:“第一审人民法院判决被告人无罪、不负刑事责任或者免除刑事处罚,被告人在押的,应当在宣判后立即释放。

被逮捕的被告人具有下列情形之一的,人民法院应当变更强制措施或者予以释放:

(一)第一审人民法院判处管制、宣告缓刑、单独适用附加刑,判决尚未发生法律效力的;

参考答案:①BC

(二)被告人被羁押的时间已到第一审人民法院对其判处的刑期期限的;

(三)案件不能在法律规定的期限内审结的。"

请考生注意应当变更逮捕措施的情形:

	情形	结果
1	第一审人民法院判决被告人无罪,被告人在押	应当立即释放
2	第一审人民法院判决被告人不负刑事责任,被告人在押	应当立即释放
3	第一审人民法院判决被告人免除刑事处罚,被告人在押	应当立即释放
4	第一审人民法院判处管制、宣告缓刑、单独适用附加刑,判决尚未发生法律效力	应当立即释放或者变更强制措施
5	被告人被羁押的时间已到第一审人民法院对其判处的刑期期限	应当立即释放或者变更强制措施
6	案件不能在法律规定的期限内审结	应当立即释放或者变更强制措施

本题解析:

A 项,"涉嫌盗窃的孕妇张某,认罪态度良好",属于《最高人民法院关于适用〈中华人民共和国刑事诉讼法〉的解释》第 133 条规定的"可以"变更强制措施的情形,而非"应当"变更强制措施的情形。A 错误。

BC 项,"涉嫌故意杀人的李某,因对其进行司法鉴定该案尚未审结,法律规定的期限已届满"以及"涉嫌走私的王某,由于案件复杂不能在法律规定的期限内审结"均属于"案件不能在法律规定的期限内审结"的情形,根据《最高人民法院关于适用〈中华人民共和国刑事诉讼法〉的解释》第 134 条的规定,应当变更强制措施或者释放。BC 正确。

D 项,"涉嫌贩毒的孙某,患有严重疾病",属于《最高人民法院关于适用〈中华人民共和国刑事诉讼法〉的解释》第 133 条规定的"可以"变更强制措施的情形,而非"应当"变更强制措施的情形。D 错误。

综上所述,本题应当选 BC。

下列哪些情形,法院应当变更或解除强制措施?(2016 -2 -70,多选)

A. 甲涉嫌绑架被逮捕,案件起诉至法院时发现怀有身孕

B. 乙涉嫌非法拘禁被逮捕,被法院判处有期徒刑 2 年,缓期 2 年执行,判决尚未发生法律效力

C. 丙涉嫌妨害公务被逮捕,在审理过程中突发严重疾病

D. 丁涉嫌故意伤害被逮捕,因对被害人伤情有异议而多次进行鉴定,致使该案无法在法律规定的一审期限内审结

答案(　　　)①

【考点提示】本题考查强制措施的解除与变更。

【解析】《最高人民法院关于适用〈中华人民共和国刑事诉讼法〉的解释》第 134 条规定:"第一审人民法院判决被告人无罪、不负刑事责任或者免除刑事处罚,被告人在押的,应当在宣判后立即释放。

被逮捕的被告人具有下列情形之一的,人民法院应当变更强制措施或者予以释放:

(一)第一审人民法院判处管制、宣告缓刑、单独适用附加刑,判决尚未发生法律效力的;

(二)被告人被羁押的时间已到第一审人民法院对其判处的刑期期限的;

参考答案:①BD

(三)案件不能在法律规定的期限内审结的。”

可见,根据上述“(一)”,B 正确。根据上述“(三)”,D 正确。

A 项和 C 项不属于上述条文的规定,可以由法院视情况决定变更强制措施,故错误。

综上所述,本题应当选 BD。

考题拓展

对下列哪些重大犯罪嫌疑分子,公安机关可以执行先行拘留?(2008-2-76,多选)

A. 为投毒而买毒药的甲　　B. 在其住处发现被盗金项链的乙

C. 被举报挪用公款企图逃跑的丙　　D. 不讲真实姓名、住址,身份不明的丁

答案(　　)①

【解析】《刑事诉讼法》第 80 条规定:“公安机关对于现行犯或者重大嫌疑分子,如果有下列情形之一的,可以先行拘留:

(一)正在预备犯罪、实行犯罪或者在犯罪后即时被发觉的;

(二)被害人或者在场亲眼看见的人指认他犯罪的;

(三)在身边或者住处发现有犯罪证据的;

(四)犯罪后企图自杀、逃跑或者在逃的;

(五)有毁灭、伪造证据或者串供可能的;

(六)不讲真实姓名、住址,身份不明的;

(七)有流窜作案、多次作案、结伙作案重大嫌疑的。”

本题中,为投毒而卖毒药的甲属于“正在预备犯罪”,可以先行拘留。A 正确。

在其住处发现被盗金项链的乙属于“在住处发现有犯罪证据的”,可以先行拘留。B 正确。

C 项较难。挪用公款罪属于检察院立案侦查,但举报人不一定懂法,他有可能向公安机关、人民检察院和人民法院任何一机关举报。《刑事诉讼法》第 108 条第 3 款规定,公安机关、人民检察院或者人民法院对于报案、控告、举报,都应当接受。对于不属于自己管辖的,应当移送主管机关处理,并且通知报案人、控告人、举报人;对于不属于自己管辖而又必须采取紧急措施的,应当先采取紧急措施,然后移送主管机关。其中,“紧急措施”是指保护现场、先行拘留嫌疑人、扣押证据等措施。因此 C 项中,举报人向公安机关举报挪用公款是没有问题的,公安机关应当进行审查,如果发现不属于自己管辖,应当将案件移送检察院处理。同时,如果发现丙属于“犯罪后企图逃跑的”,可以先行拘留。C 正确。

不讲真实姓名、住址,身份不明的丁属于“不讲真实姓名、住址,身份不明的”,可以先行拘留。D 正确。

综上所述,本题应当选 ABCD。

在侦查中,下列哪些情形,检察院有权对犯罪嫌疑人决定拘留?(2007-2-68,多选)

A. 张某刑讯逼供案,在场的人指认他犯罪　　B. 姚某徇私枉法案,在取保候审期间企图自杀

C. 王某贪污案,在取保候审期间毁灭证据并串供　　D. 高某受贿案,在其家中发现赃款、赃物

答案(　　)②

【解析】检察院决定拘留的只有两种情形:其一,犯罪嫌疑人企图自杀、逃跑、在逃的;其二,犯罪嫌疑人可能毁灭、伪造、串供的。

本题中,刑讯逼供案、徇私枉法案、贪污受贿案的确都由检察院侦查,但“在场的人指认犯罪”以及“在家中发现赃款、赃物”都不属于检察院拘留的情形,本题只能选 BC。

参考答案:①ABCD　②BC

专题九 附带民事诉讼

点评:

被害人由于被告人的犯罪行为而遭受物质损失的,在刑事诉讼过程中,有权提起附带民事诉讼。附带民事诉讼兼具刑事诉讼和民事诉讼的特点,是司法考试的重要考查点。本专题基本上每年都会考查,但考查的分值不多。考生需要重点掌握附带民事诉讼的成立条件、附带民事诉讼当事人、附带民事诉讼的提起条件、财产保全、附带民事诉讼的相关程序。

考点1 刑事附带民事诉讼当事人

张一、李二、王三因口角与赵四发生斗殴,赵四因伤势过重死亡。其中张一系未成年人,王三情节轻微未被起诉,李二在一审开庭前意外死亡。本案依法负有民事赔偿责任的人是:(2013-2-95,不定项)

A. 张一、李二　　B. 张一父母、李二父母

C. 张一父母、王三　　D. 张一父母、李二父母、王三

答案(　　)①

【考点提示】本题考查附带民事诉讼当事人中的负有民事赔偿责任的人。

【解析】《最高人民法院关于适用〈中华人民共和国刑事诉讼法〉的解释》第143条规定:"附带民事诉讼中依法负有赔偿责任的人包括:

(一)刑事被告人以及未被追究刑事责任的其他共同侵害人;

(二)刑事被告人的监护人;

(三)死刑罪犯的遗产继承人;

(四)共同犯罪案件中,案件审结前死亡的被告人的遗产继承人;

(五)对被害人的物质损失依法应当承担赔偿责任的其他单位和个人。附带民事诉讼被告人的亲友自愿代为赔偿的,应当准许。"

本题中,A项,张一是刑事被告人,属于负有民事赔偿的责任人。但李二在案件审结前已经死亡,不能成为负有民事赔偿的责任人。A错误。

B项,张一的父母是"未成年被告人的监护人",属于负有民事赔偿的责任人。李二的父母是"共同犯罪案件中,案件审结前死亡的被告人的遗产继承人",属于负有民事赔偿的责任人。B正确。

C项,王三未被起诉,是"未被追究刑事责任的其他共同侵害人",属于负有民事赔偿的责任人。张一的父母是"未成年被告人的监护人",属于负有民事赔偿的责任人。C正确。

参考答案:①D

D 项,融合了 B 和 C 中的主体,正确。

理论上,该题应当选 BCD。但官方答案给的是 D,可以是因为 D 项表述的最全面。考生不用过于纠结,掌握好题目背后的知识点即可。

综上所述,本题选 D。

考点 2 刑事附带民事诉讼的程序

关于附带民事诉讼案件诉讼程序中的保全措施,下列哪一说法是正确的?(2012-2-30,单选)

A. 法院应当采取保全措施

B. 附带民事诉讼原告人和检察院都可以申请法院采取保全措施

C. 采取保全措施,不受《民事诉讼法》规定的限制

D. 财产保全的范围不限于犯罪嫌疑人、被告人的财产或与本案有关的财产

答案(　　)①

【考点提示】本题考查附带民事诉讼程序中的财产保全。

【解析】《刑事诉讼法》第 100 条规定:“人民法院在必要的时候,可以采取保全措施,查封、扣押或者冻结被告人的财产。附带民事诉讼原告人或者人民检察院可以申请人民法院采取保全措施。人民法院采取保全措施,适用民事诉讼法的有关规定。”

本题中,A 项,附带民事诉讼中,法院是“可以”而非“应当”采取保全措施。A 错误。

B 项,附带民事诉讼原告人和检察院都有权申请法院采取保全措施。B 正确。

C 项,《刑事诉讼法》第 100 条规定,保全措施适用民事诉讼法的有关规定。C 错误。

D 项,《刑事诉讼法》第 100 条还规定,人民法院在必要的时候,可以采取保全措施,查封、扣押或者冻结被告人的财产。附带民事诉讼原告人或者人民检察院可以申请人民法院采取保全措施。《民事诉讼法》第 102 条规定,保全限于请求的范围,或者与本案有关的财物。

可见,根据《刑事诉讼法》的规定,财产保全限于被告人的财产。法院可以采取查封、扣押、冻结手段,这些手段的实施需要遵守《民事诉讼法》的相关规定。《民事诉讼法》规定保全的财产应与本案有关。故,D 错误。

综上所述,本题选 B。

在罗某放火案中,钱某、孙某和吴某 3 家房屋均被烧毁。一审时,钱某和孙某提起要求罗某赔偿损失的附带民事诉讼,吴某未主张。一审判决宣告后,吴某欲让罗某赔偿财产损失。下列哪一说法是正确的?(2011-2-28,单选)

A. 吴某可另行提起附带民事诉讼

B. 吴某不得再提起附带民事诉讼,可在刑事判决生效后另行提起民事诉讼

C. 吴某可提出上诉,请求法院在二审程序中判令罗某予以赔偿

D. 吴某既可另行提起附带民事诉讼,也可单独提起民事诉讼

答案(　　)②

【考点提示】本题考查附带民事诉讼程序中的诉讼权利的放弃。

参考答案:①B ②B

【解析】《最高人民法院关于适用〈中华人民共和国刑事诉讼法〉的解释》第161条规定："第一审期间未提起附带民事诉讼，在第二审期间提起的，第二审人民法院可以依法进行调解；调解不成的，告知当事人可以在刑事判决、裁定生效后另行提起民事诉讼。"

《最高人民法院关于适用〈中华人民共和国刑事诉讼法〉的解释》第164条规定："被害人或者其法定代理人、近亲属在刑事诉讼过程中未提起附带民事诉讼，另行提起民事诉讼的，人民法院可以进行调解，或者根据物质损失情况作出判决。"

可见，吴某不能再提起刑事附带民事诉讼，只能另行提起民事诉讼。故，B正确，ACD错误。

综上所述，故本题答案为B。

某县检察院以涉嫌故意伤害罪对十六岁的马某提起公诉，被害人刘某提起附带民事诉讼。对此，下列哪些选项是正确的？（2010－2－76，多选）

A. 在审理该案时，法院只能适用《刑法》、《刑事诉讼法》等有关的刑事法律

B. 在审查起诉阶段，马某、刘某已就赔偿达成协议且马某按照协议给付了刘某五万元，法院仍可以受理刘某提起的附带民事诉讼

C. 法院受理附带民事诉讼后，应当将附带民事起诉状副本送达马某，或者将口头起诉的内容通知马某

D. 法院可以决定查封或者扣押被告人马某的财产

答案（　　）①

【考点提示】本题综合考查刑事附带民事诉讼的程序。请考生重点注意，在审前阶段调解并履行完毕，被害人在审判阶段又提起附带民事诉讼要求赔偿的，法院原则上不予受理，这是为了保证审前调解的成功率。

【解析】A项，本案为刑事附带民事诉讼，故涉及民事赔偿的部分须依据有关民事法律规定处理。A错误。

B项，《最高人民法院关于适用〈中华人民共和国刑事诉讼法〉的解释》第148条规定："侦查、审查起诉期间，有权提起附带民事诉讼的人提出赔偿要求，经公安机关、人民检察院调解，当事人双方已经达成协议并全部履行，被害人或者其法定代理人、近亲属又提起附带民事诉讼的，人民法院不予受理，但有证据证明调解违反自愿、合法原则的除外。"可见，只要当事人双方达成调解协议并全部履行，原则上人民法院不再受理附带民事诉讼。B错误。

C项，《最高人民法院关于适用〈中华人民共和国刑事诉讼法〉的解释》第150条规定："人民法院受理附带民事诉讼后，应当在五日内将附带民事起诉状副本送达附带民事诉讼被告人及其法定代理人，或者将口头起诉的内容及时通知附带民事诉讼被告人及其法定代理人，并制作笔录。"可见，C正确。

D项，《最高人民法院关于适用〈中华人民共和国刑事诉讼法〉的解释》第152条规定："人民法院对可能因被告人的行为或者其他原因，使附带民事判决难以执行的案件，根据附带民事诉讼原告人的申请，可以裁定采取保全措施，查封、扣押或者冻结被告人的财产；附带民事诉讼原告人未提出申请的，必要时，人民法院也可以采取保全措施。"可见，法院决定查封或者扣押被告人马某的财产没有问题。D正确。

综上所述，本题正确答案为CD。

王某被姜某打伤致残，在开庭审判前向法院提起附带民事诉讼，并提出财产保全的申请。法院对于该申请的处理，下列哪一选项是正确的？（2013－2－32，单选）

A. 不予受理

参考答案：①CD

B. 可以采取查封、扣押或者冻结被告人财产的措施

C. 只有在王某提供担保后，法院才予以财产保全

D. 移送财产所在地的法院采取保全措施

答案(　　　)①

【考点提示】本题考查刑事附带民事诉讼程序中的财产保全。

【解析】A 项，《刑事诉讼法》第 99 条规定："被害人由于被告人的犯罪行为而遭受物质损失的，在刑事诉讼过程中，有权提起附带民事诉讼。被害人死亡或者丧失行为能力的，被害人的法定代理人、近亲属有权提起附带民事诉讼。如果是国家财产、集体财产遭受损失的，人民检察院在提起公诉的时候，可以提起附带民事诉讼。"

《最高人民法院关于适用〈中华人民共和国刑事诉讼法〉的解释》第 149 条规定："被害人或者其法定代理人、近亲属提起附带民事诉讼的，人民法院应当在七日内决定是否立案。符合刑事诉讼法第九十九条以及本解释有关规定的，应当受理；不符合的，裁定不予受理。"

本题中，王某被姜某打伤，在开庭审判前向法院提起诉讼，属于在刑事诉讼过程中，符合《刑事诉讼法》第 99 条的规定，法院应当受理。故 A 错误。

B 项，《刑事诉讼法》第 100 条规定："人民法院在必要的时候，可以采取保全措施，查封、扣押或者冻结被告人的财产。附带民事诉讼原告人或者人民检察院可以申请人民法院采取保全措施。人民法院采取保全措施，适用民事诉讼法的有关规定。"

可见，法院对于申请，"可以采取查封、扣押或者冻结被告人财产的措施"。B 正确。

C 项，《最高人民法院关于适用〈中华人民共和国刑事诉讼法〉的解释》第 152 条规定："人民法院对可能因被告人的行为或者其他原因，使附带民事判决难以执行的案件，根据附带民事诉讼原告人的申请，可以裁定采取保全措施，查封、扣押或者冻结被告人的财产；附带民事诉讼原告人未提出申请的，必要时，人民法院也可以采取保全措施。有权提起附带民事诉讼的人因情况紧急，不立即申请保全将会使其合法权益受到难以弥补的损害的，可以在提起附带民事诉讼前，向被保全财产所在地、被申请人居住地或者对案件有管辖权的人民法院申请采取保全措施。申请人在人民法院受理刑事案件后十五日内未提起附带民事诉讼的，人民法院应当解除保全措施。人民法院采取保全措施，适用民事诉讼法第一百条至第一百零五条的有关规定，但民事诉讼法第一百零一条第三款的规定除外。"

可见，财产保全可以被区分为诉前财产保全和诉中财产保全，其中，诉中财产保全，法院是"可以"责令王某提供担保，并非只有王某提供担保后才予以财产保全。故，C 错误。

D 项，根据上述《最高人民法院关于适用〈中华人民共和国刑事诉讼法〉的解释》第 152 条的规定可知，被保全财产所在地，被申请人居住地和案件有管辖权的法院均有权采取保全措施，并非需要移交财产所在地法院采取。故，D 错误。

综上所述，本题选 B。

张一、李二、王三因口角与赵四发生斗殴，赵四因伤势过重死亡。其中张一系未成年人，王三情节轻微未被起诉，李二在一审开庭前意外死亡。在一审过程中，如果发生附带民事诉讼原、被告当事人不到庭情形，法院的下列做法正确的是：(2013－2－96，不定项)

A. 赵四父母经传唤，无正当理由不到庭，法庭应当择期审理

B. 赵四父母到庭后未经法庭许可中途退庭，法庭应当按撤诉处理

参考答案：①B

C. 王三经传唤，无正当理由不到庭，法庭应当采取强制手段强制其到庭

D. 李二父母未经法庭许可中途退庭，就附带民事诉讼部分，法庭应当缺席判决

答案(　　　)①

【考点提示】本题考查刑事附带民事诉讼中当事人不到庭的处理。

【解析】《最高人民法院关于适用〈中华人民共和国刑事诉讼法〉的解释》第158条规定："附带民事诉讼原告人经传唤，无正当理由拒不到庭，或者未经法庭许可中途退庭的，应当按撤诉处理。刑事被告人以外的附带民事诉讼被告人经传唤，无正当理由拒不到庭，或者未经法庭许可中途退庭的，附带民事部分可以缺席判决。"

AB项，赵四父母经传唤，无正当理由不到庭，法庭"应当按撤诉处理"而不是择期审理。A错误，B正确。

CD项，王三经传唤，无正当理由不到庭，法庭"可以缺席判决"，而不是采取强制手段强制其到庭。C错误。李二父母未经法庭许可中途退庭，就附带民事诉讼部分，法庭"可以"而非"应当"缺席判决。D错误。

综上所述，本题选B。

关于附带民事诉讼，下列哪一选项是正确的？（2009－2－28，单选）

A. 在侦查、审查起诉阶段，被害人提出赔偿要求经记录在案的，公安机关、检察院可以对民事赔偿部分进行调解

B. 在侦查、审查起诉阶段，经调解当事人达成协议并已给付，被害人又向法院提起附带民事诉讼的，法院不再受理

C. 法院审理刑事附带民事诉讼案件，可以进行调解

D. 附带民事诉讼经调解达成协议并当庭执行完毕的，无需制作调解书，也不需记入笔录

答案(　　　)②

【考点提示】本题考查刑事附带民事诉讼程序中的调解。

【解析】《最高人民法院关于适用〈中华人民共和国刑事诉讼法〉的解释》第148条规定："侦查、审查起诉期间，有权提起附带民事诉讼的人提出赔偿要求，经公安机关、人民检察院调解，当事人双方已经达成协议并全部履行，被害人或者其法定代理人、近亲属又提起附带民事诉讼的，人民法院不予受理，但有证据证明调解违反自愿、合法原则的除外。"

据此，AB项正确。需要注意的是，人民法院不予受理的原因是为了保障审前程序调解的成功率。如果审前程序调解并由犯罪嫌疑人履行完毕，而被害人在审判阶段又提起附带民事诉讼要求被告人赔偿新的损失，被告人会感觉被害人言而无信。这样的情形多了之后，被告人就不愿在审前程序接受调解了，因为会认为审前调解没什么用，审判时，被害人仍有可能再对自己提起附带民事诉讼，还不如审前不调解，让被害人直接提附带民事诉讼算了。

《刑事诉讼法》第101条规定："人民法院对于附带民事诉讼，可以进行调解，或者根据物质损失情况作出判决、裁定。"C正确。

《最高人民法院关于适用〈中华人民共和国刑事诉讼法〉的解释》第153条规定："人民法院审理附带民事诉讼案件，可以根据自愿、合法的原则进行调解。经调解达成协议的，应当制作调解书。调解书经双方当事人签收后，即具有法律效力。调解达成协议并即时履行完毕的，可以不制作调解书，但应当制作笔录，经双方当事人、审判人员、书记员签名或者盖章后即发生法律效力。"据此，不制作笔录是不对的。D错误。

参考答案：①B　②根据新法选ABC

综上所述，本题正确答案为 ABC。

韩某和苏某共同殴打他人，致被害人李某死亡、吴某轻伤，韩某还抢走吴某的手机。后韩某被抓获，苏某在逃。关于本案的附带民事诉讼，下列哪一选项是正确的？（2014－2－32，单选）

A. 李某的父母和祖父母都有权提起附带民事诉讼

B. 韩某和苏某应一并列为附带民事诉讼的被告人

C. 吴某可通过附带民事诉讼要求韩某赔偿手机

D. 吴某在侦查阶段与韩某就民事赔偿达成调解协议并全部履行后又提起附带民事诉讼，法院不予受理

答案（　　）①

【考点提示】本题综合考查附带民事诉讼的当事人、赔偿范围与程序

【解析】A 项，《刑事诉讼法》第 99 条第 1 款规定："被害人由于被告人的犯罪行为而遭受物质损失的，在刑事诉讼过程中，有权提起附带民事诉讼。被害人死亡或者丧失行为能力的，被害人的法定代理人、近亲属有权提起附带民事诉讼。"本案中，被害人李某死亡，李某的父母有权提起附带民事诉讼，但李某的祖父母不属于法定代理人或者近亲属（刑事诉讼中的近亲属仅包括：夫妻、父母、子女、同胞兄弟姐妹），无权提起民事诉讼。A 错误。

B 项，《最高人民法院关于适用〈中华人民共和国刑事诉讼法〉的解释》第 146 条规定："共同犯罪案件，同案犯在逃的，不应列为附带民事诉讼被告人。逃跑的同案犯到案后，被害人或者其法定代理人、近亲属可以对其提起附带民事诉讼，但已经从其他共同犯罪人处获得足额赔偿的除外。"本案中，苏某在逃，不应列为附带民事诉讼被告人。B 错误。

C 项，《最高人民法院关于适用〈中华人民共和国刑事诉讼法〉的解释》第 139 条规定："被告人非法占有、处置被害人财产的，应当依法予以追缴或者责令退赔。被害人提起附带民事诉讼的，人民法院不予受理。追缴、退赔的情况，可以作为量刑情节考虑。"本案中，被抢走的手机并没有损坏，被害人只能通过追缴或者退赔的方式得到弥补，不能提起附带民事诉讼。C 错误。

D 项，《最高人民法院关于适用〈中华人民共和国刑事诉讼法〉的解释》第 148 条规定："侦查、审查起诉期间，有权提起附带民事诉讼的人提出赔偿要求，经公安机关、人民检察院调解，当事人双方已经达成协议并全部履行，被害人或者其法定代理人、近亲属又提起附带民事诉讼的，人民法院不予受理，但有证据证明调解违反自愿、合法原则的除外。"可见，D 正确。

综上所述，本题应当选 D。

法院可以受理被害人提起的下列哪一附带民事诉讼案件？（2015－2－30，单选）

A. 抢夺案，要求被告人赔偿被夺走并变卖的手机

B. 寻衅滋事案，要求被告人赔偿所造成的物质损失

C. 虐待被监管人案，要求被告人赔偿因体罚虐待致身体损害所产生的医疗费

D. 非法搜查案，要求被告人赔偿因非法搜查所导致的物质损失

答案（　　）②

【考点提示】本题考查附带民事诉讼的赔偿范围。

【解析】A 项，提起附带民事诉讼，要求财物被犯罪分子"毁坏"而遭受物质损失。如果被告人非法占有、处置被害人财产的，应当依法予以追缴或者责令退赔。被害人提起附带民事诉讼的，人民法院

参考答案：①D　②B

院不予受理。A 中的手机只是被抢夺和变卖，并没有毁坏，故提起附带民事诉讼，法院不会受理。A 错误。

B 项，寻衅滋事罪，是指肆意挑衅，随意殴打、骚扰他人或任意损毁、占用公私财物，或者在公共场所起哄闹事，严重破坏社会秩序的行为。可见，寻衅滋事过程中，很可能造成他人人身权利的损害，对该物质损失（如医疗费），被害人提起附带民事诉讼的，法院可以受理。B 正确。

C 项，虐待被监管人案只能由负有监管职责的特殊主体实施，如果是国家机关工作人员在行使职权时，侵犯他人人身、财产权利构成犯罪，被害人或者其法定代理人、近亲属提起附带民事诉讼的，人民法院不予受理，但应当告知其可以依法申请国家赔偿。C 错误。

D 项，非法搜查是指非法对他人的身体或住宅进行搜查的行为，搜查行为本身一般不会造成人身伤害或者财物毁损，如果通过搜查扣押或者拿走了被害人的财物造成被害人物质损失的，被害人可以通过追缴或者退赔的方式得到弥补，不能提起附带民事诉讼。D 错误。

关于 D 项，笔者揣测出题人当时是考虑非法搜查只能由侦查人员实施，对于造成的物质损失属于职务行为，相关人员只能通过国家赔偿途径弥补损失。但是，非法搜查也可以由普通主体实施，对于所造成的物质损坏应当允许被害人提起附带民事诉讼。考生学懂知识点即可，不用过于纠结。

综上所述，本题应当选 B。

甲、乙殴打丙，致丙长期昏迷，乙在案发后潜逃，检察院以故意伤害罪对甲提起公诉。关于本案，下列哪些选项是正确的？（2016－2－71，多选）

A. 丙的妻子、儿子和弟弟都可成为附带民事诉讼原告人

B. 甲、乙可作为附带民事诉讼共同被告人，对故意伤害丙造成的物质损失承担连带赔偿责任

C. 丙因昏迷无法继续履行与某公司签订的合同造成的财产损失不属于附带民事诉讼的赔偿范围

D. 如甲的朋友愿意代为赔偿，法院应准许并可作为酌定量刑情节考虑

答案（　　　）①

【考点提示】 本题综合考查刑事附带民事诉讼的当事人、审理程序。

【解析】 A 项，《刑事诉讼法》第 99 条规定："被害人由于被告人的犯罪行为而遭受物质损失的，在刑事诉讼过程中，有权提起附带民事诉讼。被害人死亡或者丧失行为能力的，被害人的法定代理人、近亲属有权提起附带民事诉讼。

如果是国家财产、集体财产遭受损失的，人民检察院在提起公诉的时候，可以提起附带民事诉讼。"

可见，丙的妻子、儿子、弟弟属于被害人的近亲属，可以提起附带民事诉讼。A 正确。

B 项，《最高人民法院关于适用〈中华人民共和国刑事诉讼法〉的解释》第 146 条规定："共同犯罪案件，同案犯在逃的，不应列为附带民事诉讼被告人。逃跑的同案犯到案后，被害人或者其法定代理人、近亲属可以对其提起附带民事诉讼，但已经从其他共同犯罪人处获得足额赔偿的除外。"可见，乙在逃，不能被列为附带民事诉讼共同被告人。B 错误。

C 项，《最高人民法院关于适用〈中华人民共和国刑事诉讼法〉的解释》第 138 条第 1 款规定："被害人因人身权利受到犯罪侵犯或者财物被犯罪分子毁坏而遭受物质损失的，有权在刑事诉讼过程中提起附带民事诉讼；被害人死亡或者丧失行为能力的，其法定代理人、近亲属有权提起附带民事诉讼。"可见，物质损失必须是因犯罪侵犯直接造成。《最高人民法院关于适用〈中华人民共和国刑事诉讼法〉的解释》第 155 条第 2 款规定："犯罪行为造成被害人人身损害的，应当赔偿医疗费、护理费、交通费等为治疗和康复支付的合理费用，以及因误工减少的收入。造成被害人残疾的，还应当赔偿残疾生活辅助

参考答案：①ACD

具费等费用;造成被害人死亡的,还应当赔偿丧葬费等费用。"

本案中,丙被殴打产生的医疗费等费用属于因犯罪行为直接侵害造成的物质损失,而因被伤害继而导致的合同无法履行,不属于犯罪行为造成被害人人身损害的赔偿范围。C 正确。

D 项,《最高人民法院关于适用〈中华人民共和国刑事诉讼法〉的解释》第 143 条第 2 款规定:"附带民事诉讼被告人的亲友自愿代为赔偿的,应当准许。"可见,D 正确。

综上所述,本题应当选 ACD。

考题拓展

在我国刑事诉讼附带民事诉讼中,下列哪些人或单位是依法负有赔偿责任的人?(2002－2－55,多选)

A. 没有被追究刑事责任的共同致害人

B. 已经被执行死刑的罪犯的遗产继承人

C. 应当对被告人的犯罪行为承担民事赔偿责任的个人

D. 应当对被告人的犯罪行为承担民事赔偿责任的单位

答案(　　　)①

【解析】根据《最高人民法院关于适用〈中华人民共和国刑事诉讼法〉的解释》第 143 条的规定,对犯罪行为造成的物质损失负有赔偿责任的人包括:被(被告人)、共(共同侵害人)、监(监护人)、继(继承人),既可以是单位,也可以是个人。故,本题应当选 ABCD。

甲、乙、丙三人共同伤害被害人,检察机关对甲和乙提起公诉,对丙作了不起诉处理。被害人欲提起附带民事诉讼,下列说法哪些是正确的?(2003－2－56,多选)

A. 应将甲和乙作为共同被告

B. 应将甲、乙、丙作为共同被告

C. 既可以将甲和乙作为被告,也可以将甲、乙、丙作为被告

D. 由于只有丙有赔偿能力,可以只以丙为被告

答案(　　　)②

【解析】附带民事诉讼原告人在提起附带民事诉讼时,可以对依法负有赔偿责任的人进行选择,是否对某一个或某几个负有赔偿责任的人提出赔偿要求由附带民事诉讼原告人来决定。故选 CD 项。

参考答案:①ABCD　②CD

专题十　期间、送达、审理期限

点评：

刑事诉讼程序中有很多期间和期日，充满了3天、5天、7天等规定，考生无需全都背过，但要做到熟悉。本专题的重点不在于具体的3天、5天或者7天，而在于期间、期日、送达、审理期限等具体制度的计算方法和基本原理。本专题平均每年考一道题，请考生对本专题知识点做到理解和熟悉。

考点1　期限的计算

关于期间的计算，下列哪一说法是正确的？（2011－2－29，单选）

A. 因被告人脱逃而中止审理的期间，计入审理期限

B. 法院对提起公诉案件进行审查的期限，不计入审理期限

C. 被告人要求法院另行指定辩护律师，自合议庭同意而宣布延期审理之日起至第10日止准备辩护的时间，计入审理期限

D. 因当事人和辩护人申请调取新的证据而延期审理期限，不计入审理期限

答案（　　）①

【考点提示】本题综合考查是否计入审理期限问题，难度较高，需要考生综合掌握出现延期审理、中止审理等情况后对审理期限的影响。

【解析】A项，《刑事诉讼法》第200条规定："在审判过程中，有下列情形之一，致使案件在较长时间内无法继续审理的，可以中止审理：

（一）被告人患有严重疾病，无法出庭的；

（二）被告人脱逃的；

（三）自诉人患有严重疾病，无法出庭，未委托诉讼代理人出庭的；

（四）由于不能抗拒的原因。

中止审理的原因消失后，应当恢复审理。中止审理的期间不计入审理期限。"

可见，因被告人逃脱而中止的案件审理期限不计入审限。A错误。

B项，《最高人民法院、最高人民检察院、公安部、国家安全部、司法部、全国人大常委会法制工作委员会关于实施刑事诉讼法若干问题的规定》第25条第2款规定："人民法院对提起公诉的案件进行审查的期限计入人民法院的审理期限。"可见，B项中不计入审限的说法错误。

C项，《最高人民法院关于适用〈中华人民共和国刑事诉讼法〉的解释》第256条的规定："依照前两

参考答案：①D

条规定另行委托辩护人或者指派律师的，自案件宣布休庭之日起至第十五日止，由辩护人准备辩护，但被告人及其辩护人自愿缩短时间的除外。”

可见，被告人要求法院另行指定辩护律师，法院适用休庭而非延期审理，辩护人准备辩护的时间为15天，不是10天。C错误。

D项，《最高人民法院关于适用〈中华人民共和国刑事诉讼法〉的解释》第222条第1款规定：“法庭审理过程中，当事人及其辩护人、诉讼代理人申请通知新的证人到庭，调取新的证据，申请重新鉴定或者勘验的，应当提供证人的姓名、证据的存放地点，说明拟证明的案件事实，要求重新鉴定或者勘验的理由。法庭认为有必要的，应当同意，并宣布延期审理；不同意的，应当说明理由并继续审理。”可见，因当事人和辩护人申请调取新的证据可以导致延期审理，但法律没有规定延期审理的期间是否计入审理期限。本题是2011年的题目，当年的法律根据是1998年《最高人民法院关于适用〈中华人民共和国刑事诉讼法〉的解释》及《最高人民法院关于严格执行案件审理期限制度》，根据这些文件的规定，D项的表述没有任何问题。但现在，1998年《最高人民法院关于适用〈中华人民共和国刑事诉讼法〉的解释》及《最高人民法院关于严格执行案件审理期限制度》已经失效，故D项无法律根据。但是从司法实践来看，一般认为，延期审理的期间也是不计入审限的，从这个角度来说，D可以考虑作为正确选项。考生无需纠结于此，对所涉知识点了解即可。

综上所述，本题正确答案为D。

下列哪一段时间应计入一审案件审理期限？（2010－2－34，单选）

A. 需要延长审理期限的案件，办理报请高级法院批准手续的时间

B. 当事人申请重新鉴定，经法院同意延期审理的时间

C. 检察院补充侦查完毕后重新移送法院的案件，法院收到案件之日以前补充侦查的时间

D. 法院改变管辖的案件，自改变管辖决定作出至改变后的法院收到案件之日的时间

答案（　　　）①

【考点提示】本题综合考查是否计入审理期限问题。需要注意，本题涉及的法律根据主要是最高人民法院《关于严格执行案件审理期限制度的若干规定》和全国人大常委会《关于刑事案件办理期限的补充规定》，但这两个法律文件均存在问题，第一个法律文件颁布于2000年9月22日，虽然目前没有失效，但其中很多规定与现行法律及司法解释冲突，不能成为实践中的裁判根据。第二个法律文件于1984年7月7日实施，现已废止。因此，本题参考价值不大，考生可以略过。

【解析】A项，《最高人民法院关于严格执行案件审理期限制度的若干规定》第1条规定：“……需要延长审理期限的，应当在法定期限届满前提出申请。”所以，对于需要延长审理期限，报经批准的时间应计入在审理期限中，依题意当选。A正确。

B项，《最高人民法院关于严格执行案件审理期限制度的若干规定》第9条规定：“下列期间不计入审理、执行期限：……（五）因当事人、诉讼代理人、辩护人申请通知新的证人到庭、调取新的证据、申请重新鉴定或者勘验，法院决定延期审理一个月之内的期间。”可知，当事人申请重新鉴定，法院决定延期审理的时间不计入审理期限。B错误。

C项，《最高人民法院关于严格执行案件审理期限制度的若干规定》第9条规定：“下列期间不计入审理、执行期限：……（三）公诉人发现案件需要补充侦查，提出延期审理建议后，合议庭同意延期审理的期间。”可知，补充侦查的期间不计入审理期限。C错误。

D项，没有法律根据，错误。

综上所述，本题应当选A。

参考答案：①A

关于期间的计算,下列哪一选项是正确的?(2014-2-33,单选)

A. 重新计算期限包括公安机关、人民检察院和人民法院的办案期限和当事人行使诉讼权利的期限两种情况

B. 上诉状或其他法律文书在期满前已交邮的不算过期,已交邮是指在期间届满前将上诉状或其他法律文书递交邮局或投入邮筒内

C. 法定期间不包括路途上的时间,比如有关诉讼文书材料在公安机关、人民检察院和人民法院之间传递的时间应当从法定期间内扣除

D. 犯罪嫌疑人、被告人在押的案件,在羁押场所以外对患有严重疾病的犯罪嫌疑人、被告人进行医治的时间,应当从法定羁押期间内扣除

答案(　　)①

【考点提示】本题综合考查期间的计算,难度较高。需要注意,BC两项在教材中可以轻松找到答案,但A项和D项没有专门的法条规定,A项需要考生熟练掌握重新计算期限的情形,D项需要考生运用保障人权的理念。

【解析】A项,重新计算期限仅包括公安机关、人民检察院和人民法院的办案期限。譬如,在侦查期间,发现犯罪嫌疑人另有重要罪行的,重新计算侦查羁押期限。又如,人民检察院和人民法院改变管辖的公诉案件,从改变后的办案机关收到案件之日起计算办案期限。对于当事人行使诉讼权利的期限没有重新计算的规定,如果当事人耽误了期限,只能申请恢复期限。A错误。

BC项,《刑事诉讼法》第103条第3款规定:"法定期间不包括路途上的时间。上诉状或者其他文件在期满前已经交邮的,不算过期。"BC项即考察对该条文的理解。

首先,"路途上的时间"是指"司法机关邮寄送达诉讼文书在路途上所占用的时间。"(参见:朗胜主编:《中华人民共和国刑事诉讼法释义》,法律出版社,2012年版,第245页)在我国,公安机关、人民检察院和人民法院是相互独立、互相制约的机关,各机关在相互传递诉讼文书时肯定需要路途上的时间,因此,"有关诉讼文书材料在公安机关、人民检察院和人民法院之间传递的时间"属于"路途上的时间",应当从法定期间内扣除。C正确。

其次,交邮"应当以邮件上的邮戳为证"。(参见:朗胜主编:《中华人民共和国刑事诉讼法释义》,法律出版社,2012年版,第246页。)故,B错误。

D项,立法及司法解释中没有相关规定。从保障犯罪嫌疑人诉讼权利的角度推论,只要犯罪嫌疑人、被告人在押,期间即应计入羁押期限,即使对患有严重疾病的犯罪嫌疑人、被告人在羁押场所外进行医治,医治的时间也不应当从法定羁押期间内扣除。D错误。

综上所述,本题应当选C。

关于办案期限重新计算的说法,下列哪一选项是正确的?(2015-2-31,单选)

A. 甲盗窃汽车案,在侦查过程中发现其还涉嫌盗窃1辆普通自行车,重新计算侦查羁押期限

B. 乙受贿案,检察院审查起诉时发现一笔受贿款项证据不足,退回补充侦查后再次移送审查起诉时,重新计算审查起诉期限

C. 丙聚众斗殴案,在处理完丙提出的有关检察院书记员应当回避的申请后,重新计算一审审理期限

D. 丁贩卖毒品案,二审法院决定开庭审理并通知同级检察院阅卷,检察院阅卷结束后,重新计算二审审理期限

答案(　　)②

参考答案:①C　②B

【考点】本题综合考查办案期限的重新计算，难度较高，需要考生综合掌握各种办案期限重新计算的情形。

【解析】A项，在侦查期间，发现犯罪嫌疑人另有重要罪行的，自发现之日起重新计算侦查羁押期限。“另有重要罪行”是指：(1)与逮捕时的罪行不同种的重大犯罪。(2)同种的影响罪名认定、量刑档次的重大犯罪。A中，在侦查过程中发现其还涉嫌盗窃1辆普通自行车，这不属于另有重要罪行，故无需重新计算侦查羁押。A错误。

B项，人民检察院审查案件，对于需要补充侦查的，可以退回公安机关补充侦查，也可以自行侦查。补充侦查完毕移送人民检察院后，人民检察院重新计算审查起诉期限。B正确。

C项，如果当事人及其法定代理人申请出庭的检察人员回避的，人民法院应当决定休庭，并通知人民检察院。休庭的时间需要计入审限，不会导致一审审限重新计算。C错误。

D项，《刑事诉讼法》第224条规定，人民检察院提出抗诉的案件或者第二审人民法院开庭审理的公诉案件，同级人民检察院都应当派员出席法庭。第二审人民法院应当在决定开庭审理后及时通知人民检察院查阅案卷。人民检察院应当在一个月以内查阅完毕。人民检察院查阅案卷的时间不计入审理期限。”可见，没有“检察院阅卷结束后，重新计算二审审理期限”的规定。D错误。

综上所述，本题应当选B。

考点2　送　　达

被告人徐某为未成年人，法院书记员到其住处送达起诉书副本，徐某及其父母拒绝签收。关于该书记员处理这一问题的做法，下列哪些选项是正确的？（2013－2－70，多选）

A. 邀请见证人到场

B. 在起诉书副本上注明拒收的事由和日期，该书记员和见证人签名或盖章

C. 采取拍照、录像等方式记录送达过程

D. 将起诉书副本留在徐某住处

答案（　　）①

【考点提示】本题考查送达的具体程序。

【解析】ACD项，《最高人民法院关于适用〈中华人民共和国刑事诉讼法〉的解释》第167条规定：“送达诉讼文书，应当由收件人签收。收件人不在的，可以由其成年家属或者所在单位负责收件的人员代收。收件人或者代收人在送达回证上签收的日期为送达日期。收件人或者代收人拒绝签收的，送达人可以邀请见证人到场，说明情况，在送达回证上注明拒收的事由和日期，由送达人、见证人签名或者盖章，将诉讼文书留在收件人、代收人的住处或者单位；也可以把诉讼文书留在受送达人的住处，并采用拍照、录像等方式记录送达过程，即视为送达。”

可见，ACD项符合该条文规定，正确。

B项，应当在“送达回证”上注明拒收的事由和日期，而非在“起诉书副本”上注明拒收的事由和日期。B错误。

综上所述，本题选ACD。

参考答案：①ACD

考题拓展

何某不服一审人民法院以故意伤害罪判处其12年有期徒刑的判决，但又因故耽误上诉期限。障碍消除后，何某申请继续进行应当在期满前完成的上诉活动，必须满足什么条件？（2004-2-90，不定项）

A. 何某耽误期间是由于不能抗拒的原因或者有其他正当理由

B. 在障碍消除后5日内何某提出上诉

C. 继续应当在期满以前提出上诉的申请，需要由辩护人为其提出

D. 经人民法院查证属实，裁定允许

答案（ ）①

【解析】《刑事诉讼法》第104条规定："当事人由于不能抗拒的原因或者有其他正当理由而耽误期限的，在障碍消除后五日以内，可以申请继续进行应当在期满以前完成的诉讼活动。

前款申请是否准许，由人民法院裁定。"

可见，ABD符合立法规定。当然，B项表述的不尽如人意，《刑事诉讼法》规定"在障碍消除后五日以内，可以申请继续进行应当在期满以前完成的诉讼活动。"

而B项说的是"在障碍消除后5日内何某提出上诉"，显然，提出上诉具有申请恢复期间的意思，只是表述显得模糊，勉强算正确。

C项，恢复期间需要由当事人提出申请，而不能由辩护人为其提出，错误。

综上所述，本题应当选ABD。

参考答案：①ABD

专题十一　立案

点评：

刑事诉讼活动以立案为启动标志，准确立案是保护公民合法权益不受非法侵犯，保障无罪的人不受刑事追究的重要程序性保障措施。及时立案有利于监督公安司法机关及时、准确地查明、打击犯罪。客观立案有助于准确评价社会治安形势，为国家制定刑事法律与政策提供客观依据。

本专题属于一般重点章节。考生需要重点掌握立案的材料来源、立案的条件、立案的程序以及立案的监督。

考点1　立案的材料来源

国家机关工作人员李某多次利用职务之便向境外间谍机构提供涉及国家机密的情报，同事赵某发现其行迹后决定写信揭发李某。关于赵某行为的性质，下列哪一选项是正确的？（2009－2－26，单选）

A. 控告　　B. 告诉　　C. 举报　　D. 报案

答案（　　）①

【考点提示】本题考查报案、控告、举报的区别。尤其请考生把握报案和控告的区别，被害人既可以报案、也可以控告，关键看内容的详尽程度。如果仅说明发生了犯罪事实，属于报案。如果详细说明了犯罪事实的发生过程及犯罪嫌疑人的身份、特征，属于控告。

【解析】控告是指被害人就其本人遭受不法侵害的事实及犯罪嫌疑人的有关情况，向公安司法机关揭露和告发，要求依法追究其刑事责任的诉讼行为。

报案是向公安司法机关报告有犯罪事实发生的行为，报案人既可以是被害人，也可以是被害人以外的单位和个人。一般来说，报案仅针对犯罪事实的发生，不需要明确指出犯罪嫌疑人。

举报是指被害人之外的单位和个人对其发现的犯罪事实或者犯罪嫌疑人向公安司法机关进行告发、揭露的行为。举报则既针对犯罪事实，又针对具体的犯罪嫌疑人。举报一般多出现于经济犯罪、渎职犯罪案件中。

考生需要尤其注意报案、举报和控告的区别。

	报案	举报	控告
主体	一切单位和个人	被害人以外	只能是被害人
内容	有犯罪事实发生	事实＋人	事实＋人

参考答案：①C

本题中，赵某不是被害人，他对同事李某的告发，有明确的犯罪嫌疑人和犯罪事实，是一种举报行为。故，C 正确。

综上所述，故本题答案是 C。

公安机关获知有多年吸毒史的王某近期可能从事毒品制售活动，遂对其展开初步调查工作。关于这一阶段公安机关可以采取的措施，下列哪些选项是正确的？（2016－2－72，多选）

A. 监听

B. 查询王某的银行存款

C. 询问王某

D. 通缉

答案（　　）①

【考点提示】本题考查立案前的初查。

【解析】《公安机关办理刑事案件程序规定》第 171 条规定："对接受的案件，或者发现的犯罪线索，公安机关应当迅速进行审查。

对于在审查中发现案件事实或者线索不明的，必要时，经办案部门负责人批准，可以进行初查。

初查过程中，公安机关可以依照有关法律和规定采取询问、查询、勘验、鉴定和调取证据材料等不限制被调查对象人身、财产权利的措施。"

可见，BC 正确。A 项，监听会侵犯被调查对象的隐私权即人身权利，且带有强制性。D 项，通缉会侵犯被调查对象的名誉权、人身自由权等权利即人身权利。故，AD 错误。

综上所述，本题应当选 BC。

考点 2　立案的监督

被害人向检察院投诉，公安机关对于他遭受犯罪侵害的线索应当立案侦查而未立案侦查。检察院的下列哪些做法是正确的？（2011－2－68，多选）

A. 公安机关尚未作出不立案决定的，移送公安机关处理

B. 不属于被投诉的公安机关管辖的，应当告知投诉人有管辖权的机关并建议向该机关控告

C. 公安机关应当立案而作出不立案决定的，经检察长批准，应当要求公安机关书面说明不立案的理由

D. 认为犯罪情节显著轻微不需追究刑事责任的，应当要求公安机关向被害人说明不立案的理由

答案（　　）②

【考点提示】本题考查立案监督。关于立案监督，请考生掌握检察机关对公安机关的立案监督与检察机关在自侦案件中侦查监督部门或者公诉部门对侦查部门的立案监督。

【解析】《最高人民检察院、公安部关于刑事立案监督有关问题的规定（试行）》第 5 条规定："人民检察院对于公安机关应当立案侦查而不立案侦查的线索进行审查后，应当根据不同情况分别作出处理：（1）没有犯罪事实发生，或者犯罪情节显著轻微不需要追究刑事责任，或者具有其他依法不追究刑事责任情形的，及时答复投诉人或者行政执法机关；（2）不属于被投诉的公安机关管辖的，应当将

参考答案：①BC　②ABC

有管辖权的机关告知投诉人或者行政执法机关，并建议向该机关控告或者移送；(3)公安机关尚未作出不予立案决定的，移送公安机关处理；(4)有犯罪事实需要追究刑事责任，属于被投诉的公安机关管辖，且公安机关已作出不立案决定的，经检察长批准，应当要求公安机关书面说明不立案理由。"

可见，A 项属于上述(3)，正确。B 项属于上述(2)，正确。C 项属于上述(4)，正确。

D 项没有明确的法律规定，错误。

综上所述，本题答案为 ABC。另外，《最高人民检察院、公安部关于刑事立案监督有关问题的规定(试行)》在当年是重要考查法律文件，但随着现行《刑事诉讼法》及司法解释的实施，请考生认真复习《人民检察院刑事诉讼法规则(试行)》第 552 ~562 条规定的立案监督程序。

卢某坠楼身亡，公安机关排除他杀，不予立案。但卢某的父母坚称他杀可能性大，应当立案，请求检察院监督。检察院的下列哪一做法是正确的？(2013 -2 -34，单选)

A. 要求公安机关说明不立案理由

B. 拒绝受理并向卢某的父母解释不立案原因

C. 认为符合立案条件的，可以立案并交由公安机关侦查

D. 认为公安机关不立案理由不能成立的，应当建议公安机关立案

答案(　　　)①

【考点提示】本题考查立案监督。

【解析】《刑事诉讼法》第 111 条规定："人民检察院认为公安机关对应当立案侦查的案件而不立案侦查的，或者被害人认为公安机关对应当立案侦查的案件而不立案侦查，向人民检察院提出的，人民检察院应当要求公安机关说明不立案的理由。人民检察院认为公安机关不立案理由不能成立的，应当通知公安机关立案，公安机关接到通知后应当立案。"

AB 项，根据上述规定，"被害人认为公安机关对应当立案侦查的案件而不立案侦查，向人民检察院提出的，人民检察院应当要求公安机关说明不立案的理由"，A 正确，B 错误。

CD 项，人民检察院认为公安机关不立案理由不能成立的，应当通知公安机关立案。对于 C，检察院不会直接立案，错误。对于 D，通知和建议含义不同，通知较建议更加正式，通知的强制性大于建议。故，D 错误。

综上所述，本题选 A。

甲公司以虚构工程及伪造文件的方式，骗取乙工程保证金 400 余万元。公安机关接到乙控告后，以尚无明确证据证明甲涉嫌犯罪为由不予立案。关于本案，下列哪一选项是正确的？(2015 -2 -32，单选)

A. 乙应先申请公安机关复议，只有不服复议决定的才能请求检察院立案监督

B. 乙请求立案监督，检察院审查后认为公安机关应立案的，可通知公安机关立案

C. 公安机关接到检察院立案通知后仍不立案的，经省级检察院决定，检察院可自行立案侦查

D. 乙可直接向法院提起自诉

答案(　　　)②

【考点提示】本题考查立案监督程序。

【解析】A 项，被害人及其法定代理人、近亲属或者行政执法机关，认为公安机关对其控告或者移送的案件应当立案侦查而不立案侦查，或者当事人认为公安机关不应当立案而立案，向人民检察

参考答案：①A　②D

院提出的，人民检察院应当受理并进行审查。可见，乙可以不经申请公安机关复议，直接请求检察院立案监督。A 错误。

B 项，人民检察院侦查监督部门应当对公安机关的说理进行审查，认为公安机关不立案或者立案理由不能成立的，经检察长或者检察委员会讨论决定，应当通知公安机关立案或者撤销案件。可见，不是可以，B 错误。

C 项，公安机关在收到通知立案书或者通知撤销案件书后超过 15 日不予立案或者既不提出复议、复核也不撤销案件的，人民检察院应当发出纠正违法通知书予以纠正。公安机关仍不纠正的，报上一级人民检察院协商同级公安机关处理。可见，对于公安机关管辖的案件，检察院不能直接立案侦查。需要注意，检察院只能管辖国家工作人员或者国家机关工作人员的职务犯罪案件。C 错误。

D 项，对于公安机关不立案的案件，被害人有权直接向法院提起自诉，正确。

综上所述，本题应当选 D。

甲乙二人在餐厅吃饭时言语不合进而互相推搡，乙突然倒地死亡，县公安局以甲涉嫌过失致人死亡立案侦查。经鉴定乙系特殊体质，其死亡属意外事件，县公安局随即撤销案件。关于乙的近亲属的诉讼权利，下列哪一选项是正确的？（2016 - 2 - 33，单选）

A. 就撤销案件向县公安局申请复议

B. 就撤销案件向县公安局的上一级公安局申请复核

C. 向检察院侦查监督部门申请立案监督

D. 直接向法院对甲提起刑事附带民事诉讼

答案（　　）①

【考点提示】本题考查撤销案件的救济，注意与不立案救济的区别。

【解析】AB 项，《公安机关办理刑事案件程序规定》第 176 条规定："控告人对不予立案决定不服的，可以在收到不予立案通知书后七日以内向作出决定的公安机关申请复议；公安机关应当在收到复议申请后七日以内作出决定，并书面通知控告人。

控告人对不予立案的复议决定不服的，可以在收到复议决定书后七日以内向上一级公安机关申请复核；上一级公安机关应当在收到复核申请后七日以内作出决定。对上级公安机关撤销不予立案决定的，下级公安机关应当执行。"

可见，控告人对不立案决定不服，可以先复议、再复核。但本案已经立案，侦查机关随后撤销案件，被害人一方不能通过复议或复核的方式得到救济。AB 错误。

C 项，《刑事诉讼法》第 111 条规定："人民检察院认为公安机关对应当立案侦查的案件而不立案侦查的，或者被害人认为公安机关对应当立案侦查的案件而不立案侦查，向人民检察院提出的，人民检察院应当要求公安机关说明不立案的理由。人民检察院认为公安机关不立案理由不能成立的，应当通知公安机关立案，公安机关接到通知后应当立案。"

可见，被害人可以申请检察院进行立案监督，但本案中，侦查机关已经立案，只是随后撤销案件，因此，对撤销案件的决定不能通过立案监督的方式得到救济。C 错误。

D 项，《最高人民法院关于适用〈中华人民共和国刑事诉讼法〉的解释》第 1 条规定："**人民法院直接受理的自诉案件包括：……（三）被害人有证据证明对被告人侵犯自己人身、财产权利的行为应当依法追究刑事责任，且有证据证明曾经提出控告，而公安机关或者人民检察院不予追究被告人刑事责任**

参考答案：①D

的案件。”本案中，侦查机关撤销案件，属于不予追究被告人刑事责任的情形，被害人有权直接到法院提起自诉附带民事诉讼。D正确。

综上所述，本题应当选D。

考题拓展

甲的汽车被盗。第二日，甲发现乙开的是自己的汽车（虽然更换了汽车号牌仍可认出），遂前去拦车。在询问时，乙突然将车开走。甲追了一段路未追上，遂向公安机关陈述了这一事实，要求公安机关追究乙的法律责任。甲这一行为的法律性质是什么？（2006－2－21，单选）

A. 报案

B. 控告

C. 举报

D. 扭送

答案（　　）①

【解析】本题中，甲向公安机关详尽地说明了自己的汽车被盗以及在第二日发现乙开的是自己的汽车并前去拦车等事实，属于控告。

需要注意，举报比较简单，主要适用于经济犯罪、职务犯罪或者其他犯罪中，通常使用写举报信、打举报电话等方式。一切单位和个人均可举报，但举报的内容应当尽可能详尽，需要包括犯罪嫌疑人和犯罪行为等信息。报案和控告有些难以区分，譬如本题中，甲向公安机关陈述的内容为什么是控告就不是报案呢？关键看陈述的事实是否详尽。如果甲仅向公安机关陈述自己的汽车被盗了，这属于报案。报案仅需要说明有犯罪事实发生即可。如果甲向公安机关陈述的事实比较详细，既包含犯罪嫌疑人的信息，又包含犯罪行为的信息，甲的行为应当属于控告。

综上所述，本题应当选B。

参考答案：①B

专题十二 侦　　查

点评：

侦查是指公安机关、人民检察院在办理案件过程中，依照法律进行的专门调查工作和有关的强制性措施。侦查专题是历年司考刑事诉讼法中的重要考查点，每年平均考查3道题，需要考生重点学习。

本专题需要考生重点掌握侦查的司法控制、每种侦查行为、侦查终结的条件、侦查羁押期限、人民检察院自侦案件的侦查和补充侦查。

考点1 侦查的司法控制

对侦查所实施的司法控制，包括对某些侦查行为进行事后审查。下列哪一选项是正确的？（2013－2－35，单选）

A. 事后审查的对象主要包括逮捕、羁押、搜查等

B. 事后审查主要针对的是强行性侦查措施

C. 采取这类侦查行为不可以由侦查机关独立作出决定

D. 对于这类行为，公民认为侦查机关侵犯其合法权益的，可以寻求司法途径进行救济

答案（　　　　）①

【考点提示】本题考查侦查的司法控制理论。需要考生掌握事前审查、事中审查与事后审查，任意性侦查行为与强制性侦查行为，对公安机关侦查行为的司法控制与对检察院自侦案件侦查行为的司法控制。

【解析】知识介绍：

（一）强制性侦查措施与任意性侦查措施

根据侦查行为是否带有强制性、是否会侵犯犯罪嫌疑人的人身、财产权利，可以将侦查行为区分为强制性侦查措施和任意性侦查措施。强制性侦查措施主要包括：强制措施、搜查、扣押、查封、冻结、技术侦查措施等。而任意性侦查措施包括：勘验、检查、鉴定、询问等。如果不对强制性侦查措施进行控制和监督，司法实践中可能会出现两种问题：一是侦查手段的滥用；二是违法行为的存在和缺乏制裁。这些问题会导致对人权造成严重侵犯。

（二）事前监督与事后监督

检察机关作为法律监督机关，依法行使法律监督职权。根据监督的时间不同，检察机关对侦查行为的监督可以被区分为事前监督和事后监督。

参考答案：①D

事前监督指的是,侦查机关无权自行决定适用侦查措施,需要事先报请检察院批准、决定后方可实施的制度。

事后监督指的是,侦查机关有权自行决定适用侦查措施,无需事先报请检察院批准、决定,检察院只在侦查措施实施后根据侦查机关的报备或者当事人的申诉对侦查措施进行审查的制度。

一般认为,对于强制性侦查措施如逮捕,需要接受事前审查。而对于任意性侦查措施,只接受事后审查即可。

(三)对非法侦查行为的救济

《刑事诉讼法》第115条规定:"当事人和辩护人、诉讼代理人、利害关系人对于司法机关及其工作人员有下列行为之一的,有权向该机关申诉或者控告:

(一)采取强制措施法定期限届满,不予以释放、解除或者变更的;

(二)应当退还取保候审保证金不退还的;

(三)对与案件无关的财物采取查封、扣押、冻结措施的;

(四)应当解除查封、扣押、冻结不解除的;

(五)贪污、挪用、私分、调换、违反规定使用查封、扣押、冻结的财物的。

受理申诉或者控告的机关应当及时处理。对处理不服的,可以向同级人民检察院申诉;人民检察院直接受理的案件,可以向上一级人民检察院申诉。人民检察院对申诉应当及时进行审查,情况属实的,通知有关机关予以纠正。"

本题解析:

AB项,描述的都属于强制性的侦查措施,应当进行事前审查,而非事后审查。故,AB错误。

C项,"这类侦查行为"指的是可以进行事后审查的任意性侦查措施,可以由侦查机关自行决定。C错误。

D项,根据《刑事诉讼法》第115条的规定,公民认为侦查机关侵犯其合法权益的,可以通过申诉进行救济。D正确。

综上所述,本题选D。

考点2 侦查行为

关于讯问犯罪嫌疑人,下列哪些选项是正确的?(2014-2-70,多选)

A. 在拘留犯罪嫌疑人之前,一律不得对其进行讯问

B. 在拘留犯罪嫌疑人之后,可在送看守所羁押前进行讯问

C. 犯罪嫌疑人被拘留送看守所之后,讯问应当在看守所内进行

D. 对于被指定居所监视居住的犯罪嫌疑人,应当在指定的居所进行讯问

答案(　　　)①

【考点】本题考查侦查行为中的讯问犯罪嫌疑人。请考生注意,侦查行为可以包括讯问犯罪嫌疑人、询问证人、被害人、勘验、检查、鉴定、查封、扣押、辨认、技术侦查等,这些侦查行为涉及的相关法律条文无需背过,但应当做到特别熟悉,侦查行为是考试重点。

参考答案:①BC

【解析】A 错误，讯问作为一种侦查行为，只要立案后进入侦查阶段，侦查人员就可以对犯罪嫌疑人进行讯问。所以在拘留犯罪嫌疑人之前，可以对其进行讯问。

B 项，《刑事诉讼法》第 83 条规定："公安机关拘留人的时候，必须出示拘留证。

拘留后，应当立即将被拘留人送看守所羁押，至迟不得超过二十四小时。除无法通知或者涉嫌危害国家安全犯罪、恐怖活动犯罪通知可能有碍侦查的情形以外，应当在拘留后二十四小时以内，通知被拘留人的家属。有碍侦查的情形消失以后，应当立即通知被拘留人的家属。"第 84 条规定："公安机关对被拘留的人，应当在拘留后的二十四小时以内进行讯问。在发现不应当拘留的时候，必须立即释放，发给释放证明。"

可见，拘留犯罪嫌疑人后，应当在 24 小时内进行讯问并送交看守所羁押。送交看守所发生于拘留后 24 小时内，24 小时以后，只能在看守所讯问犯罪嫌疑人。但是在 24 小时之内的讯问不一定在看守所，因为犯罪嫌疑人可能还没有被送交看守所，讯问可以发生于公安机关的讯问室等地点。B 正确。

C 项，《刑事诉讼法》第 116 条第 2 款规定："犯罪嫌疑人被送交看守所羁押以后，侦查人员对其进行讯问，应当在看守所内进行。"C 正确。

D 项，需要注意，指定的居所不是羁押的场所，尽管它限制犯罪嫌疑人、被告人的自由，但它是其生活、休息的地方，不能成为讯问犯罪嫌疑人的场所。这是因为，指定居所一旦可以成为侦查讯问的处所，指定居所就成了专门的办案场所。而《刑事诉讼法》第 73 条第 3 款明确规定："……不得在羁押场所、专门的办案场所执行。"故，D 错误。从另一个角度来看，根据《刑事诉讼法》第 117 条的规定，对不需要逮捕、拘留的犯罪嫌疑人，可以传唤到犯罪嫌疑人所在市、县内的指定地点或者到他的住处进行讯问"。可见，侦查机关可以在住处讯问犯罪嫌疑人，指定居所也可以理解为其临时的住处，但法条的规定是"可以"而非"应当"在住处讯问。故，D 错误。

综上所述，本题应当选 BC。

关于讯问犯罪嫌疑人的地点，下列选项正确的是：(2012－2－92，不定项)

A. 对不需要逮捕、拘留的犯罪嫌疑人，可以传唤到犯罪嫌疑人所在市、县的公安局进行讯问

B. 对不需要逮捕、拘留的犯罪嫌疑人，可以传唤到犯罪嫌疑人所在市、县的公司内进行讯问

C. 对于已经被逮捕羁押的犯罪嫌疑人，应当在看守所内进行讯问

D. 犯罪现场发现的犯罪嫌疑人，可以当场口头传唤，但须出示工作证并在讯问笔录中注明

答案(　　　)①

【考点提示】本题考查侦查行为中的讯问犯罪嫌疑人。

【解析】《刑事诉讼法》第 117 条规定："对不需要逮捕、拘留的犯罪嫌疑人，可以传唤到犯罪嫌疑人所在市、县内的指定地点或者到他的住处进行讯问，但是应当出示人民检察院或者公安机关的证明文件。对在现场发现的犯罪嫌疑人，经出示工作证件，可以口头传唤，但应当在讯问笔录中注明。"

ABD 项，对不需要逮捕、拘留的犯罪嫌疑人，可以传唤到犯罪嫌疑人所在市、县内的指定地点或者到他的住处进行讯问，因此，传唤犯罪嫌疑人至公安局、公司都是可以的。AB 正确。对在现场发现的犯罪嫌疑人，经出示工作证件，可以口头传唤，但应当在讯问笔录中注明。D 正确。

C 项，《刑事诉讼法》第 116 条第 2 款规定："犯罪嫌疑人被送交看守所羁押以后，侦查人员对其进行讯问，应当在看守所内进行。"可见，C 正确。

综上所述，本题答案为 ABCD。

参考答案：①ABCD

关于询问被害人,下列选项正确的是:(2012－2－93,不定项)

A. 侦查人员可以在现场进行询问

B. 侦查人员可以在指定的地点进行询问

C. 侦查人员可以通知被害人到侦查机关接受询问

D. 询问笔录应当交被害人核对,如记载有遗漏或者差错,被害人可以提出补充或者改正

答案(　　　)①

【解析】 本题考查侦查行为中的询问被害人,需要注意,询问被害人与讯问证人的程序一样。

《刑事诉讼法》第122条第1款规定:"侦查人员询问证人,可以在现场进行,也可以到证人所在单位、住处或者证人提出的地点进行,在必要的时候,可以通知证人到人民检察院或者公安机关提供证言。在现场询问证人,应当出示工作证件,到证人所在单位、住处或者证人提出的地点询问证人,应当出示人民检察院或者公安机关的证明文件。"

《刑事诉讼法》第125条规定:"询问被害人,适用询问证人的规定。"

本题中,AB项,在现场和被害人提出的地点进行询问。A正确。但是B,可以到被害人指定的地点询问而不能笼统地说到"指定的地点"询问。B错误。

C项,"可以通知证人到人民检察院或者公安机关提供证言"。故,C正确。

D项,《刑事诉讼法》第120条规定:"讯问笔录应当交犯罪嫌疑人核对,对于没有阅读能力的,应当向他宣读。如果记载有遗漏或者差错,犯罪嫌疑人可以提出补充或者改正。犯罪嫌疑人承认笔录没有错误后,应当签名或者盖章。侦查人员也应当在笔录上签名。犯罪嫌疑人请求自行书写供述的,应当准许。必要的时候,侦查人员也可以要犯罪嫌疑人亲笔书写供词。"

《刑事诉讼法》第124条规定:"本法第一百二十条的规定,也适用于询问证人。"

可见,关于讯问笔录的规定可以适用于询问证人,而询问被害人,适用询问证人的规定。故,询问被害人可以适用讯问笔录的规定。也就是说,询问笔录应当交被害人核对,如记载有遗漏或者差错,被害人可以提出补充或者改正。D正确。

综上所述,本题选ACD。

关于查封、扣押措施,下列选项正确的是:(2012－2－94,不定项)

A. 查封、扣押犯罪嫌疑人与案件有关的各种财物、文件只能在勘验、搜查中实施

B. 根据侦查犯罪的需要,可以依照规定扣押犯罪嫌疑人的存款、汇款、债券、股票、基金份额等财产

C. 侦查人员认为需要扣押犯罪嫌疑人的邮件、电报的时候,可通知邮电机关将有关的邮件、电报检交扣押

D. 对于查封、扣押的财物、文件、邮件、电报,经查明确实与案件无关的,应当在3日以内解除查封、扣押,予以退还

答案(　　　)②

【考点提示】 本题考查侦查行为中的查封、扣押。需要注意,查封、扣押与查询、冻结的对象不同,查封、扣押主要针对物证、书证等证据。查询、冻结主要针对存款、汇款、债券、股票、基金份额等财产。

【解析】 A项,《刑事诉讼法》第139条第1款规定:"在侦查活动中发现的可用以证明犯罪嫌

参考答案:①ACD　②D

疑人有罪或者无罪的各种财物、文件,应当查封、扣押;与案件无关的财物、文件,不得查封、扣押。”

可见,查封、冻结是在“侦查活动中”,并非只限于“勘验、搜查”时。A 错误。

B 项,《刑事诉讼法》第 142 条第 1 款规定:“人民检察院、公安机关根据侦查犯罪的需要,可以依照规定查询、冻结犯罪嫌疑人的存款、汇款、债券、股票、基金份额等财产。有关单位和个人应当配合。”

可见,针对“存款、汇款、债券、股票、基金份额等财产”应当适用查询、冻结措施,对物证、书证才适用查封、扣押措施。B 错误。

C 项,《刑事诉讼法》第 141 条第 1 款规定:“侦查人员认为需要扣押犯罪嫌疑人的邮件、电报的时候,经公安机关或者人民检察院批准,即可通知邮电机关将有关的邮件、电报检交扣押。”

可见,侦查人员需要“经公安机关或者人民检察院批准”,才可以实施扣押邮件、电报的行为,C 错误。

D 项,《刑事诉讼法》第 143 条规定:“对查封、扣押的财物、文件、邮件、电报或者冻结的存款、汇款、债券、股票、基金份额等财产,经查明确实与案件无关的,应当在三日以内解除查封、扣押、冻结,予以退还。”

可见,D 项“3 日”的表述正确。

综上所述,本题答案为 D。

关于勘验、检查,下列哪一选项是正确的?(2014 - 2 - 34,单选)

A. 为保证侦查活动的规范性与合法性,只有侦查人员可进行勘验、检查

B. 侦查人员进行勘验、检查,必须持有侦查机关的证明文件

C. 检查妇女的身体,应当由女工作人员或者女医师进行

D. 勘验、检查应当有见证人在场,勘验、检查笔录上没有见证人签名的,不得作为定案的根据

答案(　　　)①

【考点提示】本题考查侦查中的勘验、检查程序。需要注意,勘验和检查的对象不同,勘验针对现场、痕迹、物品、尸体等没有生命的物质。检查只针对活的人身。

【解析】A 项,《刑事诉讼法》第 126 条规定:“侦查人员对于与犯罪有关的场所、物品、人身、尸体应当进行勘验或者检查。在必要的时候,可以指派或者聘请具有专门知识的人,在侦查人员的主持下进行勘验、检查。”可见,除了侦查人员,有专门知识的人也可以进行勘验、检查。A 错误。

B 项,《刑事诉讼法》第 128 条规定:“侦查人员执行勘验、检查,必须持有人民检察院或者公安机关的证明文件。”B 正确。

C 项,《刑事诉讼法》第 130 条第 3 款规定:“检查妇女的身体,应当由女工作人员或者医师进行。”可见,医师没有性别要求。C 错误。

D 项,《最高人民法院关于适用〈中华人民共和国刑事诉讼法〉的解释》第 89 条规定:“勘验、检查笔录存在明显不符合法律、有关规定的情形,不能作出合理解释或者说明的,不得作为定案的根据。”可见,勘验、检查笔录上没有见证人签名确实属于不符合法律的情形,但允许作出合理解释或者说明,并非直接排除。D 错误。

综上所述,本题应当选 B。

关于侦查中的检查与搜查,下列哪一说法是正确的?(2009 - 2 - 27,单选)

A. 搜查的对象可以是活人的身体,检查只能对现场、物品、尸体进行

B. 搜查只能由侦查人员进行,检查可以由具有专门知识的人在侦查人员主持下进行

C. 搜查应当出示搜查证,检查不需要任何证件

参考答案:①B

D. 搜查和检查对任何对象都可以强制进行

答案(　　　)①

【考点提示】本题考查侦查行为中的勘验、检查与搜查。

【解析】知识介绍:

勘验、检查可以分为现场勘验、物证检验、尸体检验、人身检查和侦查实验五种。

(一)现场勘验。现场勘验,是侦查人员对刑事案件的犯罪现场进行勘查和检验的一种侦查活动。犯罪现场是指犯罪人实施犯罪的地点和其他遗留有与犯罪有关的痕迹和物证的场所。

(二)物证检验。物证检验是指对在侦查活动中收集到的物品或者痕迹进行检查、验证,以确定该物证与案件事实之间的关系的一种侦查活动。

(三)尸体检验。尸体检验是指由侦查机关指派或聘请的法医或医师对非正常死亡的尸体进行尸表检验或者尸体解剖的一种侦查活动。

(四)人身检查。人身检查是指为了确定被害人、犯罪嫌疑人的某些特征、伤害情况或者生理状态,依法对其身体进行检验、查看的侦查行为。

(五)侦查实验。侦查实验是指侦查人员为了确定与案件有关的某一事实在某种情况下能否发生或者是怎样发生的,而按当时的情况和条件进行试验的一种侦查活动。

勘验的对象是现场、物品、痕迹、尸体等没有生命的死的东西。检查的对象是活人的身体。

搜查,是指侦查人员对犯罪嫌疑人以及可能隐藏罪犯或者罪证的人的身体、物品、住处和其他有关的地方进行搜索、检查的一种侦查行为。搜查既可以针对现场、物品、痕迹、尸体等,也可以针对活的人身。

本题解析:

A 项,检查也可以针对活人身体进行。A 不正确。

B 项,《刑事诉讼法》第 134 条规定:“为了收集犯罪证据、查获犯罪人,侦查人员可以对犯罪嫌疑人以及可能隐藏罪犯或者犯罪证据的人的身体、物品、住处和其他有关的地方进行搜查。”《刑事诉讼法》第 126 条规定:“……在必要的时候,可以指派或者聘请具有专门知识的人,在侦查人员的主持下进行勘验、检查。”可见,搜查只能由侦查人员进行,检查可以由具有专门知识的人在侦查人员主持下进行。故,B 正确。

C 项,《刑事诉讼法》第 128 条规定:“侦查人员执行勘验、检查,必须持有人民检察院或者公安机关的证明文件。”因此,检查时也需要出示相关证件。C 不正确。

D 项,《刑事诉讼法》第 130 条第 2 款规定:“犯罪嫌疑人如果拒绝检查,侦查人员认为必要的时候,可以强制检查。”但对被害人、证人等人不可以强制检查。D 不正确。

综上所述,本题答案为 B。

关于扣押物证、书证,下列哪些做法是正确的?(2009－2－68,多选)

A. 侦查人员在搜查钱某住宅时,发现一份能够证明钱某无罪的证据,对此证据予以扣押

B. 在杜某故意杀人案中,侦查机关依法扣押杜某一些物品和文件。对与案件无关的物品和文件,侦查机关应当在五日内解除扣押、冻结,退还杜某

C. 公安机关在侦查刘某盗窃案中,可以依照规定查询、冻结刘某的存款、汇款

D. 在对周某盗窃罪审查起诉中,周某死亡,检察院决定将依法冻结的周某赃款的一部分上缴国库,其余部分返还给被害人

答案(　　　)②

参考答案:①B　②AC

【考点提示】本题考查侦查行为中的扣押程序。

【解析】A 项,《刑事诉讼法》第 139 条规定:"在侦查活动中发现的可用以证明犯罪嫌疑人有罪或者无罪的各种财物和文件,应当查封、扣押。……"可见,证明犯罪嫌疑人无罪的证据也应予以扣押,A 正确。

B 项,《刑事诉讼法》第 143 条规定:"对于查封、扣押的财物、文件、邮件、电报或者冻结的存款、汇款、债券、股票、基金份额等财产,经查明确实与案件无关的,应当在三日以内解除查封、扣押、冻结,予以退还。"可见,"五日"错误,B 不正确。

C 项,《刑事诉讼法》第 142 条规定:"人民检察院、公安机关根据侦查犯罪的需要,可以依照规定查询、冻结犯罪嫌疑人的存款、汇款、债券、股票、基金份额等财产。……"可见,C 正确。

D 项,《刑事诉讼法》第 173 条规定:"犯罪嫌疑人有本法第十五条规定的情形之一的,人民检察院应当作出不起诉决定。"该条还规定:"人民检察院决定不起诉的案件,应当同时对侦查中扣押、冻结的财物解除扣押、冻结。对被不起诉人需要给予行政处罚、行政处分或者需要没收其违法所得的,人民检察院应当提出检察意见,移送有关主管机关处理。有关主管机关应当将处理结果及时通知人民检察院。"可见,在 D 项中,周某死亡,检察院应当作出不起诉决定,如果需要处理周某涉案财产的,人民检察院无权对冻结的赃款直接作出处理,而是"应当提出检察意见,移送有关主管机关处理"。D 错误。

综上所述,本题答案为 AC 项。

公安机关抓获一起抢夺案犯罪嫌疑人黄某、王某。王某声称被错抓,公安机关决定组织对王某进行辨认。关于公安机关的做法,下列哪些选项是正确的?(2011－2－69,多选)

A. 让 2 名被害人一同对王某进行辨认　　B. 让黄某单独对王某进行辨认

C. 在辨认时没有安排见证人在场　　D. 将王某混在其他 5 名被辨认人当中

答案(　　　)①

【考点提示】本题考查侦查行为中的辨认程序。需要注意,本题考查的法律文件是《公安机关办理刑事案件程序规定》,该规定中关于侦查行为的条文是考试重点。

【解析】AB 项,《公安机关办理刑事案件程序规定》第 250 条第 2 款规定:"几名辨认人对同一辨认对象进行辨认时,应当由辨认人个别进行。"

可见,让黄某单独对王某进行辨认是正确的。B 正确,A 错误。

C 项,《公安机关办理刑事案件程序规定》第 253 条规定:"对辨认经过和结果,应当制作辨认笔录,由侦查人员、辨认人、见证人签名。必要时,应当对辨认过程进行录音或者录像。"可见,应当有见证人参加并签名。C 错误。

D 项,《公安机关办理刑事案件程序规定》第 251 条第 1 款规定:"辨认时,应当将辨认对象混杂在特征相类似的其他对象中,不得给辨认人任何暗示。辨认犯罪嫌疑人时,被辨认的人数不得少于七人;对犯罪嫌疑人照片进行辨认的,不得少于十人的照片;辨认物品时,混杂的同类物品不得少于五件。"

可见,D 项中将王某混在其他 5 人中不符合要求。D 错误。

综上所述,本题答案为 B。

关于辨认规则,下列哪一说法是正确的?(2010－2－29,单选)

A. 检察院侦查的案件,对犯罪嫌疑人辨认由侦查部门负责人决定

B. 为了辨认需要,可以让辨认人在辨认前见到被辨认对象

参考答案:①根据现行法律只能选 B

C. 有多个辨认人时,根据需要可以集体进行辨认

D. 为了进行辨认,必要时证人可以在场

答案(　　　)①

【考点提示】本题考查侦查行为中的辨认程序。

【解析】A 项,《人民检察院刑事诉讼法规则(试行)》第 257 条第 2 款规定:"对犯罪嫌疑人进行辨认,应当经检察长批准。"故,侦查部门负责人批准是错误的,A 错误。需要注意的是,检察院侦查部门负责人指的是反贪局局长或者反渎局局长,而非检察长。

B 项,《人民检察院刑事诉讼法规则(试行)》第 258 条的规定,"在辨认前,应当……避免辨认人见到被辨认对象"。故,B 错误。

C 项,《人民检察院刑事诉讼法规则(试行)》第 259 条规定:"几名辨认人对同一被辨认人或者同一物品进行辨认时,应当由每名辨认人单独进行。……"可见,根据需要可以集体进行辨认的说法不正确。C 错误。

D 项,《人民检察院刑事诉讼法规则(试行)》第 259 条规定:"几名辨认人对同一被辨认人或者同一物品进行辨认时,应当由每名辨认人单独进行。必要的时候,可以有见证人在场。"可见,在必要时可以有"见证人"在场,而不是"证人",所以,D 错误。需要注意,见证人与证人不同,主要区别在于:(1)产生的方式不同。证人是在诉讼之前了解案件事实的人,不能任意选择;见证人则是在诉讼各种过程中根据需要邀请的,有广泛的选择性。(2)证明的对象不同。证人对案件事实本身作证;见证人只对被邀请参加见证的事实作证。(3)在诉讼中的作用不同。证人是协助司法机关查明案件事实;见证人是使司法机关的侦查行为产生无可怀疑的法律效果或公正性。

综上所述,本题无正确选项。

赵某、石某抢劫杀害李某,被路过的王某、张某看见并报案。赵某、石某被抓获后,2 名侦查人员负责组织辨认。关于辨认的程序,下列选项正确的是:(2014－2－92,不定项)

A. 在辨认尸体时,只将李某尸体与另一尸体作为辨认对象

B. 在 2 名侦查人员的主持下,将赵某混杂在 9 名具有类似特征的人员中,由王某、张某个别进行辨认

C. 在对石某进行辨认时,9 名被辨认人员中的 4 名民警因紧急任务离开,在 2 名侦查人员的主持下,将石某混杂在 5 名人员中,由王某、张某个别进行辨认

D. 根据王某、张某的要求,辨认在不暴露他们身份的情况下进行

答案(　　　)②

【考点提示】本题考查侦查行为中的辨认程序。

【解析】《公安机关办理刑事案件程序规定》第 250 条规定:"辨认应当在侦查人员的主持下进行。主持辨认的侦查人员不得少于二人。

几名辨认人对同一辨认对象进行辨认时,应当由辨认人个别进行。"

《公安机关办理刑事案件程序规定》第 251 条规定:"辨认时,应当将辨认对象混杂在特征相类似的其他对象中,不得给辨认人任何暗示。辨认犯罪嫌疑人时,被辨认的人数不得少于七人;对犯罪嫌疑人照片进行辨认的,不得少于十人的照片;辨认物品时,混杂的同类物品不得少于五件。

对场所、尸体等特定辨认对象进行辨认,或者辨认人能够准确描述物品独有特征的,陪衬物不受数

参考答案:①根据现行法律,无答案。　②ABD

量的限制。”

本题中,A 项,辨认尸体,陪衬物不受数量的限制。A 中“将李某尸体与另一尸体作为辨认对象”正确。

B 中,“在 2 名侦查人员的主持下,将赵某混杂在 9 名具有类似特征的人员中,由王某、张某个别进行辨认”没有问题,因为只要不少于 7 人即可。

C 中,“在对石某进行辨认时,9 名被辨认人员中的 4 名民警因紧急任务离开”被辨认人仅剩 5 人,少于 7 人的要求,错误。

D 项,《公安机关办理刑事案件程序规定》第 252 条规定:“对犯罪嫌疑人的辨认,辨认人不愿意公开进行时,可以在不暴露辨认人的情况下进行,并应当为其保守秘密。”可见,“根据王某、张某的要求,辨认在不暴露他们身份的情况下进行”正确。

综上所述,本题应当选 ABD。

关于技术侦查,下列哪些说法是正确的?(2012－2－71,多选)

A. 适用于严重危害社会的犯罪案件　　B. 必须在立案后实施

C. 公安机关和检察院都有权决定并实施　　D. 获得的材料需要经过转化才能在法庭上使用

答案(　　　)①

【考点提示】本题考查侦查行为中的技术侦查。技术侦查是 2012 年修正,2013 年生效的《刑事诉讼法》中正式确立的新制度,在近几年的考试中每年都考,需要考生认真学习。

【解析】AC 项,《刑事诉讼法》第 148 条规定:“……对于危害国家安全犯罪、恐怖活动犯罪、黑社会性质的组织犯罪、重大毒品犯罪或者其他严重危害社会的犯罪案件,根据侦查犯罪的需要,经过严格的批准手续,可以采取技术侦查措施……对于重大的贪污、贿赂犯罪案件以及利用职权实施的严重侵犯公民人身权利的重大犯罪案件,根据侦查犯罪的需要,经过严格的批准手续,可以采取技术侦查措施,按照规定交有关机关执行。追捕被通缉或者批准、决定逮捕的在逃的犯罪嫌疑人、被告人,经过批准,可以采取追捕所必需的技术侦查措施。”

可以得出以下结论:

可见,对于“其他严重危害社会的犯罪案件”,也可以采取技术侦查措施,A 正确。

技术侦查措施属于侦查措施,根据上述法条,技术侦查必须在“公安机关在立案后”、“人民检察院在立案后”方可实施。B 正确。

C 项错误,检察院可以采取技术侦查措施,但需要“按照规定交有关机关执行。”是故,检察院有权决定但不能实施技术侦查措施。

D 项,《刑事诉讼法》第 152 条规定:“依照本节规定采取侦查措施收集的材料在刑事诉讼中可以作为证据使用。……”可见,通过技术侦查措施收集的材料在刑事诉讼中可以作为证据使用,无需转化。D 错误。

综上所述,本题答案为 AB。

某地法院审理齐某组织、领导、参加黑社会性质组织罪,关于对作证人员的保护,下列哪些选项是正确的?(2014－2－69,多选)

A. 可指派专人对被害人甲的人身和住宅进行保护

B. 证人乙可申请不公开真实姓名、住址等个人信息

参考答案:①AB

C. 法院通知侦查人员丙出庭说明讯问的合法性，为防止黑社会组织报复，对其采取不向被告人暴露外貌、真实声音的措施

D. 为保护警方卧底丁的人身安全，丁可不出庭作证，由审判人员在庭外核实丁的证言

答案（　　）①

【考点提示】本题综合考查证人保护与技术侦查程序。

【解析】ABC 项，《刑事诉讼法》第 62 条规定："对于危害国家安全犯罪、恐怖活动犯罪、黑社会性质的组织犯罪、毒品犯罪等案件，证人、鉴定人、被害人因在诉讼中作证，本人或者其近亲属的人身安全面临危险的，人民法院、人民检察院和公安机关应当采取以下一项或者多项保护措施：

（一）不公开真实姓名、住址和工作单位等个人信息；

（二）采取不暴露外貌、真实声音等出庭作证措施；

（三）禁止特定的人员接触证人、鉴定人、被害人及其近亲属；

（四）对人身和住宅采取专门性保护措施；

（五）其他必要的保护措施。

证人、鉴定人、被害人认为因在诉讼中作证，本人或者其近亲属的人身安全面临危险的，可以向人民法院、人民检察院、公安机关请求予以保护。

人民法院、人民检察院、公安机关依法采取保护措施，有关单位和个人应当配合。"

可见，根据该条文第 1 款（四），A 正确。根据该条文第 1 款（一），B 正确。

另外，该条文保护的是证人、被害人和鉴定人，不包含侦查人员。法院有权通知侦查人员出庭说明讯问的合法性，但是，侦查人员正是可能实施刑讯逼供的人，其对取证合法性的说明不属于证人证言，也就不适用证人保护的相关规定，即不可以对侦查人员采取不向被告人暴露外貌、真实声音的措施。C 错误。

D 项，《刑事诉讼法》第 152 条规定："依照本节规定采取侦查措施收集的材料在刑事诉讼中可以作为证据使用。如果使用该证据可能危及有关人员的人身安全，或者可能产生其他严重后果的，应当采取不暴露有关人员身份、技术方法等保护措施，必要的时候，可以由审判人员在庭外对证据进行核实。"D 项中，卧底属于技术侦查措施，"为保护警方卧底丁的人身安全，丁可不出庭作证，由审判人员在庭外核实丁的证言"是正确的。

综上所述，本题应当选 ABD。

鲁某与关某涉嫌贩卖冰毒 500 余克，B 省 A 市中级法院开庭审理后，以鲁某犯贩卖毒品罪，判处死刑立即执行，关某犯贩卖毒品罪，判处死刑缓期二年执行。一审宣判后，关某以量刑过重为由向 B 省高级法院提起上诉，鲁某未上诉，检察院也未提起抗诉关于本案侦查，下列选项正确的是：（2015－2－94，不定项）

A. 本案经批准可采用控制下交付的侦查措施

B. 对鲁某采取技术侦查的期限不得超过 9 个月

C. 侦查机关只有在对鲁某与关某立案后，才能派遣侦查人员隐匿身份实施侦查

D. 通过技术侦查措施收集到的证据材料可作为定案的依据，但须经法庭调查程序查证属实或由审判人员在庭外予以核实

答案（　　）②

参考答案：①ABD　②ACD

【考点提示】本题综合考查技术侦查措施。

【解析】A项,根据《刑事诉讼法》第151条第2款的规定:"对涉及给付毒品等违禁品或者财物的犯罪活动,公安机关根据侦查犯罪的需要,可以依照规定实施控制下交付。"可见,A正确。

B项,根据《刑事诉讼法》第149条的规定,批准决定应当根据侦查犯罪的需要,确定采取技术侦查措施的种类和适用对象。批准决定自签发之日起三个月以内有效。对于不需要继续采取技术侦查措施的,应当及时解除;对于复杂、疑难案件,期限届满仍有必要继续采取技术侦查措施的,经过批准,有效期可以延长,每次不得超过三个月。可见,技术侦查的时间是以三个月为单位延长,但没有延长期限的限制,B错误。

C项,比较简单。技术侦查也是侦查,只要是侦查,就必须发生于立案之后,在立案阶段不允许采取技术侦查措施,C正确。

D项,根据《刑事诉讼法》第152条的规定:"采取侦查措施收集的材料在刑事诉讼中可以作为证据使用。如果使用该证据可能危及有关人员的人身安全,或者可能产生其他严重后果的,应当采取不暴露有关人员身份、技术方法等保护措施,必要的时候,可以由审判人员在庭外对证据进行核实。"可见,D正确。

综上所述,本题应当选ACD。

某市检察院对卢某涉嫌贿赂案进行立案侦查。掌握有关证据后,检察院决定依法对卢某进行传唤。卢某闻讯逃匿,去向不明。下列哪一说法是正确的?(2011-2-30,单选)

A. 符合通缉条件,由该市公安机关作出通缉的决定

B. 符合通缉条件,由该市检察院报请有决定权的上级检察院作出通缉决定

C. 符合通缉条件,由该市检察院报请上一级检察院发布通缉令

D. 不符合通缉条件,检察院发布协查通报

答案(　　　)①

【考点提示】本题考查侦查行为中的通缉。需要考生注意,检察院有权决定通缉,但无权发布通缉令。

【解析】ABC项,《刑事诉讼法》第153条规定:"应当逮捕的犯罪嫌疑人如果在逃,公安机关可以发布通缉令,采取有效措施,追捕归案。"

《人民检察院刑事诉讼法规则(试行)》第268条规定:"人民检察院侦查直接受理的案件,应当逮捕的犯罪嫌疑人如果在逃,或者已被逮捕的犯罪嫌疑人脱逃的,经检察长批准,可以通缉。"

《人民检察院刑事诉讼法规则(试行)》第269条规定:"各级人民检察院需要在本辖区内通缉犯罪嫌疑人的,可以直接决定通缉;需要在本辖区外通缉犯罪嫌疑人的,由有决定权的上级人民检察院决定。"

可见,本案中,卢某如果符合被通缉的条件,应当由检察机关做出通缉决定,由公安机关发布通缉令。某市检察院如果知道卢某逃到了某省其他市,可以由该市检察院报请上一级检察院决定发布通缉令,但是,卢某已经闻讯逃匿、去向不明,某市检察院只能报请有决定权的上级检察院作出通缉决定。故,B正确。A错在检察院侦查的案件不可以由公安机关做出通缉决定。C错在不应当报上一级检察院发布通缉令。

D项,《刑事诉讼法》及《人民检察院刑事诉讼法规则(试行)》中没有检察机关发布协查通报的相关规定。D错误。

综上所述,本题答案为B。

参考答案:①B

甲省乙市检察院决定逮捕受贿案的犯罪嫌疑人田某，但田某已潜逃至甲省丙市。关于对田某的通缉，下列哪一选项是正确的？（2010－2－28，单选）

A. 甲省乙市检察院可以决定通缉　　B. 甲省丙市检察院可以发布通缉令

C. 甲省检察院可以决定通缉　　D. 甲省检察院可以发布通缉令

答案（　　　）①

【考点提示】本题考查侦查行为中的通缉。

【解析】AC项，《人民检察院刑事诉讼法规则（试行）》第269条规定："各级人民检察院需要在本辖区内通缉犯罪嫌疑人的，可以直接决定通缉；需要在本辖区外通缉犯罪嫌疑人的，由有决定权的上级人民检察院决定。"

在本题中，田某已逃至甲省丙市，超出乙市检察院的辖区，应当由有权决定的上级人民检察院即甲省检察院决定通缉，所以C正确，A错误。

BD项，《刑事诉讼法》第153条第1款规定："应当逮捕的犯罪嫌疑人如果在逃，公安机关可以发布通缉令，采取有效措施，追捕归案。"

《人民检察院刑事诉讼法规则（试行）》第268条规定："人民检察院侦查直接受理的案件，应当逮捕的犯罪嫌疑人如果在逃，或者已被逮捕的犯罪嫌疑人脱逃的，经检察长批准，可以通缉。"

可见，检察院有权作出通缉决定，而通缉令应由公安机关发布。所以BD错误。

综上所述，本题答案为C。

关于司法鉴定，下列哪些选项是正确的？（2010－2－67，多选）

A. 某鉴定机构的三名鉴定人共同对某杀人案进行法医类鉴定，这三名鉴定人依照诉讼法律规定实行回避

B. 某鉴定机构的鉴定人钱某对某盗窃案进行了声像资料鉴定，该司法鉴定应由钱某负责

C. 当事人对鉴定人胡某的鉴定意见有异议，经法院通知，胡某应当出庭作证

D. 鉴定人刘某、廖某、徐某共同对被告人的精神状况进行了鉴定，刘某和廖某意见一致，但徐某有不同意见，应当按照刘某和廖某的意见作出结论

答案（　　　）②

【考点提示】本题综合考查鉴定人、鉴定意见及鉴定人出庭，要求考生综合掌握与鉴定人、鉴定意见相关的法律规定。

【解析】A项，《刑事诉讼法》第31条第1款规定，回避适用于书记员、翻译人员和鉴定人。可知，鉴定人员应当依照有关法律实行回避，所以A正确。

B项，全国人大常委会《关于司法鉴定管理问题的决定》第10条规定，"司法鉴定实行鉴定人负责制度。鉴定人应当独立进行鉴定，对鉴定意见负责并在鉴定书上签名或者盖章"。可见，B正确。

C项，《刑事诉讼法》第187条第3款规定："公诉人、当事人或者辩护人、诉讼代理人对鉴定意见有异议，人民法院认为鉴定人有必要出庭的，鉴定人应当出庭作证。经人民法院通知，鉴定人拒不出庭作证的，鉴定意见不得作为定案的根据。"

可知，C项中，胡某应当出庭作证。C正确。

D项，《人民检察院刑事诉讼法规则（试行）》第250条第2款规定："多个鉴定人意见有分歧的，应当在鉴定意见上写明分歧的内容和理由，并且分别签名或者盖章。"可见，D项中三个鉴定人有不同意

参考答案：①C　②ABC

见时，不能按照一部分人的意见做出，而是每个人的意见都要写上。D 错误。

综上所述，本题答案为 ABC。另外注意，"鉴定结论"这一概念已不存在，取而代之的是"鉴定意见"，因为鉴定人不可以对案件作出定性式的"结论"，只能提出自己的意见，是否采纳由法庭决定。

在一起聚众斗殴案件发生时，证人甲乙丙丁四人在现场目睹事实经过，侦查人员对上述四名证人进行询问。关于询问证人的程序和方式，下列哪一选项是错误的？（2013－2－30，单选）

A. 在现场立即询问证人甲

B. 传唤证人乙到公安机关提供证言

C. 到证人丙租住的房屋询问证人丙

D. 到证人丁提出的其工作单位附近的快餐厅询问证人丁

答案（　　　）①

【考点提示】 本题考查侦查行为中询问证人的程序。关于询问证人的地点，与 1996 年《刑事诉讼法》相比，2012 年修正，2013 年生效的《刑事诉讼法》新增了两个地点：现场与证人提出的地点。

【解析】《刑事诉讼法》第 122 条规定："侦查人员询问证人，可以在现场进行，也可以到证人所在单位、住处或者证人提出的地点进行，在必要的时候，可以通知证人到人民检察院或者公安机关提供证言。在现场询问证人，应当出示工作证件，到证人所在单位、住处或者证人提出的地点询问证人，应当出示人民检察院或者公安机关的证明文件。询问证人应当个别进行。"

可见，A 项，在现场询问证人甲符合上述法条的规定。A 正确。

B 项，请考生把握刑事诉讼中的传唤。传唤是指人民法院、人民检察院和公安机关使用传票通知犯罪嫌疑人、被告人等人在指定的时间自行到指定的地点接受问询的制度。传唤和拘传的目的一样，都是要求犯罪嫌疑人、被告人在指定的时间到指定的地点接受讯问，但也有区别。首先，方式不同。传唤是让犯罪嫌疑人、被告人自动到案，而拘传则是对犯罪嫌疑人、被告人强制到案。其次，性质不同。传唤不是强制措施，但拘传是强制措施。再次，对象不同。传唤除了适用于犯罪嫌疑人、被告人，还可以适用于自诉人、被害人等当事人，但拘传只适用于犯罪嫌疑人、被告人。最后，是否需要证明不同。拘传必须持有拘传证或者拘传票方可执行，传唤则可以口头进行。

可见，对证人只能是"通知"作证，而不能"传唤"作证。B 错误。

C 项，到丙租住的房屋询问证人属于证人的住处。C 正确。

D 项，证人丁所提出的工作单位的快餐厅属于证人提出的地点。D 正确。

综上所述，本题选 B。

李某（女）家住甲市，系该市某国有公司会计，涉嫌贪污公款 500 余万元，被甲市检察院立案侦查后提起公诉，甲市中级法院受理该案后，李某脱逃，下落不明。关于李某脱逃前的诉讼程序，下列选项正确的是：（2015－2－92，不定项）

A. 是否逮捕李某，应由甲市检察院的上一级检察院审查决定

B. 李某符合逮捕条件，但因其有孕在身，可对其适用指定居所监视居住

C. 李某委托的律师在侦查阶段会见李某，需经侦查机关许可

D. 侦查人员每次讯问李某时，应对讯问过程实行全程录音、录像

答案（　　　）②

【考点】 本题综合考查逮捕程序、侦查行为。

参考答案：①B　②AD

【解析】A 项，根据《人民检察院刑事诉讼法规则（试行）》第 327 条的规定，“省级以下（不含省级）人民检察院直接受理立案侦查的案件，需要逮捕犯罪嫌疑人的，应当报请上一级人民检察院审查决定”。本题中，李某由市检察院立案侦查，是否逮捕李某，应由甲市检察院的上一级检察院审查决定。A 正确。

B 项，根据《刑事诉讼法》第 73 条的规定，关于监视居住的地点：

（1）监视居住应当在犯罪嫌疑人、被告人的住处执行；无固定住处的，可以在指定的居所执行。

（2）对于涉嫌危害国家安全犯罪、恐怖活动犯罪、特别重大贿赂犯罪，在住处执行可能有碍侦查的，经上一级人民检察院或者公安机关批准，也可以在指定的居所执行。

可见，怀孕并非适用指定居所监视居住的条件，B 错误。

C 项，危害国家安全犯罪、恐怖活动犯罪、特别重大贿赂犯罪案件，律师会见前需要经过侦查机关许可。可见，没有本题中李某涉及的贪污罪，李某委托的律师在侦查阶段会见李某，无需经侦查机关许可。C 错误。

D 项，根据《人民检察院刑事诉讼法规则（试行）》第 201 条的规定，“人民检察院立案侦查职务犯罪案件，在每次讯问犯罪嫌疑人的时候，应当对讯问过程实行全程录音、录像，并在讯问笔录中注明”。可见，D 正确。

综上所述，本题应当选 AD。

甲、乙（户籍地均为 M 省 A 市）共同运营一条登记注册于 A 市的远洋渔船。某次在公海捕鱼时，甲乙二人共谋杀害了与他们素有嫌隙的水手丙。该船回国后首泊于 M 省 B 市港口以作休整，然后再航行至 A 市。从 B 市起航后，在途经 M 省 C 市航行至 A 市过程中，甲因害怕乙投案自首一直将乙捆绑拘禁于船舱。该船于 A 市靠岸后案发。本案公安机关开展侦查。关于侦查措施，下列选项正确的是：（2016－2－94，不定项）

A. 讯问甲的过程应当同步录音或录像

B. 可在讯问乙的过程中一并收集乙作为非法拘禁案的被害人的陈述

C. 在该船只上进行犯罪现场勘查时，应邀请见证人在场

D. 可查封该船只进一步收集证据

答案（　　）①

【考点提示】本题综合考查讯问、勘验、检查、查封措施。

【解析】A 项，《刑事诉讼法》第 121 条规定：“侦查人员在讯问犯罪嫌疑人的时候，可以对讯问过程进行录音或者录像；对于可能判处无期徒刑、死刑的案件或者其他重大犯罪案件，应当对讯问过程进行录音或者录像。”本案中甲涉嫌故意杀人罪和非法拘禁罪，有可能被判处无期徒刑、死刑，应当对讯问过程进行录音或者录像。所以 A 正确。

B 项，法律没有明确规定，从诉讼原理上讲，乙是故意杀人案中的犯罪嫌疑人，同时乙又是非法拘禁案中的被害人。这属于两个不同的案件。侦查人员对于这两个案件虽然可以并案侦查，但在具体办案过程中，应当逐案办理。不应当在办理故意杀人案时收集非法拘禁案的证据。B 错误。

C 项，《公安机关办理刑事案件程序规定》第 210 条规定：“公安机关对案件现场进行勘查不得少于二人。勘查现场时，应当邀请与案件无关的公民作为见证人。”显然，C 正确。

D 项，《刑事诉讼法》第 139 条规定：“在侦查活动中发现的可用以证明犯罪嫌疑人有罪或者无罪的

参考答案：①ACD

各种财物、文件,应当查封、扣押。”显然,D 正确。

综上所述,本题应当选 ACD。

考点3 侦查终结

关于侦查程序中的辩护权保障和情况告知,下列哪一选项是正确的?(2012-2-39,单选)

A. 辩护律师提出要求的,侦查机关可以听取辩护律师的意见,并记录在案

B. 辩护律师提出书面意见的,可以附卷

C. 侦查终结移送审查起诉时,将案件移送情况告知犯罪嫌疑人或者其辩护律师

D. 侦查终结移送审查起诉时,将案件移送情况告知犯罪嫌疑人及其辩护律师

答案(　　)①

【考点提示】本题考查侦查终结前侦查机关应当进行的程序。2012 年国家司法考试第一次考查现行《刑事诉讼法》,这几个选项涉及的考点是 1996 年《刑事诉讼法》中没有,2012 年修正,2013 年生效的《刑事诉讼法》新增的法律规定。

【解析】AB 项,《刑事诉讼法》第 159 条规定:“在案件侦查终结前,辩护律师提出要求的,侦查机关应当听取辩护律师的意见,并记录在案。辩护律师提出书面意见的,应当附卷。”

可见,辩护律师提出要求的,侦查机关“应当”而非“可以”听取辩护律师的意见。A 错误。对于辩护律师提出的书面意见“应当”而非“可以”附卷。B 错误。

CD 项,《刑事诉讼法》第 160 条规定:“公安机关侦查终结的案件,应当做到犯罪事实清楚,证据确实、充分,并且写出起诉意见书,连同案卷材料、证据一并移送同级人民检察院审查决定;同时将案件移送情况告知犯罪嫌疑人及其辩护律师。”

可见,侦查终结移送审查起诉时,应当将案件移送情况告知犯罪嫌疑人“及其”辩护律师,“或者”错误。因此,D 正确,C 错误。

综上所述,故本题答案为 D。

考点4 补充侦查

关于补充侦查,下列哪些选项是正确的?(2015-2-70,多选)

A. 审查批捕阶段,只有不批准逮捕的,才能通知公安机关补充侦查

B. 审查起诉阶段的补充侦查以两次为限

C. 审判阶段检察院应自行侦查,不得退回公安机关补充侦查

D. 审判阶段法院不得建议检察院补充侦查

答案(　　)②

【考点提示】本题综合考查不同诉讼阶段的补充侦查程序。补充侦查属于重要考点,请考生重点掌握。

参考答案:①D　②ABC

【解析】 A 项，根据《刑事诉讼法》第 88 条的规定，在审查批捕阶段，对于不批准逮捕的，人民检察院应当说明理由，需要补充侦查的，应当同时通知公安机关。可见，确实只有不批准逮捕的，才能通知公安机关补充侦查。A 正确。

B 项，审查起诉阶段和审判阶段的补充侦查，都以两次为限。B 正确。

C 项，根据《人民检察院刑事诉讼法规则(试行)》第 457 条的规定，对于法庭审理阶段的补充侦查，人民检察院应当自行收集证据和进行侦查，必要时可以要求侦查机关提供协助；也可以书面要求侦查机关补充提供证据。可见，审判阶段检察院应自行侦查，不得退回公安机关补充侦查。C 正确。

D 项，《最高人民法院关于适用〈中华人民共和国刑事诉讼法〉的解释》第 226 条第 2 款规定："审判期间，被告人提出新的立功线索的，人民法院可以建议人民检察院补充侦查。"可见，D 说"审判阶段法院不得建议检察院补充侦查"错误。

综上所述，本题应当选 ABC。

考点 5　侦查监督

关于检察院侦查监督，下列哪些选项是正确的？(2010－2－69，多选)

A. 发现侦查人员杨某和耿某以欺骗的方法收集犯罪嫌疑人供述，立即提出纠正意见，同时要求侦查机关另行指派除杨某和耿某以外的侦查人员重新调查取证

B. 发现侦查人员伍某等人以引诱的方法收集犯罪嫌疑人供述，只能要求侦查机关重新取证，不能自行取证

C. 发现侦查人员邵某有刑讯逼供行为，且导致犯罪嫌疑人重伤，应当立案侦查

D. 甲县检察院可派员参加甲县公安局对于重大案件的讨论，无权参与甲县公安局的其他侦查活动

答案(　　　)①

【考点提示】 本题综合考查侦查监督程序。检察机关是国家的法律监督机关，依法行使法律监督职权，检察院的法律监督职权贯穿于立案、侦查、起诉、审判和执行各个诉讼阶段，侦查阶段概莫能外。

【解析】 AB 项，《人民检察院刑事诉讼法规则(试行)》第 379 条规定："人民检察院公诉部门在审查中发现侦查人员以非法方法收集犯罪嫌疑人供述、被害人陈述、证人证言等证据材料的，应当依法排除非法证据并提出纠正意见，同时可以要求侦查机关另行指派侦查人员重新调查取证，必要时人民检察院也可以自行调查取证。"

《刑事诉讼法》第 50 条规定："审判人员、检察人员、侦查人员必须依照法定程序，收集能够证实犯罪嫌疑人、被告人有罪或者无罪、犯罪情节轻重的各种证据。严禁刑讯逼供和以威胁、引诱、欺骗以及其他非法方法收集证据，不得强迫任何人证实自己有罪。必须保证一切与案件有关或者了解案情的公民，有客观地充分地提供证据的条件，除特殊情况外，可以吸收他们协助调查。"

可见，本题中涉及的引诱、欺骗等方法属于非法取证方法，检察人员发现侦查人员以非法方法收集犯罪嫌疑人供述，既有权提出纠正意见并要求侦查机关另行指派侦查人员重新调查取证，也有权自行取证。故，A 正确，B 错误。

参考答案：①AC

C项,《人民检察院刑事诉讼法规则(试行)》第566条规定:“人民检察院发现公安机关侦查活动中的违法行为,对于情节较轻的,可以由检察人员以口头方式向侦查人员或者公安机关负责人提出纠正意见,并及时向本部门负责人汇报;必要的时候,由部门负责人提出。对于情节较重的违法情形,应当报请检察长批准后,向公安机关发出纠正违法通知书。构成犯罪的,移送有关部门依法追究刑事责任。”可见,发现侦查人员邵某有刑讯逼供行为,且导致犯罪嫌疑人重伤,应当立案侦查。C正确。

D项,《人民检察院刑事诉讼法规则(试行)》第567条规定:“人民检察院根据需要可以派员参加公安机关对于重大案件的讨论和其他侦查活动,发现违法行为,情节较轻的可以口头纠正,情节较重的应当报请检察长批准后,向公安机关发出纠正违法通知书。”

可见,甲县检察院不仅可派员参加甲县公安局对于重大案件的讨论,而且可以参与甲县公安局的其他侦查活动。D错误。

综上所述,本题答案为AC。

考题拓展

关于勘验、检查,下列哪些说法是正确的?(2008-2-73,多选)

A. 侦查人员执行勘验、检查,必须持有检察院或者公安机关的证明文件

B. 为了发现犯罪的证据,如果犯罪嫌疑人、被害人拒绝检查的,可以强制检查

C. 在必要的时候,可以指派或者聘请具有专门知识的人,在侦查人员的主持下进行勘验、检查

D. 勘验和检查的对象是相同的

答案(　　　)①

【解析】《刑事诉讼法》第128条规定:“侦查人员执行勘验、检查,必须持有人民检察院或者公安机关的证明文件。”A正确。

《刑事诉讼法》第130条第2款规定:“犯罪嫌疑人如果拒绝检查,侦查人员认为必要的时候,可以强制检查。”可见,对犯罪嫌疑人可以强制,但对于被害人,没有法律规定可以强制。B错误。

《刑事诉讼法》第126条规定:“侦查人员对于与犯罪有关的场所、物品、人身、尸体应当进行勘验或者检查。在必要的时候,可以指派或者聘请具有专门知识的人,在侦查人员的主持下进行勘验、检查。”C正确。

关于D,勘验针对的对象是死的,检查针对的对象是活的。D错误。

综上所述,本题应当选AC。

为确定强奸案被害人甲受到暴力伤害的情况,侦查人员拟对她进行人身检查。下列哪些选项是正确的?(2006-2-68,多选)

A. 如果甲拒绝检查,可以对她进行强制检查

B. 如果甲拒绝检查,不得对她进行强制检查

C. 如果甲同意检查,可以由医师进行检查

D. 如果甲同意检查,可以由女工作人员进行检查

答案(　　　)②

【解析】对被害人不可以强制检查身体,故,A错误,B正确。

检查妇女身体应当由女性工作人员或者医师进行,其中,工作人员必须是女性,医师男女不限。故,CD正确。

参考答案:①AC　②BCD

综上所述,本题应当选 BCD。

张某因涉嫌放火罪被批准逮捕。公安机关在侦查过程中,发现张某另有抢劫罪的重大嫌疑,决定依照刑事诉讼法的规定重新计算羁押期限。关于重新计算羁押期限,下列哪一选项是正确的?（2007－2－30,单选）

A. 报同级检察院批准

B. 报同级检察院备案

C. 报上一级公安机关批准

D. 报上一级公安机关备案

答案(　　　)①

【解析】《公安机关办理刑事案件程序规定》第 147 条第 1 款规定:“在侦查期间,发现犯罪嫌疑人另有重要罪行的,应当……重新计算侦查羁押期限……并报批准逮捕的人民检察院备案。”

可见,公安机关重新计算侦查羁押期限的,不需要经人民检察院批准,但应当报人民检察院备案,人民检察院可以进行监督。本题应当选 B。

黄某住甲市 A 区,因涉嫌诈骗罪被甲市检察院批准逮捕。由于案情复杂,期限届满侦查不能终结,侦查机关报请有关检察机关批准延长一个月。其后,由于该案重大复杂,涉及面广,取证困难,侦查机关报请有关检察机关批准后,又延长了二个月。但是,延长二个月后,仍不能侦查终结,且根据已查明的犯罪事实,对黄某可能判处无期徒刑,侦查机关第三次报请检察院批准再延长二个月。在报请延长手续问题上,下列哪一选项是错误的?（2006－2－33,单选）

A. 第一次延长,须经甲市检察院批准

B. 第二次延长,须经甲市检察院的上一级检察院批准

C. 第二次延长,须经甲市所属的省检察院批准

D. 第三次延长,须经甲市所属的省检察院批准

答案(　　　)②

【解析】 侦查羁押期限的延长规则:

一般情况2 个月。

第一次延长:2 个月不能终结,报上一级检察院,延长1 个月。

第二次延长:3 个月不能终结,交集流广、重大复杂(1. 交通十分不便的边远地区的重大复杂案件;2. 重大的犯罪集团案件;3. 流窜作案的重大复杂案件;4. 犯罪涉及面广,取证困难的重大复杂案件。),报省级检察院,延长2 个月。

第三次延长:5 个月不能终结,可能判10 年以上,报省级检察院,延长2 个月,达到 7 个月。

本题中,甲市检察院批捕,第一次延长应当报上一级即省级检察院批准。第二次、第三次延长都需要省级检察院批准。也就是说,本案中,第一、二、三次延长,都需要省级检察院批准。因此,只能选 A。

甲因抢劫被某县公安机关依法逮捕,在侦查期间,甲不讲真实姓名、住址,身份不明。对于该案件,公安机关应当如何处理?（2004－2－63,多选）

A. 侦查羁押期间自查清甲真实身份之日起计算

B. 在查清甲真实身份以前,不允许其聘请律师为他提供法律帮助

C. 在查清甲真实身份以前,中止侦查活动

参考答案:①B　②A

D. 如果犯罪事实清楚，证据确实、充分，可以按甲自报姓名移送县人民检察院审查起诉

答案（　　）①

【解析】犯罪嫌疑人不讲真实姓名、住址，身份不明的，应当对其身份进行调查，侦查羁押期限自查清其身份之日起计算，但是不得停止对其犯罪行为的侦查取证。故，A 正确，C 错误。

对于犯罪事实清楚，证据确实、充分，确实无法查明其身份的，也可以按其自报的姓名起诉、审判。故，D 正确。

关于 B，是否查清身份与程序进展有关，但与犯罪嫌疑人辩护权无关，其仍然可以聘请律师提供法律帮助。B 错误。

综上所述，本题应当选 AD。

参考答案：①AD

专题十三　起　　诉

点评：

案件经过立案、侦查，下一步即为起诉。起诉专题是历年司考刑事诉讼法的重要考查点，每年必考，分值不少，需要考生认真学习。

起诉可以分为提起公诉和提起自诉，其中，公诉是考试重点。在公诉制度中，需要考生重点学习公诉理论，审查起诉、提起公诉和不起诉。

考点1　公诉理论

只要有足够证据证明犯罪嫌疑人构成犯罪，检察机关就必须提起公诉。关于这一制度的法理基础，下列哪一选项是正确的？（2013－2－36，单选）

A. 起诉便宜主义　　B. 起诉法定主义

C. 公诉垄断主义　　D. 私人诉追主义

答案（　　）①

【考点提示】 本题考查公诉理论，需要考生掌握公诉独占主义与公诉兼自诉主义，起诉法定主义与起诉便宜主义的概念和区别。

【解析】 知识介绍：

人类社会最早的起诉方式是自诉。随着社会的发展，统治者意识到犯罪行为从根本上危害了国家和社会利益。国家开始设立专门的机构和官员来承担起诉职能，刑事公诉制度逐步形成。

现代公诉主要分为两种类型：一是刑事公诉独占主义。也就是说，刑事起诉权被国家垄断，排除被害人自诉；二是刑事公诉兼自诉。也就是说，较严重犯罪案件的起诉权由检察机关代表国家行使，少数轻微案件允许公民自诉。

对于符合起诉条件的刑事公诉案件是否必须向法院起诉，也有两种原则：一是起诉法定主义或称起诉合法主义。也就是说，只要被告人的行为符合法定起诉条件，公诉机关不享有自由裁量权，必须起诉，而不论具体情节；二是起诉便宜主义或称起诉合理主义。也就是说，被告人的行为在具备起诉条件时，是否起诉，由检察官根据被告人及其具体情况以及刑事政策等因素自由裁量。现代刑事诉讼普遍强调起诉法定主义与起诉便宜主义二元并存、相互补充的起诉原则。

我国实行公诉为主，自诉为辅的犯罪追诉机制。在起诉原则上，我国采用以起诉法定主义为主，兼采起诉便宜主义，检察官的裁量权受到严格限制。

参考答案：①B

本题解析：

本题中，“只要有足够证据证明犯罪嫌疑人构成犯罪，检察机关就必须提起公诉”属于起诉法定主义。B 正确，ACD 错误。

综上所述，本题选 B。

关于我国刑事起诉制度，下列哪些选项是正确的？（2010 -2 -70，多选）

A. 实行公诉为主、自诉为辅的犯罪追诉机制

B. 公诉为主表明公诉机关可主动干预自诉

C. 实行的起诉原则为起诉法定主义为主，兼采起诉便宜主义

D. 起诉法定为主要求凡构成犯罪的必须起诉

答案（　　）①

【考点提示】本题考查公诉理论。本题的陷阱选项在 D 项，属于用“为主”这个词来迷惑考生的文字游戏。这种题目提醒考生，一方面要学好基本知识，另一方面还要警惕题目中出现的陷阱。

【解析】根据上一题（2013 -2 -36，单选）的“知识介绍”可知，AC 正确。

B 项，公诉有公诉的条件，自诉有自诉的条件，公诉为主只说明在我国公诉案件居多，但不说明公诉案件可以干预或者影响自诉案件。B 错误。

D 项，起诉法定要求凡构成犯罪的必须起诉，但起诉法定“为主”则要求起诉便宜为辅。D 错误。

综上所述，AC 正确。

考点2　审查起诉

检察院在审查起诉时，下列哪一处理方式是正确的？（2010 -2 -32，单选）

A. 审查公安机关移送起诉的投毒案，发现犯罪嫌疑人周某根本没有作案时间，遂书面说明理由将案卷退回公安机关并建议公安机关重新侦查

B. 审查吴某、郑某共同抢劫案的过程中，吴某在押但郑某潜逃，遂全案中止审查起诉

C. 甲县公安局将蔡某抢劫案移送甲县检察院审查起诉，甲县检察院审查认为蔡某可能会被判处死刑，遂将案件退回

D. 甲县检察院受理移送起诉的谭某诈骗案，认为应当由谭某居住地的乙县检察院起诉，遂将案卷材料移送乙县检察院审查起诉，但未通知甲县公安局

答案（　　）②

【考点提示】本题考查检察院审查起诉的程序。本题虽然无答案，但本题涉及的知识点很重要，需要考生掌握。

【解析】A 项，《刑事诉讼法》第 173 条规定：“犯罪嫌疑人没有犯罪事实，或者有本法第十五条规定的情形之一的，人民检察院应当作出不起诉决定。”可见，周某没有作案时间等于周某没有犯罪事实，检察院应该作出不起诉的决定。A 错误。

B 项，《人民检察院刑事诉讼法规则（试行）》第 154 条第 3 款规定：“……共同犯罪的部分犯罪嫌疑人在逃的，对在案的犯罪嫌疑人的审查起诉应当照常进行。”可见，B 错误。

参考答案：①AC　②根据现行法律无答案

C 项,《人民检察院刑事诉讼法规则(试行)》第 362 条第 1 款规定:“各级人民检察院提起公诉,应当与人民法院审判管辖相适应。公诉部门收到移送审查起诉的案件后,经审查认为不属于本院管辖的,应当在五日以内经由案件管理部门移送有管辖权的人民检察院。”可见,检察院如果发现案件不属于基层法院审判,应当将案件移送有管辖权法院的同级检察院审查起诉,而非退回公安处理。C 错误。

D 项,《人民检察院刑事诉讼法规则(试行)》第 362 条第 2 款规定:“认为属于上级人民法院管辖的第一审案件的,应当报送上一级人民检察院,同时通知移送审查起诉的公安机关;认为属于同级其他人民法院管辖的第一审案件的,应当移送有管辖权的人民检察院或者报送共同的上级人民检察院指定管辖,同时通知移送审查起诉的公安机关。”可见,未通知甲县公安局是错误的,D 错误。

综上所述,本题 ABCD 均错误,无答案。

高某涉嫌抢劫犯罪,公安机关经二次补充侦查后将案件移送检察机关,检察机关审查发现高某可能还实施了另一起盗窃犯罪。检察机关关于此案的处理,下列哪一选项是正确的?(2013－2－25,单选)

A. 再次退回公安机关补充侦查,并要求在一个月内补充侦查完毕

B. 要求公安机关收集并提供新发现的盗窃犯罪的证据材料

C. 对新发现的盗窃犯罪自行侦查,并要求公安机关提供协助

D. 将新发现的盗窃犯罪移送公安机关另行立案侦查,对已经查清的抢劫犯罪提起公诉

答案(　　　)①

【考点提示】本题考查检察院的审查起诉程序。

【解析】《人民检察院刑事诉讼法规则(试行)》第 384 条规定:“人民检察院对已经退回侦查机关二次补充侦查的案件,在审查起诉中又发现新的犯罪事实的,应当移送侦查机关立案侦查;对已经查清的犯罪事实,应当依法提起公诉。”

本题中,检察机关审查发现高某可能还实施了另一起盗窃犯罪,属于“发现新的犯罪事实”,应当移送侦查机关立案侦查,抢劫罪若已查清,应当依法提起公诉。D 正确,ABC 错误。

综上所述,本题选 D。

关于检察院审查起诉,下列哪一选项是正确的?(2009－2－29,单选)

A. 认为需要对公安机关的勘验、检查进行复验、复查的,可以自行复验、复查

B. 发现侦查人员以非法方法收集证据的,应当自行调查取证

C. 对已经退回公安机关二次补充侦查的案件,在审查起诉中又发现新的犯罪事实的,应当将已侦查的案件和新发现的犯罪一并移送公安机关立案侦查

D. 共同犯罪中部分犯罪嫌疑人潜逃的,应当中止对全案的审查,待潜逃犯罪嫌疑人归案后重新开始审查起诉

答案(　　　)②

【考点提示】本题考查检察院审查起诉的程序。

【解析】A 项,《人民检察院刑事诉讼法规则(试行)》第 369 条规定:“人民检察院审查案件的时候,对公安机关的勘验、检查,认为需要复验、复查的,应当要求公安机关复验、复查,人民检察院可以派员参加;也可以自行复验、复查,商请公安机关派员参加,必要时也可以聘请专门技术人员参加。”所以,A 正确。

B 项,《人民检察院刑事诉讼法规则(试行)》第 379 条规定:“人民检察院审查起诉部门在审查中发

参考答案:①D　②A

现侦查人员以非法方法收集犯罪嫌疑人供述、被害人陈述、证人证言等证据材料的，应当依法排除非法证据并提出纠正意见，同时应当要求侦查机关另行指派侦查人员重新调查取证，必要时人民检察院也可以自行调查取证。”可见，发现侦查人员以非法方法收集证据的，除了可以自行调查取证外，还可以要求侦查机关另行指派侦查人员重新调查取证。B错误。

C项，《人民检察院刑事诉讼法规则（试行）》第384条规定：“人民检察院对已经退回公安机关二次补充侦查的案件，在审查起诉中又发现新的犯罪事实，应当移送公安机关立案侦查；对已经查清的犯罪事实，应当依法提起公诉。”因此，C中“应当将已侦查的案件和新发现的犯罪一并移送公安机关立案侦查”错误。

D项，《人民检察院刑事诉讼法规则（试行）》第154条第3款规定：“共同犯罪中的部分犯罪嫌疑人潜逃的，对在案犯罪嫌疑人的审查起诉应当照常进行。”因此，D中“应当中止对全案的审查，待潜逃犯罪嫌疑人归案后重新开始审查起诉”错误。

综上所述，本题答案为A项。

甲、乙共同实施抢劫，该案经两次退回补充侦查后，检察院发现甲在两年前曾实施诈骗犯罪。关于本案，下列哪一选项是正确的？（2016－2－35，单选）

A. 应将全案退回公安机关依法处理

B. 对新发现的犯罪自行侦查，查清犯罪事实后一并提起公诉

C. 将新发现的犯罪移送公安机关侦查，待公安机关查明事实移送审查起诉后一并提起公诉

D. 将新发现的犯罪移送公安机关立案侦查，对已查清的犯罪事实提起公诉

答案（　　）①

【考点提示】本题考查审查起诉，较为简单。

【解析】《人民检察院刑事诉讼法规则（试行）》第384条规定：“人民检察院对已经退回侦查机关二次补充侦查的案件，在审查起诉中又发现新的犯罪事实的，应当移送侦查机关立案侦查；对已经查清的犯罪事实，应当依法提起公诉。”

可见，本案中，检察院对于新发现的诈骗罪，应当移送公安机关立案侦查，对已经查清的犯罪事实，应当依法提起公诉。D正确。

综上所述，本题应当选D。

考点3　不起诉

被害人对于检察院作出不起诉决定不服而在7日内提出申诉时，下列哪一说法是正确的？（2011－2－31，单选）

A. 由作出决定的检察院受理被害人的申诉

B. 由与作出决定的检察院相对应的法院受理被害人的申诉

C. 被害人提出申诉同时又向法院起诉的，法院应裁定驳回起诉

D. 被害人提出申诉后又撤回的，仍可向法院起诉

答案（　　）②

【考点提示】本题考查不起诉制度中被害人对不起诉决定不服的救济程序。需要考生重点掌

参考答案：①D　②D

握被害人与被酌定不起诉人对不起诉决定不服进行救济的不同。前者是在收到不起诉决定书7日内向上一级检察院申诉或者提起自诉，后者是在收到不起诉决定书7日内向作出不起诉决定的检察院申诉。

【解析】AB项，《刑事诉讼法》第176条规定，“对于有被害人的案件，决定不起诉的，人民检察院应当将不起诉决定书送达被害人。被害人如果不服，可以自收到决定书后七日以内向上一级人民检察院申诉，请求提起公诉。”

可见，被害人申诉应该向上一级检察院申诉，AB错误。

CD项，《刑事诉讼法》第176条规定还规定，“对人民检察院维持不起诉决定的，被害人可以向人民法院起诉。被害人也可以不经申诉，直接向人民法院起诉。人民法院受理案件后，人民检察院应当将有关案件材料移送人民法院。”

可见，被害人既可以向检察院申诉，也可以不经申诉直接向人民法院起诉。申诉与自诉之间没有前后顺序问题。故，D正确，C错误。

综上所述，本题答案为D。

检察院对孙某敲诈勒索案审查起诉后认为，作为此案关键证据的孙某口供系刑讯所获，依法应予排除。在排除该口供后，其他证据显然不足以支持起诉，因而作出不起诉决定。关于该案处理，下列哪一选项是错误的？（2014－2－35，单选）

A. 检察院的不起诉属于存疑不起诉

B. 检察院未经退回补充侦查即作出不起诉决定违反《刑事诉讼法》的规定

C. 检察院排除刑讯获得的口供，体现了法律监督机关的属性

D. 检察院不起诉后，又发现新的证据，符合起诉条件时，可提起公诉

答案（　　）①

【考点提示】本题综合考查不起诉的程序。需要考生注意，存疑不诉可以有两种情况，一种是侦查机关收集的证据不足，经过两次补充侦查之后如果仍然证据不足，应当不起诉。另一种是侦查机关收集的证据充足，但存在非法证据，检察院依法排除后导致案件证据不足，检察院既可以将案件退回公安补充侦查，也可以作出不起诉决定。对于前者不起诉，必须以补充侦查为前提。对于后者不起诉，不需要必须进行补充侦查。

【解析】A项，不起诉制度分为三种不起诉：法定不起诉、酌定不起诉和证据不足不起诉（存疑不诉）。检察机关由于排除非法证据后导致案件证据不足而不起诉显然属于存疑不诉。A正确。

B项，《刑事诉讼法》第171条规定第4款规定：“对于二次补充侦查的案件，人民检察院仍然认为证据不足，不符合起诉条件的，应当作出不起诉的决定。”

《人民检察院刑事诉讼法规则（试行）》第67条规定：“人民检察院经审查发现存在刑事诉讼法第五十四条规定的非法取证行为，依法对该证据予以排除后，其他证据不能证明犯罪嫌疑人实施犯罪行为的，应当不批准或者决定逮捕，已经移送审查起诉的，可以将案件退回侦查机关补充侦查或者作出不起诉决定。”可见，对于存在排除非法证据的情形时，若证据不足，检察机关既可以退回侦查机关补充侦查，也可以直接作出不起诉决定。

可见，存疑不起诉可以被区分为“先天不足”和“后天不足”两种情形。

1.“先天不足”是指，侦查机关收集并移送给检察院审查起诉的证据本身就是不足的。因此必须进

参考答案：①B

行补充侦查。

补充侦查以2次为限，经过2次补充侦查后，检察院仍然认为证据不足的，应当不起诉，因为不可能再有第3次补充侦查了。

经过1次补充侦查后，检察院如果认为证据不足，可以不起诉，因为还可以第2次补充侦查。

2. "后天不足"是指，侦查机关收集并移送给检察院审查起诉的证据本身是足够的，但因为出现了非法证据，非法证据被检察院排除后才导致证据不足的。

这种情况下，检察院既可以将案件退回公安补充侦查，也可以作不起诉决定。换言之，不一定非要进行补充侦查。

本案的情形属于"后天不足"的情形，立法并没有规定必须以补充侦查为前提。因此，B错误。

C项，检察机关在审查逮捕和审查起诉过程中审查并排除非法证据，充分体现了检察机关对侦查行为的法律监督。C正确。

D项，《人民检察院刑事诉讼法规则（试行）》第405条规定："人民检察院根据刑事诉讼法第一百七十一条第四款规定决定不起诉的，在发现新的证据，符合起诉条件时，可以提起公诉。"可见，D正确。

综上所述，本题应当选B。

甲、乙、丙、丁四人涉嫌多次结伙盗窃，公安机关侦查终结移送审查起诉后，甲突然死亡。检察院审查后发现，甲和乙共同盗窃1次，数额未达刑事立案标准；乙和丙共同盗窃1次，数额刚达刑事立案标准；甲、丙、丁三人共同盗窃1次，数额巨大，但经两次退回公安机关补充侦查后仍证据不足；乙对其参与的2起盗窃有自首情节。关于本案，下列哪一选项是正确的？（2015－2－33，单选）

A. 对甲可作出酌定不起诉决定

B. 对乙可作出法定不起诉决定

C. 对丙应作出证据不足不起诉决定

D. 对丁应作出证据不足不起诉决定

答案（ ）①

【考点提示】本题考查对三大不起诉制度的具体掌握。

【解析】对于甲：1. 甲突然死亡——法定不起诉

2. 甲和乙共同盗窃1次，数额未达刑事立案标准——法定不起诉

3. 甲、丙、丁三人共同盗窃1次，数额巨大，但经两次退回公安机关补充侦查后仍证据不足——存疑不起诉（证据不足不起诉）

对于乙：1. 甲和乙共同盗窃1次，数额未达刑事立案标准——法定不起诉

2. 乙和丙共同盗窃1次，数额刚达刑事立案标准——酌定不起诉

3. 乙对其参与的2起盗窃有自首情节——酌定不起诉

对于丙：1. 乙和丙共同盗窃1次，数额刚达刑事立案标准——酌定不起诉

2. 甲、丙、丁三人共同盗窃1次，数额巨大，但经两次退回公安机关补充侦查后仍证据不足——存疑不起诉（证据不足不起诉）

对于丁：1. 甲、丙、丁三人共同盗窃1次，数额巨大，但经两次退回公安机关补充侦查后仍证据不足——存疑不起诉（证据不足不起诉）

可见，对甲不可以酌定不起诉，只能存疑不起诉。乙盗窃过2次，只有其中一次符合法定不起诉情

参考答案：①D

形,第二次盗窃属于存疑不诉,在这种情况下,不可以单独作出法定不起诉的决定。丙的二次盗窃行为分别可以作出酌定不起诉和存疑不起诉的决定,不能说应当作出存疑不诉的决定。丁属于存疑不诉条件,应当作出证据不足不起诉决定。

综上所述,本题应当选 D。

考题拓展

关于检察院审查起诉的期限,下列哪些说法是正确的?(2008-2-70,多选)

A. 改变管辖的,从改变后的检察院收到案件之日起计算

B. 改变管辖的,从原审查起诉的检察院移送案件之日起计算

C. 补充侦查的,从补充侦查完毕移送检察院后重新计算

D. 补充侦查的,从补充侦查完毕之日起重新计算

答案(　　　)①

【解析】 在审查起诉过程中,期限重新计算有两种情形:

1. 检察院审查起诉的案件,改变管辖的,从改变后的检察院收到案件之日起计算审查起诉期限。

2. 补充侦查完毕移送检察院后,检察院重新计算审查起诉期限。

可见,本题 AC 正确。

甲某系 H 县人民商场职工,因涉嫌盗窃犯罪被 H 县公安机关侦查终结移送县人民检察院审查起诉。H 县人民检察院经审查认为甲某的行为依照刑法规定不需要判处刑罚,于是决定不起诉。H 县人民检察院应当如何宣布和送达不起诉决定书?(2002-2-63,多选)

A. 不起诉决定书,应当公开宣布

B. 将不起诉决定书分别送达甲某和 H 县人民商场

C. 将不起诉决定书送达 H 县公安机关

D. 将不起诉决定书送达该盗窃案的被害人

答案(　　　)②

【解析】 不起诉决定书自公开宣布之日起生效。A 正确。

《人民检察院刑事诉讼法规则(试行)》第 413 条规定:“不起诉决定书应当送达被害人或者其近亲属及其诉讼代理人、被不起诉人及其辩护人以及被不起诉人的所在单位。送达时,应当告知被害人或者其近亲属及其诉讼代理人,如果对不起诉决定不服,可以自收到不起诉决定书后七日以内向上一级人民检察院申诉,也可以不经申诉,直接向人民法院起诉;告知被不起诉人,如果对不起诉决定不服,可以自收到不起诉决定书后七日以内向人民检察院申诉。”

第 414 条规定:“对于公安机关移送起诉的案件,人民检察院决定不起诉的,应当将不起诉决定书送达公安机关。”

可见,不起诉决定书应当送达给被不起诉人、所在单位、公安机关和被害人。BCD 正确。

综上所述,本题应当选 ABCD。

某看守所干警甲,因涉嫌虐待被监管人乙被立案侦查。在审查起诉期间,A 地基层检察院认为甲情节显著轻微,不构成犯罪,遂作不起诉处理。关于该决定,下列哪一选项是正确的?(2008-2-24,单选)

A. 公安机关有权申请复议复核

参考答案:①AC　②ABCD

B. 某甲有权向原决定检察院申诉

C. 某乙有权向上一级检察院申诉

D. 申诉后，上级检察院维持不起诉决定的，某乙可以向该地的中级法院提起自诉

答案（　　）①

【解析】A 项，虐待被监管人案件属于检察院立案侦查，谈不上公安机关不服。A 错误。

B 项，本案属于法定不起诉，某甲无权不服，只有酌定不起诉中才会涉及被不起诉人不服的情况。B 错误。

C 项，被害人有权向上一级检察院申诉。C 正确。

D 项，被害人对不起诉决定不服，可以选择申诉或者自诉，两者没有顺序限制。D 错误。

综上所述，本题应当选 C。

张某故意伤害案由公安机关侦查终结后移送人民检察院审查起诉。人民检察院审查后认为张某犯罪情节轻微，可以免除刑罚，决定不起诉。公安机关如果认为人民检察院的决定有错误，依法可以作出什么处理？（2002－2－22，单选）

A. 请求人民法院审查人民检察院的决定

B. 请求上一级公安机关移送人民检察院审查起诉

C. 提请上一级人民检察院复议

D. 要求作出决定的人民检察院复议，意见不被接受时向上一级人民检察院提请复核

答案（　　）②

【解析】公安机关对不起诉决定不服的，可以先向同级检察院申请复议，对处理结果不服的，可以向上一级检察院申请复核。故，本题只能选 D。

此外，请考生掌握对不起诉决定的救济。见下表：

不起诉的救济	公安机关不服： （1）复议，向同级检察院 （2）复核，向上一级检察院	1. 只能先复议而后复核，复议向同级，复核向上一级 2. 公安机关复议的，公诉部门应当另行指定检察人员进行审查并提出审查意见，经公诉部门负责人审核，报请检察长或者检察委员会决定。人民检察院应当在收到要求复议意见书后的 30 日以内作出复议决定，通知公安机关
	被害人不服：可以自收到决定书后7 日以内向上一级人民检察院申诉。对人民检察院维持不起诉决定的，被害人可以向人民法院起诉	被害人可以不经申诉，直接向人民法院起诉
	被酌定不诉人不服：可以自收到决定书后7 日以内向作出不起诉决定的人民检察院申诉	被法定不诉与存疑不诉的人不存在不服的情况，被酌定不诉人不服的原因是：该不起诉虽然不发生定罪效果，但却是以“犯罪情节”存在为前提，对被不起诉人来说“名声不好听”，带有否定评价

参考答案：①C　②D

甲、乙、丙因涉嫌绑架犯罪被逮捕。该案经人民检察院审查起诉，认为丙犯罪证据不足，不符合起诉条件，于是作出不起诉决定，该不起诉决定宣布后，发生哪些法律后果？（2002－2－64，多选）

A. 不起诉决定书立即发生法律效力

B. 应当立即释放丙

C. 不得因该案事实再次追究丙刑事责任

D. 该案被害人可以在法定期限内向上一级人民检察院申诉

答案（　　　）①

【解析】 AB项，《刑事诉讼法》第174条规定："不起诉的决定，应当公开宣布，并且将不起诉决定书送达被不起诉人和他的所在单位。如果被不起诉人在押，应当立即释放。"可见，AB正确。

C项，对于存疑不起诉，检察机关今后收集到足够证据了，还是可以起诉的。C错误。

D项，被害人可以在收到不起诉决定书之日起7日内向上一级人民检察院申诉。D正确。

综上所述，本题应当选ABD。

参考答案：①ABD

专题十四　刑事审判概述

点评：

刑事审判概述是进入具体审判程序学习之前对刑事审判的概念、原则和基本制度的综合阐述。本章地位重要，需要考生认真掌握刑事审判的特征、模式、审判原则、审级制度和审判组织。

考点1　审判特征

刑事审判具有亲历性特征。下列哪一选项不符合亲历性要求？（2014－2－36，单选）

A. 证人因路途遥远无法出庭，采用远程作证方式在庭审过程中作证

B. 首次开庭并对出庭证人的证言质证后，某合议庭成员因病无法参与审理，由另一人民陪审员担任合议庭成员继续审理并作出判决

C. 某案件独任审判员在公诉人和辩护人共同参与下对部分证据进行庭外调查核实

D. 第二审法院对决定不开庭审理的案件，通过讯问被告人，听取被害人、辩护人和诉讼代理人的意见进行审理

答案（　　）①

【考点提示】本题考查刑事审判特征中的亲历性。亲历即亲身经历，在审判活动中与直接言词原则的意思较为相近。

【解析】知识介绍：

亲历性，顾名思义，亲身经历性，指的是法官必须亲自参与办案、接触审查证据、向控辩双方发问。刑事诉讼中的法官的亲历性也可以被表述为直接言词原则和集中审理原则。

直接言词原则包括直接原则和言词原则两项原则，理论上合称为直接言词原则。

直接原则，是指法官必须与诉讼当事人和诉讼参与人直接接触，直接审查案件事实材料和证据。

言词原则，是指法庭审理须以口头陈述的方式进行。除非法律有特别规定，凡是未经口头调查之证据，不得作为定案的依据采纳。

我国《刑事诉讼法》没有明确规定直接言词原则，但第一审程序和第二审程序中关于证人、鉴定人出庭的规定，关于控辩双方和被害人当庭质证的规定，关于被告人有权进行最后陈述的规定等，都体现了审理的直接性和言词性原则。

集中审理原则是指，法院开庭审理案件，应在不更换审判人员的条件下连续进行，不得中断审理的

参考答案：①B

诉讼原则。集中审理原则的内容主要包括：

1. 一个案件组成一个审判庭进行审理。（不换庭）

2. 法庭成员不可更换。（不换人）

3. 集中证据调查与法庭辩论。（不中断）

4. 庭审不中断并迅速作出裁判。（不中断）

本题解析：

本题中，A 项，证人如果不出庭作证，会违背言词原则的要求，而通过网络远程作证，证人虽然人不用真正出庭，但相当于证人是出现在法庭上的，这样可以保障证人接受诉讼各方的询问，符合亲历性要求。A 正确。

B 项，某合议庭成员因病无法参与审理，这属于不可避免的客观情况。但由另一人民陪审员担任合议庭成员来替补生病但合议庭成员，需要庭审重新开始，因为该人民陪审员是半路介入，对之前但审理不具有亲历性，违背了集中审理原则。B 错误。

C 项，虽然法官是庭外调查，但却是在公诉人和辩护人共同参与下进行的，符合亲历性要求。C 正确。

D 项，虽然法官不开庭审理，但法官仍然讯问被告人，听取被害人、辩护人和诉讼代理人的意见，符合亲历性的要求。D 正确。

综上所述，本题应当选 B。

考点 2　审判原则

《刑事诉讼法》规定，未成年人犯罪的案件一律或一般不公开审理。关于该规定中未成年人“年龄”的理解，下列哪一选项是正确的？（2010－2－30，单选）

A. 张某被采取强制措施时十七岁，不应当公开审理

B. 李某在审理时十五岁，不应当公开审理

C. 钱某犯罪时十六岁，不应当公开审理

D. 赵某被立案时十八岁，不应当公开审理

答案（　　　）①

【考点提示】本题考查审判公开原则，需要注意，审判公开的例外是考试重点。

【解析】根据《刑事诉讼法》第 274 条的规定：“审判的时候被告人不满十八周岁的案件，不公开审理。但是，经未成年被告人及其法定代理人同意，未成年被告人所在学校和未成年人保护组织可以派代表到场。”可见，在审判时被告人不满 18 岁的，不公开审理。所以 B 正确，ACD 错误。

综上所述，本题正确答案为 B。

审判长在法庭审理过程中突发心脏病，无法继续参与审判，需在庭外另行指派其他审判人员参加审判。法院院长的下列哪一做法是正确的？（2011－2－32，单选）

A. 指派一名陪审员担任审判长重新审理

B. 指派一名审判员担任审判长继续审理

C. 指派一名陪审员并指定原合议庭一名审判员担任审判长继续审理

参考答案：①B

D. 指定一名审判员担任审判长重新审理

答案(　　　)①

【考点提示】本题表面上考查怎样另行指派其他审判人员,实质在考集中审理原则。

【解析】A项,《全国人民代表大会常务委员会关于完善人民陪审员制度的决定》第1条规定:"人民陪审员依照本决定产生,依法参加人民法院的审判活动,除不得担任审判长外,同法官有同等权利。"可见,陪审员不能担任审判长,A错误。

BCD项,根据集中审理原则的要求,法院开庭审理案件,应在不更换审判人员的条件下连续进行,不得中断审理。一旦发生不可抗拒的原因使庭审中断,更换人员后,应当从新进行审理,不能继续审理。故,BC错误,D正确。

综上所述,本题应选D。

下列哪些选项体现了集中审理原则的要求?(2010-2-73,多选)

A. 案件一旦开始审理即不得更换法官

B. 法庭审理应不中断地进行

C. 更换法官或者庭审中断时间较长的,应当重新进行审理

D. 法庭审理应当公开进行

答案(　　　)②

【考点提示】本题考查对集中审理原则的具体理解。

【解析】集中审理原则是指,法院开庭审理案件,应在不更换审判人员的条件下连续进行,不得中断审理的诉讼原则。集中审理原则的内容主要包括:

1. 一个案件组成一个审判庭进行审理。(不换庭)
2. 法庭成员不可更换。(不换人)
3. 集中证据调查与法庭辩论。
4. 庭审不中断并迅速作出裁判。

}(不中断)

可见,AB正确。

C项,因更换法官或者庭审中断时间较长的,既然已经间断,为了保证后续庭审的不中断,应当重新进行审理。C正确。

D项,刑事审判原则有四个:公开审判原则、直接言词原则、辩论原则和集中审理原则,法庭审理应当公开进行属于公开审判原则而不属于集中审理原则。D错误。

综上所述,本题答案为ABC。

开庭审判过程中,一名陪审员离开法庭处理个人事务,辩护律师提出异议并要求休庭,审判长予以拒绝,四十分钟后陪审员返回法庭继续参与审理。陪审员长时间离开法庭的行为违背下列哪一审判原则?(2013-2-37,单选)

A. 职权主义原则　　B. 证据裁判规则

C. 直接言词原则　　D. 集中审理原则

答案(　　　)③

【考点提示】本题考查直接言词原则。本题的难点在于集中审理原则与直接言词原则的区

参考答案:①D　②ABC　③C

别。集中审理原则强调不换人、不换庭和不间断，而直接言词原则强调亲历性。

【解析】A 项，职权主义原则是指法官在审判程序中居于主导和控制地位，控辩双方的发言需要服从法官指挥的审判原则。职权主义原则不是我国的审判原则，我国的审判原则有四个：

(1)公开审理原则

(2)直接言词原则

(3)辩论原则

(4)集中审理原则

故，A 错误。

B 项，证据裁判规则是指对于诉讼中案件事实的认定，只能依据有关的证据进行；没有证据，不得认定案件事实。“证据裁判”与“自由心证”是我国两大证据原则，而非审判原则。B 错误。

C 项，陪审员离开法庭处理个人事务，该陪审员就无法直接参与审理，无法直接审查判断证据，无法直接询问控辩双方，显然违背的是直接言词原则。故 C 正确。

D 项，根据前面真题的解析，集中审理原则强调“不换人、不换庭、不中断”，本案中，陪审员离开法庭处理个人事务，合议庭没有换人，合议庭也没有整体换掉，庭审仍在继续没有中断。故没有违反集中审理原则，D 错误。

综上所述，本题选 C。

下列哪一选项体现直接言词原则的要求？(2009－2－25，单选)

A. 法官亲自收集证据

B. 法官亲自在法庭上听取当事人、证人及其他诉讼参与人的口头陈述

C. 法庭审理尽可能不中断地进行

D. 法庭审理应当公开进行证据调查与辩论

答案(　　)①

【考点提示】本题考查直接言词原则。

【解析】知识介绍：

直接言词原则包括直接原则和言词原则两项原则，理论上合称为直接言词原则。

直接原则，是指法官必须与诉讼当事人和诉讼参与人直接接触，直接审查案件事实材料和证据。

直接原则可以被区分为：

1. 直接审理原则。庭审中，法官、公诉人、诉讼参与人应当在场，除法律另有规定，这些人不在场的审判无效。

2. 直接采证原则。法官必须亲自、当庭调查证据，不得以书面审查方式采信证据。

言词原则，是指法庭审理须以口头陈述的方式进行。除非法律有特别规定，凡是未经口头调查之证据，不得作为定案的依据采纳。

我国《刑事诉讼法》没有明确规定直接言词原则，但第一审程序和第二审程序中关于证人、鉴定人出庭的规定，关于控辩双方和被害人当庭质证的规定，关于被告人有权进行最后陈述的规定等，都体现了审理的直接性和言词性原则。

本题解析：

A 项属于法院依职权调查取证，不是直接言词原则，错误。

参考答案：①B

B 项明确表达了直接言词原则的含义，正确。

C 项属于集中审理原则，不是直接言词原则，错误。

D 项属于审判公开原则，不是直接言词原则，错误。

综上所述，本题答案为 B。

考点 3 审级制度

关于两审终审制度，下列哪一选项是正确的？（2009－2－32，单选）

A. 一个案件只有经过两级法院审理裁判才能生效

B. 经过两级法院审判所作的裁判都是生效裁判

C. 一个案件经过两级法院审判后对所作的裁判不能上诉

D. 一个案件经过两级法院审判后当事人就不能对判决、裁定提出异议

答案（　　）①

【考点提示】本题考查两审终审制度。请考生掌握两个重点：其一，我国的两审终审是指一个案件经过上下两级法院审判即告终结的制度。但不等于“两次”审判，一个案件在上下两级法院间可能会流转多次。其二，两审终审的例外是考试重点。

【解析】A 项，一个案件经过一审之后，如果在法定期限内没有上诉和抗诉，也能生效。此外，最高人民法院一审的案件一审终审。故，A 错误。

B 项，经过两级法院审判所作的裁判不一定都是生效裁判。譬如，被判处死刑立即执行的案件虽然经过中级人民法院一审、高级人民法院二审，但不生效，仍需报最高人民法院核准后才能生效。又如，对被告人在法定刑以下量刑，也需要层报最高人民法院核准。故，B 错误。

C 项，一个案件至多经过两级人民法院审判即告终结，不能再上诉，这是两审终审制度的要求。故 C 正确。

D 项，当事人对已经生效的裁判虽然不能提出上诉，但仍可通过申诉的方式提出异议。故，D 错误。

综上所述，本题答案为 C。

考点 4 审判组织

陪审员王某参加一起案件审判。被告辩护人当庭提出被告有正当防卫和自首情节，公诉人予以否定，提请合议庭不予采信，审判长没有就此进行调查。王某对审判长没有征询合议庭其他成员意见就决定不予调查，在评议时提出异议，但审判长不同意。对此，关于王某可以行使的权力，下列哪一选项是正确的？（2011－2－35，单选）

A. 要求合议庭将案件提请院长决定是否展开调查

B. 要求合议庭将案件提交审判委员会讨论决定

参考答案：①C

C. 提请院长决定是否提交审判委员会讨论决定

D. 要求合议庭提请院长决定是否提交审判委员会讨论决定

答案(　　　)①

【考点提示】本题考查人民陪审员的权力。在我国,人民陪审员与法官享有同样的权力,可以说是“准法官”,只是不能担任审判长。

【解析】最高人民法院《关于人民陪审员参加审判活动若干问题的规定》第9条规定:“人民陪审员同合议庭其他组成人员意见分歧,要求合议庭将案件提请院长决定是否提交审判委员会讨论决定的,应当说明理由;人民陪审员提出的要求及理由应当写入评议笔录。”

可见,人民陪审员同合议庭其他组成人员意见分歧,有权要求合议庭将案件提请院长决定是否提交审判委员会讨论决定。所以D正确,ABC错误。

综上所述,本题答案为D项。

张某系某基层法院陪审员,可以参与审判下列哪些案件?(2009－2－74,多选)

A. 所在区基层法院适用简易程序审理的案件

B. 所在市中级法院审理的一审案件

C. 所在市中级法院审理的二审案件

D. 所在省高级法院审理的一审案件

答案(　　　)②

【考点提示】本题考查人民陪审员的权利。在我国,人民陪审员只能参加我国各级人民法院的第一审程序,请考生重点复习人民陪审员的范围、权利、参审程序。

【解析】A项,根据《刑事诉讼法》第208条规定:“基层人民法院管辖的案件,符合下列条件的,可以适用简易程序审判:(一)案件事实清楚、证据充分的;(二)被告人承认自己所犯罪行,对指控的犯罪事实没有异议的;(三)被告人对适用简易程序没有异议的。人民检察院在提起公诉的时候,可以建议人民法院适用简易程序。”

《刑事诉讼法》第210条规定:“适用简易程序审理,对可能判处三年有期徒刑以下刑罚的,可以组成合议庭进行审判,也可以由审判员一人独任审判;对可能判处的有期徒刑超过三年的,应当组成合议庭进行审判。”

可见,简易程序在适用合议庭审理时,可以有陪审员参加。A正确。

BD项,全国人民代表大会常务委员会《关于完善人民陪审员制度的决定》第14条第2款规定:“中级人民法院、高级人民法院审判案件依法应当由人民陪审员参加合议庭审判的,在其所在城市的基层人民法院的人民陪审员名单中随机抽取确定。”可见,张某可以参与审理所在市中级法院和省高级法院的一审案件。故,BD项正确。

C项,《刑事诉讼法》第178条第4款规定:“人民法院审判上诉和抗诉案件,由审判员三人至五人组成合议庭进行。”可见,陪审员不能参加第二审程序,C错误。需要注意,陪审员只能参加第一审程序是有原因的。在我国,第一审程序也被称为“事实审”,在第一审程序中,需要对案件的全部事实和证据进行审查和认定。而第二审程序则被称为“法律审”或者“程序审”,虽然需要进行全面审查,但审查重点是放在法律与程序适用方面。人民陪审员一般不精通法律,但陪审员在其他专业知识、社会经验等方面甚至强于法官,在第一审程序中吸收人民陪审员参加不仅有利于体现人民对司法的参与和监督,

参考答案:①D　②ABD

更有利于查清案件事实。但在二审程序中，主要审查法律和程序，此时人民陪审员参加庭审的必要性就显得无关紧要了。

综上所述，本题答案为ABD。

罗某作为人民陪审员参与D市中级法院的案件审理工作。关于罗某的下列哪一说法是正确的？（2015－2－35，单选）

A. 担任人民陪审员，必须经D市人大常委会任命

B. 同法官享有同等权利，也能担任合议庭审判长

C. 可参与中级法院二审案件审理，并对事实认定、法律适用独立行使表决权

D. 可要求合议庭将案件提请院长决定是否提交审委会讨论决定

答案（　　　）①

【考点提示】本题综合考查人民陪审员制度。

【解析】A项，陪审员的任命程序是：基层组织向基层法院推荐或者本人提出申请，由基层法院会同同级政府司法行政机关审查。基层法院院长提出人民陪审员人选，提请同级人大常委会任命。可见，陪审员由基层人大常委会任命，无需市人大常委会任命。A错误。

B项，陪审员确实和法官享有同等权利，但不能担任审判长。B错误。

C项，在我国，合议庭的组成方式是：1. 基层人民法院、中级人民法院审判第一审案件，应当由审判员3人或者由审判员和人民陪审员共3人组成合议庭进行，但是基层人民法院适用简易程序的案件可以由审判员一人独任审判。2. 高级人民法院、最高人民法院审判第一审案件，应当由审判员3人至7人或者由审判员和人民陪审员共3人至7人组成合议庭进行。3. 人民法院审判上诉和抗诉案件，由审判员3人至5人组成合议庭进行。4. 最高人民法院复核死刑案件，高级人民法院复核死刑缓期执行的案件，应当由审判员3人组成合议庭进行。可见，陪审员只能参加第一审，第二审无权参加。C错误。

D项，必要时，人民陪审员可以要求合议庭将案件提请院长决定是否提交审判委员会讨论决定。D正确。

综上所述，本题应当选D。

某市法院审理本市第一起醉酒驾车刑事案件。下列哪一说法是正确的？（2011－2－34，单选）

A. 审判长可以提请庭长组织相关审判人员共同讨论

B. 法院院长可以主动组织相关审判人员共同讨论并作出决定

C. 庭长按照规定组织相关审判人员共同讨论形成的意见对合议庭有约束力

D. 法院院长可以指令庭长组织相关审判人员共同讨论

答案（　　　）②

【考点提示】本题考查"审判人员共同讨论"制度。这一制度由最高人民法院《关于进一步加强合议庭职责的若干规定》规定，该知识点不是司法考试中的典型重点，请考生一般熟悉。

【解析】《最高人民法院关于进一步加强合议庭职责的若干规定》第7条规定："除提交审判委员会讨论的案件外，合议庭对评议意见一致或者形成多数意见的案件，依法作出判决或者裁定。

下列案件可以由审判长提请院长或者庭长决定组织相关审判人员共同讨论，合议庭成员应当参加：

参考答案：①D　②A

(一)重大、疑难、复杂或者新类型的案件;

(二)合议庭在事实认定或法律适用上有重大分歧的案件;

(三)合议庭意见与本院或上级法院以往同类型案件的裁判有可能不一致的案件;

(四)当事人反映强烈的群体性纠纷案件;

(五)经审判长提请且院长或者庭长认为确有必要讨论的其他案件。

上述案件的讨论意见供合议庭参考,不影响合议庭依法作出裁判。”

本案中,A 项,醉酒驾车犯罪属于新类型的案件,符合上述(一)。A 正确。

BD 项,审判人员共同讨论只能由审判长提请院长或者庭长决定,不能由法院院长主动组织或者指令。BD 错误。

C 项,审判人员共同讨论不同于审判委员会讨论,审委会的讨论意见对合议庭有约束力,但审判人员共同讨论的意见仅供合议庭参考。C 错误。

综上所述,本题答案为 A。

根据《最高人民法院关于进一步加强合议庭职责的若干规定》,关于合议庭,下列哪些说法是正确的?(2010－2－72,多选)

A. 合议庭是法院的基本审判组织,由审判员和人民陪审员随机组成

B. 合议庭成员因对案件事实和证据认识上的偏差而导致案件被改判或者发回重审的不承担责任

C. 合议庭成员因法律修订或者政策调整而导致案件被改判或者发回重审的不承担责任

D. 开庭审理时,合议庭成员从事与该庭审无关的活动,当事人提出异议合议庭不纠正的,当事人可以要求延期审理,并将有关情况记入庭审笔录

答案(　　)①

【考点提示】 本题考查《最高人民法院关于进一步加强合议庭职责的若干规定》中关于合议庭的若干程序。该法律文件不是司法考试中的典型重点,请考生一般熟悉。

【解析】 A 项,《最高人民法院关于进一步加强合议庭职责的若干规定》第 2 条规定,合议庭由审判员、助理审判员或者人民陪审员随机组成。可见,A 遗漏了“助理审判员”,错误。

B 项,《最高人民法院关于进一步加强合议庭职责的若干规定》第 10 条第(2)项的规定,“合议庭成员因对案件事实和证据认识上的偏差而导致案件被改判或者发回重审的不承担责任”。可见,B 正确。

C 项,《最高人民法院关于进一步加强合议庭职责的若干规定》第 10 条第(4)项规定,“对因法律修订或者政策调整而导致案件被改判或者发回重审的合议庭不承担责任”。可见,C 正确。

D 项,《最高人民法院关于进一步加强合议庭职责的若干规定》第 5 条规定,对合议庭成员在开庭审理时从事与庭审无关的活动的,当事人提出异议后合议庭不改正的,当事人可以要求休庭,并将有关情况记入庭审笔录。可见,对于合议庭成员的不当行为,当事人可以要求“休庭”而非“延期审理”,D 错误。

综上所述,本题答案为 BC。

关于合议庭的组成及活动原则,下列哪些选项是正确的?(2009－2－75,多选)

A. 在审判员不能参加合议庭时,经院长指定,助理审判员可以临时代行审判员职务担任审判长

B. 开庭审理和评议案件,必须由同一合议庭进行

C. 合议庭成员如有意见分歧,应当按照三分之二以上多数作出决定

参考答案:①BC

D. 经审判委员会讨论决定的案件,合议庭有不同意见时,可以建议院长提交审判委员会复议

答案(　　)①

【考点提示】本题考查合议庭的组成及活动原则。

【解析】A 项,《最高人民法院关于适用〈中华人民共和国刑事诉讼法〉的解释》第 175 条规定:"审判长由审判员担任。助理审判员由本院院长提出,经审判委员会通过,可以临时代行审判员职务,并可以担任审判长。"可见,助理审判员担任审判长须经院长提名,审委会通过,选项 A 错误。

B 项,《最高人民法院关于适用〈中华人民共和国刑事诉讼法〉的解释》第 176 条规定,"开庭审理和评议案件,应当由同一合议庭进行"。故选项 B 正确。

C 项,《刑事诉讼法》第 179 条规定,合议庭进行评议的时候,如果意见分歧,应当按多数人的意见作出决定。该条没有规定是 2/3 多数,选项 C 错误。

D 项,《最高人民法院关于适用〈中华人民共和国刑事诉讼法〉的解释》第 179 条规定:"审判委员会的决定,合议庭、独任审判员应当执行;有不同意见的,可以建议院长提交审判委员会复议。"可见,选项 D 正确。

综上所述,本题答案为 BD 项。

关于我国人民陪审员制度与一些国家的陪审团制度存在的差异,下列哪一选项是正确的?(2013-2-26,单选)

A. 人民陪审员制度目的在于协助法院完成审判任务,陪审团制度目的在于制约法官

B. 人民陪审员与法官行使相同职权,陪审团与法官存在职权分工

C. 人民陪审员在成年公民中随机选任,陪审团从有选民资格的人员中聘任

D. 是否适用人民陪审员制度取决于当事人的意愿,陪审团适用于所有案件

答案(　　)②

【考点提示】本题考查人民陪审制与国外的陪审团制的区别,属于理论考点,请考生以教材中的相关内容为准。

【解析】知识介绍:

人民陪审员是指从人民群众中产生的非专职的参加合议庭的审判人员。《刑事诉讼法》第 13 条规定:"人民法院审判案件,依照本法实行人民陪审员陪审的制度。"各级人民法院审判第一审案件,均可吸收人民陪审员作为合议庭成员参与审判,人民陪审员在人民法院执行职务期间,同审判员有同等的权利义务。

从诉讼理论的角度分析,我国的陪审员与英美法系国家法庭中陪审团的成员是不一样的。

第一,制度不同。我国虽然称为陪审员,但实际属于"参审制度"。也就是说,由陪审员参加法庭审理,与法官共同裁决案件的制度。而在英美法系国家,尤其是在美国,法庭中的陪审团属于"陪审制度"。

第二,分工不同。陪审团中的陪审员虽然叫"陪审",但具有实质的裁判权力,可以对被告人是否有罪进行裁决。法官虽然在法庭中央正襟危坐,但他实际上没有对被告人定罪的权力,只能在陪审团确定被告人罪名成立后对其进行量刑。也就是说,陪审团负责定罪,法官负责量刑。而我国的陪审员既负责定罪又负责量刑。

第三,作用不同。陪审团的目的在于制约法官权力,剥夺法官滥用定罪权的可能性,将定罪权牢牢掌握在人民手中。而我国设置陪审员的目的在于与法官一同合作解决被告人的刑事责任问题,陪审员属于准法官。

参考答案:①BD　②B

第四,地位不同。陪审团中的陪审员虽然可以对被告人定罪,但在具体的法律适用和程序控制方面,陪审团需要听从法官的指挥。我国的陪审员不能担任审判长,但与法官的诉讼地位平等,无需听从法官的指挥。

第五,遴选机制不同。我国的陪审员需要满足年满23周岁、品性正派等条件。而陪审团中的陪审员的条件在英美法系国家各有不同,多从年龄、经验、专业、生活背景等方面进行限制。

第六,适用案件不同。在美国,90%以上的刑事案件是通过辩诉交易制度终结的,只有10%不到的案件进入正式审判程序,在进入正式审判程序的案件中也并非全都由陪审团审理。在我国,陪审员可以参加各级法院第一审刑事案件的审理,但具体个案审理中是否需要陪审员还需要考虑案件影响等诸多因素。

本题解析:

本题中,A项,人民陪审员制度目的不在于"协助"法院完成审判任务,而是和法官"共同"完成审判任务。A错误。

B项,人民陪审员与法官职权相同,陪审团与法官存在职权分工,陪审团负责定罪,法官负责量刑。B正确。

C项,人民陪审员不仅要求是成年公民,还必须是年满23周岁,此外还有一些其他条件。陪审团成员的选任也有很多细节的规定,不仅仅只要求有选民资格。故,C错误。

D项,在我国,是否适用人民陪审员制度不一定取决于当事人意愿,还可能会考虑案件影响等其他因素。在美国,陪审团审理刑事案件仅占10%左右,并非所有案件。故,D错误。

综上所述,本题选B。

下列哪些情形下,合议庭成员不承担责任?(2013-2-73,多选)

A. 发现了新的无罪证据,合议庭作出的判决被改判的

B. 合议庭认为审前供述虽非自愿,但能够与其他证据相印证,因此予以采纳,该供述后来被上级法院排除后而改判的

C. 辩护方提出被告人不在犯罪现场的线索和证据材料,合议庭不予调查,作出有罪判决而被改判无罪的

D. 合议庭对某一事实的认定以生效的民事判决为依据,后来该民事判决被撤销,导致刑事判决发回重审的

答案(　　　)①

【考点提示】本题考查合议庭成员不承担责任的情形。本知识点不属于常规重点,考生做到一般熟悉即可。

【解析】《最高人民法院关于进一步加强合议庭职责的若干规定》第10条规定:"……合议庭审理案件有下列情形之一的,合议庭成员不承担责任:

(一)因对法律理解和认识上的偏差而导致案件被改判或者发回重审的;

(二)因对案件事实和证据认识上的偏差而导致案件被改判或者发回重审的;

(三)因新的证据而导致案件被改判或者发回重审的;

(四)因法律修订或者政策调整而导致案件被改判或者发回重审的;

(五)因裁判所依据的其他法律文书被撤销或变更而导致案件被改判或者发回重审的;

(六)其他依法履行审判职责不应当承担责任的情形。"

参考答案:①ABD

可见,A 项,属于上述(三),合议庭成员不承担责任,正确。

B 项,属于上述(二),合议庭成员不承担责任,正确。

D 项,属于上述(五),合议庭成员不承担责任,正确。

C 项,《人民法院审判人员违法审判责任追究办法(试行)》第 2 条规定:"人民法院审判人员在审判、执行工作中,故意违反与审判工作有关的法律、法规,或者因过失违反与审判工作有关的法律、法规造成严重后果的,应当承担违法审判责任。"

《人民法院审判人员违法审判责任追究办法(试行)》第 9 条规定:"依职权应当对影响案件主要事实认定的证据进行鉴定、勘验、查询、核对,或者应当采取证据保全措施而故意不进行,导致裁判错误的。"

可见,合议庭对于辩护人提出的线索和证据材料不予调查导致裁判错误,合议庭成员应当承担责任。C 错误。

综上所述,本题选 ABD。

考题拓展

人民法院在受理某泄露国家机密案后,决定不公开审理。下列说法中正确的有哪些?(2003-2-64,多选)

A. 应当在开庭审判 3 日以前公告不公开审理的理由

B. 应当在开庭审理时宣布不公开审理的理由

C. 应当公开宣告判决

D. 不应当公开宣告判决

答案(　　)①

【解析】《刑事诉讼法》第 183 条第 2 款规定:"不公开审理的案件,应当当庭宣布不公开审理的理由。"可见,A 错误,B 正确。

《最高人民法院关于适用〈中华人民共和国刑事诉讼法〉的解释》第 248 条规定,"宣告判决,一律公开进行"。可见,不公开审理的案件,宣告判决也需要公开进行。C 正确,D 错误。

综上所述,本题只能选 BC。

最高人民法院《关于人民法院合议庭工作的若干规定》规定,合议庭组成人员确定后,除因回避或者其他特殊情况不能继续参加案件审理外,不得在案件审理过程中更换。这一规定体现的是下列哪一项审判原则?(2007-2-21,单选)

A. 公开审判原则

B. 言词审理原则

C. 集中审理原则

D. 辩论原则

答案(　　)②

【解析】本题比较简单,合议庭组成人员一经确定,无特殊情况不得更换,符合集中审理原则的要求,应当选 C。

关于人民陪审员,下列哪些选项是正确的?(2007-2-70,多选)

A. 各级法院审判第一审刑事案件,均可吸收人民陪审员作为合议庭成员参与审判

参考答案:①BC　②C

B. 一审刑事案件被告人有权申请由人民陪审员参加合议庭审判

C. 执业律师不得担任人民陪审员

D. 高级人民法院审判案件依法应当由人民陪审员参加合议庭审判的，在其所在城市的中级人民法院的人民陪审员名单中随机抽取

答案（　　）①

【解析】陪审员只能参加第一审程序，A 正确。

陪审的案件范围包括：(1)社会影响较大的刑事案件。(2)刑事案件被告人申请由人民陪审员参加合议庭审判的案件。可见，刑事案件的被告人有权申请陪审员参加合议庭，B 正确。

不得担任人民陪审员的情形包括：(1)人大常委会组成人员。(2)法院、检察院、公安、国家安全机关、司法行政机关的工作人员。(3)执业律师。(4)因犯罪受过刑事处罚的；(5)被开除公职的。可见，职业律师不得担任陪审员。C 正确。

陪审员都是基层法院的，高级法院需要陪审员，应当到所在城市的基层法院随机抽取。D 错误。

综上所述，本题应当选 ABC。

下列关于人民陪审员的哪些表述是错误的？（2006－2－78，多选）

A. 人民陪审员不得担任审判长

B. 人民陪审员有权参加法院所有的审判活动

C. 人民陪审员参加中级人民法院审判活动的，应当从本院的人民陪审员名单中随机抽取确定

D. 合议庭评议案件时，对于法律适用问题，人民陪审员应当接受法官的指导

答案（　　）②

【解析】陪审员和法官权力一样，但不得担任审判长。A 正确。

B 项，人民陪审员只能参与一审，二审和再审不行，故，B 错误。

C 项，陪审员都在基层法院，中级法院和高级法院需要陪审员只能到所在城市的基层法院随机抽取。C 错误。

D 项，在我国，陪审员参与评议时，无需法官进行指导，我国不同于英美法系国家实行的陪审团制度，在陪审团制度下，法官要对陪审团成员进行法律指导。故，D 错误。

综上所述，本题应当选 BCD。

下列哪些人员不得担任人民陪审员？（2005－2－73，多选）

A. 某甲，司法行政机关工作人员

B. 某乙，曾因盗窃受到刑事处罚

C. 某丙，所学专业为法律专业但只具有大学专科文化程度

D. 某丁，具有大学本科文化程度但所学专业为非法律专业

答案（　　）③

【解析】人民代表大会常务委员会的组成人员，人民法院、人民检察院、公安机关、国家安全机关、司法行政机关的工作人员和执业律师等人员，不得担任人民陪审员。

此外，下列人员不得担任人民陪审员：

(1)因犯罪受过刑事处罚的；

(2)被开除公职的。

参考答案：①ABC　②BCD　③AB

可见,甲是司法行政机关工作人员,乙受过刑事处罚,不能担任陪审员。AB 错误。

公民担任人民陪审员,应当具备下列条件:

(1)拥护中华人民共和国宪法;

(2)年满 23 周岁;

(3)品行良好、公道正派;

(4)身体健康。

担任人民陪审员,一般应当具有大学专科以上文化程度。

可见,陪审员一般应当是大专以上文化水平,但没有限制专业,丙和丁都有可能成为陪审员。CD 正确。

综上所述,本题应当选 AB。

专题十五　第一审程序

点评：

第一审程序是单个专题中内容最多的一个章节。第一审程序是历年司考刑事诉讼法的重要考查点，需要考生认真学习。

第一审程序有三条主线：公诉案件第一审程序，自诉案件第一审程序和简易程序。其中，公诉案件第一审程序和简易程序最为重要。

考点1　公诉案件第一审程序

法院在审理案件过程中发现被告人可能有立功情节，而起诉书和移送的证据材料中没有此种材料，下列哪一处理是正确的？（2012－2－41，单选）

A. 将全部案卷材料退回提起公诉的检察院

B. 建议提起公诉的检察院补充侦查

C. 建议公安机关补充侦查

D. 宣布休庭，进行庭外调查

答案（　　）①

【考点提示】本题考查公诉案件第一审程序中的具体审理程序。

【解析】本题是2012年的考题，当时2012年修正，2013年生效的《最高人民法院关于适用〈中华人民共和国刑事诉讼法〉的解释》还未出台，该题涉及的法律依据是1998年《最高人民法院关于适用〈中华人民共和国刑事诉讼法〉的解释》第159条的规定。按照该规定："合议庭在案件审理过程中，发现被告人可能有自首、立功等法定量刑情节，而起诉和移送的证据材料中没有这方面的证据材料的，应当建议人民检察院补充侦查"。可见，本题选B是正确的。但是现行《最高人民法院关于适用〈中华人民共和国刑事诉讼法〉的解释》有了不同规定。

现行《最高人民法院关于适用〈中华人民共和国刑事诉讼法〉的解释》第226条规定："审判期间，合议庭发现被告人可能有自首、坦白、立功等法定量刑情节，而人民检察院移送的案卷中没有相关证据材料的，应当通知人民检察院移送。审判期间，被告人提出新的立功线索的，人民法院可以建议人民检察院补充侦查。"

可见，对于被告人有立功量刑情节，而起诉书和移送的证据材料遗漏的，法院有两种发现途径，并且处理方式不同。第一种途径及处理：合议庭自行发现检察院遗漏了立功等量刑情节，应当通知检察院补充移送。第二种途径及处理：合议庭根据被告人的提出发现检察院遗漏了立功情节，可以建议检察院补充侦查。

参考答案：①当年司法部答案B，但根据现行法律，无答案。

可见,本题中,法院是自行发现检察院的遗漏,正确做法应当是"应当建议检察院补充移送"。故,本题没有正确答案。

法院在审理一起抢夺案时,发现被告人朱某可能有自首情节,但起诉书和移送材料中没有相关证据材料。关于法院应当如何处理,下列哪一选项是正确的?(2010-2-33,单选)

A. 运用庭外调查权调查核实　　B. 建议检察院补充侦查

C. 裁定驳回起诉　　D. 根据已有证据定罪量刑

答案(　　)①

【考点提示】本题考查公诉案件第一审程序中的具体审理程序。

【解析】法律根据及理由同上一题(2012-2-41,单选)。

《最高人民法院关于适用〈中华人民共和国刑事诉讼法〉的解释》第226条规定:"审判期间,合议庭发现被告人可能有自首、坦白、立功等法定量刑情节,而人民检察院移送的案卷中没有相关证据材料的,应当通知人民检察院移送。审判期间,被告人提出新的立功线索的,人民法院可以建议人民检察院补充侦查。"

可见,关于检察院移送的案卷中缺失相关量刑证据材料有两种发现和处理方式:第一,合议庭主动发现后,应当要求检察院移送;第二,被告人提出后,法院可以建议检察院补充侦查。

本案属于第一种情形,应当要求检察院移送,故ABCD均错误,无答案。但本题涉及的知识点很重要,需要考生掌握。

高某利用职务便利多次收受贿赂,还雇凶将举报他的下属王某打成重伤。关于本案庭前会议,下列哪些选项是正确的?(2015-2-72,多选)

A. 高某可就案件管辖提出异议

B. 王某提起附带民事诉讼的,可调解

C. 高某提出其口供系刑讯所得,法官可在审查讯问时同步录像的基础上决定是否排除口供

D. 庭前会议上出示过的证据,庭审时举证、质证可简化

答案(　　)②

【考点提示】本题考查庭前会议制度。现行《刑事诉讼法》确立了庭前会议制度,庭前会议的功能是使法官在正式的第一审程序之前能对控辩双方的证据材料及案件的程序性事项有一个预判,为后续第一审程序做好准备,以提高诉讼效率。

【解析】需要注意:庭前会议不是正式庭审,只是了解情况、听取意见。也就是说,仅能处理一些程序性事项,不能对案件的具体事实和证据进行审查,审查事实和证据应当是后续第一审程序的工作。审判人员虽然可以询问控辩双方对证据材料有无异议,但对有异议的证据,会在庭审时重点调查,无异议的,庭审时举证、质证可以简化。不可以在庭前会议中对实体问题进行调查。

根据《最高人民法院关于适用〈中华人民共和国刑事诉讼法〉的解释》第184条第1款的规定:"召开庭前会议,审判人员可以就下列问题向控辩双方了解情况,听取意见:

(一)是否对案件管辖有异议;

(二)是否申请有关人员回避;

(三)是否申请调取在侦查、审查起诉期间公安机关、人民检察院收集但未随案移送的证明被告人无罪或者罪轻的证据材料;

(四)是否提供新的证据;

参考答案:①当年司法部答案B,但根据现行法律,无答案。　②AB

（五）是否对出庭证人、鉴定人、有专门知识的人的名单有异议；

（六）是否申请排除非法证据；

（七）是否申请不公开审理；

（八）与审判相关的其他问题。”

可见，根据上述（一），高某就案件管辖提出异议是允许的。A 正确。

被害人或者其法定代理人、近亲属提起附带民事诉讼的，可以调解。B 正确。

庭前会议只能处理程序性事项，譬如，可以处理“是否申请排除非法证据”，但却不能对非法证据进行实质性审查。因此，C 项中“在审查讯问时同步录像的基础上决定是否排除口供”错误。

根据《最高人民法院关于适用〈中华人民共和国刑事诉讼法〉的解释》第 184 条第 2 款的规定，在庭前会议中，审判人员可以询问控辩双方对证据材料有无异议，对有异议的证据，应当在庭审时重点调查；无异议的，庭审时举证、质证可以简化。但这并不意味着，庭前会议上出示过的证据，庭审时举证、质证可简化。出示过的证据，控辩双方没有异议的，庭审时举证、质证才可以简化。D 错误。

综上所述，本题应当选 AB。

关于证人出庭作证，下列哪些说法是正确的？（2012－2－72，多选）

A. 需要出庭作证的警察就其执行职务时目击的犯罪情况出庭作证，适用证人作证的规定

B. 警察就其非执行职务时目击的犯罪情况出庭作证，不适用证人作证的规定

C. 对了解案件情况的人，确有必要时，可以强制到庭作证

D. 证人没有正当理由拒绝出庭作证的，只有情节严重，才可以处以拘留，且拘留不可以超过 10 日

答案（　　　）①

【考点提示】 本题考查公诉案件第一审程序中的证人出庭作证程序。需要注意，证人问题是一个跨越章节的重要考点，考生应注意综合掌握诉讼参与人专题中的证人、刑事证据专题中的证人证言、侦查专题中的询问证人与本专题中的证人出庭程序。

【解析】 AB 项，《刑事诉讼法》第 187 条规定：“公诉人、当事人或者辩护人、诉讼代理人对证人证言有异议，且该证人证言对案件定罪量刑有重大影响，人民法院认为证人有必要出庭作证的，证人应当出庭作证。人民警察就其执行职务时目击的犯罪情况作为证人出庭作证，适用前款规定。公诉人、当事人或者辩护人、诉讼代理人对鉴定意见有异议，人民法院认为鉴定人有必要出庭的，鉴定人应当出庭作证。经人民法院通知，鉴定人拒不出庭作证的，鉴定意见不得作为定案的根据。”

可见，警察就其执行职务时目击的犯罪情况出庭作证，适用证人作证的规定。A 正确。通过 A 项可以推知，人民警察就其非执行职务时目击的犯罪情况出庭作证的，更加应当适用证人作证的规定。B 错误。

CD 项，《刑事诉讼法》第 188 条规定：“经人民法院通知，证人没有正当理由不出庭作证的，人民法院可以强制其到庭，但是被告人的配偶、父母、子女除外。证人没有正当理由拒绝出庭或者出庭后拒绝作证的，予以训诫，情节严重的，经院长批准，处以十日以下的拘留。被处罚人对拘留决定不服的，可以向上一级人民法院申请复议。复议期间不停止执行。”

可见，经人民法院通知，证人没有正当理由不出庭作证的，人民法院可以强制其到庭，法院并非对任何证人都可以强制到庭。C 错误。证人没有正当理由拒绝出庭或者出庭后拒绝作证，情节严重的，可以处以 10 日以下的拘留。D 正确；

综上所述，本题答案为 AD。

参考答案：①AD

法院对检察院提起公诉的案件进行庭前审查,下列哪些做法是正确的?(2010－2－71,多选)

A. 发现被告人张某在起诉前已从看守所脱逃的,退回检察院

B. 法院裁定准许撤诉的抢劫案,检察院因被害人范某不断上访重新起诉的,不予受理

C. 起诉时提供的一名外地证人石某没有列明住址和通讯处的,通知检察院补送

D. 某被告人被抓获后始终一言不发,也没有任何有关姓名、年龄、住址、单位等方面的信息或线索的,不予受理

答案( )①

【考点提示】本题考查法院对检察院提起公诉的案件进行审查。

【解析】《最高人民法院关于适用〈中华人民共和国刑事诉讼法〉的解释》第181条规定:"人民法院对提起公诉的案件审查后,应当按照下列情形分别处理:

(一)属于告诉才处理的案件,应当退回人民检察院,并告知被害人有权提起自诉;

(二)不属于本院管辖或者被告人不在案的,应当退回人民检察院;

(三)不符合前条第(二)项至第(八)项规定之一,需要补充材料的,应当通知人民检察院在3日内补送;

(四)依照刑事诉讼法第一百九十五条第(三)项规定宣告被告人无罪后,人民检察院根据新的事实、证据重新起诉的,应当依法受理;

(五)依照本解释第二百四十二条规定裁定准许撤诉的案件,没有新的事实、证据,重新起诉的,应当退回人民检察院;

(六)符合刑事诉讼法第十五条第(二)项至第(六)项规定情形的,应当裁定终止审理或者退回人民检察院;

(七)被告人真实身份不明,但符合刑事诉讼法第一百五十八条第(二)款规定的(按自报姓名起诉的),应当依法受理。

对公诉案件是否受理,应当在七日内审查完毕。"

可见,A项,张某在起诉前已从看守所脱逃,符合上述(二)的情况,应当依法退回检察院。A正确。

B项,《最高人民法院、最高人民检察院、公安部、国家安全部、司法部、全国人大常委会法制工作委员会关于实施刑事诉讼法若干问题的规定》第25条规定,对于人民检察院提起公诉的案件,人民法院都应当受理。可见,检察院没有新的事实和证据重新起诉,法院应当退回检察院,而非不予受理。B错误。

C项,属于需要补充材料的情况,符合上述(三)的规定,应当通知人民检察院在3日内补送。C正确。

D项,属于被告人真实身份不明的情况,符合上述(七)的规定,人民法院应当予以受理。D错误。

综上所述,本题答案为AC。

关于量刑程序,下列哪些说法是正确的?(2011－2－70,多选)

A. 检察院可以在公诉意见书中提出量刑建议

B. 合议庭在评议前应向到庭旁听的人发放调查问卷了解他们对量刑的意见

C. 简易程序审理的案件,被告人自愿承认指控的犯罪事实和罪名且知悉认罪法律后果的,法庭审理可以直接围绕量刑问题进行

D. 辩护人无权委托有关方面制作涉及未成年人的社会调查报告

答案( )②

【考点提示】本题考查量刑程序。需要注意,2012年修正,2013年生效的《刑事诉讼法》专门

参考答案:①司法部当年答案ABC,根据现行法律应当选AC ②AC

规定了量刑程序，对于被告人认罪的案件，法庭调查和法庭辩论主要围绕量刑事实、证据进行；对于被告人不认罪或者辩护人做无罪辩护的，法庭调查和法庭辩论应当先围绕定罪事实、证据进行，再解决量刑事实、证据。

【解析】 A 项，《人民检察院刑事诉讼法规则（试行）》第 400 条规定，“对提起公诉的案件提出量刑建议的，可以制作量刑建议书，与起诉书一并移送人民法院”。

《人民检察院刑事诉讼法规则（试行）》第 454 条规定：“人民检察院向人民法院提出量刑建议的，公诉人应当在发表公诉意见时提出。”

可知，对提起公诉的案件需要提出量刑建议的，一般应当制作专门的量刑建议书，与起诉书一并移送人民法院。当然也可以不制作专门的量刑建议书。未制作专门的量刑建议书的，可以在公诉意见中载明量刑建议。因此，A 正确。

B 项，没有法律根据，错误。

C 项，《关于规范量刑程序若干问题的意见（试行）》第 7 条规定：“适用简易程序审理的案件，在确定被告人对起诉书指控的犯罪事实和罪名没有异议，自愿认罪且知悉认罪的法律后果后，法庭审理可以直接围绕量刑问题进行。”可见，C 正确。

D 项，《关于规范量刑程序若干问题的意见（试行）》第 11 条规定：“人民法院、人民检察院、侦查机关或者辩护人委托有关方面制作涉及未成年人的社会调查报告的，调查报告应当在法庭上宣读，并接受质证。”

可见，辩护人有权委托制作涉及未成年人的社会调查报告。D 错误。

综上所述，本题答案为 AC。

法院对提起公诉的案件进行审查后，下列哪些情形下应当通知检察院补充材料？（2009－2－73，多选）

A. 犯罪事实清楚、证据确实充分，但被告人真实身份不明的

B. 起诉时未移送证据目录的

C. 证人名单未列明出庭作证和拟不出庭作证的证人的住处和通讯处的

D. 移送材料中辩护人通讯地址不明确的

答案（　　）①

【考点提示】 本题考查法院对检察院提起公诉案件的审查。请考生注意，《最高人民法院关于适用〈中华人民共和国刑事诉讼法〉的解释》第 181 条关于人民法院对提起公诉的案件审查后的处理是考试重点，考生无需背过，但需要特别熟悉。

【解析】《最高人民法院关于适用〈中华人民共和国刑事诉讼法〉的解释》180 条规定：“对提起公诉的案件，人民法院应当在收到起诉书（一式八份，每增加一名被告人，增加起诉书五份）和案卷、证据后，指定审判人员审查以下内容：

（一）是否属于本院管辖；

（二）起诉书是否写明被告人的身份，是否受过或者正在接受刑事处罚，被采取强制措施的种类、羁押地点，犯罪的时间、地点、手段、后果以及其他可能影响定罪量刑的情节；

（三）是否移送证明指控犯罪事实的证据材料，包括采取技术侦查措施的批准决定和所收集的证据材料；

（四）是否查封、扣押、冻结被告人的违法所得或者其他涉案财物，并附证明相关财物依法应当追缴的证据材料；

参考答案：①BCD

（五）是否列明被害人的姓名、住址、联系方式；是否附有证人、鉴定人名单；是否申请法庭通知证人、鉴定人、有专门知识的人出庭，并列明有关人员的姓名、性别、年龄、职业、住址、联系方式；是否附有需要保护的证人、鉴定人、被害人名单；

（六）当事人已委托辩护人、诉讼代理人，或者已接受法律援助的，是否列明辩护人、诉讼代理人的姓名、住址、联系方式；

（七）是否提起附带民事诉讼；提起附带民事诉讼的，是否列明附带民事诉讼当事人的姓名、住址、联系方式，是否附有相关证据材料；

（八）侦查、审查起诉程序的各种法律手续和诉讼文书是否齐全；

（九）有无刑事诉讼法第十五条第二项至第六项规定的不追究刑事责任的情形。”

《最高人民法院关于适用〈中华人民共和国刑事诉讼法〉的解释》第181条规定：“人民法院对提起公诉的案件审查后，应当按照下列情形分别处理：

（一）属于告诉才处理的案件，应当退回人民检察院，并告知被害人有权提起自诉；

（二）不属于本院管辖或者被告人不在案的，应当退回人民检察院；

（三）不符合前条第二项至第八项规定之一，需要补充材料的，应当通知人民检察院在三日内补送；

（四）依照刑事诉讼法第一百九十五条第三项规定宣告被告人无罪后，人民检察院根据新的事实、证据重新起诉的，应当依法受理；

（五）依照本解释第二百四十二条规定裁定准许撤诉的案件，没有新的事实、证据，重新起诉的，应当退回人民检察院；

（六）符合刑事诉讼法第十五条第二项至第六项规定情形的，应当裁定终止审理或者退回人民检察院；

（七）被告人真实身份不明，但符合刑事诉讼法第一百五十八条第二款规定的，应当依法受理。

对公诉案件是否受理，应当在七日内审查完毕。”

《刑事诉讼法》第158条第2款规定：“犯罪嫌疑人不讲真实姓名、住址，身份不明的，应当对其身份进行调查，侦查羁押期限自查清其身份之日起计算，但是不得停止对其犯罪行为的侦查取证。对于犯罪事实清楚，证据确实、充分，确实无法查明其身份的，也可以按其自报的姓名起诉、审判。”

可见，根据《最高人民法院关于适用〈中华人民共和国刑事诉讼法〉的解释》第181条第1款第（七）项的规定，犯罪事实清楚、证据确实充分的，即便被告人真实身份不明，法院也应当受理。A不正确。

B项，属于《最高人民法院关于适用〈中华人民共和国刑事诉讼法〉的解释》第181条第1款第（三）项，故，B正确。

C项，属于《最高人民法院关于适用〈中华人民共和国刑事诉讼法〉的解释》第181条第1款第（五）项，故，C正确。

D项，属于《最高人民法院关于适用〈中华人民共和国刑事诉讼法〉的解释》第181条第1款第（六）项，故，D正确。

综上所述，本题答案为BCD项。

王某系聋哑人，因涉嫌盗窃罪被提起公诉。关于本案，下列哪一选项是正确的？（2016－2－28）

A. 讯问王某时，如有必要可通知通晓聋哑手势的人参加

B. 王某没有委托辩护人，应通知法律援助机构指派律师为其提供辩护

C. 辩护人经通知未到庭，经王某同意，法院决定开庭审理

D. 因事实清楚且王某认罪，实行独任审判

答案（　　　）①

参考答案：①B

【考点】本题综合考查证据的审查、判断,法律援助,辩护人出庭,简易程序适用条件综合。

【解析】A 项,《公安机关办理刑事案件程序规定》第 199 条规定:“讯问聋、哑的犯罪嫌疑人,应当有通晓聋、哑手势的人参加,并在讯问笔录上注明犯罪嫌疑人的聋、哑情况,以及翻译人员的姓名、工作单位和职业。

讯问不通晓当地语言文字的犯罪嫌疑人,应当配备翻译人员。”

可见,A 错误。不是“如有必要可通知”,而是“应当”通知。

B 项,《刑事诉讼法》第 34 条第 2 款规定:“**犯罪嫌疑人、被告人是盲、聋、哑人,或者是尚未完全丧失辨认或者控制自己行为能力的精神病人,没有委托辩护人的,人民法院、人民检察院和公安机关应当通知法律援助机构指派律师为其提供辩护。**”可见,B 正确。

C 项,《最高人民法院关于适用〈中华人民共和国刑事诉讼法〉的解释》第 188 条第 2 款规定:“辩护人经通知未到庭,被告人同意的,人民法院可以开庭审理,但被告人属于应当提供法律援助情形的除外。”本案中,王某系聋哑人,属于应当法律援助情形,应当保障辩护人帮助。C 错误。

D 项,《最高人民法院关于适用〈中华人民共和国刑事诉讼法〉的解释》第 290 条规定:“具有下列情形之一的,不适用简易程序:

(一)被告人是盲、聋、哑人;

(二)被告人是尚未完全丧失辨认或者控制自己行为能力的精神病人;

(三)有重大社会影响的;

(四)共同犯罪案件中部分被告人不认罪或者对适用简易程序有异议的;

(五)辩护人作无罪辩护的;

(六)被告人认罪但经审查认为可能不构成犯罪的;

(七)不宜适用简易程序审理的其他情形。”

本案中,王某系聋哑人,不适用简易程序。而只有简易程序才可能由审判员一人独任审理。故,D 错误。

综上所述,本题应当选 B。

下列哪一选项属于刑事诉讼中适用中止审理的情形?(2012-2-31,单选)

A. 由于申请回避而不能进行审判的

B. 需要重新鉴定的

C. 被告人患有严重疾病,长时间无法出庭的

D. 检察人员发现提起公诉的案件需要补充侦查,提出建议的

答案(　　　)①

【考点提示】本题表面上是考查中止审理的情形,实质是考查延期审理与中止审理的区别。延期审理的情形非常多,不容易背,考生可背过中止审理的情形。另外,延期审理用决定,中止审理用裁定。

【解析】《刑事诉讼法》第 200 条第 1 款规定:“在审判过程中,有下列情形之一,致使案件在较长时间内无法继续审理的,可以中止审理:(一)被告人患有严重疾病,无法出庭的;(二)被告人脱逃的;(三)自诉人患有严重疾病,无法出庭,未委托诉讼代理人出庭的;(四)由于不能抗拒的原因。”

《刑事诉讼法》第 198 条规定:“在法庭审判过程中,遇有下列情形之一,影响审判进行的,可以延期审理:(一)需要通知新的证人到庭,调取新的物证,重新鉴定或者勘验的;(二)检察人员发现提起公诉

参考答案:①C

的案件需要补充侦查,提出建议的;(三)由于申请回避而不能进行审判的。"

考生除需要掌握上述法条外,还应当了解:延期审理使用决定,并多为诉讼程序自身的原因导致,且一般可以预见到下次开庭的时间。而中止审理使用裁定,并多为不可控制的诉讼之外的原因造成,且一般无法预见到下次开庭的时间。

ABD 项,回避、鉴定、补充侦查都是诉讼程序本身的问题,适用延期审理决定。ABD 错误。

C 项,疾病不是诉讼程序自身原因,而是无法控制的诉讼程序之外的原因,适用中止审理裁定。C 正确。

综上所述,本题答案为 C。

关于庭前会议,下列哪些选项是正确的?(2014-2-71,多选)

A. 被告人有参加庭前会议的权利

B. 被害人提起附带民事诉讼的,审判人员可在庭前会议中进行调解

C. 辩护人申请排除非法证据的,可在庭前会议中就是否排除作出决定

D. 控辩双方可在庭前会议中就出庭作证的证人名单进行讨论

答案(　　　)①

【考点提示】 本题考查庭前会议。2012 年修正,2013 年生效的《刑事诉讼法》确立的庭前会议制度,考生需要注意,庭前会议主要处理程序问题,不能处理实体问题,它不是第一审程序之前的模拟审判,它的功能只能是对案件"了解情况,听取意见"。

【解析】 A 项,《最高人民法院关于适用〈中华人民共和国刑事诉讼法〉的解释》第 183 条规定:"案件具有下列情形之一的,审判人员可以召开庭前会议:

(一)当事人及其辩护人、诉讼代理人申请排除非法证据的;

(二)证据材料较多、案情重大复杂的;

(三)社会影响重大的;

(四)需要召开庭前会议的其他情形。

召开庭前会议,根据案件情况,可以通知被告人参加。"

可见,根据案件情况可以通知被告人参加庭前会议,参加庭前会议并非是被告人的权利。A 错误。

BCD 项,《最高人民法院关于适用〈中华人民共和国刑事诉讼法〉的解释》第 184 条规定:"召开庭前会议,审判人员可以就下列问题向控辩双方了解情况,听取意见:

(一)是否对案件管辖有异议;

(二)是否申请有关人员回避;

(三)是否申请调取在侦查、审查起诉期间公安机关、人民检察院收集但未随案移送的证明被告人无罪或者罪轻的证据材料;

(四)是否提供新的证据;

(五)是否对出庭证人、鉴定人、有专门知识的人的名单有异议;

(六)是否申请排除非法证据;

(七)是否申请不公开审理;

(八)与审判相关的其他问题。

审判人员可以询问控辩双方对证据材料有无异议,对有异议的证据,应当在庭审时重点调查;无异议的,庭审时举证、质证可以简化。

参考答案:①BD

被害人或者其法定代理人、近亲属提起附带民事诉讼的，可以调解。

庭前会议情况应当制作笔录。”

根据该条第 3 款的规定，“被害人提起附带民事诉讼的，审判人员可在庭前会议中进行调解”。B 正确。

需要注意，召开庭前会议时，审判人员只能就是否申请排除非法证据向控辩双方了解情况，听取意见，不能对非法证据进行实体处理。C 错误。

根据该条第 1 款（五），D 正确。

综上所述，本题应当选 BD。

审理一起团伙犯罪案时，因涉及多个罪名和多名被告人、被害人，审判长为保障庭审秩序，提高效率，在法庭调查前告知控辩双方注意事项。下列哪些做法是错误的？（2012－2－69，多选）

A. 公诉人和被告人仅就刑事部分进行辩论，被害人和被告人仅就附带民事部分进行辩论

B. 控辩双方仅在法庭辩论环节就证据的合法性、相关性问题进行辩论

C. 控辩双方可就证据问题、事实问题、程序问题以及法律适用问题进行辩论

D. 为保证控方和每名辩护人都有发言时间，控方和辩方发表辩论意见时间不超过 30 分钟

答案（　　　）①

【考点提示】本题综合考查法庭辩论程序。

【解析】A 项，一般而言，公诉人和被告人仅就刑事部分进行辩论。但是，当检察机关代表公共利益对附带民事诉讼被告人提起附带民事诉讼时，也可以就附带民事诉讼部分进行辩论。此外，被害人和被告人通常会就刑事部分进行辩论，对附带民事诉讼部分进行辩论的通常是附带民事诉讼的原告和附带民事诉讼被告。故，A 错误。

B 项，庭审程序可以分为开庭、法庭调查、法庭辩论、被告人最后陈述、评议和宣判几个步骤。法庭辩论阶段是控辩双方进行辩论的核心阶段，但在法庭调查阶段，对于一方的举证，另一方有权进行质疑和辩论。简单说，法庭调查阶段也会出现一定程度的辩论。故，B 错误。

C 项，控辩双方辩论的范围没有严格限制，可以包含事实、证据、法律、程序等多个方面。C 正确。

D 项，为了查明案件事实，法院一般不会打断控辩双方的辩论，应当让控辩双方畅所欲言，法官居中听取并作出判断。法律中没有发言不超过 30 分钟的规定。D 错误。

综上所述，本题答案为 ABD。

甲女与乙男在某社交软件互加好友，手机网络聊天过程中，甲女多次向乙男发送暧昧言语和色情图片，表示可以提供有偿性服务。二人于酒店内见面后因价钱谈不拢而争吵，乙男强行将甲女留在房间内，并采用胁迫手段与其发生性关系。后甲女向公安机关报案，乙男则辩称双方系自愿发生性关系。本案后起诉至法院，关于本案审理程序，下列选项正确的是：（2016－2－96，不定项）

A. 应当不公开审理

B. 甲女因出庭作证而支出的交通、住宿的费用，法院应给予补助

C. 甲女可向法院提起附带民事诉讼要求乙男赔偿因受侵害而支出的医疗费

D. 公诉人讯问乙男后，甲女可就强奸的犯罪事实向乙男发问

答案（　　　）②

【考点提示】本题综合考查法庭调查程序。

参考答案：①ABD　②ACD

【解析】A 项,《刑事诉讼法》第 183 条规定:“人民法院审判第一审案件应当公开进行。但是有关国家秘密或者个人隐私的案件,不公开审理;涉及商业秘密的案件,当事人申请不公开审理的,可以不公开审理。

不公开审理的案件,应当当庭宣布不公开审理的理由。”

可见,本案涉及强奸犯罪,涉及个人隐私,应当不公开审理。A 正确。

B 项,《刑事诉讼法》第 63 条规定:“证人因履行作证义务而支出的交通、住宿、就餐等费用,应当给予补助。证人作证的补助列入司法机关业务经费,由同级政府财政予以保障。”本案中,甲不是证人,而是被害人,所以 B 错误。

C 项,《刑事诉讼法》第 99 条规定:“被害人由于被告人的犯罪行为而遭受物质损失的,在刑事诉讼过程中,有权提起附带民事诉讼。”显然,C 正确。

D 项,《最高人民法院关于适用〈中华人民共和国刑事诉讼法〉的解释》第 198 条规定:“在审判长主持下,公诉人可以就起诉书指控的犯罪事实讯问被告人。

经审判长准许,被害人及其法定代理人、诉讼代理人可以就公诉人讯问的犯罪事实补充发问;附带民事诉讼原告人及其法定代理人、诉讼代理人可以就附带民事部分的事实向被告人发问;被告人的法定代理人、辩护人,附带民事诉讼被告人及其法定代理人、诉讼代理人可以在控诉一方就某一问题讯问完毕后向被告人发问。”

可见,公诉人讯问乙男后,甲女可就强奸的犯罪事实向乙男发问,但需要实现经过审判长许可。D 正确。

综上所述,本题应当选 ACD。

法院在审理胡某持有毒品案时发现,胡某不仅持有毒品数量较大,而且向他人出售毒品,构成贩卖毒品罪。关于本案,下列哪一选项是正确的?(2016 -2 -36,单选)

A. 如胡某承认出售毒品,法院可直接改判

B. 法院可在听取控辩双方意见基础上直接改判

C. 法院可建议检察院补充或者变更起诉

D. 法院可建议检察院退回补充侦查

答案(　　　)①

【考点提示】本题考查审判期间,人民法院发现新的事实后的处理。

【解析】《最高人民法院关于适用〈中华人民共和国刑事诉讼法〉的解释》第 243 条规定:“审判期间,人民法院发现新的事实,可能影响定罪的,可以建议人民检察院补充或者变更起诉;人民检察院不同意或者在七日内未回复意见的,人民法院应当就起诉指控的犯罪事实,依照本解释第二百四十一条的规定作出判决、裁定。”

可见,本案中,法院认为胡某除了有持有毒品行为外,还涉嫌贩卖毒品,属于发现新的的犯罪事实,可以建议检察院补充或者变更起诉。C 正确。

综上所述,本题应当选 C。

关于对法庭审理中违反法庭秩序的人员可采取的措施,下列哪些选项是正确的?(2012 -2 -70,多选)

A. 警告制止　　　　B. 强行带出法庭

参考答案:①C

C. 只能在1000元以下处以罚款　　　　D. 只能在10日以下处以拘留

答案(　　　)①

【考点提示】本题考查法庭秩序。考生需要注意，只要违反法庭秩序的情节不算严重，就不能对违反法庭秩序的人采取司法拘留或者罚款措施。

【解析】《刑事诉讼法》第194条第1款规定："在法庭审判过程中，如果诉讼参与人或者旁听人员违反法庭秩序，审判长应当警告制止。对不听制止的，可以强行带出法庭；情节严重的，处以一千元以下的罚款或者十五日以下的拘留。罚款、拘留必须经院长批准。被处罚人对罚款、拘留的决定不服的，可以向上一级人民法院申请复议。复议期间不停止执行。"

可见，ABC都是对违反法庭秩序的不同程度的处理方式，正确。D项错在只能在10日以下处以拘留，应当是"15日"。D错误。

综上所述，答案为ABC。需要注意，本题出得不够严谨，因为C项"只能在1000元以下处以罚款"给人以只能处以罚款而不能处以司法拘留的错觉。考生无需纠结，只要把握题目背后的考点即可。

迅辉制药股份公司主要生产健骨消痛丸，公司法定代表人陆某指令保管员韩某采用不登记入库、销售人员打白条领取产品的方法销售，逃避缴税65万元。迅辉公司及陆某以逃税罪被起诉到法院。可以作为迅辉公司单位犯罪的诉讼代表人的是：(2013－2－92，不定项)

A. 公司法定代表人陆某　　　　B. 被单位委托的职工王某

C. 保管员韩某　　　　D. 公司副经理李某

答案(　　　)②

【考点提示】本题考查单位犯罪的审判程序。单位犯罪的相关程序近几年成为重点考查点，请考生重点复习。另外，请结合专题三诉讼参与人中的单位当事人一同学习。

【解析】《最高人民法院关于适用〈中华人民共和国刑事诉讼法〉的解释》第279条规定："被告单位的诉讼代表人，应当是法定代表人或者主要负责人；法定代表人或者主要负责人被指控为单位犯罪直接负责的主管人员或者因客观原因无法出庭的，应当由被告单位委托其他负责人或者职工作为诉讼代表人。但是，有关人员被指控为单位犯罪的其他直接责任人员或者知道案件情况、负有作证义务的除外。"

A项，陆某是单位犯罪的直接负责人，不能作为被告单位的诉讼代表人。A错误。

B项，在陆某不能作为被告单位的诉讼代表人时，被告单位可以委托职工王某为诉讼代表人。B正确。

C项，在陆某不能作为被告单位的诉讼代表人时，职工韩某要成为单位的诉讼代表人必须接受单位的委托。C错误。

D项，在陆某不能作为被告单位的诉讼代表人时，其他负责人李某要成为单位的诉讼代表人必须接受单位的委托。D错误。

综上所述，本题选B。

迅辉制药股份公司主要生产健骨消痛丸，公司法定代表人陆某指令保管员韩某采用不登记入库、销售人员打白条领取产品的方法销售，逃避缴税65万元。迅辉公司及陆某以逃税罪被起诉到法院。对迅辉公司财产的处置，下列选项正确的是：(2013－2－93，不定项)

A. 涉及违法所得及其孳息，尚未被追缴的，法院应当追缴

参考答案：①ABC　②B

B. 涉及违法所得及其孳息,尚未被查封、扣押、冻结的,法院应当查封、扣押、冻结

C. 为了保证判决的执行,对迅辉公司财产,法院应当先行查封、扣押、冻结

D. 如果迅辉公司能够提供担保,对其财产也可以不采取查封、扣押、冻结

答案(　　　)①

【考点提示】本题考查单位犯罪的审判程序。

【解析】AB项,《最高人民法院关于适用〈中华人民共和国刑事诉讼法〉的解释》第284条规定:"被告单位的违法所得及其孳息,尚未被依法追缴或者查封、扣押、冻结的,人民法院应当决定追缴或者查封、扣押、冻结。"

可见,AB正确。

CD项,《最高人民法院关于适用〈中华人民共和国刑事诉讼法〉的解释》第285条规定:"为保证判决的执行,人民法院可以先行查封、扣押、冻结被告单位的财产,或者由被告单位提出担保。"

可见,对迅辉公司财产,法院"可以"先行查封、扣押、冻结而不是"应当"。C错误。如果迅辉公司能够提供担保,对其财产也可以不采取查封、扣押、冻结。D正确。

综上所述,本题选ABD。

迅辉制药股份公司主要生产健骨消痛丸,公司法定代表人陆某指令保管员韩某采用不登记入库、销售人员打白条领取产品的方法销售,逃避缴税65万元。迅辉公司及陆某以逃税罪被起诉到法院。如迅辉公司在案件审理期间发生下列变故,法院的做法正确的是:(2013-2-94,不定项)

A. 公司被撤销,不能免除单位和单位主管人员的刑事责任

B. 公司被注销,对单位不再追诉,对主管人员继续审理

C. 公司被合并,仍应将迅辉公司列为被告单位,并以其在新单位的财产范围承担责任

D. 公司被分立,应将分立后的单位列为被告单位,并以迅辉公司在新单位的财产范围承担责任

答案(　　　)②

【考点提示】本题考查单位犯罪的审判程序。

【解析】AB项,《最高人民法院关于适用〈中华人民共和国刑事诉讼法〉的解释》第286条规定:"审判期间,被告单位被撤销、注销、吊销营业执照或者宣告破产的,对单位犯罪直接负责的主管人员和其他直接责任人员应当继续审理。"

可见,公司被撤销、注销,对单位不再继续追诉。A错误,B正确。

CD项,《最高人民法院关于适用〈中华人民共和国刑事诉讼法〉的解释》第287条规定:"审判期间,被告单位合并、分立的,应当将原单位列为被告单位,并注明合并、分立情况。对被告单位所判处的罚金以其在新单位的财产及收益为限。"

可见,公司被合并或者分立的,仍应将迅辉公司列为被告单位,但应以其在新单位的财产范围承担责任。C正确,D错误。

综上所述,本题选BC。

在单位犯罪案件的审理程序中,如被告单位的诉讼代表人与被指控为单位犯罪直接负责的主管人员是同一人,应当由下列哪一主体另行确定被告单位诉讼代表人?(2009-2-31,单选)

A. 被告单位

B. 被告单位的直接主管机关

参考答案:①ABD　②BC

C. 检察院

D. 法院

答案(　　　)①

【考点提示】本题考查单位犯罪的诉讼代表人。

【解析】《最高人民法院关于适用〈中华人民共和国刑事诉讼法〉的解释》第279条规定:"被告单位的诉讼代表人,应当是法定代表人或者主要负责人;法定代表人或者主要负责人被指控为单位犯罪直接负责的主管人员或者因客观原因无法出庭的,应当由被告单位委托其他负责人或者职工作为诉讼代表人。但是,有关人员被指控为单位犯罪的其他直接责任人员或者知道案件情况、负有作证义务的除外。"

《最高人民法院关于适用〈中华人民共和国刑事诉讼法〉的解释》第280条第2款规定:"被告单位的诉讼代表人不出庭的,应当按照下列情形分别处理:

(一)诉讼代表人系被告单位的法定代表人或者主要负责人,无正当理由拒不出庭的,可以拘传其到庭;因客观原因无法出庭,或者下落不明的,应当要求人民检察院另行确定诉讼代表人;

(二)诉讼代表人系被告单位的其他人员的,应当要求人民检察院另行确定诉讼代表人出庭。"

可见,需要另行寻找诉讼代表人时,应当由被告人单位"委托",检察院"确定"。相当于被告单位另行找的诉讼代表人需要经过检察院的审查。所以C正确,ABD错误。

综上所述,本题正确答案为C。

法院审理郑某涉嫌滥用职权犯罪案件,在宣告判决前,检察院发现郑某和张某接受秦某巨款,涉嫌贿赂犯罪。对于新发现犯罪嫌疑人和遗漏罪行的处理,下列哪些做法是正确的?(2013－2－66,多选)

A. 法院可以主动将张某、秦某追加为被告人一并审理

B. 检察院可以补充起诉郑某、张某和秦某的贿赂犯罪

C. 检察院可以将张某、秦某追加为被告人,要求法院一并审理

D. 检察院应当撤回起诉,将三名犯罪嫌疑人以两个罪名重新起诉

答案(　　　)②

【考点提示】本题考查法院判决宣告前发现被告人还有新罪或者漏罪的处理程序。

【解析】A项,法院受制于不告不理原则,不可以主动将张某、秦某追加为被告人一并审理。A错误。

BC项,《人民检察院刑事诉讼法规则(试行)》第458条规定:"在人民法院宣告判决前,人民检察院发现被告人的真实身份或者犯罪事实与起诉书中叙述的身份或者指控犯罪事实不符的,或者事实、证据没有变化,但罪名、适用法律与起诉书不一致的,可以变更起诉;发现遗漏的同案犯罪嫌疑人或者罪行可以一并起诉和审理的,可以追加、补充起诉。"

本题中,检察院在判决宣告前发现郑某和张某涉嫌贿赂犯罪,属于发现遗漏的罪行、同案犯罪嫌疑人的情形,检察院可以追加、补充起诉。故,BC正确。

D项,检察院无需撤回起诉,只需追加、补充起诉即可。D错误。

综上所述,本题选BC。

辩护律师在庭审中对控方证据提出异议,主张这些证据不得作为定案依据。对下列哪些证据的异议,法院应当予以支持?(2016－2－68,多选)

A. 因证人拒不到庭而无法当庭询问的证人证言

B. 被告人提供了有关刑讯逼供的线索及材料,但公诉人不能证明讯问合法的被告人庭前供述

参考答案:①C　②BC

C. 工商行政管理部门关于查处被告人非法交易行为时的询问笔录

D. 侦查人员在办案场所以外的地点询问被害人所获得的被害人陈述

答案(　　)①

【考点提示】本题综合考查法庭调查程序和证据的审查、运用,是典型的综合性考题。

【解析】A 项,《最高人民法院关于适用〈中华人民共和国刑事诉讼法〉的解释》第 78 条第 3 款规定:"经人民法院通知,证人没有正当理由拒绝出庭或者出庭后拒绝作证,法庭对其证言的真实性无法确认的,该证人证言不得作为定案的根据。"证人拒不出庭,其庭前证言并非不得作为定案根据,除非法庭对其证言的真实性无法确认。A 错误。

B 项,《最高人民法院关于适用〈中华人民共和国刑事诉讼法〉的解释》第 102 条第 1 款规定:"经审理,确认或者不能排除存在刑事诉讼法第五十四条规定的以非法方法收集证据情形的,对有关证据应当排除。"B 中,公诉人不能证明讯问合法,意味着不能排除存在非法方法收集证据的可能,获取的庭前供述应当予以排除。B 正确。

C 项,《最高人民法院关于适用〈中华人民共和国刑事诉讼法〉的解释》第 65 条第 1 款规定:"行政机关在行政执法和查办案件过程中收集的物证、书证、视听资料、电子数据等证据材料,在刑事诉讼中可以作为证据使用;经法庭查证属实,且收集程序符合有关法律、行政法规规定的,可以作为定案的根据。"可见,行政证据转化为刑事证据,主要转化实物证据。言词证据一般需要重新收集,不能直接转化为刑事证据。C 中工商行政管理部门属于行政部门,收集的询问笔录属于言词证据,不能直接作为刑事证据使用。C 正确。

D 项,《公安机关办理刑事案件程序规定》第 205 条第 1 款规定:"询问证人、被害人,可以在现场进行,也可以到证人、被害人所在单位、住处或者证人、被害人提出的地点进行。在必要的时候,可以通知证人、被害人到公安机关提供证言。"可见,在办案场所之外如被害人的单位、住处等地点询问被害人是合法的。D 错误。

综上所述,本题应当选 BC。

检察院以抢夺罪向法院提起公诉,法院经审理后查明被告人构成抢劫罪。关于法院的做法,下列哪一选项是正确的?(2013-2-39,单选)

A. 应当建议检察院改变起诉罪名,不能直接以抢劫罪定罪

B. 可以直接以抢劫罪定罪,不必建议检察院改变起诉罪名

C. 只能判决无罪,检察院应以抢劫罪另行起诉

D. 应当驳回起诉,检察院应以抢劫罪另行起诉

答案(　　)②

【考点提示】本题考查判决程序。起诉的罪名与审理认定的罪名不一致的,法院有权按照审理认定的罪名作出判决。

【解析】《最高人民法院关于适用〈中华人民共和国刑事诉讼法〉的解释》第 241 条规定:"对第一审公诉案件,人民法院审理后,应当按照下列情形分别作出判决、裁定:

(一)起诉指控的事实清楚,证据确实、充分,依据法律认定指控被告人的罪名成立的,应当作出有罪判决;

(二)起诉指控的事实清楚,证据确实、充分,指控的罪名与审理认定的罪名不一致的,应当按照审

参考答案:①BC　②B

理认定的罪名作出有罪判决；

（三）案件事实清楚，证据确实、充分，依据法律认定被告人无罪的，应当判决宣告被告人无罪；

（四）证据不足，不能认定被告人有罪的，应当以证据不足、指控的犯罪不能成立，判决宣告被告人无罪；

（五）案件部分事实清楚，证据确实、充分的，应当作出有罪或者无罪的判决；对事实不清、证据不足部分，不予认定；

（六）被告人因不满十六周岁，不予刑事处罚的，应当判决宣告被告人不负刑事责任；

（七）被告人是精神病人，在不能辨认或者不能控制自己行为时造成危害结果，不予刑事处罚的，应当判决宣告被告人不负刑事责任；

（八）犯罪已过追诉时效期限且不是必须追诉，或者经特赦令免除刑罚的，应当裁定终止审理；

（九）被告人死亡的，应当裁定终止审理；根据已查明的案件事实和认定的证据，能够确认无罪的，应当判决宣告被告人无罪。

具有前款第二项规定情形的，人民法院应当在判决前听取控辩双方的意见，保障被告人、辩护人充分行使辩护权。必要时，可以重新开庭，组织控辩双方围绕被告人的行为构成何罪进行辩论”。

本题中，“检察院以抢夺罪向法院提起公诉，法院经审理后查明被告人构成抢劫罪”符合上述（二），法院应当按照审理认定的罪名直接定罪，故，法院可以直接以抢劫罪定罪。B 正确，ACD 错误。

综上所述，本题选 B。

检察院以涉嫌盗窃罪对赵某提起公诉。经审理，法院认为证明指控事实的证据间存在矛盾且无法排除，同时查明赵某年龄认定有误，该案发生时赵某未满 16 周岁。关于本案，法院应当采取下列哪一做法？（2009－2－34，单选）

A. 将案件退回检察院　　　　B. 终止审理

C. 作证据不足、指控的犯罪不能成立的无罪判决　　　　D. 判决宣告赵某不负刑事责任

答案（　　　）①

【考点提示】本题考查判决程序。请考生注意，如果被告人因不满 16 周岁不予刑事处罚或者被告人是不能控制自己行为的精神病人的，法院应当判决宣告被告人不负刑事责任。

【解析】A 项，《最高人民法院关于适用〈中华人民共和国刑事诉讼法〉的解释》第 181 条规定：“人民法院对提起公诉的案件审查后，应当按照下列情形分别处理：（一）属于告诉才处理的案件，应当退回人民检察院，并告知被害人有权提起自诉；（二）不属于本院管辖或者被告人不在案的，应当退回人民检察院；（三）不符合前条第二项至第八项规定之一，需要补充材料的，应当通知人民检察院在三日内补送；（四）依照刑事诉讼法第一百九十五条第三项规定宣告被告人无罪后，人民检察院根据新的事实、证据重新起诉的，应当依法受理；（五）依照本解释第二百四十二条规定裁定准许撤诉的案件，没有新的事实、证据，重新起诉的，应当退回人民检察院；（六）符合刑事诉讼法第十五条第二项至第六项规定情形的，应当裁定终止审理或者退回人民检察院；（七）被告人真实身份不明，但符合刑事诉讼法第一百五十八条第二款规定的，应当依法受理。对公诉案件是否受理，应当在七日内审查完毕。”可见，本案已经到了审判的判决阶段，不能再将案件退回检察院。故，A 错误。

BC 项，《最高人民法院关于适用〈中华人民共和国刑事诉讼法〉的解释》第 241 条规定：“对第一审公诉案件，人民法院审理后，应当按照下列情形分别作出判决、裁定：（一）起诉指控的事实清楚，证据确实、充分，依据法律认定指控被告人的罪名成立的，应当作出有罪判决；（二）起诉指控的事实清楚，证据确实、充

参考答案：①C

分，指控的罪名与审理认定的罪名不一致的，应当按照审理认定的罪名作出有罪判决；（三）案件事实清楚，证据确实、充分，依据法律认定被告人无罪的，应当判决宣告被告人无罪；（四）证据不足，不能认定被告人有罪的，应当以证据不足、指控的犯罪不能成立，判决宣告被告人无罪；（五）案件部分事实清楚，证据确实、充分的，应当作出有罪或者无罪的判决；对事实不清、证据不足部分，不予认定；（六）被告人因不满十六周岁，不予刑事处罚的，应当判决宣告被告人不负刑事责任；（七）被告人是精神病人，在不能辨认或者不能控制自己行为时造成危害结果，不予刑事处罚的，应当判决宣告被告人不负刑事责任；（八）犯罪已过追诉时效期限且不是必须追诉，或者经特赦令免除刑罚的，应当裁定终止审理；（九）被告人死亡的，应当裁定终止审理；根据已查明的案件事实和认定的证据，能够确认无罪的，应当判决宣告被告人无罪。……”

本案中，法院发现指控事实的证据间存在矛盾且无法排除，属于上述情形（四），应当做无罪宣告。至于年龄是否有误不是关键问题可不考虑。C 正确，B 错误。

D 项，不负刑事责任的判决专指《最高人民法院关于适用〈中华人民共和国刑事诉讼法〉的解释》第241 条（六）和（七）即未成年人和精神病人两种情形。而本题中，法院认为证据不足，不能认定被告人有罪的，应当以证据不足、指控的犯罪不能成立，判决宣告被告人无罪。年龄因素可不再考虑。D 错误。

综上所述，本题答案为 C。

36. 关于我国刑事诉讼中起诉与审判的关系，下列哪一选项是正确的？（2015－2－36，单选）

A. 自诉人提起自诉后，在法院宣判前，可随时撤回自诉，法院应准许

B. 法院只能就起诉的罪名是否成立作出裁判

C. 在法庭审理过程中，法院可建议检察院补充、变更起诉

D. 对检察院提起公诉的案件，法院判决无罪后，检察院不能再次起诉

答案（　　　）①

【考点】 本题综合考查起诉与审判制度。

【解析】 A 项，《最高人民法院关于适用〈中华人民共和国刑事诉讼法〉的解释》第 272 条：“判决宣告前，自诉案件的当事人可以自行和解，自诉人可以撤回自诉。

人民法院经审查，认为和解、撤回自诉确属自愿的，应当裁定准许；认为系被强迫、威吓等，并非出于自愿的，不予准许”。

可见，A 项错在“法院应准许”，法院还要审查撤诉的自愿性。

B 项，一般来说，法院受制于不告不理原则，法院只能就起诉的罪名是否成立作出裁判。但是，如果起诉指控的事实清楚，证据确实、充分，指控的罪名与审理认定的罪名不一致的，应当按照审理认定的罪名作出有罪判决。故，B 错误。

C 项，《最高人民法院关于适用〈中华人民共和国刑事诉讼法〉的解释》第 243 条规定，“审判期间，人民法院发现新的事实，可能影响定罪的，可以建议人民检察院补充或者变更起诉”。故，C 正确。

D 项，因证据不足宣告被告人无罪后，人民检察院根据新的事实、证据重新起诉，人民法院受理的，应当在判决中写明被告人曾被人民检察院提起公诉，因证据不足，指控的犯罪不能成立，被人民法院依法判决宣告无罪的情况；前案作出的判决不予撤销。可见，对检察院提起公诉的案件，法院判决无罪后，检察院如果有新的证据，还是可以再次起诉的。D 错误。

综上所述，本题应当选 C。

某国有银行涉嫌违法发放贷款造成重大损失，该行行长因系直接负责的主管人员也被追究刑事责

参考答案：①C

任,信贷科科长齐某因较为熟悉银行贷款业务被确定为单位的诉讼代表人。关于本案审理程序,下列哪一选项是正确的?(2015-2-37,单选)

A. 如该案在开庭审理前召开庭前会议,应通知齐某参加

B. 齐某无正当理由拒不出庭的,可拘传其到庭

C. 齐某可当庭拒绝银行委托的辩护律师为该行辩护

D. 齐某没有最后陈述的权利

答案( )①

【考点提示】本题综合考查庭前会议、一审具体程序。

【解析】A项,法院可以通知被告人参加。也就是说,被告人参加与否需要法院视情况决定,参加庭前会议并非被告人的权利。所以在A中,法院"应"通知齐某参加,错误。

B项,《最高人民法院关于适用〈中华人民共和国刑事诉讼法〉的解释》第280条规定,"诉讼代表人系被告单位的法定代表人或者主要负责人,无正当理由拒不出庭的,可以拘传其到庭"。但本案中,信贷科科长齐某是"因较为熟悉银行贷款业务"而被确定为单位的诉讼代表人。也就是说,齐某并非"被告单位的法定代表人或者主要负责人",故对齐某不得拘传。B错误。

C项,《最高人民法院关于适用〈中华人民共和国刑事诉讼法〉的解释》第254条规定,"被告人当庭拒绝辩护人辩护,要求另行委托辩护人或者指派律师的,合议庭应当准许"。C中,齐某作为单位被告人,可当庭拒绝银行委托的辩护律师为该行辩护,正确。

D项,最后陈述是被告人的一项基本诉讼权利,即使适用简易程序也不能剥夺。被告人可以区分为自然人被告人和单位被告人,齐某作为单位被告人,有权进行最后陈述。D错误。

综上所述,本题应当选C。

被告人刘某在案件审理期间死亡,法院作出终止审理的裁定。其亲属坚称刘某清白,要求法院作出无罪判决。对于本案的处理,下列哪些选项是正确的?(2013-2-74,多选)

A. 应当裁定终止审理

B. 根据已查明的案件事实和认定的证据,能够确认无罪的,应当判决宣告刘某无罪

C. 根据刘某亲属要求,应当撤销终止审理的裁定,改判无罪

D. 根据刘某亲属要求,应当以审判监督程序重新审理该案

答案( )②

【考点提示】本题考查法院审判程序。实质考查《刑事诉讼法》第15条规定的法定不追究刑事责任的情形,还考查了审判监督程序的启动。

【解析】AB项,《刑事诉讼法》第15条的规定:"有下列情形之一的,不追究刑事责任,已经追究的,应当撤销案件,或者不起诉,或者终止审理,或者宣告无罪:

(一)情节显著轻微、危害不大,不认为是犯罪的;

(二)犯罪已过追诉时效期限的;

(三)经特赦令免除刑罚的;

(四)依照刑法告诉才处理的犯罪,没有告诉或者撤回告诉的;

(五)犯罪嫌疑人、被告人死亡的;

(六)其他法律规定免予追究刑事责任的。"

参考答案:①C ②AB

可见，被告人刘某在案件审理期间死亡，法院应当作出终止审理的裁定，根据已查明的案件事实和认定的证据，能够确认无罪的，应当判决宣告被告人无罪。AB 正确。

CD 项，《刑事诉讼法》第 242 条规定："当事人及其法定代理人、近亲属的申诉符合下列情形之一的，人民法院应当重新审判：

（一）有新的证据证明原判决、裁定认定的事实确有错误，可能影响定罪量刑的；

（二）据以定罪量刑的证据不确实、不充分、依法应当予以排除，或者证明案件事实的主要证据之间存在矛盾的；

（三）原判决、裁定适用法律确有错误的；

（四）违反法律规定的诉讼程序，可能影响公正审判的；

（五）审判人员在审理该案件的时候，有贪污受贿，徇私舞弊，枉法裁判行为的。"

本题中，刘某亲属坚称刘某清白，属于申诉。申诉即伸冤、喊冤，申诉只有符合上述法定条件时才能引起审判监督程序。故，法院不可能根据其亲属的申诉马上"撤销终止审理的裁定，改判无罪"或者"以审判监督程序重新审理该案"。CD 错误。

综上所述，本题选 AB。

考点2　自诉案件第一审程序

关于自诉案件的和解和调解，下列哪些说法是正确的？（2011－2－72，多选）

A. 和解和调解适用于自诉案件

B. 和解和调解都适用于告诉才处理和被害人有证据证明的轻微案件

C. 和解和调解应当制作调解书、和解协议，由审判人员和书记员署名并加盖法院印章

D. 对于当事人已经签收调解书或法院裁定准许自诉人撤诉的案件，被告人被羁押的，应当予以解除

答案（　　）①

【考点提示】本题考查自诉案件第一审程序中的和解与调解程序。

【解析】法律根据：

《刑事诉讼法》第 206 条第 1 款规定："人民法院对自诉案件，可以进行调解；自诉人在宣告判决前，可以同被告人自行和解或者撤回自诉。本法第二百零四条第三项规定的案件不适用调解。"

《最高人民法院关于适用〈中华人民共和国刑事诉讼法〉的解释》第 271 条规定："人民法院审理自诉案件，可以在查明事实、分清是非的基础上，根据自愿、合法的原则进行调解。调解达成协议的，应当制作刑事调解书，由审判人员和书记员署名，并加盖人民法院印章。调解书经双方当事人签收后，即具有法律效力。调解没有达成协议，或者调解书签收前当事人反悔的，应当及时作出判决。

刑事诉讼法第二百零四条第三项规定的案件（第三类自诉案件：公诉转自诉）不适用调解。"

《最高人民法院关于适用〈中华人民共和国刑事诉讼法〉的解释》第 272 条规定："判决宣告前，自诉案件的当事人可以自行和解，自诉人可以撤回自诉。

人民法院经审查，认为和解、撤回自诉确属自愿的，应当裁定准许；认为系被强迫、威吓等，并非出于自愿的，不予准许。"

参考答案：①BD

《最高人民法院关于适用〈中华人民共和国刑事诉讼法〉的解释》第273条规定："裁定准许撤诉或者当事人自行和解的自诉案件，被告人被采取强制措施的，人民法院应当立即解除。"

《刑事诉讼法》第207条规定："自诉案件的被告人在诉讼过程中，可以对自诉人提起反诉。反诉适用自诉的规定。"

《最高人民法院关于适用〈中华人民共和国刑事诉讼法〉的解释》第277条规定："告诉才处理和被害人有证据证明的轻微刑事案件的被告人或者其法定代理人在诉讼过程中，可以对自诉人提起反诉。反诉必须符合下列条件：

（一）反诉的对象必须是本案自诉人；

（二）反诉的内容必须是与本案有关的行为；

（三）反诉的案件必须符合本解释第一条第一项、第二项的规定。

反诉案件适用自诉案件的规定，应当与自诉案件一并审理。自诉人撤诉的，不影响反诉案件的继续审理。"

《最高人民法院关于适用〈中华人民共和国刑事诉讼法〉的解释》第270条规定："自诉案件，符合简易程序适用条件的，可以适用简易程序审理。

不适用简易程序审理的自诉案件，参照适用公诉案件第一审普通程序的有关规定。"

本题解析：

综上可见，第一，自诉案件"可以"："调解"、"和解"、"撤诉"、"简易"、"反诉"。第二，第三类自诉案件不适用"调解"，不可"反诉"。

因此，A项，"和解和调解适用于自诉案件"的表述过于片面，因为第三类自诉案件不适用调解。A错误。

B项，第一类和第二类自诉案件可以和解和调解，正确。

C项，根据《最高人民法院关于适用〈中华人民共和国刑事诉讼法〉的解释》第271条的规定，调解达成协议的，应当制作刑事调解书，由审判人员和书记员署名，并加盖人民法院印章。没有涉及和解，C错误。

D项，符合上述《最高人民法院关于适用〈中华人民共和国刑事诉讼法〉的解释》第273条的规定，正确。

综上所述，BD正确。

某法院在审理张某自诉伤害案中，发现被告人还实施过抢劫。对此，下列哪一做法是正确的？（2010－2－31，单选）

A. 继续审理伤害案，将抢劫案移送有管辖权的公安机关

B. 鉴于伤害案属于可以公诉的案件，将伤害案与抢劫案一并移送有管辖权的公安机关

C. 继续审理伤害案，建议检察院对抢劫案予以起诉

D. 对伤害案延期审理，待检察院对抢劫案起诉后一并予以审理

答案（　　　）①

【考点提示】本题考查公诉案件与自诉案件竞合的处理程序。注意与管辖专题中公安机关、人民检察院和人民法院立案管辖竞合知识点结合学习。

【解析】《最高人民法院关于适用〈中华人民共和国刑事诉讼法〉的解释》第194条的规定："被告人实施的两个以上的犯罪行为，分别属于公诉案件和自诉案件的，人民法院可以在审理公诉案件时，对自诉案件一并审理。"

可以进行以下分析：被告人实施了两个以上的犯罪行为，分别属于公诉案件和自诉案件的，分不同

参考答案：①A

情况区别对待:1. 人民法院在审理公诉案件时,原告人提起自诉案件的,法院可以对原告人提起的自诉案件一并审理;2. 法院在审理自诉案件的过程中发现被告人有属于公诉案件的犯罪行为的,应当将新发现的案件另案移送有管辖权的公安机关、检察院处理。

本题中,法院审理的是属于自诉案件的伤害案,而发现的抢劫行为属于需要立案侦查才能查明的公诉案件,依据管辖分工的有关规定,应由公安机关立案侦查。因此,人民法院应当将抢劫案移送公安机关侦查,对伤害案继续审理。所以 A 正确,BCD 错误。

综上所述,本题答案为 A。

关于自诉案件,下列哪一选项是正确的?(2009-2-33,单选)

A. 法院都可以进行调解　　B. 当事人在宣告判决前,可以自行和解

C. 被告人在诉讼过程中可以提起反诉　　D. 只能由被害人亲自告诉

答案(　　)①

【考点提示】 本题考查自诉案件第一审程序的特点。

【解析】 自诉案件分为三类:告诉才处理案件、被害人有证据证明的轻微刑事案件,公诉转自诉案件。

自诉案件有五个可以和两个不行。也就是说,可以调解、和解、撤诉、反诉、适用简易程序。其中,公诉转自诉的案件不可以调解、不可以反诉。

故,A 项说都可以调解,错误。C 项说自诉案件可以反诉过于绝对,错误。B 项说可以和解,正确。D 项,《最高人民法院关于适用〈中华人民共和国刑事诉讼法〉的解释》第 260 条规定,自诉案件案件中,如果被害人死亡、丧失行为能力或者因受强制、威吓等无法告诉,或者是限制行为能力人以及因年老、患病、盲、聋、哑等不能亲自告诉,其法定代理人、近亲属告诉或者代为告诉的,人民法院应当依法受理。据此,在特殊情况下,被害人的法定代理人、近亲属亦可代为告诉,选项 D 错误。

综上所述,本题答案是 B 项。

关于自诉案件的程序,下列哪一选项是正确的?(2014-2-37,单选)

A. 不论被告人是否羁押,自诉案件与普通公诉案件的审理期限都相同

B. 不论在第一审程序还是第二审程序中,在宣告判决前,当事人都可和解

C. 不论当事人在第一审还是第二审审理中提出反诉的,法院都应当受理

D. 在第二审程序中调解结案的,应当裁定撤销第一审裁判

答案(　　)②

【考点提示】 本题综合考查自诉案件第一审的具体程序。

【解析】 A 项,《刑事诉讼法》第 206 条第 2 款规定:"人民法院审理自诉案件的期限,被告人被羁押的,适用本法第二百零二条第一款、第二款[③]的规定;未被羁押的,应当在受理后六个月以内宣判。"可见,对于未被羁押的,审限与公诉案件的不同。A 错误。

BC 项,根据《刑事诉讼法》及相关司法解释的规定,自诉案件的特点见下表:

特点	可以(1)调解;(2)和解;(3)撤回自诉;(4)反诉;(5)适用简易程序	公诉转自诉的案件,不可以调解,也不可以反诉

参考答案:①B　②B

③《刑事诉讼法》第 202 条第 1 款:"人民法院审理公诉案件,应当在受理后二个月以内宣判,至迟不得超过三个月。对于可能判处死刑的案件或者附带民事诉讼的案件,以及有本法第一百五十六条规定情形之一的,经上一级人民法院批准,可以延长三个月;因特殊情况还需要延长的,报请最高人民法院批准。"

《刑事诉讼法》第 202 条第 2 款:"人民法院改变管辖的案件,从改变后的人民法院收到案件之日起计算审理期限。"

可见,B 正确。

C 错在两个方面,第一,根据上表,第三类自诉案件即公诉转自诉的案件不可以反诉。第二,《最高人民法院关于适用〈中华人民共和国刑事诉讼法〉的解释》第 334 条规定:“第二审期间,自诉案件的当事人提出反诉的,应当告知其另行起诉。”可见,C 错误。

D 项,《最高人民法院关于适用〈中华人民共和国刑事诉讼法〉的解释》第 333 条规定:“对第二审自诉案件,必要时可以调解,当事人也可以自行和解。调解结案的,应当制作调解书,第一审判决、裁定视为自动撤销;当事人自行和解的,应当裁定准许撤回自诉,并撤销第一审判决、裁定。”可见,调解结案的,第一审判决、裁定“视为”自动撤销,而非“裁定”撤销。D 错误。

综上所述,本题应当选 B。

方某涉嫌在公众场合侮辱高某和任某,高某向法院提起自诉。关于本案的审理,下列哪些选项是正确的?(2014 -2 -72,多选)

A. 如果任某担心影响不好不愿起诉,任某的父亲可代为起诉

B. 法院通知任某参加诉讼并告知其不参加的法律后果,任某仍未到庭,视为放弃告诉,该案宣判后,任某不得再行自诉

C. 方某的弟弟系该案关键目击证人,经法院通知其无正当理由不出庭作证的,法院可强制其到庭

D. 本案应当适用简易程序审理

答案(　　　)①

【考点提示】 本题综合考查自诉案件第一审的具体程序。

【解析】 A 项,《最高人民法院关于适用〈中华人民共和国刑事诉讼法〉的解释》第 260 条第 1 款规定:“本解释第一条规定的案件,如果被害人死亡、丧失行为能力或者因受强制、威吓等无法告诉,或者是限制行为能力人以及因年老、患病、盲、聋、哑等不能亲自告诉,其法定代理人、近亲属告诉或者代为告诉的,人民法院应当依法受理。”可见,任某只是担心影响不好不愿起诉,不属于该条文中所列情形,其父亲不能代为起诉。A 错误。

B 项,《最高人民法院关于适用〈中华人民共和国刑事诉讼法〉的解释》第 266 条第 2 款规定:“共同被害人中只有部分人告诉的,人民法院应当通知其他被害人参加诉讼,并告知其不参加诉讼的法律后果。被通知人接到通知后表示不参加诉讼或者不出庭的,视为放弃告诉。第一审宣判后,被通知人就同一事实又提起自诉的,人民法院不予受理。但是,当事人另行提起民事诉讼的,不受本解释限制。”可知,任某放弃告诉,该案宣判后,不得再行自诉,但可以另行提起民事诉讼。B 正确。

C 项,《刑事诉讼法》第 188 条规定:“经人民法院通知,证人没有正当理由不出庭作证的,人民法院可以强制其到庭,但是被告人的配偶、父母、子女除外。”可见,弟弟不属于“配偶、父母、子女”的范围,如果拒不出庭作证,法院可以强制其到庭。C 正确。

D 项,《最高人民法院关于适用〈中华人民共和国刑事诉讼法〉的解释》第 270 条规定:“自诉案件,符合简易程序适用条件的,可以适用简易程序审理。不适用简易程序审理的自诉案件,参照适用公诉案件第一审普通程序的有关规定。”可见,适用简易程序是“可以”,而非“应当”。D 说本案“应当”适用简易程序审理,错误。

综上所述,本题应当选 BC。

下列哪些案件法院审理时可以调解?(2010 -2 -74,多选)

参考答案:①BC

A.《刑法》规定告诉才处理的案件
B. 被害人有证据证明的轻微刑事案件
C. 检察院决定不起诉后被害人提起自诉的案件
D. 刑事诉讼中的附带民事诉讼案件

答案(　　　)①

【考点提示】本题综合考查自诉案件第一审程序的特点及附带民事诉讼的调解。

【解析】AB项,自诉案件有五个可以和两个不行。也就是说,自诉案件可以调解、和解、撤回自诉、提起反诉和适用简易程序。但是自诉案件的第三类,公诉转自诉案件不适用调解和反诉。故,AB正确。

C项,属于自诉案件的第三类,公诉转自诉案件,不适用调解。C错误。此外,C项的表述不够严谨。因为,C项的表述"检察院决定不起诉后被害人提起自诉的案件"也可以被理解为第二类自诉案件即"检察院没有提起公诉,被害人有证据证明的轻微刑事案件"。如果是第二类自诉案件的情形,就可以调解了。考生无需纠结,掌握知识点即可。

D项,《刑事诉讼法》第101条规定:"人民法院审理附带民事诉讼案件,可以进行调解或者根据物质损失情况作出判决裁定。"可见,刑事诉讼中的附带民事诉讼案件可以进行调解。D正确。

综上所述,本题答案为ABD。

考点3　简易程序

下列哪一情形不得适用简易程序?(2012-2-32,单选)

A. 未成年人案件
B. 共同犯罪案件
C. 有重大社会影响的案件
D. 被告人没有辩护人的案件

答案(　　　)②

【考点提示】本题考查简易程序的适用范围。考生需要注意,简易程序的适用条件与不适用的条件都很重要,需要重点把握。

【解析】《刑事诉讼法》第209条规定:"有下列情形之一的,不适用简易程序:

(一)被告人是盲、聋、哑人,或者是尚未完全丧失辨认或者控制自己行为能力的精神病人的;

(二)有重大社会影响的;

(三)共同犯罪案件中部分被告人不认罪或者对适用简易程序有异议的;

(四)其他不宜适用简易程序审理的。"

可见,法律只是规定盲聋哑人和精神病人不适用简易程序,没有规定未成年人不可以适用简易程序。A错误。共同犯罪并非不能适用简易程序,但如果共同犯罪案件中部分被告人不认罪或者对适用简易程序有异议的才不能适用简易程序。B错误。被告人没有辩护人,只要被告人自愿认罪,对适用简易程序没有异议,有可能适用简易程序。D错误。C符合上述法条"(二)",正确。

综上所述,本题答案为C。

关于适用简易程序审理刑事案件变更为适用普通程序,下列哪些说法是正确的?(2011-2-71,多选)

A. 法院可以决定直接变更为普通程序审理,不需要将案件退回检察院

参考答案:①司法部当年答案AB,根据现行法律应当选ABD　②C

B. 对于自诉案件变更为普通程序的，按照自诉案件程序审理

C. 自诉案件由简易程序转化为普通程序时原起诉仍然有效，自诉人不必另行起诉

D. 在适用普通程序后又发现可适用简易程序时，可以再次变更为简易程序

答案（　　）①

【考点提示】本题考查简易程序中由简易程序变更为普通程序审理的情形。2012 年修正，2013 年生效的《刑事诉讼法》对简易程序进行了大量的修改，请考生重点复习。

【解析】A 项，《刑事诉讼法》第 215 条规定："人民法院在审理过程中，发现不宜适用简易程序的，应当按照公诉案件或者自诉案件第一审普通程序重新审理。"

可见，简易程序转为普通程序后，法律没有规定需要将案件退回检察院，法院只需按照公诉案件或者自诉案件第一审普通程序重新审理即可。A 正确。

B 项，自诉案件中告诉才处理的案件和被害人有证据证明的轻微刑事案件可以适用简易程序，当简易程序需变更为普通程序后，没有改变自诉案件的性质，应当按照自诉案件程序审理。B 正确。

C 项，自诉人起诉的作用是引起审判程序，至于审判程序适用简易程序还是普通程序与自诉人的起诉无关，因此，自诉案件由简易程序转化为普通程序时，自诉人不必另行起诉。C 正确。

D 项，根据《刑事诉讼法》第 215 条的规定，简易程序必要时可变更为普通程序。但普通程序转为简易程序没有法律根据。D 错误。

综上所述，本题答案为 ABC。

关于简易程序，下列哪些选项是正确的？（2009－2－76，多选）

A. 自诉案件都可以适用简易程序

B. 即使适用简易程序，被告人最后陈述也不能取消

C. 被告人委托辩护人的，法院应当通知其出庭

D. 经审判员准许，被告人可以同公诉人进行辩论

答案（　　）②

【考点提示】本题考查简易程序的具体审理程序。

【解析】A 项，《刑事诉讼法》第 204 条规定："自诉案件包括下列案件：（一）告诉才处理的案件；（二）被害人有证据证明的轻微刑事案件；（三）被害人有证据证明对被告人侵犯自己人身、财产权利的行为应当依法追究刑事责任，而公安机关或者人民检察院不予追究被告人刑事责任的案件。"

《最高人民法院关于适用〈中华人民共和国刑事诉讼法〉的解释》第 270 条规定："自诉案件，符合简易程序适用条件的，可以适用简易程序审理。不适用简易程序审理的自诉案件，参照适用公诉案件第一审普通程序的有关规定。"

可见，自诉案件可能适用简易程序，但如果自诉案件中被告人不认罪，或者涉及国家安全犯罪、恐怖活动犯罪，或者被告人可能被判处无期徒刑或者死刑等情形的，就不能再适用简易程序了。A 项错误。

B 项，《刑事诉讼法》第 213 条规定："适用简易程序审理案件，不受本章第一节关于送达期限、讯问被告人、询问证人、鉴定人、出示证据、法庭辩论程序规定的限制。但在判决宣告前应当听取被告人的最后陈述意见。"可见，B 正确。

C 项，《最高人民法院关于适用〈中华人民共和国刑事诉讼法〉的解释》第 293 条规定："适用简易程

参考答案：①司法部当年答案 BC，根据现行法律应当选 ABC　②司法部当年答案 BD，根据现行法律应当选 BCD

序审理案件，被告人有辩护人的，应当通知其出庭。”可见，C 正确。

D 项，《刑事诉讼法》第 212 条规定：“适用简易程序审理案件，经审判人员许可，被告人及其辩护人可以同公诉人、自诉人及其诉讼代理人互相辩护。”可见，D 正确。

综上所述，本题答案为 BCD 项。

关于简易程序，下列哪些选项是正确的？（2014－2－73，多选）

A. 甲涉嫌持枪抢劫，法院决定适用简易程序，并由两名审判员和一名人民陪审员组成合议庭进行审理

B. 乙涉嫌盗窃，未满 16 周岁，法院只有在征得乙的法定代理人和辩护人同意后，才能适用简易程序

C. 丙涉嫌诈骗并对罪行供认不讳，但辩护人为其做无罪辩护，法院决定适用简易程序

D. 丁涉嫌故意伤害，经审理认为可能不构成犯罪，遂转为普通程序审理

答案（　　　）①

【考点提示】本题综合考查简易程序的具体审理程序。本题较难，题目中混杂了刑法知识。例如，A 项中需要考生熟悉“持枪抢劫”的量刑。实体法与诉讼法混合考查是近几年刑事诉讼法命题的一个趋势。

【解析】A 项，根据《刑法》263 条的规定，持枪抢劫会被判处 10 年以上有期徒刑、无期徒刑或者死刑，并处罚金或者没收财产。

《刑事诉讼法》第 210 条规定：“适用简易程序审理案件，对可能判处三年有期徒刑以下刑罚的，可以组成合议庭进行审判，也可以由审判员一人独任审判；对可能判处的有期徒刑超过三年的，应当组成合议庭进行审判。

适用简易程序审理公诉案件，人民检察院应当派员出席法庭。”

可见，本案甲可能被判处 10 年有期徒刑以上刑罚，应当组成合议庭进行审理。同时，《全国人大常委会关于完善人民陪审员制度的决定》第 3 条规定：“人民陪审员和法官组成合议庭审判案件时，合议庭中人民陪审员所占人数比例应当不少于三分之一。”故，由一名审判员，两名陪审员组成合议庭是合适的。A 正确。

B 项，《最高人民法院关于适用〈中华人民共和国刑事诉讼法〉的解释》第 474 条规定：“对未成年人刑事案件，人民法院决定适用简易程序审理的，应当征求未成年被告人及其法定代理人、辩护人的意见。上述人员提出异议的，不适用简易程序。”可见，需要经过乙的法定代理人和辩护人同意。B 正确。

C 项，《最高人民法院关于适用〈中华人民共和国刑事诉讼法〉的解释》第 290 条规定：“具有下列情形之一的，不适用简易程序：

（一）被告人是盲、聋、哑人；

（二）被告人是尚未完全丧失辨认或者控制自己行为能力的精神病人；

（三）有重大社会影响的；

（四）共同犯罪案件中部分被告人不认罪或者对适用简易程序有异议的；

（五）辩护人作无罪辩护的；

（六）被告人认罪但经审查认为可能不构成犯罪的；

（七）不宜适用简易程序审理的其他情形。”

根据该条（五），C 错误。法院不能适用简易程序。

D 项，《最高人民法院关于适用〈中华人民共和国刑事诉讼法〉的解释》第 298 条规定：“适用简易

参考答案：①ABD

程序审理案件，在法庭审理过程中，有下列情形之一的，应当转为普通程序审理：

（一）被告人的行为可能不构成犯罪的；

（二）被告人可能不负刑事责任的；

（三）被告人当庭对起诉指控的犯罪事实予以否认的；

（四）案件事实不清、证据不足的；

（五）不应当或者不宜适用简易程序的其他情形。

转为普通程序审理的案件，审理期限应当从决定转为普通程序之日起计算。”

根据该条第1款（一），D正确。

综上所述，本题应当选ABD。

我国刑事审判模式正处于由职权主义走向控辩式的改革过程之中，2012年《刑事诉讼法》修改内容中，下列哪一选项体现了这一趋势？（2015－2－34，单选）

A. 扩大刑事简易程序的适用范围　　B. 延长第一审程序的审理期限

C. 允许法院强制证人出庭作证　　D. 增设当事人和解的公诉案件诉讼程序

答案（　　　）①

【考点提示】 本题综合考查现行《刑事诉讼法》中关于审判模式的修改与完善，属于综合性考题，难度较高。

【解析】 A项，现行《刑事诉讼法》修改前，简易程序只能适用于可能被判处3年有期徒刑以下刑罚的被告人，而现行《刑事诉讼法》规定，只要是基层法院审理的案件，都有可能适用简易程序，扩大了简易程序的适用范围。但是，题目问的是，需要体现“由职权主义走向控辩式的改革过程”。控辩式要求：1. 庭前审查由实体性审查改为程序性审查。2. 强化了控方的举证责任和辩方的辩护职能，弱化了法官的事实调查功能。3. 扩大了辩护方的权利范围，强化了庭审的对抗性。而A项中，简易程序的扩大适用，并没能直接体现控辩式的特点。A错误。

B项，延长审限有利于保障法院的办案时间，有利于查清案件事实，但与控辩式没有直接关系。B错误。

C项，法院强制证人出庭的目的就是保障控辩双方与证人的质证权，强化控辩双方的积极对抗，体现了控辩式的要求。C正确。

D项，当事人和解的公诉案件诉讼程序属于特别程序，有利于缓和社会矛盾，修复被犯罪行为损害的社会关系，但是，与控辩式没有直接联系。D错误。

综上所述，本题应当选C。

甲犯抢夺罪，法院经审查决定适用简易程序审理。关于本案，下列哪一选项是正确的？（2016－2－37，单选）

A. 适用简易程序必须由检察院提出建议

B. 如被告人已提交承认指控犯罪事实的书面材料，则无需再当庭询问其对指控的意见

C. 不需要调查证据，直接围绕罪名确定和量刑问题进行审理

D. 如无特殊情况，应当庭宣判

答案（　　　）②

【考点提示】 本题综合考查简易程序。

参考答案：①C　②D

【解析】A 项,《人民检察院刑事诉讼法规则(试行)》第 465 条规定:“人民检察院对于基层人民法院管辖的案件,符合下列条件的,可以建议人民法院适用简易程序审理:

(一)案件事实清楚、证据充分的;

(二)犯罪嫌疑人承认自己所犯罪行,对指控的犯罪事实没有异议的;

(三)犯罪嫌疑人对适用简易程序没有异议的。

办案人员认为可以建议适用简易程序的,应当在审查报告中提出适用简易程序的意见,按照提起公诉的审批程序报请决定。”

可见,如果认为可以适用简易程序,检察院是“可以”向法院提出建议,而非必须由检察院提出建议。A 错误。

B 项,《最高人民法院关于适用〈中华人民共和国刑事诉讼法〉的解释》第 294 条规定:“适用简易程序审理案件,审判长或者独任审判员应当当庭询问被告人对指控的犯罪事实的意见,告知被告人适用简易程序审理的法律规定,确认被告人是否同意适用简易程序。”可见,必须当庭询问被告人对指控的犯罪事实的意见。B 错误。

C 项,《最高人民法院关于适用〈中华人民共和国刑事诉讼法〉的解释》第 295 条规定:“适用简易程序审理案件,可以对庭审作如下简化:

(一)公诉人可以摘要宣读起诉书;

(二)公诉人、辩护人、审判人员对被告人的讯问、发问可以简化或者省略;

(三)对控辩双方无异议的证据,可以仅就证据的名称及所证明的事项作出说明;对控辩双方有异议,或者法庭认为有必要调查核实的证据,应当出示,并进行质证;

(四)控辩双方对与定罪量刑有关的事实、证据没有异议的,法庭审理可以直接围绕罪名确定和量刑问题进行。

适用简易程序审理案件,判决宣告前应当听取被告人的最后陈述。”

可见,简易程序只是对法庭调查程序进行了简化,而非不需要调查证据。C 错误。

D 项,《最高人民法院关于适用〈中华人民共和国刑事诉讼法〉的解释》第 297 条规定:“适用简易程序审理案件,一般应当当庭宣判。”显然,D 正确。

综上所述,本题应当选 D。

考点 4 判决、裁定和决定的区别

关于刑事判决与裁定的区别,下列哪一选项是正确的?(2010-2-35,单选)

A. 判决解决案件的实体问题,裁定解决案件的程序问题

B. 一案中只能有一个判决,裁定可以有若干个

C. 判决只能以书面的形式表现,裁定只以口头作出

D. 不服判决与不服裁定的上诉、抗诉期限不同

答案(　　　)①

【考点提示】本题考查判决、裁定和决定的区别。

参考答案:①D

【解析】判决、裁定和决定的区别见下表：

	判决	裁定	决定
适用主体	审判机关	审判机关	侦查机关、检察机关、审判机关
适用诉讼阶段	审判阶段	审判阶段、执行阶段	刑事诉讼各阶段
适用对象	实体问题	程序问题，少量实体问题(减刑、假释)	程序问题(精神病强制医疗决定属于解决实体问题，但该程序属于特别程序，不属于常规刑诉程序。考生可先按“决定仅解决刑事案件程序问题”记忆)
一案中数量	可有多个。但生效判决只能有一个	可有多个	可有多个
适用方式	书面	书面或口头	书面或口头
生效方式	一般不会立即生效(最高法院一审终审除外)	一般不会立即生效(裁定终止审理、终审裁定等除外)	一般一经作出，立即生效(不起诉决定一经宣布立即生效)
救济方式	一般可以上诉、抗诉，期限为10天	一般可以上诉、抗诉，期限为5天	申请复议、复核或者申诉

由表可知，AC错误，D正确。

关于B，一案中可以有多个裁定，正确，因为案件中会出现很多程序问题需要用裁定解决。一个案件只能有一个判决的表述错误。一个案件中确实只能有一个生效判决，但却可以有多个判决。譬如，一审判决犯盗窃罪的甲有期徒刑3年(一个判决)，甲不服上诉，二审法院改判甲有期徒刑1年(第二个判决)。

综上所述，本题答案为D。

关于判决、裁定、决定的适用对象，下列选项正确的是：(2009－2－95，不定项)

A. 判决不适用于解决案件的程序问题　　B. 裁定不适用于解决案件的实体问题

C. 决定只适用于解决案件的程序问题　　D. 解决案件的程序问题只能用决定

答案(　　　)①

【考点提示】本题考查判决、裁定和决定的区别。

【解析】根据上题中(2010－2－35，单选)判决、裁定、决定的区别图表可知：

A项，判决只解决实体问题，不适用于解决案件的程序问题。A正确。

B项，裁定主要解决程序问题，但也能解决一些实体问题，B说“不适用于解决案件的实体问题”，错误。

C项，决定只适用于解决案件的程序问题，正确。

D项，解决案件的程序问题不仅能用决定，还能用裁定。D错误。

综上所述，正确答案是AC。

参考答案：①AC

关于一个案件中适用判决、裁定、决定的数量,下列选项正确的是?(2009-2-96,不定项)

A. 在一个案件中,可以有多个判决

B. 在一个案件中,可以有多个裁定

C. 在一个案件中,可以有多个决定

D. 在一个案件中,可以只有决定,而没有判决或裁定

答案(　　　)①

【考点提示】本题考查判决、裁定和决定的区别。

【解析】A项,一个案件中,发生法律效力的终审判决只有一个,但判决可以不止一个。例如,第一审判决后,被告人上诉,二审改判,就是两个判决。A正确。

B项,一个案件可能存在需要用裁定处理多个程序问题或实体问题。例如,中止审理、减刑、假释等都是用裁定。B正确。

C项,公安机关、人民检察院和人民法院在侦查、起诉和审判各个阶段都可以用决定如决定立案、决定撤销案件、决定起诉等,一个案件可以有多个决定。C正确。

D项,一个案件确实可能只有一个决定。例如,公安机关经过审查发现被告人的行为不构成犯罪,决定不立案,这一个决定就终结诉讼程序了,也不会再有裁定和判决了。D正确。

综上所述,本题答案为ABCD。

关于判决、裁定、决定的效力,下列选项正确的是?(2009-2-97,不定项)

A. 判决只有经过法定上诉、抗诉期限才能发生法律效力

B. 裁定一经作出立即发生法律效力

C. 有些决定可以申请复议,复议期间不影响决定的效力

D. 法院减刑、假释裁定的法律效力并不最终确定,检察院认为不当而提出纠正意见的,法院应当重新组成合议庭进行审理,作出最终裁定

答案(　　　)②

【考点提示】本题考查判决、裁定和决定的区别。

【解析】A项,最高人民法院一审终审,不会有什么上诉、抗诉期限。A错误。

B项,《刑事诉讼法》第216条规定,"被告人、自诉人和他们的法定代理人,不服地方各级人民法院第一审的判决、裁定,有权用书状或者口头向上一级人民法院上诉"。可见,第一审裁定作出并不立即发生法律效力。B错误。

C项正确。譬如,《刑事诉讼法》第194条第1款规定:"在法庭审判过程中,如果诉讼参与人或者旁听人员违反法庭秩序,审判长应当警告制止。对不听制止的,可以强行带出法庭;情节严重的,处以一千元以下的罚款或者十五日以下的拘留。罚款、拘留必须经院长批准。被处罚人对罚款、拘留的决定不服的,可以向上一级人民法院申请复议。复议期间不停止执行。"

D项,《刑事诉讼法》第262条第2款规定,"被判处管制、拘役、有期徒刑或者无期徒刑的罪犯,在执行期间确有悔改或者立功表现,应当依法予以减刑、假释的时候,由执行机关提出建议书,报请人民法院审核裁定"。

《刑事诉讼法》第263条规定:"人民检察院认为人民法院减刑、假释的裁定不当,应当在收到裁定书副本后二十日以内,向人民法院提出书面纠正意见。人民法院应当在收到纠正意见后一个月以内重

参考答案:①ABCD　②CD

新组成合议庭进行审理，作出最终裁定。”

可见，法院减刑、假释裁定的法律效力并不最终确定，检察院认为不当而提出纠正意见的，法院应当重新组成合议庭进行审理，作出最终裁定。D 正确。

综上所述，本题答案为 CD。

考题拓展

在某伤害案件的审理过程中，合议庭对控方证据有疑问，遂宣布休庭对证据进行调查核实。在调查核实证据时，合议庭不得实施下列哪一种诉讼活动？（2008 四川单考 -2 -24，单选）

A. 勘验

B. 检查

C. 搜查

D. 扣押

答案（　　）①

【解析】 人民法院调查核实证据，可以进行勘验、检查、查封、扣押、鉴定和查询、冻结，但就是不能搜查。搜查是专属于侦查机关的职权或者职责。本题只能选 C。

对于公诉人向法庭提出的补充侦查延期审理的建议，法院应当如何处理？（2006 -2 -38，单选）

A. 应当同意

B. 可以同意，也可以不同意

C. 可以同意延期审理，但限制延期审理的次数只能一次

D. 不应当同意

答案（　　）②

【解析】《最高人民法院关于适用〈中华人民共和国刑事诉讼法〉的解释》第 223 条第 1 款规定：“审判期间，公诉人发现案件需要补充侦查，建议延期审理的，合议庭应当同意，但建议延期审理不得超过两次。”可见，本题应当选 A。

法庭在审理被告人某甲入室盗窃案的过程中发现，某甲在实施犯罪过程中，为逃避抓捕曾以暴力伤害被害人。关于法院的做法，下列哪一选项是正确的？（2008 -2 -31，单选）

A. 建议检察机关补充侦查

B. 建议检察机关变更起诉

C. 建议检察机关撤回起诉

D. 应当自行补充侦查

答案（　　）③

【解析】《最高人民法院关于适用〈中华人民共和国刑事诉讼法〉的解释》第 243 条规定：“审判期间，人民法院发现新的事实，可能影响定罪的，可以建议人民检察院补充或者变更起诉；人民检察院不同意或者在七日内未回复意见的，人民法院应当就起诉指控的犯罪事实，依照本解释第二百四十一条的规定作出判决、裁定。”

可见，法庭在审理中发现某甲在实施犯罪过程中为逃避抓捕曾以暴力伤害被害人属于发现了“新的影响定罪量刑的事实”，可以建议检察院补充或者变更起诉。故，本题应当选 B。

检察院以涉嫌诈骗罪对某甲提起公诉。经法庭审理，法院认定，某甲的行为属于刑法规定的“将代为保管的他人财物非法占为己有并拒不退还”的侵占行为。对于本案，检察院拒不撤回起诉时，法院的哪种处理方法是正确的？（2007 -2 -36，单选）

参考答案：①C　②A　③B

A. 裁定驳回起诉
B. 裁定终止审理
C. 迳行作出无罪判决
D. 以侵占罪作出有罪判决

答案(　　　)①

【解析】本题中,检察院认为是公诉案件,但法院审理认为是告诉才处理的侵占案件,如果检察院不撤诉,法院应当根据《刑事诉讼法》第15条的规定处理。也就是说,认为属于"告诉才处理的案件,没有告诉的"的情形,依法裁定终止审理。故,本题应当选B。

某县人民法院在审判胥某抢劫案的过程中,县人民检察院以有新证据证明胥某的行为不构成抢劫罪为由,向县人民法院提出撤回起诉。法院接到检察院撤回起诉的要求时,合议庭已经进行了评议,但尚未宣告判决。县人民法院对人民检察院撤回起诉的要求应当如何处理?(2005-2-32,单选)

A. 作出准予撤回起诉的裁定
B. 作出不准撤回起诉的裁定
C. 可以先审查撤诉理由,再作出是否准予撤回起诉的裁定
D. 应当先审查撤诉理由,再作出是否准予撤回起诉的裁定

答案(　　　)②

【解析】《最高人民法院关于适用〈中华人民共和国刑事诉讼法〉的解释》第242条规定:"宣告判决前,人民检察院要求撤回起诉的,人民法院应当审查撤回起诉的理由,作出是否准许的裁定。"可见,本题应当选D。

法庭审理活动结束后,下列哪些人员应当在法庭审判活动笔录上签名?(2008四川单考-2-77,多选)

A. 参与本案审判的陪审员甲
B. 参与本案审判的审判人员乙
C. 主持本案审判的审判长丙
D. 本案书记员丁

答案(　　　)③

【解析】《最高人民法院关于适用〈中华人民共和国刑事诉讼法〉的解释》第238条规定:"开庭审理的全部活动,应当由书记员制作笔录;笔录经审判长审阅后,分别由审判长和书记员签名。"

第239条规定:"法庭笔录应当在庭审后交由当事人、法定代理人、辩护人、诉讼代理人阅读或者向其宣读。

法庭笔录中的出庭证人、鉴定人、有专门知识的人的证言、意见部分,应当在庭审后分别交由有关人员阅读或者向其宣读。

前两款所列人员认为记录有遗漏或者差错的,可以请求补充或者改正;确认无误后,应当签名;拒绝签名的,应当记录在案;要求改变庭审中陈述的,不予准许。"

可见,需要在庭审笔录上签名的人包括:审判长、书记员;当事人、法定代理人、辩护人、诉讼代理人;出庭证人、鉴定人、有专门知识的人。因此,本题应当选CD。

某电子科技有限公司因涉嫌虚开增值税专用发票罪被提起公诉,公司董事长、总经理、会计等5人

参考答案:①B　②D　③CD

被认定为该单位犯罪的直接责任人员。在法院审理中,该公司被注销。关于法院的处理,下列哪一选项是正确的?(2008-2-29,单选)

A. 继续审理

B. 终止审理

C. 终止审理,建议检察机关对公司董事长、总经理、会计等另行起诉

D. 退回检察机关,建议检察机关对公司董事长、总经理、会计等另行起诉

答案(　　)①

【解析】《最高人民法院关于适用〈中华人民共和国刑事诉讼法〉的解释》第286条规定:"审判期间,被告单位被撤销、注销、吊销营业执照或者宣告破产的,对单位犯罪直接负责的主管人员和其他直接责任人员应当继续审理。"可见,本题应当选A。

被告人孙某在法庭审理中突发精神病,致使案件在较长时间内无法继续审理。法院的下列哪一做法是正确的?(2008四川单考-2-21,单选)

A. 判决宣告孙某不负刑事责任

B. 裁定中止审理

C. 裁定延期审理

D. 裁定终止审理

答案(　　)②

【解析】《刑事诉讼法》第200条第1款规定:"在审判过程中,有下列情形之一,致使案件在较长时间内无法继续审理的,可以中止审理:

(一)被告人患有严重疾病,无法出庭的;

(二)被告人脱逃的;

(三)自诉人患有严重疾病,无法出庭,未委托诉讼代理人出庭的;

(四)由于不能抗拒的原因。"

本案中,孙某突发疾病,属于中止审理的情形,应当选B。

在审理过程中,被告人趁上厕所之机逃跑,较长时间一直未被抓获,应当作出何种处理?(2003-2-17,单选)

A. 延期审理的决定

B. 延期审理的裁定

C. 中止审理的决定

D. 中止审理的裁定

答案(　　)③

【解析】根据上一题(2008四川单考—2-21,单选)的法律根据,被告人逃跑长期未抓获,属于中止审理的情形。此外,中止审理用裁定,本题应当选D。

关于刑事案件的延期审理和中止审理,下列哪些说法是正确的?(2008-2-70,多选)

A. 延期审理适用于法庭审理过程中,中止审理适用于法院受理案件后至作出判决前

B. 导致延期审理的原因是庭审自身出现障碍,因而不停止法庭审理以外的诉讼活动,导致中止审理的原因是出现了不能抗拒的情况,使诉讼活动无法正常进行,因而暂停诉讼活动

C. 延期审理的案件再行开庭的时间具有可预见性,中止审理的案件再行开庭的时间往往无法预见

参考答案:①A ②B ③D

D. 不论延期审理还是中止审理,其时间都计入审理期限

答案( )①

【解析】中止审理与延期审理主要有三个区别:

(1)时间不同。延期审理仅适用于法庭审理过程中,而中止审理适用于人民法院受理案件后至作出判决前。

(2)原因不同。导致延期审理的原因是诉讼程序自身出现了障碍,其消失依赖于某种诉讼活动的完成,因此,延期审理不能停止法庭审理以外的诉讼活动,而导致中止审理的原田是出现了不能抗拒的情况,其消除与诉讼本身无关,因此,中止审理将暂停一切诉讼活动。

(3)再行开庭的可预见性不同。延期审理的案件,再行开庭的时间一般可以预见,甚至当庭即可决定,但中止审理的案件,再行开庭的时间往往无法预见。

可见,ABC 正确。

关于 D 项,《刑事诉讼法》第 200 条第 2 款规定:“中止审理的原因消失后,应当恢复审理。中止审理的期间不计入审理期限。”可见,中止审理的时间不计入审限,延期审理的时间是否计入审限立法没有明确规定,实践中一般也不计入审限。故,D 错误。

综上所述,本题应当选 ABC。

下列哪些选项属于法院应当终止审理的情形?(2006-2-79,多选)

A. 张某涉嫌销售赃物一案,经审理认为情节显著轻微危害不大的

B. 赵某涉嫌抢劫一案,赵某在第一审开庭审理前发病猝死的

C. 李某以遭受遗弃为由提起自诉,法院审查后不予立案的

D. 王某以遭受虐待为由提起自诉,后又撤回自诉的

答案( )②

【解析】A 的情况应当宣告无罪,A 错误。

C 项,自诉人没有告诉或撤回告诉的,法院裁定终止审理。本案中是法庭审查后不予立案,案件正处于立案阶段,审判程序还没有开始,谈不上终止。C 错误。

B 项被告人猝死、D 项王某撤回自诉符合《刑事诉讼法》第 15 条中“被告人死亡”和“告诉才处理的案件,撤回告诉”的情形,正确。

综上所述,本题应当选 BD。

在某案件的法庭审理中,旁听的被害人亲属甲对辩护律师的辩护发言多次表示不满,并站起来指责律师,经审判长多次警告制止无效。法院对甲可以做下列何种处理?(2006-2-73,多选)

A. 由审判长责令甲具结悔过

B. 由审判长决定将甲强行带出法庭

C. 甲经法院院长批准对甲处以 500 元罚款

D. 经法院院长批准对甲处以 20 日拘留

答案( )③

【解析】惩戒措施由轻到重依次是:

(1)情节较轻,警告、训诫;

(2)不听制止,法警带出;

参考答案:①ABC ②BD ③BC

(3)情节严重,罚款(1000元以下)或拘留(15日以下,司法拘留);

(4)构成犯罪,追究刑责。

本题中,被害人亲属甲扰乱法庭秩序,经审判长多次警告无效,此时法院可以将甲决定强行带出法庭,如果情节严重,也可以对甲处1000元以下罚款或者15日以下拘留,构成犯罪的,可以依法追究甲的刑事责任。故,应当选BC。

在某案的法庭审判过程中,被告人的母亲张某对公诉人不满,冲进审判区,出言辱骂,并将一茶杯向公诉人掷去,严重扰乱了法庭秩序。对张某这一行为的下列处理办法中正确的是:(2003-3-91,不定项)

A. 合议庭当庭以藐视法庭罪判处其有期徒刑1年

B. 审判长决定将其强行带出法庭

C. 审判长决定处1000元以下罚款

D. 经院长批准,处15日以下拘留

答案(　　　)①

【解析】我国没有藐视法庭罪。A错误。

在法庭上投掷茶杯属于严重扰乱法庭秩序的行为,审判长可以指令法警将其强行带出法庭。B正确。

审判长无权决定罚款或者拘留,需要院长批准。故,C错误,D正确。

综上所述本题应当选BD。

刘某致王某和李某轻伤,王某将案件起诉到法院,李某接到法院通知后表示不想追究刘的责任,没有参加诉讼。一审宣判后,李某反悔,就同一事实向法院提起自诉。该法院应当如何处理?(2004-2-28,单选)

A. 受理李某的自诉

B. 在李某和刘某之间进行调解

C. 告知李某在当事人上诉时向第二审法院提出其主张

D. 不受理李某的自诉

答案(　　　)②

【解析】《最高人民法院关于适用〈中华人民共和国刑事诉讼法〉的解释》第266条第2款规定,"共同被害人中只有部分人告诉的,人民法院应当通知其他被害人参加诉讼,并告知其不参加诉讼的法律后果。被通知人接到通知后表示不参加诉讼或者不出庭的,视为放弃告诉。第一审宣判后,被通知人就同一事实又提起自诉的,人民法院不予受理"。可见,本题应当选D。

在一起伤害案件中,被害人甲不服某县人民检察院对犯罪嫌疑人乙作出的不起诉决定而向县人民法院提起诉讼。人民法院审查后认为该案缺乏罪证,经要求,自诉人未能提出补充证据。县人民法院可以作出哪些处理?(2004-2-67,多选)

A. 说服自诉人撤诉

B. 裁定驳回自诉

C. 对甲和乙进行调解

D. 中止诉讼

答案(　　　)③

【解析】《最高人民法院关于适用〈中华人民共和国刑事诉讼法〉的解释》第264条规定,"法院

参考答案:①BD　②D　③AB

对于缺乏罪证的自诉案件，如果自诉人提不出补充证据，应当说服自诉人撤回自诉，或者裁定驳回”。本题应当选 AB。

马某涉嫌盗窃罪，法院决定开庭审理时，马某的母亲也到该院递交自诉状，对马某长期虐待自己的行为提起自诉。下列哪一选项是正确的？（2008 四川单考 -2 -34，单选）

A. 应当先审理盗窃案件

B. 应当先审理虐待案件

C. 应当一并审理这两个案件

D. 可以一并审理这两个案件

答案（　　）①

【解析】《最高人民法院关于适用〈中华人民共和国刑事诉讼法〉的解释》第 267 条规定，“被告人实施两个以上犯罪行为，分别属于公诉案件和自诉案件，人民法院可以一并审理”。本题中，马某涉嫌盗窃罪系公诉案件，其母诉其虐待罪系自诉案件，法院可以一并审理。D 正确。

参考答案：①D

专题十六 第二审程序

点评：

第二审程序由上诉或者抗诉引起，是对第一审程序的审查和监督。刑事二审是较一审更高审级的审理，不是简单的对案件进行第二次重复审判。二审对于纠正一审裁判错误，审查下级法院工作，统一国家法律适用，保障被告人合法权益都具有重大意义。

本专题每年约出 2 道题。属于刑事诉讼法重点考查点，请考生认真学习。

考生应熟练掌握：第二审程序的提起，第二审程序的审判原则，第二审程序的审理方式，二审的审理结果。

考点1 第二审程序的提起

关于法定代理人对法院一审判决、裁定的上诉权，下列哪一说法是错误的？（2011－2－22，单选）

A. 自诉人高某的法定代理人有独立上诉权

B. 被告人李某的法定代理人有独立上诉权

C. 被害人方某的法定代理人有独立上诉权

D. 附带民事诉讼当事人吴某的法定代理人对附带民事部分有独立上诉权

答案（　　）①

【考点提示】 本题考查上诉权的主体。需要注意，被害人没有上诉权、抗诉权，被害人的法定代理人自然也不会有上诉权、抗诉权。被害人不服一审判决，只能请求检察院提起抗诉。

【解析】 AB 项，《刑事诉讼法》第 216 条第 1 款规定："被告人、自诉人和他们的法定代理人，不服地方各级人民法院第一审的判决、裁定，有权用书状或者口头向上一级人民法院上诉。被告人的辩护人和近亲属，经被告人同意，可以提出上诉。"

可见，被告人李某、自诉人高某和他们的法定代理人均有独立的上诉权。AB 正确。

C 项，根据《刑事诉讼法》第 218 条规定，"被害人及其法定代理人不服地方各级人民法院第一审的判决的，自收到判决书后五日以内，有权请求人民检察院提出抗诉"。

可见，被害人及其法定代理人没有上诉权，也没有抗诉权，只有请求抗诉权。C 错误。

D 项，《刑事诉讼法》第 216 条第 2 款规定："附带民事诉讼的当事人和他们的法定代理人，可以对地方各级人民法院第一审的判决、裁定中的附带民事诉讼部分，提出上诉。"

可见，吴某和他的法定代理人对附带民事诉讼的部分有独立的上诉权。D 正确。

参考答案：①C

综上所述，本题答案为C。

考点2　第二审程序的原则

某法院判决赵某犯诈骗罪处有期徒刑四年，犯盗窃罪处有期徒刑九年，合并执行有期徒刑十一年。赵某提出上诉。中级法院经审理认为，判处刑罚不当，犯诈骗罪应处有期徒刑五年，犯盗窃罪应处有期徒刑八年。根据上诉不加刑原则，下列哪一做法是正确的？（2010－2－36，单选）

A. 以事实不清、证据不足为由发回原审法院重新审理

B. 直接改判两罪刑罚，分别为五年和八年，合并执行十二年

C. 直接改判两罪刑罚，分别为五年和八年，合并执行仍为十一年

D. 维持一审判决

答案（　　　）①

【考点提示】本题考查上诉不加刑原则的具体适用。需要考生把握两个重点：其一，上诉不加刑的例外；其二，上诉不加刑的具体适用。

【解析】《最高人民法院关于适用〈中华人民共和国刑事诉讼法〉的解释》第325条规定，“审理被告人或者其法定代理人、辩护人、近亲属提出上诉的案件，不得加重被告人的刑罚，并应当执行下列规定：

（一）同案审理的案件，只有部分被告人上诉的，既不得加重上诉人的刑罚，也不得加重其他同案被告人的刑罚；

（二）原判事实清楚，证据确实、充分，只是认定的罪名不当的，可以改变罪名，但不得加重刑罚；

（三）原判对被告人实行数罪并罚的，不得加重决定执行的刑罚，也不得加重数罪中某罪的刑罚；

（四）原判对被告人宣告缓刑的，不得撤销缓刑或者延长缓刑考验期；

（五）原判没有宣告禁止令的，不得增加宣告；原判宣告禁止令的，不得增加内容、延长期限；

（六）原判对被告人判处死刑缓期执行没有限制减刑的，不得限制减刑；

（七）原判事实清楚，证据确实、充分，但判处的刑罚畸轻、应当适用附加刑而没有适用的，不得直接加重刑罚、适用附加刑，也不得以事实不清、证据不足为由发回第一审人民法院重新审判。必须依法改判的，应当在第二审判决、裁定生效后，依照审判监督程序重新审判”。

第326条规定：“人民检察院只对部分被告人的判决提出抗诉，或者自诉人只对部分被告人的判决提出上诉的，第二审人民法院不得对其他同案被告人加重刑罚。”

本案属于上述第325条（三）和第326条的情形，二审法院既不得加重决定执行的刑罚，也不得加重数罪中某罪的刑罚（BC错误）。同时，也不得以事实不清、证据不足为由发回第一审人民法院重新审判（A错误）。因此，正确答案应当是D。

综上所述，本题答案为D。

朱某自诉陈某犯诽谤罪，法院审理后，陈某反诉朱某侮辱罪。法院审查认为，符合反诉条件，合并审理此案，判处陈某有期徒刑一年，判处朱某有期徒刑一年。两人不服，均以对方量刑过轻、己方量刑过重为由提出上诉。关于二审法院的判决，下列哪些选项是正确的？（2010－2－77，多选）

A. 如认为对两人量刑均过轻，可同时加重朱某和陈某的刑罚

参考答案：①D

B. 如认为对某一人的量刑过轻，可加重该人的刑罚

C. 即使认为对两人量刑均过轻，也不得同时加重朱某和陈某的刑罚

D. 如认为一审量刑过轻，只能通过审判监督程序纠正

答案（　　）①

【考点提示】本题考查上诉不加刑原则的具体适用。

【解析】《刑事诉讼法》第226条规定，“第二审人民法院审判被告人或者他的法定代理人、辩护人、近亲属上诉的案件，不得加重被告人的刑罚……人民检察院提出抗诉或者自诉人提出上诉的，不受前款规定的限制”。

本案中，双方当事人都提出了反诉，互为自诉人，且都上诉，二审法院可以加重对其中任何一人的刑罚。AB正确，CD错误。

综上所述，本题答案为AB。

下列哪一选项违反上诉不加刑原则？（2009－2－35，单选）

A. 一审法院认定马某犯伤害罪判处有期徒刑三年，马某上诉，检察院没有抗诉，二审法院认为一审判决认定事实不清，发回原审法院重新审判

B. 一审法院认定赵某犯抢夺罪判处有期徒刑五年，赵某上诉，检察院没有抗诉，二审法院在没有改变刑期的情况下将罪名改判为抢劫罪

C. 一审法院以盗窃罪判处金某有期徒刑二年、王某有期徒刑一年，金某、王某以没有实施犯罪为由提起上诉，检察院认为对金某量刑畸轻提出抗诉，二审法院经审理认为一审对金某、王某量刑均偏轻，但仅对金某改判为五年

D. 一审法院认定石某犯杀人罪判处死刑立即执行，犯抢劫罪判处无期徒刑，数罪并罚决定执行死刑立即执行。石某上诉后，二审法院认为石某在抢劫现场杀人只构成抢劫罪一个罪，遂撤销一审对杀人罪的认定，以抢劫罪判处死刑立即执行

答案（　　）②

【考点提示】本题考查上诉不加刑原则的具体适用。

【解析】A项，《刑事诉讼法》第225条规定，“第二审人民法院对不服第一审判决的上诉、抗诉案件，经过审理后，应当按照下列情形分别处理：（一）原判决认定事实和适用法律正确、量刑适当的，应当裁定驳回上诉或者抗诉，维持原判；（二）原判决认定事实没有错误，但适用法律有错误，或者量刑不当的，应当改判；（三）原判决事实不清楚或者证据不足的，可以在查清事实后改判；也可以裁定撤销原判，发回原审人民法院重新审判”。A属于上述情形（三），不违反上诉不加刑原则，故，A错误。需要注意的是，上诉不加刑原则并不是禁止二审法院将案件发回一审法院，而是禁止以让一审法院加重被告人刑罚的目的将案件发回一审法院，A中，二审法院将案件发回重审只是因为案件事实不清，并没有让一审法院加重被告人刑罚的意图，故没有违背上诉不加刑原则。

BC项，《最高人民法院关于适用〈中华人民共和国刑事诉讼法〉的解释》第325条规定，“审理被告人或者其法定代理人、辩护人、近亲属提出上诉的案件，不得加重被告人的刑罚，并应当执行下列规定：

（一）同案审理的案件，只有部分被告人上诉的，既不得加重上诉人的刑罚，也不得加重其他同案被告人的刑罚；

（二）原判事实清楚，证据确实、充分，只是认定的罪名不当的，可以改变罪名，但不得加重刑罚；

参考答案：①AB　②D

（三）原判对被告人实行数罪并罚的，不得加重决定执行的刑罚，也不得加重数罪中某罪的刑罚；

（四）原判对被告人宣告缓刑的，不得撤销缓刑或者延长缓刑考验期；

（五）原判没有宣告禁止令的，不得增加宣告；原判宣告禁止令的，不得增加内容、延长期限；

（六）原判对被告人判处死刑缓期执行没有限制减刑的，不得限制减刑；

（七）原判事实清楚，证据确实、充分，但判处的刑罚畸轻、应当适用附加刑而没有适用的，不得直接加重刑罚、适用附加刑，也不得以事实不清、证据不足为由发回第一审人民法院重新审判。必须依法改判的，应当在第二审判决、裁定生效后，依照审判监督程序重新审判”。

第326条规定：“人民检察院只对部分被告人的判决提出抗诉，或者自诉人只对部分被告人的判决提出上诉的，第二审人民法院不得对其他同案被告人加重刑罚。”

可见，选项B中第二审法院在没有改变刑期的情况下将罪名改判为抢劫罪的做法没有违反上诉不加刑原则的要求，选项C中第二审法院不加重王某刑罚的做法也没有违反上诉不加刑原则的要求。

需要注意，上诉不加刑原则有两个例外：检察院抗诉和自诉人上诉。C中对金某的改判，因检察院已对金某提出抗诉，故对金某不收上诉不加刑原则的制约。因此BC项不违反上诉不加刑原则，不正确。

D项，根据《最高人民法院关于适用〈中华人民共和国刑事诉讼法〉的解释》第325条的规定，选项D中，法院在只有石某上诉而检察院没有抗诉的情形下，加重了数罪中一罪的刑罚，尽管总的刑罚未变，但已违背了上诉不加刑原则。换言之，不可以将一审抢劫判处无期改成二审抢劫判处死刑，故，D正确。

综上所述，本题答案是D。

考点3 第二审的审理程序

下列哪些二审案件依法应当开庭审理？（2009-2-79，多选）

A. 甲犯贪污罪被一审判处有期徒刑五年，检察院认为量刑畸轻而抗诉的

B. 乙犯伤害罪被一审判处无期徒刑，乙上诉的

C. 丙犯抢劫罪被一审判处死刑缓期二年执行，丙对事实、证据无异议，以量刑过重为由上诉的

D. 丁犯杀人罪被一审判处死刑立即执行，丁上诉的

答案（ ）①

【考点提示】本题考查第二审应当开庭审理的情况。该知识点为重要考点，请考生重点把握。

【解析】《刑事诉讼法》第223条规定：“第二审人民法院对于下列案件，应当组成合议庭，开庭审理：（一）被告人、自诉人及其法定代理人对第一审认定的事实、证据提出异议，可能影响定罪量刑的上诉案件；（二）被告人被判处死刑的上诉案件；（三）人民检察院抗诉的案件；（四）其他应当开庭审理的案件。第二审人民法院决定不开庭审理的，应当讯问被告人，听取其他当事人、辩护人、诉讼代理人的意见”。

《最高人民法院关于适用〈中华人民共和国刑事诉讼法〉的解释》第317条规定：“下列案件，根据刑事诉讼法第二百二十三条第一款的规定，应当开庭审理：（一）被告人、自诉人及其法定代理人对第一审认定的事实、证据提出异议，可能影响定罪量刑的上诉案件；（二）被告人被判处死刑立即执行的上诉案件；（三）人民检察院抗诉的案件；（四）应当开庭审理的其他案件。被判处死刑立即执行的被告人没

参考答案：①AD

有上诉,同案的其他被告人上诉的案件,第二审人民法院应当开庭审理。被告人被判处死刑缓期执行的上诉案件,虽不属于第一款第一项规定的情形,有条件的,也应当开庭审理。”

本题中,A 项,检察院抗诉,二审应当开庭,故,A 正确。

B 项,“乙犯伤害罪被一审判处无期徒刑,乙上诉的”不属于上述“应当开庭”的情形。故,B 项错误。

C 项,《刑事诉讼法》规定被告人被判处死刑的上诉案件,二审应当开庭。《最高人民法院关于适用〈中华人民共和国刑事诉讼法〉的解释》将其细化为:被告人被判处死刑立即执行的上诉案件,二审应当开庭。被告人被判处死刑缓期执行的上诉案件,有条件的,也应当开庭审理。这样一来,被判处死缓的二审案件,二审是否开庭要看是否有条件。C 错误。

D 项,死刑立即执行的上诉案件,二审应当开庭。故,D 项正确。

综上所述,正确答案是 AD。

黄某倒卖文物案于 2014 年 5 月 28 日一审终结。6 月 9 日(星期一),法庭宣判黄某犯倒卖文物罪,判处有期徒刑 4 年并立即送达了判决书,黄某当即提起上诉,但于 6 月 13 日经法院准许撤回上诉;检察院以量刑畸轻为由于 6 月 12 日提起抗诉,上级检察院认为抗诉不当,于 6 月 17 日向同级法院撤回了抗诉。关于一审判决生效的时间,下列哪一选项是正确的?(2015 -2 -38,单选)

A. 6 月 9 日　　B. 6 月 17 日

C. 6 月 19 日　　D. 6 月 20 日

答案(　　)①

【考点提示】本题考查上诉、抗诉期限。

【解析】6 月 9 日,是法院一审宣判时间。

6 月 17 日,是检察院撤回抗诉时间。

6 月 19 日,是上诉、抗诉期限届满日。

6 月 20 日,不知是什么日子。

《最高人民法院关于适用〈中华人民共和国刑事诉讼法〉的解释》第 301 条第 1 款规定:“上诉、抗诉必须在法定期限内提出。不服判决的上诉、抗诉的期限为十日;不服裁定的上诉、抗诉的期限为五日。上诉、抗诉的期限,从接到判决书、裁定书的第二日起计算。”

《最高人民法院关于适用〈中华人民共和国刑事诉讼法〉的解释》第 308 条规定,“在上诉、抗诉期满前撤回上诉、抗诉的,第一审判决、裁定在上诉、抗诉期满之日起生效。”

可见,本题中,上诉和抗诉均在法定的上诉、抗诉期限内撤回,第一审判决应当在上诉、抗诉期满之日起生效。也就是在 6 月 19 日生效。

综上所述,本题应当选 C。

这是按照官方答案进行的解释。本题存在一定争议,有学者认为,本题应当选择 D 项,因为从 6 月 10 日开始计算 10 日,第 10 日应当是 6 月 19 日,在这一天,裁判还没有生效,还允许上诉、抗诉,过了 6 月 19 日即 6 月 20 日,才算过了上诉、抗诉期,裁判才算生效。但本人认为,官方答案没有错误。因为根据上述《最高人民法院关于适用〈中华人民共和国刑事诉讼法〉的解释》第 301、308 条的规定,“第一审判决、裁定在上诉、抗诉期满之日起生效”,法律并没有说是从期满后第二日起生效,期满之日指的就是第 10 日。因此本题中 6 月 19 日生效没有问题。建议考生按照官方答案理解较为适当。

参考答案:①C

甲乙丙三人共同实施故意杀人，一审法院判处甲死刑立即执行、乙无期徒刑、丙有期徒刑10年。丙以量刑过重为由上诉，甲和乙未上诉，检察院未抗诉。关于本案的第二审程序，下列哪一选项是正确的？（2014－2－38，单选）

A. 可不开庭审理

B. 认为没有必要的，甲可不再到庭

C. 由于乙没有上诉，其不得另行委托辩护人为其辩护

D. 审理后认为原判事实不清且对丙的量刑过轻，发回一审法院重审，一审法院重审后可加重丙的刑罚

答案（　　）①

【考点提示】本题综合考查第二审的审理的程序。

【解析】A项，《最高人民法院关于适用〈中华人民共和国刑事诉讼法〉的解释》第317条规定："下列案件，根据刑事诉讼法第二百二十三条第一款的规定，应当开庭审理：

（一）被告人、自诉人及其法定代理人对第一审认定的事实、证据提出异议，可能影响定罪量刑的上诉案件；

（二）被告人被判处死刑立即执行的上诉案件；

（三）人民检察院抗诉的案件；

（四）应当开庭审理的其他案件。

被判处死刑立即执行的被告人没有上诉，同案的其他被告人上诉的案件，第二审人民法院应当开庭审理。

被告人被判处死刑缓期执行的上诉案件，虽不属于第一款第一项规定的情形，有条件的，也应当开庭审理。"

可见，A属于该条第3款规定的情形，二审应当开庭审理。A错误。

B项，《最高人民法院关于适用〈中华人民共和国刑事诉讼法〉的解释》第323条第2款规定："同案审理的案件，未提出上诉、人民检察院也未对其判决提出抗诉的被告人要求出庭的，应当准许。出庭的被告人可以参加法庭调查和辩论。"从此条文可以推论，甲没有上诉，也没有被抗诉，二审中可以不出庭。B正确。

C项，《最高人民法院关于适用〈中华人民共和国刑事诉讼法〉的解释》第316条规定："第二审期间，被告人除自行辩护外，还可以继续委托第一审辩护人或者另行委托辩护人辩护。

共同犯罪案件，只有部分被告人提出上诉，或者自诉人只对部分被告人的判决提出上诉，或者人民检察院只对部分被告人的判决提出抗诉的，其他同案被告人也可以委托辩护人辩护。"可见，乙也可以委托辩护人。C错误。

D项，《最高人民法院关于适用〈中华人民共和国刑事诉讼法〉的解释》第325条第1款第7项规定，审理被告人或者其法定代理人、辩护人、近亲属提出上诉的案件，不得加重被告人的刑罚，并应当执行下列规定：（七）原判事实清楚，证据确实、充分，但判处的刑罚畸轻、应当适用附加刑而没有适用的，不得直接加重刑罚、适用附加刑，也不得以事实不清、证据不足为由发回第一审人民法院重新审判。必须依法改判的，应当在第二审判决、裁定生效后，依照审判监督程序重新审判。

可见，二审法院审理后如果认为原判事实不清且对丙的量刑过轻，发回一审法院重审，一审法院重

参考答案：①B

审后不得加重丙的刑罚。D 错误。

综上所述，本题应当选 B。

鲁某与关某涉嫌贩卖冰毒 500 余克，B 省 A 市中级法院开庭审理后，以鲁某犯贩卖毒品罪，判处死刑立即执行，关某犯贩卖毒品罪，判处死刑缓期二年执行。一审宣判后，关某以量刑过重为由向 B 省高级法院提起上诉，鲁某未上诉，检察院也未提起抗诉。如 B 省高级法院审理后认为，本案事实清楚、证据确实充分，对鲁某的量刑适当，但对关某应判处死刑缓期二年执行同时限制减刑，则对本案正确的做法是：(2015－2－95，不定项)

A. 二审应开庭审理

B. 由于未提起抗诉，同级检察院可不派员出席法庭

C. 高级法院可将全案发回 A 市中级法院重新审判

D. 高级法院可维持对鲁某的判决，并改判关某死刑缓期二年执行同时限制减刑

答案(　　　)①

【考点提示】本题综合考查第二审具体审理程序。

【解析】A 项，二审应当开庭审理的情形包括：

(1)被告人、自诉人及其法定代理人对第一审认定的事实、证据提出异议，可能影响定罪量刑的上诉案件；

(2)被告人被判处死刑立即执行的上诉案件；

(3)人民检察院抗诉的案件；

其中，对于共同犯罪的案件，只要有一个被告人被判处死刑立即执行，无论该被告人是否上诉、被抗诉，第二审法院应当开庭审理。因此，本案中，虽然鲁某没有上诉，是关某上诉引起的二审，但由于鲁某一审被判处的是死刑立即执行，第二审程序也应当开庭审理。A 正确。

B 项，根据《人民检察院刑事诉讼法规则(试行)》第 472 条的规定："人民检察院提出抗诉的案件或者第二审人民法院开庭审理的公诉案件，同级人民检察院都应当派员出席法庭。"可见，对于因上诉引起的第二审程序，只要二审开庭审理，检察员需要出庭。B 错误。

C 项，对于只有被告人上诉的第二审案件，如果原判事实清楚，证据确实、充分，但判处的刑罚畸轻、应当适用附加刑而没有适用的，不得直接加重刑罚、适用附加刑，也不得以事实不清、证据不足为由发回第一审人民法院重新审判。必须依法改判的，应当在第二审判决、裁定生效后，依照审判监督程序重新审判。可见，二审法院只能维持原判，不能以此为由发回重审。C 错误。

D 项，原判对被告人判处死刑缓期执行没有限制减刑的，第二审法院不得限制减刑。故，D 错误。

综上所述，本题应当选 A。

关于发回重审，下列哪一说法是不正确的？(2011－2－37，单选)

A. 发回重审原则上不能超过二次

B. 在发回重审裁定书中应详细阐明发回重审的理由及法律根据

C. 一审剥夺或者限制了当事人的法定诉讼权利，可能影响公正审判的，应当发回重审

D. 发回重审应当撤销原判

答案(　　　)②

【考点提示】本题考查二审法院发回重审的程序。需要注意，二审法院以事实不清、证据不足

参考答案：①A　②A

为由撤销原判、发回重审的次数最多一次，但仅限于“事实不清、证据不足”这一个理由，如果二审法院发现一审法院违反法定程序而撤销原判、发回重审，法律没有限制发回重审的次数。

【解析】A 项，根据《刑事诉讼法》第 225 条第 2 款的规定，原审人民法院对于依照“事实不清、证据不足”为由发回重新审判的案件作出判决后，被告人提出上诉或者人民检察院提出抗诉的，第二审人民法院应当依法作出判决或者裁定，不得再发回原审人民法院重新审判。可见，因“事实不清、证据不足”，二审法院只能发回重审一次。但是，二审法院如果因为一审法院违反程序等理由而发回重审的，法律没有限定发回重审的次数。因此，不能说“发回重审原则上不能超过二次”。A 错误。

B 项，《关于规范上下级人民法院审判业务关系的若干意见》第 6 条规定，第一审人民法院已经查清事实的案件，第二审人民法院原则上不得以事实不清、证据不足为由发回重审。第二审人民法院作出发回重审裁定时，应当在裁定书中详细阐明发回重审的理由及法律依据。可见，B 正确。

CD 项，《刑事诉讼法》第 227 条规定，第二审人民法院发现第一审人民法院的审理有下列违反法律规定的诉讼程序的情形之一的，应当裁定撤销原判，发回原审人民法院重新审判：

（一）违反本法有关公开审判的规定的；

（二）违反回避制度的；

（三）剥夺或者限制了当事人的法定诉讼权利，可能影响公正审判的；

（四）审判组织的组成不合法的；

（五）其他违反法律规定的诉讼程序，可能影响公正审判的。

可见，C 项符合上述（三），应当发回重审。C 正确。同时，发回原审人民法院重新审判的，应当裁定撤销原判。故，D 正确。

综上所述，本题答案为 A。

某基层法院就郭某敲诈勒索案一审适用简易程序，判处郭某有期徒刑 4 年。对于一审中的下列哪些情形，二审法院应以程序违法为由，撤销原判发回重审？（2016－2－73，多选）

A. 未在开庭 10 日前向郭某送达起诉书副本

B. 由一名审判员独任审理

C. 公诉人没有对被告人进行发问

D. 应公开审理但未公开审理

答案（　　　）①

【考点提示】本题考查第二审审判后的处理。

【解析】《最高人民法院关于适用〈中华人民共和国刑事诉讼法〉的解释》第 329 条规定：“第二审人民法院发现原审人民法院在重新审判过程中，有刑事诉讼法第二百二十七条规定的情形之一，或者违反第二百二十八条规定的，应当裁定撤销原判，发回重新审判。”

《刑事诉讼法》第 227 条规定：“第二审人民法院发现第一审人民法院的审理有下列违反法律规定的诉讼程序的情形之一的，应当裁定撤销原判，发回原审人民法院重新审判：

（一）违反本法有关公开审判的规定的；

（二）违反回避制度的；

（三）剥夺或者限制了当事人的法定诉讼权利，可能影响公正审判的；

（四）审判组织的组成不合法的；

参考答案：①BD

（五）其他违反法律规定的诉讼程序，可能影响公正审判的。”

《刑事诉讼法》第228条规定：“原审人民法院对于发回重新审判的案件，应当另行组成合议庭，依照第一审程序进行审判。对于重新审判后的判决，依照本法第二百一十六条、第二百一十七条、第二百一十八条的规定可以上诉、抗诉。”

可见，A项，未在开庭10日前向郭某送达起诉书副本，不属于上述法条规定的违反程序的情形，二审法院无需撤销原判、发回重审。A错误。

B项，《刑事诉讼法》第210第1款规定：“适用简易程序审理案件，对可能判处三年有期徒刑以下刑罚的，可以组成合议庭进行审判，也可以由审判员一人独任审判；对可能判处的有期徒刑超过三年的，应当组成合议庭进行审判。”本案中，对郭某判处四年，应当组成合议庭进行审判。B中由一名审判员独任审理属于上述“（四）审判组织的组成不合法的”情形，应当撤销原判、发回重审。B正确。

C项，公诉人没有对被告人进行讯问，不属于上述法条规定的违反程序的情形，二审法院无需撤销原判、发回重审。C错误。

D项，应公开审理但未公开审理属于上述“（一）违反本法有关公开审判的规定的”情形，应当撤销原判、发回重审。D正确。

综上所述，本题应当选BD。

龚某因生产不符合安全标准的食品罪被一审法院判处有期徒刑5年，并被禁止在刑罚执行完毕之日起3年内从事食品加工行业。龚某以量刑畸重为由上诉，检察院未抗诉。关于本案二审，下列哪一选项是正确的？（2016－2－38，单选）

A. 应开庭审理

B. 可维持有期徒刑5年的判决，并将职业禁止的期限变更为4年

C. 如认为原判认定罪名不当，二审法院可在维持原判刑罚不变的情况下改判为生产有害食品罪

D. 发回重审后，如检察院变更起诉罪名为生产有害食品罪，一审法院可改判并加重龚某的刑罚

答案（　　　）①

【考点提示】本题综合考查第二审审理程序及审判原则。

【解析】A项，《最高人民法院关于适用〈中华人民共和国刑事诉讼法〉的解释》第317条规定：“下列案件，根据刑事诉讼法第二百二十三条第一款的规定，应当开庭审理：

（一）被告人、自诉人及其法定代理人对第一审认定的事实、证据提出异议，可能影响定罪量刑的上诉案件；

（二）被告人被判处死刑立即执行的上诉案件；

（三）人民检察院抗诉的案件；

（四）应当开庭审理的其他案件。

被判处死刑立即执行的被告人没有上诉，同案的其他被告人上诉的案件，第二审人民法院应当开庭审理。

被告人被判处死刑缓期执行的上诉案件，虽不属于第一款第一项规定的情形，有条件的，也应当开庭审理。”

本题中，龚某案件不符合上述情形，二审法院不一定必须开庭审理。A错误。

BCD项，《最高人民法院关于适用〈中华人民共和国刑事诉讼法〉的解释》第325条规定：“审理被

参考答案：①C

告人或者其法定代理人、辩护人、近亲属提出上诉的案件，不得加重被告人的刑罚，并应当执行下列规定：

（一）同案审理的案件，只有部分被告人上诉的，既不得加重上诉人的刑罚，也不得加重其他同案被告人的刑罚；

（二）原判事实清楚，证据确实、充分，只是认定的罪名不当的，可以改变罪名，但不得加重刑罚；

（三）原判对被告人实行数罪并罚的，不得加重决定执行的刑罚，也不得加重数罪中某罪的刑罚；

（四）原判对被告人宣告缓刑的，不得撤销缓刑或者延长缓刑考验期；

（五）原判没有宣告禁止令的，不得增加宣告；原判宣告禁止令的，不得增加内容、延长期限；

（六）原判对被告人判处死刑缓期执行没有限制减刑的，不得限制减刑；

（七）原判事实清楚，证据确实、充分，但判处的刑罚畸轻、应当适用附加刑而没有适用的，不得直接加重刑罚、适用附加刑，也不得以事实不清、证据不足为由发回第一审人民法院重新审判。必须依法改判的，应当在第二审判决、裁定生效后，依照审判监督程序重新审判。

人民检察院抗诉或者自诉人上诉的案件，不受前款规定的限制。”

可见，根据上述“（五）”，B 错误。根据上述“（二）”，C 正确。根据上述“（七）”，D 错误。

综上所述，本题应当选 C。

考题拓展

不服地方各级法院第一审未生效判决时，哪类人有权请求检察院提起抗诉？（2006－2－36，单选）

A. 被害人及其近亲属

B. 被害人及其诉讼代理人

C. 被害人及其法定代理人

D. 被害人以及附带民事诉讼原告人

答案（　　　）①

【解析】《刑事诉讼法》第 218 条规定：“被害人及其法定代理人不服地方各级人民法院第一审的判决的，自收到判决书后五日以内，有权请求人民检察院提出抗诉。人民检察院自收到被害人及其法定代理人的请求后五日以内，应当作出是否抗诉的决定并且答复请求人。”

可见，被害人及其法定代理人没有二审抗诉权，只能请求检察院提出抗诉。本题选 C。

甲与乙婚后六年，乙又与另一男子相爱，并通过熟人办理了结婚登记手续。甲得知后将乙起诉至法院，乙被法院以重婚罪判处有期徒刑一年。对本案第一审判决，哪些人享有独立上诉权？（2005－2－76，多选）

A. 甲　　B. 乙

C. 甲、乙的父母　　D. 乙的辩护人

答案（　　　）②

【解析】《刑事诉讼法》第 216 条规定：“被告人、自诉人和他们的法定代理人，不服地方各级人民法院第一审的判决、裁定，有权用书状或者口头向上一级人民法院上诉。被告人的辩护人和近亲属，经被告人同意，可以提出上诉。

附带民事诉讼的当事人和他们的法定代理人，可以对地方各级人民法院第一审的判决、裁定中的附带民事诉讼部分，提出上诉。

参考答案：①C　②AB

对被告人的上诉权,不得以任何借口加以剥夺。"

本案中,甲属于自诉人,乙属于被告人,有独立上诉权。AB 正确。

甲、乙的父母属于近亲属,没有独立上诉权。C 错误。

乙的辩护人也没有独立上诉权,需要经过乙的授权。D 错误。

因此,本题选 AB。

叶某因挪用资金罪被判处有期徒刑一年,缓刑两年,判决宣告时叶某表示不上诉。其被解除羁押后经向他人咨询,认为自己不构成犯罪,于是又想提出上诉。下列哪一项是正确的?(2005-2-34,单选)

A. 叶某已明确表示不上诉,因此不能再提起上诉

B. 需经法院同意,叶某才能上诉

C. 在上诉期满前,叶某有权提出上诉

D. 叶某可在上诉期满前提出上诉,但因一审判决未生效,需对他重新收押

答案(　　　)①

【解析】《最高人民法院关于适用〈中华人民共和国刑事诉讼法〉的解释》第 299 条第 2 款规定:"被告人、自诉人、附带民事诉讼当事人及其法定代理人是否提出上诉,以其在上诉期满前最后一次的意思表示为准。"本案中,叶某只要在上诉期满前就可以提出上诉。C 正确,A 错误。

上诉权是上诉人的基本上诉权利,无需法院审查同意。B 错误。

D 项,一审判处缓刑的,不产生羁押效果,应当对叶某立即释放或者变更强制措施,重新关押是错误的。D 错误。

本题应当选 C。

某人民法院对被告人曹某等共同抢劫一案作出一审判决。曹某对犯罪事实供认不讳,仅以量刑过重为由提出上诉,其他被告人未提出上诉,人民检察院也未抗诉。二审法院经审理认为曹某构成犯罪,但曹某在二审作出裁判前因病死亡。二审法院应当如何处理该案件?(2004-2-33,单选)

A. 裁定全案终止审理,原判决自行生效

B. 裁定对上诉终止审理,维持一审判决

C. 裁定撤销一审判决,发回原审法院重审

D. 宣布对曹某终止审理,对其他被告人仍应作出判决或裁定

答案(　　　)②

【解析】《最高人民法院关于适用〈中华人民共和国刑事诉讼法〉的解释》第 312 条规定:"共同犯罪案件,上诉的被告人死亡,其他被告人未上诉的,第二审人民法院仍应对全案进行审查。经审查,死亡的被告人不构成犯罪的,应当宣告无罪;构成犯罪的,应当终止审理。对其他同案被告人仍应作出判决、裁定。"

本案中,曹某死亡,二审法院应当宣布对曹某终止审理,对其他被告人仍应作出判决或裁定。D 正确。

甲杀人案,犯罪手段残忍,影响恶劣,第一审法院为防止被害人家属和旁听群众在法庭上过于激愤影响顺利审判,决定作为特例不公开审理。经审理,第一审法院判处甲死刑立即执行,甲上诉。对于本案,第二审法院下列哪些做法是正确的?(2008-2-67,多选)

参考答案:①C ②D

A. 组成合议庭　　B. 把案件作为第一审案件审理

C. 审理后改判　　D. 撤销原判,发回重审

答案(　　　)①

【解析】第二审法院应当组成合议庭是正确的,二审不论开庭审理还是不开庭审理,合议庭必须要组成。A 正确。

甲上诉,一定会有第二审程序,二审程序有自己的特点,但不能等同于第一审程序。B 错误。

本案中一审法院以"防止被害人家属和旁听群众在法庭上过于激愤影响顺利审判"为由决定作为特例不公开审理是违反程序的,根据《最高人民法院关于适用〈中华人民共和国刑事诉讼法〉的解释》第 329 条的规定,二审对于违反程序的案件应当裁定撤销原判,发回重审。故,C 错误,D 正确。

综上所述,本题应当选 AD。

第二审法院在审查一审裁判时,发现下列哪些情形,应当裁定撤销原判,发回原审法院重新审判?(2008 四川单考 -2 -74,多选)

A. 第一审程序为提高效率,没有让被告人作最后陈述,被告人也无异议

B. 参与第一审程序的陪审员是本案的目击证人

C. 对涉及国家秘密的案件进行了公开审理

D. 没有告知被告人可以申请回避

答案(　　　)②

【解析】根据《最高人民法院关于适用〈中华人民共和国刑事诉讼法〉的解释》第 329 条的规定,第二审人民法院发现第一审人民法院的审理有违反法律规定的诉讼程序的情形的,应当裁定撤销原判,发回原审人民法院重新审判。

A 中,没有让被告人作最后陈述,违反了诉讼程序。B 中,是证人就不能再担任陪审员,违反了诉讼程序。C 中,涉及国家秘密的案件本应不公开审理,违反了程序。D 中,没有告知当事人申请回避的权利,违反了诉讼程序。

可见,ABCD 都违反了诉讼程序,可能影响公正审理案件,二审法院应当撤销原判,发回重审。

一起共同抢劫案件,被告人张某被判处有期徒刑 5 年,被告人王某被判处有期徒刑 1 年。在一审宣判后,张某当即表示上诉,王某则表示不上诉,人民检察院没有抗诉。关于本案被告人的上诉问题,下列说法中正确的有?(2002 -2 -92,不定项)

A. 因王某已表示不上诉,因此在第一审判决书送达后,人民法院即可将其交付执行

B. 在上诉期限内,被告人王某仍然可以提起上诉

C. 在上诉期限内,被告人张某有权撤回上诉

D. 在上诉期满后,被告人张某便无权撤回其上诉

答案(　　　)③

【解析】A 项,《最高人民法院关于适用〈中华人民共和国刑事诉讼法〉的解释》第 301 条第 1 款规定:"上诉、抗诉必须在法定期限内提出。不服判决的上诉、抗诉的期限为十日;不服裁定的上诉、抗诉的期限为五日。上诉、抗诉的期限,从接到判决书、裁定书的第二日起计算。"可见,上诉期限从接到裁判文书的次日才开始起算,虽然王某表示不上诉,但只要上诉期没有过,案件就没有生效,法院就不能交付执行王某。A 错误。

参考答案:①AD　②ABCD　③BC

B 项，是否上诉，以上诉期满之前最后一次意思表示为准，王某仍可在上诉期内上诉。B 正确。

C 项，《最高人民法院关于适用〈中华人民共和国刑事诉讼法〉的解释》第 304 条规定："上诉人在上诉期限内要求撤回上诉的，人民法院应当准许。"C 正确。

D 项，《最高人民法院关于适用〈中华人民共和国刑事诉讼法〉的解释》第 305 条第 1 款规定："上诉人在上诉期满后要求撤回上诉的，第二审人民法院应当审查。经审查，认为原判认定事实和适用法律正确，量刑适当的，应当裁定准许撤回上诉；认为原判事实不清、证据不足或者将无罪判为有罪、轻罪重判等的，应当不予准许，继续按照上诉案件审理。"可见，上诉期满后要求撤回上诉，二审法院应当对一审的事实、法律、量刑进行审查，如果没有问题，裁定准许撤回上诉。D 错误。

综上所述，本题应当选 BC。

一起共同抢劫案件，被告人张某被判处有期徒刑 5 年，被告人王某被判处有期徒刑 1 年。在一审宣判后，张某当即表示上诉，王某则表示不上诉，人民检察院没有抗诉。本案中，由于被告人张某提起了上诉，第二审程序便正式启动了。在第二审的审理中，下列哪些说法是正确的？（2002－2－93，不定项）

A. 没有提起上诉的被告人王某有权委托辩护人　B. 提起上诉的被告人张某有权委托辩护人

C. 被告人王某应当参加第二审的法庭调查　D. 被告人王某应当参加第二审的法庭辩论

答案（　　）①

【解析】《最高人民法院关于适用〈中华人民共和国刑事诉讼法〉的解释》第 316 条第 2 款规定："共同犯罪案件，只有部分被告人提出上诉，或者自诉人只对部分被告人的判决提出上诉，或者人民检察院只对部分被告人的判决提出抗诉的，其他同案被告人也可以委托辩护人辩护。"可见，王某虽然没有提起上诉，但在二审程序中也可以委托辩护人。A 正确。

《最高人民法院关于适用〈中华人民共和国刑事诉讼法〉的解释》第 316 条第 1 款规定："第二审期间，被告人除自行辩护外，还可以继续委托第一审辩护人或者另行委托辩护人辩护。"可见，B 正确。

《最高人民法院关于适用〈中华人民共和国刑事诉讼法〉的解释》第 323 条第 2 款规定："同案审理的案件，未提出上诉、人民检察院也未对其判决提出抗诉的被告人要求出庭的，应当准许。出庭的被告人可以参加法庭调查和辩论。"可见，王某是可以参加法庭调查，可以参加法庭辩论，而非"应当"。CD 错误。

综上所述，本题应当选 AB。

一起共同抢劫案件，被告人张某被判处有期徒刑 5 年，被告人王某被判处有期徒刑 1 年。在一审宣判后，张某当即表示上诉，王某则表示不上诉，人民检察院没有抗诉。在本案中，由于被告人张某提出上诉，而被告人王某没有提出上诉，下列哪些说法是正确的？（2002－2－94，不定项）

A. 原审人民法院应当只将张某的上诉状和有关王某的案卷、证据移送上一级人民法院

B. 原审人民法院应当将有关张某、王某的全部案卷、证据移送上一级人民法院

C. 第二审人民法院应当对全案进行审查，不受上诉范围的限制

D. 第二审人民法院发现对王某判处的刑罚有错误，需要加重刑罚的，应当按照审判监督程序进行再审

答案（　　）②

【解析】我国二审程序奉行全面审查原则，原审法院应当将有关张某、王某的全部案卷、证据

参考答案：①AB　②BCD

移送上一级法院，上一级法院应当对张某、王某案件进行全面审查。故，A 错误，B 正确，C 正确。

二审法院发现没有上诉的王某判罚畸轻，王某虽然没有上诉，但仍然受到上诉不加刑原则的保护。二审法院不能直接加重王某刑罚，也不能将案件以事实不清、证据不足为由发回原审法院。必须加重的，二审法院应当先维持原判让案件生效，再通过启动审判监督程序的方式进行纠正。D 正确。

综上所述，本题应当选 BCD。

控辩双方对第一审刑事判决未提出抗诉或者上诉，但被告人对第一审刑事附带民事诉讼判决中的附带民事部分不服，提起上诉，第二审法院审查后，认为第一审民事部分判决正确，但刑事部分判决有错误。第二审法院应当如何处理？（2003－2－15，单选）

A. 指令下级法院按审判监督程序再审刑事部分

B. 裁定将全案发回重审刑事部分

C. 按审判监督程序再审刑事部分，同附带民事部分一并审理，依法判决

D. 裁定将刑事部分发回重审

答案（　　　）①

【解析】《最高人民法院关于适用〈中华人民共和国刑事诉讼法〉的解释》第 331 条规定："第二审人民法院审理对附带民事部分提出上诉，刑事部分已经发生法律效力的案件，发现第一审判决、裁定中的刑事部分确有错误的，应当依照审判监督程序对刑事部分进行再审，并将附带民事部分与刑事部分一并审理。"可见，本题应当选 C。

曲某因涉嫌爆炸罪被检察机关提起公诉。某市中级人民法院经审理认为，曲某的犯罪行为虽然使公私财物遭受了重大损失，也没有法定减轻处罚情节，但根据案件特殊情况，可以在法定刑以下判处刑罚，于是判处曲某有期徒刑 8 年。曲某在法定期间内没有提出上诉，检察机关也没有提出抗诉。该案在程序上应当如何处理？（2004－2－95，不定项）

A. 在上诉、抗诉期满后 3 日内报请上一级人民法院复核

B. 如果上一级人民法院同意原判，应当逐级报请最高人民法院核准

C. 如果上一级人民法院不同意在法定刑以下判处刑罚，应在改判后逐级报请最高人民法院核准

D. 最高人民法院予以核准的，应当作出核准裁定书

答案（　　　）②

【解析】《最高人民法院关于适用〈中华人民共和国刑事诉讼法〉的解释》第 336 条规定："报请最高人民法院核准在法定刑以下判处刑罚的案件，应当按照下列情形分别处理：

（一）被告人未上诉、人民检察院未抗诉的，在上诉、抗诉期满后三日内报请上一级人民法院复核。上一级人民法院同意原判的，应当书面层报最高人民法院核准；不同意的，应当裁定发回重新审判，或者改变管辖按照第一审程序重新审理。原判是基层人民法院作出的，高级人民法院可以指定中级人民法院按照第一审程序重新审理；

（二）被告人上诉或者人民检察院抗诉的，应当依照第二审程序审理。第二审维持原判，或者改判后仍在法定刑以下判处刑罚的，应当依照前项规定层报最高人民法院核准。"

可见，被告人未上诉、人民检察院未抗诉的，在上诉、抗诉期满后三日内报请上一级人民法院复核。A 正确。

上一级人民法院同意原判的，应当书面层报最高人民法院核准。B 正确。

参考答案：①A　②ABD

不同意的，应当裁定发回重新审判，或者改变管辖按照第一审程序重新审理。无需层报最高法院复核。C错误。

《最高人民法院关于适用〈中华人民共和国刑事诉讼法〉的解释》第338条规定：“**对在法定刑以下判处刑罚的案件，最高人民法院予以核准的，应当作出核准裁定书；不予核准的，应当作出不核准裁定书，并撤销原判决、裁定，发回原审人民法院重新审判或者指定其他下级人民法院重新审判。**”可见，D正确。

综上所述，本题应当选ABD。

专题十七 死刑复核程序

点评:

我国于2007年1月1日将死刑核准权收归最高人民法院,从此由最高人民法院统一全国的死刑适用标准,有利于保障被告人的合法权益。死刑复核程序在司法考试中属于重要考查点,死刑复核程序可以区分为死刑立即执行的复核程序与死刑缓期执行的复核程序,其中,死刑立即执行的复核程序更为重要。

本专题平均每年考查一道题,考生需要重点掌握:判处死刑立即执行案件的报请复核,判处死刑立即执行案件的复核程序,判处死刑立即执行案件复核后的处理。

考点1 判处死刑立即执行案件的复核程序

关于死刑复核程序,下列哪一选项是正确的?(2012-2-33,单选)

A. 最高法院复核死刑案件,可以不讯问被告人

B. 最高法院复核死刑案件,应当听取辩护律师的意见

C. 在复核死刑案件过程中,最高检察院应当向最高法院提出意见

D. 最高法院应当将死刑复核结果通报最高检察院

答案(　　　)①

【考点提示】本题考查死刑立即执行案件的复核程序。需要注意,最高人民法院复核死刑案件,是"可以"听取辩护律师的意见,但律师提出要求的,则"应当"听取。另外,最高检察院提出意见代表着检察院的监督,检察院只在认为法院出错时才会提出意见,因此是"可以"提意见而非"应当"提意见。法院则"应当"将死刑复核结果通报最高人民检察院,这样才能保证每一例死刑复核案件都能接受最高人民检察院的监督。

【解析】《刑事诉讼法》第240条规定:"最高人民法院复核死刑案件,应当讯问被告人,辩护律师提出要求的,应当听取辩护律师的意见。在复核死刑案件过程中,最高人民检察院可以向最高人民法院提出意见。最高人民法院应当将死刑复核结果通报最高人民检察院。"

A项,最高人民法院复核死刑案件"应当"讯问被告人。A错误。

B项,辩护律师提出要求的,才应当听取辩护律师的意见。B错误。

C项,最高人民检察院"可以"向最高人民法院提出意见。C错误。

D项,符合法律规定。D正确。

参考答案:①D

综上所述，本题答案为 D。

关于检察院办理死刑上诉、抗诉案件的开庭前审查程序，下列哪些说法是正确的？（2011－2－73，多选）

A. 应当讯问被告人，听取被告人的上诉理由或者辩解

B. 应当听取辩护人的意见

C. 应当询问证人

D. 可以听取被害人的意见

答案（　　）①

【考点提示】本题考查检察院办理死刑上诉、抗诉案件的开庭前审查程序。

【解析】《人民检察院刑事诉讼法规则（试行）》第 477 条规定："人民检察院办理死刑上诉、抗诉案件，应当进行下列工作：

（一）讯问原审被告人，听取原审被告人的上诉理由或者辩解；

（二）必要时听取辩护人的意见；

（三）复核主要证据，必要时询问证人；

（四）必要时补充收集证据；

（五）对鉴定意见有疑问的，可以重新鉴定或者补充鉴定；

（六）根据案件情况，可以听取被害人的意见。

可见，A 项，属于上述（一），正确。"

B 项，根据上述（二），"必要时"听取辩护人的意见而并非"应当"听取。B 错误。

C 项，根据上述（三），"复核主要证据，必要时询问证人"，并非"应当"询问。C 错误。

D 项：属于上述（六），正确。

综上所述，本题答案为 AD。

被告人甲犯数罪被判死刑，甲向辩护人咨询死刑复核程序的有关情况，辩护人对此作出的下列哪一答复符合法律及司法解释的规定？（2010－2－37，单选）

A. 应当调查甲的人际关系

B. 应当为甲指定辩护人

C. 应当审查甲犯罪的情节、后果及危害程度

D. 应当开庭审理并通知检察院派员出庭

答案（　　）②

【考点提示】本题考查死刑立即执行案件的复核程序。

【解析】AC 项，《最高人民法院关于适用〈中华人民共和国刑事诉讼法〉的解释》第 348 条规定："复核死刑、死刑缓期执行案件，应当全面审查以下内容：

（一）被告人的年龄，被告人有无刑事责任能力、是否系怀孕的妇女；

（二）原判认定的事实是否清楚，证据是否确实、充分；

（三）犯罪情节、后果及危害程度；

（四）原判适用法律是否正确，是否必须判处死刑，是否必须立即执行；

（五）有无法定、酌定从重、从轻或者减轻处罚情节；

参考答案：①AD　②C

（六）诉讼程序是否合法；

（七）应当审查的其他情况。”

可见，C项审查犯罪情节、后果及危害程度符合上述第（三）项的规定，所以C正确。A错误。

B项，本题中，甲向辩护人咨询死刑复核程序的有关情况，说明甲已经委托了辩护人，因此不具备法律援助的条件。B错误。

D项，《刑事诉讼法》第238条规定：“最高人民法院复核死刑案件，高级人民法院复核死刑缓期执行的案件，应当由审判员三人组成合议庭进行。”

《刑事诉讼法》第240条第2款规定：“在复核死刑案件过程中，最高人民检察院可以向最高人民法院提出意见。最高人民法院应当将死刑复核结果通报最高人民检察院。”

可见，最高人民法院复核死刑案件采取书面审理方式，不开庭审理，不会通知检察院派员出庭，所以D错误。

综上所述，本题答案为C。另外，请考生注意，“指定辩护”这一概念在现行《刑事诉讼法》中表述为“法律援助辩护”。

鲁某与关某涉嫌贩卖冰毒500余克，B省A市中级法院开庭审理后，以鲁某犯贩卖毒品罪，判处死刑立即执行，关某犯贩卖毒品罪，判处死刑缓期二年执行。一审宣判后，关某以量刑过重为由向B省高级法院提起上诉，鲁某未上诉，检察院也未提起抗诉。如B省高级法院审理后认为，一审判决认定事实和适用法律正确、量刑适当，裁定驳回关某的上诉，维持原判，则对本案进行死刑复核的正确程序是：（2015－2－95，不定项）

A. 对关某的死刑缓期二年执行判决，B省高级法院不再另行复核

B. 最高法院复核鲁某的死刑立即执行判决，应由审判员三人组成合议庭进行

C. 如鲁某在死刑复核阶段委托律师担任辩护人的，死刑复核合议庭应在办公场所当面听取律师意见

D. 最高法院裁定不予核准鲁某死刑的，可发回A市中级法院或B省高级法院重新审理

答案（　　　）①

【考点提示】本题综合考查死刑复核程序。本题涉及的一个法律文件是《最高人民法院关于办理死刑复核程序听取辩护律师意见的办法》，该办法为2015年司考大纲新增考点。

【解析】A项，本案中，由于关某上诉，高级法院审理后即可裁定维持原判，案件生效。此时，无需再专门对关某进行一次死刑复核程序。高院进行的第二审程序就包含了死刑复核程序，这在诉讼理论中也被称为“二审带复核”。A正确。

B项，根据《刑事诉讼法》第238条的规定：“死刑复核程序，应当由审判员三人组成合议庭进行审理。”B正确。

C项，根据《刑事诉讼法》第240条第1款规定：“最高人民法院复核死刑案件，应当讯问被告人，辩护律师提出要求的，应当听取辩护律师的意见。”可见，辩护律师如果没有提出要求，法院不是必须听取辩护律师意见。C错误。

D项，《最高人民法院关于适用〈中华人民共和国刑事诉讼法〉的解释》第353条第1款规定：“最高人民法院裁定不予核准死刑的，根据案件情况，可以发回第二审人民法院或者第一审人民法院重新审判。”可见，D正确。

综上所述，本题应当选ABD。

参考答案：①ABD

考点2　判处死刑立即执行案件复核后的处理

张某因犯故意杀人罪和爆炸罪，一审均被判处死刑立即执行，张某未上诉，检察机关也未抗诉。最高法院经复核后认为，爆炸罪的死刑判决事实不清、证据不足，但故意杀人罪死刑判决认定事实和适用法律正确、量刑适当。关于此案的处理，下列哪些选项是错误的？（2013－2－75，多选）

A. 对全案裁定核准死刑

B. 裁定核准故意杀人罪死刑判决，并对爆炸罪死刑判决予以改判

C. 裁定核准故意杀人罪死刑判决，并撤销爆炸罪的死刑判决，发回重审

D. 对全案裁定不予核准，并撤销原判，发回重审

答案（　　）①

【考点提示】本题考查判处死刑立即执行案件复核后的处理。请考生重点掌握"六个发回和两个改判"。

【解析】知识介绍：

《最高人民法院关于适用〈中华人民共和国刑事诉讼法〉的解释》第350条规定："最高人民法院复核死刑案件，应当按照下列情形分别处理：

（一）原判认定事实和适用法律正确、量刑适当、诉讼程序合法的，应当裁定核准；

（二）原判认定的某一具体事实或者引用的法律条款等存在瑕疵，但判处被告人死刑并无不当的，可以在纠正后作出核准的判决、裁定；

（三）原判事实不清、证据不足的，应当裁定不予核准，并撤销原判，发回重新审判；

（四）复核期间出现新的影响定罪量刑的事实、证据的，应当裁定不予核准，并撤销原判，发回重新审判；

（五）原判认定事实正确，但依法不应当判处死刑的，应当裁定不予核准，并撤销原判，发回重新审判；

（六）原审违反法定诉讼程序，可能影响公正审判的，应当裁定不予核准，并撤销原判，发回重新审判。"

《最高人民法院关于适用〈中华人民共和国刑事诉讼法〉的解释》第351条规定："对一人有两罪以上被判处死刑的数罪并罚案件，最高人民法院复核后，认为其中部分犯罪的死刑判决、裁定事实不清、证据不足的，应当对全案裁定不予核准，并撤销原判，发回重新审判；认为其中部分犯罪的死刑判决、裁定认定事实正确，但依法不应当判处死刑的，可以改判，并对其他应当判处死刑的犯罪作出核准死刑的判决。"

《最高人民法院关于适用〈中华人民共和国刑事诉讼法〉的解释》第352条规定："对有两名以上被告人被判处死刑的案件，最高人民法院复核后，认为其中部分被告人的死刑判决、裁定事实不清、证据不足的，应当对全案裁定不予核准，并撤销原判，发回重新审判；认为其中部分被告人的死刑判决、裁定认定事实正确，但依法不应当判处死刑的，可以改判，并对其他应当判处死刑的被告人作出核准死刑的判决。"

可见，最高人民法院复核死刑案件后，可以做出"六个发回，两个改判"的处理。

参考答案：①ABC

<table>
<tr><th>六个发回</th><th>两个改判</th></tr>
<tr><td>1. 原判事实不清、证据不足,发回</td><td rowspan="3">1. 数罪并罚,部分犯罪的死刑判决、裁定认定事实正确,但依法不应当判处死刑的,可以改判</td></tr>
<tr><td>2. 复核期间出现新的影响定罪量刑的事实、证据,发回</td></tr>
<tr><td>3. 原判认定事实正确,但依法不应当判处死刑,发回</td></tr>
<tr><td>4. 原审违反法定诉讼程序,可能影响公正审判,发回</td><td rowspan="3">2. 共同犯罪,部分被告人的死刑判决、裁定认定事实正确,但依法不应当判处死刑的,可以改判</td></tr>
<tr><td>5. 数罪并罚,部分犯罪的死刑判决、裁定事实不清、证据不足的,全案发回</td></tr>
<tr><td>6. 共同犯罪,部分被告人的死刑判决、裁定事实不清、证据不足,全案发回</td></tr>
</table>

本题解析:

本题中,张某犯故意杀人罪和爆炸罪均被判处死刑,属于数罪并罚的情形。最高人民法院经复核后认为,爆炸罪的死刑判决事实不清、证据不足,但故意杀人罪死刑判决认定事实和适用法律正确、量刑适当。最高人民法院应当对全案裁定不予核准,并撤销原判,发回重新审判。故,ABC 错误,D 正确。

综上所述,本题选 ABC。

甲和乙共同实施拐卖妇女、儿童罪,均被判处死刑立即执行。最高法院复核后认为全案判决认定事实正确,甲系主犯,应当判处死刑立即执行,但对乙可不立即执行。关于最高法院对此案的处理,下列哪一选项是正确的?(2014－2－39,单选)

A. 将乙改判为死缓,并裁定核准甲死刑

B. 对乙作出改判,并判决核准甲死刑

C. 对全案裁定不予核准,撤销原判,发回重审

D. 裁定核准甲死刑,撤销对乙的判决,发回重审

答案(　　　)①

【考点提示】本题考查判处死刑立即执行案件复核后的处理。请注意,最高人民法院不核准死刑发回重审的,用"裁定";改判的,用"判决"。

【解析】《最高人民法院关于适用〈中华人民共和国刑事诉讼法〉的解释》第 352 条规定:"对有两名以上被告人被判处死刑的案件,最高人民法院复核后,认为其中部分被告人的死刑判决、裁定事实不清、证据不足的,应当对全案裁定不予核准,并撤销原判,发回重新审判;认为其中部分被告人的死刑判决、裁定认定事实正确,但依法不应当判处死刑的,可以改判,并对其他应当判处死刑的被告人作出核准死刑的判决。"

可见,甲乙属于共同犯罪,在死刑复核程序中,认为乙事实没问题,只是应当适用死缓,最高人民法院可以改判乙,对甲维持原判,需要注意,只要出现改判,一律用判决。因此,本题只能选 B。

甲和乙因故意杀人被中级法院分别判处死刑立即执行和无期徒刑。甲、乙上诉后,高级法院裁定维持原判。关于本案,下列哪一选项是正确的?(2016－2－39,单选)

参考答案:①B

A. 高级法院裁定维持原判后，对乙的判决即已生效

B. 高级法院应先复核再报请最高法院核准

C. 最高法院如认为原判决对乙的犯罪事实未查清，可查清后对乙改判并核准甲的死刑

D. 最高法院如认为甲的犯罪事实不清、证据不足，不予核准死刑的，只能使用裁定

答案(　　　)①

【考点提示】本题综合考查死刑复核程序的具体程序。

【解析】A 项，《最高人民法院关于刑事案件终审判决和裁定何时发生法律效力问题的批复》中规定："终审的判决和裁定自宣告之日起发生法律效力。"A 中，"高级法院裁定维持原判"，意味着高级法院做出了维持原判的裁定，但还没有宣告。因此，对乙无期徒刑的维持裁定暂未生效。故，A 错误。

B 项，本案中，甲被判处死刑立即执行，乙被判处无期徒刑。高级法院对甲确实应当先复核，在报请最高法院核准。但对乙无需先复核再报最高法院核准，因为乙被一审判处无期徒刑，无期徒刑无需复核。B 错误。

C 项，认为原判犯罪事实不清，可以在查清事实后改判，这是二审法院对一审裁判的处理方式。但 C 中说的是最高法院认为乙的犯罪事实不清，最高法院在本案中并非二审法院，法律没有明确规定最高法院可以对乙查清事实后改判。C 错误。

D 项，《最高人民法院关于适用〈中华人民共和国刑事诉讼法〉的解释》第 350 条规定："最高人民法院复核死刑案件，应当按照下列情形分别处理：

(一)原判认定事实和适用法律正确、量刑适当、诉讼程序合法的，应当裁定核准；

(二)原判认定的某一具体事实或者引用的法律条款等存在瑕疵，但判处被告人死刑并无不当的，可以在纠正后作出核准的判决、裁定；

(三)原判事实不清、证据不足的，应当裁定不予核准，并撤销原判，发回重新审判；

(四)复核期间出现新的影响定罪量刑的事实、证据的，应当裁定不予核准，并撤销原判，发回重新审判；

(五)原判认定事实正确，但依法不应当判处死刑的，应当裁定不予核准，并撤销原判，发回重新审判；

(六)原审违反法定诉讼程序，可能影响公正审判的，应当裁定不予核准，并撤销原判，发回重新审判。"

根据上述"(三)"，最高法院应当"裁定"不予核准，并撤销原判，发回重新审判。可见，D 正确。

综上所述，本题应当选 D。

考点3　死刑缓期执行限制减刑案件的审理程序

关于死刑缓期执行限制减刑案件的审理程序，下列哪一说法是正确的？(2011－2－36，单选)

A. 对一审法院作出的限制减刑的判决，被告人的辩护人、近亲属可以独立提起上诉

B. 高级法院认为原判对被告人判处死刑缓期执行适当但限制减刑不当的，应当改判，撤销限制减刑

参考答案：①D

C. 最高法院复核死刑案件，认为可以判处死刑缓期执行并限制减刑的，可以裁定不予核准，发回重新审判

D. 最高法院复核死刑案件，认为对部分被告人应当适用死刑缓期执行的，如符合《刑法》限制减刑规定，应当裁定不予核准，发回重新审判

答案（　　）①

【考点提示】本题主要考查最高人民法院《关于死刑缓期执行限制减刑案件审理程序若干问题的规定》。这一规定是2011年司考大纲的新增考点，近几年已不是考试重点，请考生一般熟悉。

【解析】A项，《最高人民法院关于死刑缓期执行限制减刑案件审理程序若干问题的规定》第2条规定："被告人对第一审人民法院作出的限制减刑判决不服的，可以提出上诉。被告人的辩护人和近亲属，经被告人同意，也可以提出上诉。"

可见，被告人的辩护人、近亲属没有独立的上诉权。A错误。

B项，《最高人民法院关于死刑缓期执行限制减刑案件审理程序若干问题的规定》第3条规定："高级人民法院审理或者复核判处死刑缓期执行并限制减刑的案件，认为原判对被告人判处死刑缓期执行适当，但判决限制减刑不当的，应当改判，撤销限制减刑。"可见，B正确。

CD项，《最高人民法院关于死刑缓期执行限制减刑案件审理程序若干问题的规定》第6条规定："最高人民法院复核死刑案件，认为对被告人可以判处死刑缓期执行并限制减刑的，应当裁定不予核准，并撤销原判，发回重新审判。一案中两名以上被告人被判处死刑，最高人民法院复核后，对其中部分被告人改判死刑缓期执行的，如果符合刑法第五十条第二款的规定，可以同时决定对其限制减刑。"

可知，C项中应当是"应当"裁定不予核准而非"可以"裁定，D项中应为"可以同时决定对其限制减刑"而非"裁定不予核准"。故，CD错误。

综上所述，本题答案为B。

根据有关立法及司法解释的规定，对被判处死刑缓期执行的被告人可以同时决定对其限制减刑，因而涉及相关诉讼程序方面的问题。关于犯罪分子可以适用死刑缓期执行限制减刑的案件，下列选项正确的是：(2011－2－92，不定项）

A. 绑架案件

B. 抢劫案件

C. 爆炸案件

D. 有组织的暴力性案件

答案（　　）②

【考点提示】本题主要考查《最高人民法院关于死刑缓期执行限制减刑案件审理程序若干问题的规定》。这一规定是2011年司考大纲的新增考点，近几年已不是考试重点，请考生一般熟悉。

【解析】《最高人民法院关于死刑缓期执行限制减刑案件审理程序若干问题的规定》第1条规定："根据刑法第五十条第二款的规定，对被判处死刑缓期执行的累犯以及因故意杀人、强奸、抢劫、绑架、放火、爆炸、投放危险物质或者有组织的暴力性犯罪被判处死刑缓期执行的犯罪分子，人民法院根据犯罪情节、人身危险性等情况，可以在作出裁判的同时决定对其限制减刑。"

可见，ABCD四项均符合法律的规定，都正确。

根据有关立法及司法解释的规定，对被判处死刑缓期执行的被告人可以同时决定对其限制减刑，

参考答案：①B　②ABCD

因而涉及相关诉讼程序方面的问题。高级法院审理判处死刑缓期执行没有限制减刑的上诉案件，认为原判事实清楚、证据充分，但确有必要限制减刑的，下列处理程序正确的是：(2011－2－93，不定项)

A. 直接改判

B. 发回重新审判

C. 维持原判不再纠正

D. 二审判决、裁定生效后，按照审判监督程序重新审判

答案(　　　)①

【考点提示】 本题主要考查《最高人民法院关于死刑缓期执行限制减刑案件审理程序若干问题的规定》。这一规定是2011年司考大纲的新增考点，近几年已不是考试重点，请考生一般熟悉。

【解析】《最高人民法院关于死刑缓期执行限制减刑案件审理程序若干问题的规定》第4条规定："高级人民法院审理判处死刑缓期执行没有限制减刑的上诉案件，认为原判事实清楚、证据充分，但应当限制减刑的，不得直接改判，也不得发回重新审判。确有必要限制减刑的，应当在第二审判决、裁定生效后，按照审判监督程序重新审判。高级人民法院复核判处死刑缓期执行没有限制减刑的案件，认为应当限制减刑的，不得以提高审级等方式对被告人限制减刑。"

《最高人民法院关于适用〈中华人民共和国刑事诉讼法〉的解释》第325条规定，审理被告人或者其法定代理人、辩护人、近亲属提出上诉的案件，不得加重被告人的刑罚。原判对被告人判处死刑缓期执行没有限制减刑的，不得限制减刑。

可见，根据上诉不加刑原则的要求，只有被告人一方上诉的案件，第二审人民法院不得加重被告人的刑罚。对于已审被判处死刑缓期执行没有限制减刑的，第二审人民法院不得限制减刑。如果认为确实需要改判，只能先维持原判让案件生效，然后再启动审判监督程序进行纠正。显然，只有D项符合法律规定，正确，ABC错误。

综上所述，本题答案为D。

考题拓展

李某因犯故意杀人罪被某市中级人民法院一审判处死刑，缓期二年执行。判决后，李某没有上诉，检察机关也没有抗诉。省高级人民法院在复核该案时认为，一审判决认定事实清楚，适用法律正确，但量刑不当，因为李某杀人后先奸尸又碎尸，情节恶劣，应当判处死刑立即执行。省高级人民法院应当如何处理该案？(2005－2－35，单选)

A. 裁定撤销原判，直接改判李某死刑立即执行

B. 裁定撤销原判，发回市中级人民法院重新审判

C. 裁定撤销原判，由省高级人民法院进行第一审，依法判处李某死刑立即执行

D. 裁定维持一审判决

答案(　　　)②

【解析】《最高人民法院关于适用〈中华人民共和国刑事诉讼法〉的解释》第349条第2款规定："高级人民法院复核死刑缓期执行案件，不得加重被告人的刑罚。"可见，高级人民法院只能维持一审判决。本题选D。

参考答案：①D　②D

专题十八 审判监督程序

点评：

审判监督程序也被称为再审程序，是指对已生效裁判进行再次审理的特殊审判程序。我国的审判监督程序体现了实事求是、有错必纠的刑事司法指导思想。审判监督程序一方面可以通过纠正先前有罪判无罪，重罪判轻罪的判决而起到惩罚犯罪的作用，另一方面也可以通过改判先前无罪判有罪，轻罪判重罪的案件来最大限度地保障人权。

本章每年约出一道题，考生应熟练掌握：审判监督程序的材料来源，申诉制度，提起审判监督程序的主体，提起审判监督程序的理由和方式，再审程序。

考点1 申诉制度

关于生效裁判申诉的审查处理，下列哪一选项是正确的？（2009－2－37，单选）

A. 赵某强奸案的申诉，由上级法院转交下级法院审查处理，不立申诉卷

B. 二审法院将不服本院裁判的刘某抢劫案的申诉交一审法院审查，一审法院审查后直接作出处理

C. 李某对最高法院核准死刑的案件的申诉，最高法院可以直接处理，也可以交原审法院审查。交原审法院审查的，原审法院应当写出审查报告，提出处理意见，逐级报最高法院审定

D. 高某受贿案的申诉，经两级法院处理后不服又申诉，法院不再受理

答案(　　　)①

【考点提示】本题考查法院对申诉的处理程序。

【解析】A项，没有任何法律根据，错误。

B项，《最高人民法院关于适用〈中华人民共和国刑事诉讼法〉的解释》第373条第1款规定："申诉由终审人民法院审查处理。但是，第二审人民法院裁定准许撤回上诉的案件，申诉人对第一审判决提出申诉的，可以由第一审人民法院审查处理。"可见，B项中二审法院应当自己审查，而不是交给一审法院审查。故，B错误。

C项，《最高人民法院关于适用〈中华人民共和国刑事诉讼法〉的解释》第374条规定："对死刑案件的申诉，可以由原核准的人民法院直接审查处理，也可以交由原审人民法院审查。原审人民法院应当写出审查报告，提出处理意见，层报原核准的人民法院审查处理。"C项中，原核准的法院就是最高院，故，C正确。

D项，没有任何法律根据，错误。

综上，本题答案是C。

参考答案：①C

某检察院申诉接待室《申诉指引》中的下列哪些表述是正确的?(2011－2－75,多选)

A. 不服法院已经执行完毕的刑事判决、裁定的申诉,由控告申诉检察部门办理

B. 被告人不服法院已经发生法律效力且尚在执行中的判决、裁定的申诉,由监所检察部门办理

C. 不服法院死刑终审判决、裁定尚未执行的申诉,由审查起诉部门办理

D. 被害人不服法院已经发生法律效力且尚在执行中的刑事判决、裁定的申诉,由控告申诉检察部门办理

答案(　　　)①

【考点提示】本题考查申诉的程序。

【解析】申诉是指当事人及其法定代理人、近亲属等人认为人民法院已经发生法律效力的判决、裁定确有错误,而向人民检察院或者人民法院申请重新审查、启动审判监督程序的行为。

《人民检察院刑事诉讼法规则(试行)》第583条第1款规定:"对刑事判决、裁定的监督由公诉部门和刑事申诉检察部门承办。当事人及其法定代理人、近亲属认为人民法院已经发生法律效力的判决、裁定确有错误,向人民检察院申诉的,由刑事申诉检察部门依法办理。"

可见,A项,"不服法院已经执行完毕的刑事判决、裁定",意味着裁判已经生效,申诉应当由刑事申诉检察部门依法办理。A中的"控告申诉检察部门"指的就是"刑事申诉检察部门"。A正确。

B项,被告人不服法院已经发生法律效力且尚在执行中的判决、裁定的申诉,应当由刑事申诉检察部门依法办理。B错误。

D项,被害人不服法院已经发生法律效力且尚在执行中的刑事判决、裁定的申诉,应当由刑事申诉检察部门办理。D正确。

C项,《人民检察院刑事诉讼法规则(试行)》第593条第4款规定:"不服人民法院死刑终审判决、裁定尚未执行的申诉,由监所检察部门办理。"可见,C中表述由"审查起诉部门办理"错误。

综上所述,本题答案为AD。请考生注意,关于申诉的审查、处理,请以现行《刑事诉讼法》及相关司法解释中的规定为准。

关于审判监督程序中的申诉,下列哪一选项是正确的?(2015－2－39,单选)

A. 二审法院裁定准许撤回上诉的案件,申诉人对一审判决提出的申诉,应由一审法院审理

B. 上一级法院对未经终审法院审理的申诉,应直接审理

C. 对经两级法院依照审判监督程序复查均驳回的申诉,法院不再受理

D. 对死刑案件的申诉,可由原核准的法院审查,也可交由原审法院审查

答案(　　　)②

【考点提示】本题考查申诉的具体程序。

【解析】A项,根据《最高人民法院关于适用〈中华人民共和国刑事诉讼法〉的解释》第373条的规定:"申诉由终审人民法院审查处理。但是,第二审人民法院裁定准许撤回上诉的案件,申诉人对第一审判决提出申诉的,可以由第一审人民法院审查处理。"可见,是"可以"而非"应当",又是考查万恶的"应当"、"可以"。A错误。

B项,上一级人民法院对未经终审人民法院审查处理的申诉,可以告知申诉人向终审人民法院提出申诉,或者直接交终审人民法院审查处理,并告知申诉人;案件疑难、复杂、重大的,也可以直接审查处理。可见,并非应当直接审理。B错误。

参考答案:①司法部当时答案为ABCD,根据现行法律应当选AD　②D

C 项,上级人民法院对经终审法院的上一级人民法院依照审判监督程序审理后维持原判或者经两级人民法院依照审判监督程序复查均驳回的申诉案件,一般不予受理。但申诉人提出新的理由,且符合法定申诉条件的,以及刑事案件的原审被告人可能被宣告无罪的除外。可见,还是有受理可能性的。C 错误。

D 项,根据《最高人民法院关于适用〈中华人民共和国刑事诉讼法〉的解释》第 374 条的规定,"对死刑案件的申诉,可以由原核准的人民法院直接审查处理,也可以交由原审人民法院审查"。D 正确。

综上所述,本题应当选 D。

考点 2　审判监督程序的启动

甲因犯抢劫罪被市检察院提起公诉,经一审法院审理,判处死刑缓期二年执行。甲上诉,省高级法院核准死缓判决。根据审判监督程序规定,下列哪一做法是错误的?(2010－2－38,单选)

A. 最高法院自行对该案重新审理,依法改判

B. 最高法院指令省高级法院再审

C. 最高检察院对该案向最高法院提出抗诉

D. 省检察院对该案向省高院提出抗诉

答案(　　　)①

【考点提示】 本题考查再审的启动。需要注意把握几个规律:1. 与作出生效裁判法院同级的检察院没有再审抗诉权,最高检察院除外;2. 二审抗诉向上一级法院抗诉,再审抗诉向同级法院抗诉;3. 能够启动再审的最低级别的法院是作出生效裁判的法院,其下级法院无权启动再审;4. 能够启动再审的最低级别的检察院是作出生效裁判法院的上一级检察院,其下级检察院无权启动再审抗诉。

【解析】 知识介绍:

提起审判监督程序的主体包括:

(一)作出生效裁判法院的院长和审判委员会

《刑事诉讼法》第 243 条第 1 款规定:"各级人民法院院长对本院已经发生法律效力的判决和裁定,如果发现在认定事实上或者在适用法律上确有错误,必须提交审判委员会处理。"

(二)最高人民法院和上级人民法院

《刑事诉讼法》第 243 条第 2 款规定:"最高人民法院对各级人民法院已经发生法律效力的判决和裁定,上级人民法院对下级人民法院已经发生法律效力的判决和裁定,如果发现确有错误,有权提审或者指令下级人民法院再审。"

(三)最高人民检察院和上级人民检察院

《刑事诉讼法》第 243 条第 3 款规定:"最高人民检察院对各级人民法院已经发生法律效力的判决、裁定,上级人民检察院对下级人民法院已经发生法律效力的判决、裁定,如果发现确有错误,有权按照审判监督程序向同级人民法院提出抗诉。"

本题解析:

本题中,作出生效裁判的法院是省高级人民法院,提起审判监督程序的主体包括:省高级人民法院、最高人民检察院、最高人民法院。其中,最高人民法院有权提审或者指令下级人民法院再审。最高

参考答案:①D

人民检察院有权向同级人民法院提出抗诉。故,ABC 正确,D 错误,与作出生效裁判法院同级的检察院没有再审抗诉权。

综上所述,本题答案为 D。

考点 3　再审的程序

关于审判监督程序,下列哪一选项是正确的?(2012 -2 -34,单选)

A. 对于原判决事实不清楚或者证据不足的,应当指令下级法院再审

B. 上级法院指令下级法院再审的,应当指令原审法院以外的下级法院审理;由原审法院审理更为适宜的,也可以指令原审法院审理

C. 不论是否属于由检察院提起抗诉的再审案件,逮捕由检察院决定

D. 法院按照审判监督程序审判的案件,应当决定中止原判决、裁定的执行

答案(　　)①

【考点提示】 本题考查再审的具体程序。

【解析】 A 项,《刑事诉讼法》第 243 条第 4 款规定:“人民检察院抗诉的案件,接受抗诉的人民法院应当组成合议庭重新审理,对于原判决事实不清楚或者证据不足的,可以指令下级人民法院再审。”

可见,对于原判决事实不清楚或证据不足的,上级法院既可以提审也可以指令再审,A 错误。

B 项,《刑事诉讼法》第 244 条规定:“上级人民法院指令下级人民法院再审的,应当指令原审人民法院以外的下级人民法院审理;由原审人民法院审理更为适宜的,也可以指令原审人民法院审理。”

可见,B 正确。

CD 项,《刑事诉讼法》第 246 条规定:“人民法院决定再审的案件,需要对被告人采取强制措施的,由人民法院依法决定;人民检察院提出抗诉的再审案件,需要对被告人采取强制措施的,由人民检察院依法决定。人民法院按照审判监督程序审判的案件,可以决定中止原判决、裁定的执行。”

可知,强制措施应当由启动再审的主体来决定,只有检察院抗诉的,强制措施才由检察院决定。C 错误。同时,人民法院“可以”中止原判决、裁定的执行,不是“应当”。D 错误。

综上所述,本题答案为 B。

邢某因涉嫌强奸罪被判处有期徒刑。刑罚执行期间,邢某父母找到证人金某,证明案发时邢某正与金某在外开会,邢某父母提出申诉。法院对该案启动再审。关于原判决的执行,下列哪一说法是正确的?(2011 -2 -38,单选)

A. 继续执行原判决　　B. 由再审法院裁定中止执行原判决

C. 由再审法院决定中止执行原判决　　D. 报省级法院决定中止原判决

答案(　　)②

【考点提示】 本题考查原判决中止执行的情形。需要注意,申诉不能停止原裁判的执行。但如果法院启动了再审程序,则有可能终止原裁判的执行。

【解析】《刑事诉讼法》第 246 条第 2 款规定:“人民法院按照审判监督程序审判的案件,可以

参考答案:①B　②C

决定中止原判决、裁定的执行。”

《最高人民法院关于适用〈中华人民共和国刑事诉讼法〉的解释》第382条第2款规定：“再审期间不停止原判决、裁定的执行，但被告人可能经再审改判无罪，或者可能经再审减轻原判刑罚而致刑期届满的，可以决定中止原判决、裁定的执行，必要时，可以对被告人采取取保候审、监视居住措施。”

本案中，法院启动了再审，并且理由是“邢某父母找到证人金某，证明案发时邢某正与金某在外开会”，这意味着邢某“可能经再审改判无罪”，这种情况下，可以中止原判决、裁定的执行。此外，“中止原判决、裁定的执行”应该使用“决定”而不是“裁定”。C正确，ABD错误。

综上所述，本题答案为C。

法院就被告人“钱某”盗窃案作出一审判决，判决生效后检察院发现“钱某”并不姓钱，于是在确认其真实身份后向法院提出其冒用他人身份，但该案认定事实和适用法律正确。关于法院对此案的处理，下列哪一选项是正确的？（2013－2－40，单选）

A. 可以建议检察院提出抗诉，通过审判监督程序加以改判

B. 可以自行启动审判监督程序加以改判

C. 可以撤销原判并建议检察机关重新起诉

D. 可以用裁定对判决书加以更正

答案(　　　)①

【考点提示】本题考查再审的具体程序。

【解析】《最高人民法院关于适用〈中华人民共和国刑事诉讼法〉的解释》第390条规定：“原判决、裁定认定被告人姓名等身份信息有误，但认定事实和适用法律正确、量刑适当的，作出生效判决、裁定的人民法院可以通过裁定对有关信息予以更正。”

本题中，钱某的身份信息错误，但是案件认定事实和适用法律正确，法院对此可以通过裁定对有关信息进行予以更正。故，D正确，ABC错误。

综上所述，本题选D。

关于审判监督程序，下列哪些选项是正确的？（2014－2－75，多选）

A. 只有当事人及其法定代理人、近亲属才能对已经发生法律效力的裁判提出申诉

B. 原审法院依照审判监督程序重新审判的案件，应当另行组成合议庭

C. 对于依照审判监督程序重新审判后可能改判无罪的案件，可中止原判决、裁定的执行

D. 上级法院指令下级法院再审的，一般应当指令原审法院以外的下级法院审理

答案(　　　)②

【考点提示】本题综合考查申诉主体与再审的具体程序。

【解析】A项，考查申诉主体。《最高人民法院关于适用〈中华人民共和国刑事诉讼法〉的解释》第371条规定：“当事人及其法定代理人、近亲属对已经发生法律效力的判决、裁定提出申诉的，人民法院应当审查处理。

案外人认为已经发生法律效力的判决、裁定侵害其合法权益，提出申诉的，人民法院应当审查处理。申诉可以委托律师代为进行。”

可见，案外人和律师也可以作为申诉主体。A错误。

B项，《刑事诉讼法》第245条第1款规定：“人民法院按照审判监督程序重新审判的案件，由原审

参考答案：①D　②BCD

人民法院审理的，应当另行组成合议庭进行。如果原来是第一审案件，应当依照第一审程序进行审判，所作的判决、裁定，可以上诉、抗诉；如果原来是第二审案件，或者是上级人民法院提审的案件，应当依照第二审程序进行审判，所作的判决、裁定，是终审的判决、裁定。”

可见，“原审法院依照审判监督程序重新审判的案件，应当另行组成合议庭”。B 正确。

C 项，《最高人民法院关于适用〈中华人民共和国刑事诉讼法〉的解释》第 382 条规定：“对决定依照审判监督程序重新审判的案件，除人民检察院抗诉的以外，人民法院应当制作再审决定书。再审期间不停止原判决、裁定的执行，但被告人可能经再审改判无罪，或者可能经再审减轻原判刑罚而致刑期届满的，可以决定中止原判决、裁定的执行，必要时，可以对被告人采取取保候审、监视居住措施。”可见，C 正确。

D 项，《最高人民法院关于适用〈中华人民共和国刑事诉讼法〉的解释》第 379 条第 2 款规定：“上级人民法院指令下级人民法院再审的，一般应当指令原审人民法院以外的下级人民法院审理；由原审人民法院审理更有利于查明案件事实、纠正裁判错误的，可以指令原审人民法院审理。”可见，D 正确。

综上所述，本题应当选 BCD。

《最高人民法院关于适用〈中华人民共和国刑事诉讼法〉的解释》第 386 条规定，除检察院抗诉的以外，再审一般不得加重原审被告人的刑罚。关于这一规定的理解，下列哪些选项是正确的？（2016－2－74，多选）

A. 体现了刑事诉讼惩罚犯罪和保障人权基本理念的平衡

B. 体现了刑事诉讼具有追求实体真实与维护正当程序两方面的目的

C. 再审不加刑有例外，上诉不加刑也有例外

D. 审判监督程序的纠错功能决定了再审不加刑存在例外情形

答案（　　　）①

【考点提示】本题综合考查审判监督程序理论，难度较高。

【解析】A 项，启动再审是为了纠正原审错误，但再审却不能被轻易、频繁启动。因为再审如果能够被轻易启动，尤其是为了加重被告人刑罚而启动，将会使我国的生效裁判的既判力降低，稳定性下降，有损司法权威。因此，一方面，我国应当秉持实事求是、有错必纠的精神，对于错误的案件坚决启动再审，打击犯罪。但另一方面，再审的启动不可随意，如果启动再审将会对被告人不利，应当尽可能贯彻“禁止双重危险”原则的要求，不启动审判监督程序，维护裁判的既判力，保障原审被告人合法诉讼权利，实现惩罚犯罪与保障人权的平衡。A 正确。

B 项，启动再审，目的是纠正原裁判错误，体现了对实体真实的保障。而为了保护原审被告人的人权，不轻易启动再审，目的则是保障原审裁判的既判力，肯定原审的程序正当，从而体现了司法对于实体真实与正当程序的共同追求。B 正确。

C 项，根据《最高人民法院关于适用〈中华人民共和国刑事诉讼法〉的解释》第 386 条的规定，“除检察院抗诉的以外，再审一般不得加重原审被告人的刑罚”。所以说，再审不加刑可以有例外。但二审程序中，除了检察院抗诉或者自诉人上诉以外，对于仅有被告人一方上诉的案件，二审绝对不得加重被告人刑罚，从这个角度来看，上诉不加刑是没有例外的。C 错误。

D 项，虽然要考虑正当程序，要考虑人权保障，但缺失了惩罚犯罪和对实体真实的追求，一味保障的司法系统注定是无法实现公平正义的。应当明确的是，审判监督程序的终极目的是纠错，在此基础上，再考虑是否需要平衡人权保障与程序正当。因此，再审不加刑虽然重要，但存在的例外恰好是对再

参考答案：①ABD

审纠错目的的回归。D 正确。

综上所述,本题应当选 ABD。

考题拓展

被告人刘某,17 岁,被判处有期徒刑 3 年,判决生效后刘某被送往当地监狱服刑,下列哪些人员有权对本案提出申诉?(2003 -2 -54,多选)

A. 被害人温某

B. 刘某的父亲

C. 刘某的哥哥

D. 刘某的辩护人史某

答案( )①

【解析】《最高人民法院关于适用〈中华人民共和国刑事诉讼法〉的解释》第 371 条规定:“当事人及其法定代理人、近亲属对已经发生法律效力的判决、裁定提出申诉的,人民法院应当审查处理。

案外人认为已经发生法律效力的判决、裁定侵害其合法权益,提出申诉的,人民法院应当审查处理。

申诉可以**委托律师**代为进行。”

可见,能够申诉的主体包括:当事人、法定代理人、近亲属、有利害关系的案外人、受托律师。因此,A 项,被害人属于当事人,正确。B 项,刘某父亲属于法定代理人,正确。C 项,刘某的哥哥属于近亲属,正确。

D 项,“辩护人”的表述不够精确,因为辩护人既可以是律师辩护人,也可以是其他身份的辩护人。故而 D 项不选。

综上所述,本题应当选 ABC。

A 市中级法院以故意伤害罪判处被告人死刑缓期二年执行,被告人没有上诉,检察机关没有抗诉。该案经 B 省高级法院核准。判决生效后,被害人某甲不服,提起申诉。如果判决确有错误,下列哪一司法机关有权提起审判监督程序?(2008 四川单考 -2 -27,单选)

A. A 市检察院

B. A 市中级法院

C. B 省检察院

D. B 省高级法院

答案( )②

【解析】 本案中,案件经 B 省高级法院核准,可见高级法院是生效法院。因此,根据前述题目(2010 -2 -38,单选)解析中的“知识介绍”,能够启动再审的主体应当包括:高级法院,最高法院,最高检察院。省检察院不可以,因为与作出生效裁判的法院同级的检察院没有再审抗诉权。市检察院和市中院属于省高院的下级检察院和法院,无权对上级法院的裁判启动再审。故,本题只能选 D。

需要注意,做类似题目有一个窍门:先找到谁是生效裁判的法院,再进一步判断谁能启动再审。

某直辖市人民检察院分院发现本市中级人民法院以挪用公款罪判处被告人李某有期徒刑 15 年的第二审生效判决在适用法律上确有错误,该检察分院按下列哪一个程序处理是正确的?(2003 -2 -20,单选)

参考答案:①ABC ②D

A. 向本市中级人民法院提起抗诉

B. 向本市高级人民法院提起抗诉

C. 报请市人民检察院，由市人民检察院向市高级人民法院提起抗诉

D. 向本市中级人民法院提出纠正意见

答案(　　　)①

【解析】本题特殊之处在于，这是一个发生在直辖市的案件。在本题中，生效裁判法院是市中级法院，这意味着，能够启动再审的主体应当包括：市中级法院，市高级法院，最高人民法院，市检察院和最高人民检察院。市检察院分院与市中级法院同级，没有再审抗诉权，市检察院分院也不可以跨级抗诉。因此，本题只能选C。

参考答案：①C

专题十九 执 行

点评：

执行程序是刑事诉讼的最后一个诉讼阶段，执行程序包括两方面的内容：一是将已经发生法律效力的判决、裁定所确定的内容付诸实施的程序；二是处理执行过程中刑罚变更等问题的程序。

本章每年约出两道题，需要考生重点掌握：执行的依据，各种判决、裁定的执行程序，死刑执行与变更，财产刑执行，暂予监外执行，减刑、假释程序。

考点1 刑罚的执行机关

关于生效裁判执行，下列哪一做法是正确的？（2016－2－40，单选）

A. 甲被判处管制1年，由公安机关执行

B. 乙被判处有期徒刑1年宣告缓刑2年，由社区矫正机构执行

C. 丙被判处有期徒刑1年6个月，在被交付执行前，剩余刑期5个月，由看守所代为执行

D. 丁被判处10年有期徒刑并处没收财产，没收财产部分由公安机关执行

答案（　　）①

【考点提示】本题考查各种刑罚的执行机关。

【解析】关于刑罚的执行机关，见下表：

执行机关
法院：无罪免刑、死刑立即执行、罚金、没收财产
监狱：死缓、无期、有期（余刑3个月以下由看守所代为执行）
社区矫正机构：管制、缓刑、假释、暂予监外执行
公安机关：执行拘役（看守所）、剥夺政治权利等刑罚

可见，A项，管制应当由社区矫正机构执行，错误。B项，缓刑由社区矫正机构执行，正确。C项，有期徒刑，余刑5个月，应当由监狱执行，错误。D项，没收财产应当由法院执行，错误。

综上所述，本题应当选B。

参考答案：①B

考点2 死刑的执行与变更

被告人王某故意杀人案经某市中级法院审理，认为案件事实清楚，证据确实、充分。如王某被判处死刑立即执行，下列选项正确的是：（2010－2－95，不定项）

A. 核准死刑立即执行的机关是最高法院

B. 签发死刑立即执行命令的是最高法院审判委员会

C. 王某由作出一审判决的法院执行

D. 王某由法院交由监狱或指定的羁押场所执行

答案(　　　)①

【考点提示】本题考查死刑立即执行的执行程序。

【解析】A项，《刑事诉讼法》第235条规定："死刑由最高人民法院核准。"《刑事诉讼法》第237条规定："中级人民法院判处死刑缓期二年执行的案件，由高级人民法院核准。"可见，死刑缓期执行，高级人民法院与最高人民法院都可以核准，但死刑立即执行只能由最高人民法院核准。A正确。

B项，《刑事诉讼法》第250条规定："最高人民法院判处和核准的死刑立即执行的判决，应当由最高人民法院院长签发执行死刑的命令。"可见，死刑立即执行命令由审判委员会签发不正确。B错误。

C项，《最高人民法院关于适用〈中华人民共和国刑事诉讼法〉的解释》第417条第1款规定："最高人民法院的执行死刑命令，由高级人民法院交付第一审人民法院执行。第一审人民法院接到执行死刑命令后，应当在七日内执行。"可见，C正确。

D项，《刑事诉讼法》第252条第3款规定："死刑可以在刑场或者指定的羁押场所内执行。"可见，"监狱"的表述不准确，D错误。

综上所述，本题答案为AC。

赵某因绑架罪被甲省A市中级法院判处死刑缓期两年执行，后交付甲省B市监狱执行。死刑缓期执行期间，赵某脱逃至乙省C市实施抢劫被抓获，C市中级法院一审以抢劫罪判处无期徒刑。赵某不服判决，向乙省高级法院上诉。乙省高级法院二审维持一审判决。此案最终经最高法院核准死刑立即执行。关于执行赵某死刑的法院，下列哪一选项是正确的？（2013－2－24，单选）

A. A市中级法院

B. B市中级法院

C. C市中级法院

D. 乙省高级法院

答案(　　　)②

【考点提示】本题考查死刑执行的法院。

【解析】《最高人民法院关于适用〈中华人民共和国刑事诉讼法〉的解释》第417条规定："最高人民法院的执行死刑命令，由高级人民法院交付第一审人民法院执行。第一审人民法院接到执行死刑命令后，应当在七日内执行。在死刑缓期执行期间故意犯罪，最高人民法院核准执行死刑的，由罪犯服刑地的中级人民法院执行。"

本案中，赵某被判处死刑缓期执行，交付甲省B市监狱执行，死刑缓期执行期间犯抢劫罪，最高人

参考答案：①AC　②B

民法院核准死刑立即执行,应交由B市中级人民法院执行。故,B正确,ACD错误。

综上所述,本题应当选B。

考点3 其他刑罚的执行

被告人王某故意杀人案经某市中级法院审理,认为案件事实清楚,证据确实、充分。如王某被判处无期徒刑,附加剥夺政治权利,下列选项正确的是:(2010-2-96,不定项)

A. 无期徒刑的执行机关是监狱

B. 剥夺政治权利的执行机关是公安机关

C. 对王某应当剥夺政治权利终身

D. 如王某减刑为有期徒刑,剥夺政治权利的期限应改为十五年

答案( )①

【考点提示】本题考查无期徒刑与剥夺政治权利的执行机关与程序。

【解析】AB项,根据《刑事诉讼法》及相关司法解释的规定,在我国,执行机关包括人民法院、监狱、社区矫正机构和公安机关。

1. 人民法院:死刑立即执行、罚金、没收财产、无罪或者免除刑罚。

2. 监狱:死刑缓期2年执行、无期徒刑、有期徒刑(有期徒刑余刑在3个月以下的,由看守所代为执行)

未成年犯监狱负责未成年犯被判处刑罚的执行。

3. 社区矫正机构:管制、缓刑、假释、暂予监外执行。

4. 公安机关:拘役(看书所)、剥夺政治权利等。

故,AB正确。

C项,《刑法》第57条第1款规定:"对于被判处死刑、无期徒刑的犯罪分子,应当剥夺政治权利终身。"可知,C正确。

D项,《刑法》第57条第2款规定:"在死刑缓期执行减为有期徒刑或者无期徒刑减为有期徒刑的时候,应当把附加剥夺政治权利的期限改为三年以上十年以下。"可见,D错误。

综上所述,本题答案为ABC。

被告人王某故意杀人案经某市中级法院审理,认为案件事实清楚,证据确实、充分。如王某被并处没收个人财产,关于本案财产刑的执行及赔偿、债务偿还,下列说法正确的是:(2010-2-97,不定项)

A. 财产刑由公安机关执行

B. 王某应先履行对提起附带民事诉讼的被害人的民事赔偿责任

C. 案外人对执行标的物提出异议的,法院应当裁定中止执行

D. 王某在案发前所负所有债务,经债权人请求先行予以偿还

答案( )②

【考点提示】本题考查财产刑的执行。

【解析】A项,《刑事诉讼法》第261条规定:"没收财产的判决,无论附加适用或者独立适用,

参考答案:①ABC ②司法部当时答案为B,根据现行法律应当选BC

都由人民法院执行;在必要的时候,可以会同公安机关执行。”可见,财产刑只能由法院执行,A 错误。

BD 项,《最高人民法院关于适用〈中华人民共和国刑事诉讼法〉的解释》第 441 条规定:“被判处财产刑,同时又承担附带民事赔偿责任的被执行人,应当先履行民事赔偿责任。

判处财产刑之前被执行人所负正当债务,需要以被执行的财产偿还的,经债权人请求,应当偿还。”

可见,B 正确。D 错误,并非所有债务都要偿还。

C 项,《最高人民法院关于适用〈中华人民共和国刑事诉讼法〉的解释》第 443 条规定:“执行财产刑过程中,具有下列情形之一的,人民法院应当裁定中止执行:

(一)执行标的物系人民法院或者仲裁机构正在审理案件的争议标的物,需等待该案件审理完毕确定权属的;

(二)案外人对执行标的物提出异议的;

(三)应当中止执行的其他情形。

中止执行的原因消除后,应当恢复执行。”

可见,C 项属于上述(二),正确。

综上所述,本题正确答案为 BC。

关于刑事裁判涉财产部分执行,下列哪一说法是正确的?(2015-2-40,单选)

A. 对侦查机关查封、冻结、扣押的财产,法院执行时可直接裁定处置,无需侦查机关出具解除手续

B. 法院续行查封、冻结、扣押的顺位无需与侦查机关的顺位相同

C. 刑事裁判涉财产部分的裁判内容应明确具体,涉案财产和被害人均应在判决书主文中详细列明

D. 刑事裁判涉财产部分,应由与一审法院同级的财产所在地的法院执行

答案(　　　)①

【考点提示】本题考查刑事裁判涉财产部分执行程序。法律依据是《最高人民法院关于刑事裁判涉财产部分执行的若干规定》,该法律文件为 2015 年司考大纲新增。

【解析】《最高人民法院关于刑事裁判涉财产部分执行的若干规定》第 5 条:“刑事审判或者执行中,对于侦查机关已经采取的查封、扣押、冻结,人民法院应当在期限届满前及时续行查封、扣押、冻结。人民法院续行查封、扣押、冻结的顺位与侦查机关查封、扣押、冻结的顺位相同。

对侦查机关查封、扣押、冻结的财产,人民法院执行中可以直接裁定处置,无需侦查机关出具解除手续,但裁定中应当指明侦查机关查封、扣押、冻结的事实。”

根据该条文第 2 款,A 正确。根据第 1 款,“人民法院续行查封、扣押、冻结的顺位与侦查机关查封、扣押、冻结的顺位相同。”B 错误。

《最高人民法院关于刑事裁判涉财产部分执行的若干规定》第 6 条第 1 款规定:“刑事裁判涉财产部分的裁判内容,应当明确、具体。涉案财物或者被害人人数较多,不宜在判决主文中详细列明的,可以概括叙明并另附清单。”可见,C 说“涉案财产和被害人均应在判决书主文中详细列明”错误。

《最高人民法院关于刑事裁判涉财产部分执行的若干规定》第 2 条:“刑事裁判涉财产部分,由第一审人民法院执行。第一审人民法院可以委托财产所在地的同级人民法院执行。”可见,D 说“应由与一审法院同级的财产所在地的法院执行”错误。

综上所述,本题应当选 A。

关于有期徒刑缓刑、拘役缓刑的执行,下列哪些选项是正确的?(2014-2-74,多选)

参考答案:①A

A. 对宣告缓刑的罪犯,法院应当核实其居住地

B. 法院应当向罪犯及原所在单位或居住地群众宣布犯罪事实、期限及应遵守的规定

C. 罪犯在缓刑考验期内犯新罪应当撤销缓刑的,由原审法院作出裁定

D. 法院撤销缓刑的裁定,一经作出立即生效

答案(　　)①

【考点提示】本题综合考查缓刑的执行与缓刑的撤销。

【解析】A,《最高人民法院关于适用〈中华人民共和国刑事诉讼法〉的解释》第436条规定:"对被判处管制、宣告缓刑的罪犯,人民法院应当核实其居住地。宣判时,应当书面告知罪犯到居住地县级司法行政机关报到的期限和不按期报到的后果。判决、裁定生效后十日内,应当将判决书、裁定书、执行通知书等法律文书送达罪犯居住地的县级司法行政机关,同时抄送罪犯居住地的县级人民检察院。"可见,A正确。

B项,《刑法》、《刑事诉讼法》及相关司法解释中均没有类似规定,错误。

C项,《最高人民法院关于适用〈中华人民共和国刑事诉讼法〉的解释》第457条规定:"罪犯在缓刑、假释考验期限内犯新罪或者被发现在判决宣告前还有其他罪没有判决,应当撤销缓刑、假释的,由审判新罪的人民法院撤销原判决、裁定宣告的缓刑、假释,并书面通知原审人民法院和执行机关。"可见,应当由审判新罪的人民法院而不是由原审法院作出裁定。C错误。

D,《最高人民法院关于适用〈中华人民共和国刑事诉讼法〉的解释》第458条第2款规定:"人民法院撤销缓刑、假释的裁定,一经作出,立即生效。"因此,D正确。

综上所述,本题应当选AD。

关于减刑、假释案件审理程序,下列哪一选项是正确的?(2015－2－41,单选)

A. 甲因抢劫罪和绑架罪被法院决定执行有期徒刑20年,对甲的减刑,应由其服刑地高级法院作出裁定

B. 乙因检举他人重大犯罪活动被报请减刑的,法院应通知乙参加减刑庭审

C. 丙因受贿罪被判处有期徒刑5年,对丙的假释,可书面审理,但必须提讯丙

D. 丁因强奸罪被判处无期徒刑,对丁的减刑,可聘请律师到庭发表意见

答案(　　)②

【考点提示】本题考查减刑、假释案件审理程序。法律依据是《最高人民法院关于减刑、假释案件审理程序的规定》,该法律文件为2015年司考大纲新增。

【解析】A项,《最高人民法院关于减刑、假释案件审理程序的规定》第1条(三)规定:"对被判处有期徒刑和被减为有期徒刑的罪犯的减刑、假释,由罪犯服刑地的中级人民法院在收到执行机关提出的减刑、假释建议书后一个月内作出裁定,案情复杂或者情况特殊的,可以延长一个月。"A错在"高院"。

B项,《最高人民法院关于减刑、假释案件审理程序的规定》第7条第1款规定:"人民法院开庭审理减刑、假释案件,应当通知人民检察院、执行机关及被报请减刑、假释罪犯参加庭审。"可见,乙作为被报请减刑的罪犯,应当通知到庭,正确。

C项,《最高人民法院关于减刑、假释案件审理程序的规定》第6条规定:"人民法院审理减刑、假释案件,可以采取开庭审理或者书面审理的方式。但下列减刑、假释案件,应当开庭审理:

(一)因罪犯有重大立功表现报请减刑的;

参考答案:①AD　②B

（二）报请减刑的起始时间、间隔时间或者减刑幅度不符合司法解释一般规定的；

（三）公示期间收到不同意见的；

（四）人民检察院有异议的；

（五）被报请减刑、假释罪犯系职务犯罪罪犯，组织（领导、参加、包庇、纵容）黑社会性质组织犯罪罪犯，破坏金融管理秩序和金融诈骗犯罪罪犯及其他在社会上有重大影响或社会关注度高的；

（六）人民法院认为其他应当开庭审理的。”

C 项中，丙因受贿罪被判处有期徒刑 5 年，属于职务犯罪，根据该条（五），对丙的假释，应当开庭审理，不能书面审理。C 错误。

D 项，律师无论是担任辩护人还是申诉代理人，活动阶段一般在侦查、起诉和审判阶段。减刑、假释案件的审理程序并非真正的审判程序，而是属于执行程序。在这一程序中，由执行机关提出减刑、假释的建议，由法院审理，由检察院监督，没有律师存在的空间。故，D 说“可聘请律师到庭发表意见”错误。

综上所述，本题应当选 B。

考点 4　暂予监外执行

下列哪一选项是 2012 年《刑事诉讼法修正案》新增加的规定内容？（2012－2－35，单选）

A. 怀孕或者正在哺乳自己婴儿的妇女可以暂予监外执行

B. 监狱、看守所提出暂予监外执行的书面意见的，应当将书面意见的副本抄送检察院

C. 决定或者批准暂予监外执行的机关应当将暂予监外执行决定抄送检察院

D. 检察院认为暂予监外执行不当的，应当在法定期间内将书面意见送交决定或者批准暂予监外执行的机关

答案（　　　）①

【考点提示】 本题综合考查暂予监外执行的具体程序。2012 年，司法考试第一次考查现行《刑事诉讼法》的内容，所以题目问哪些是“新增加的规定内容”。现行《刑事诉讼法》自 2013 年 1 月 1 日实施至今，已不算“新”了，所以，本题需要考生掌握暂予监外执行所涉的知识点即可。

【解析】《刑事诉讼法》第 255 条规定：“监狱、看守所提出暂予监外执行的书面意见的，应当将书面意见的副本抄送人民检察院。人民检察院可以向决定或者批准机关提出书面意见。”

该条是新增加的内容，B 正确，ACD 不是新增内容。

需要考生注意一下 A 项，1996 年《刑事诉讼法》中规定了对于被判处拘役或者有期徒刑的罪犯，如果是怀孕或者哺乳状态，可以暂予监外执行。现行《刑事诉讼法》对此没有进行改动，但增加了另外一种情形，《刑事诉讼法》第 254 条第 2 款规定，对被判处无期徒刑的罪犯，如果是怀孕或者哺乳状态的，可以暂予监外执行。简言之，对于怀孕或者哺乳自己婴儿的妇女罪犯，被判处拘役、有期徒刑、无期徒刑都可以暂予监外执行。

综上所述，本题答案为 B。

钱某涉嫌纵火罪被提起公诉，在法庭审理过程中被诊断患严重疾病，法院判处其有期徒刑 8 年，同时决定予以监外执行。下列哪一选项是错误的？（2014－2－26，单选）

参考答案：①B

A. 决定监外执行时应当将暂予监外执行决定抄送检察院

B. 钱某监外执行期间,应当对其实行社区矫正

C. 如钱某拒不报告行踪、脱离监管,应当予以收监

D. 如法院作出收监决定,钱某不服,可向上一级法院申请复议

答案( )①

【考点提示】本题综合考查暂予监外执行的具体程序。

【解析】A 项,《最高人民法院关于适用〈中华人民共和国刑事诉讼法〉的解释》第 432 条第 1 款规定:"被判处无期徒刑、有期徒刑或者拘役的罪犯,符合刑事诉讼法第二百五十四条第一款、第二款的规定,人民法院决定暂予监外执行的,应当制作暂予监外执行决定书,写明罪犯基本情况、判决确定的罪名和刑罚、决定暂予监外执行的原因、依据等,通知罪犯居住地的县级司法行政机关派员办理交接手续,并将暂予监外执行决定书抄送罪犯居住地的县级人民检察院和公安机关。"可见,A 正确。

B 项,《刑事诉讼法》第 258 条规定:"对被判处管制、宣告缓刑、假释或者暂予监外执行的罪犯,依法实行社区矫正,由社区矫正机构负责执行。"故,"钱某监外执行期间,应当对其实行社区矫正",B 正确。

C 项,《最高人民法院关于适用〈中华人民共和国刑事诉讼法〉的解释》第 433 条规定:"暂予监外执行的罪犯具有下列情形之一的,原作出暂予监外执行决定的人民法院,应当在收到执行机关的收监执行建议书后十五日内,作出收监执行的决定:

(一)不符合暂予监外执行条件的;

(二)未经批准离开所居住的市、县,经警告拒不改正,或者拒不报告行踪,脱离监管的;

(三)因违反监督管理规定受到治安管理处罚,仍不改正的;

(四)受到执行机关两次警告,仍不改正的;

(五)保外就医期间不按规定提交病情复查情况,经警告拒不改正的;

(六)暂予监外执行的情形消失后,刑期未满的;

(七)保证人丧失保证条件或者因不履行义务被取消保证人资格,不能在规定期限内提出新的保证人的;

(八)违反法律、行政法规和监督管理规定,情节严重的其他情形。

人民法院收监执行决定书,一经作出,立即生效。"

可见,根据该条第 1 款第(二)项的规定,C 正确。

D 项,《刑事诉讼法》及相关司法解释没有关于被法院作出收监决定人不服的救济方式。故,谈不上"向上一级法院申请复议",D 错误。

综上所述,本题应当选 D。

考题拓展

张某因盗窃被判处有期徒刑 5 年,在交付执行前,突患严重疾病,需保外就医。有权决定张某暂予监外执行的是哪一个机关?(2007-2-27,单选)

A. 省监狱管理机关

B. 负责交付执行的公安机关

C. 负责监所监督的检察院

D. 作出生效判决的法院

答案( )②

参考答案:①D ②D

【解析】《刑事诉讼法》第254条第5款规定，罪犯"在交付执行前，暂予监外执行由交付执行的人民法院决定；在交付执行后，暂予监外执行由监狱或者看守所提出书面意见，报省级以上监狱管理机关或者设区的市一级以上公安机关批准"。本题中，张某在交付执行前需要保外就医（暂予监外执行的一种形式），应当由执行法院即生效裁判的法院决定。本题选D。

孙某在甲市服刑期间，遵守监规，接受教育改造，确有悔改表现，于是监狱向甲市中级人民法院提出假释建议书，并由甲市法院作出假释裁定。在假释期间内，乙县公安机关发现孙某曾参与当地一起诈骗案，于是将其抓获归案，并由乙县人民检察院起诉到乙县人民法院审判。该案中，应当由哪个机关撤销原来的假释裁定？（2004－2－34，单选）

A. 甲市中级人民法院

B. 乙县人民法院

C. 甲市监狱

D. 乙县公安机关

答案（　　　）①

【解析】《最高人民法院关于适用〈中华人民共和国刑事诉讼法〉的解释》第457条规定："罪犯在缓刑、假释考验期限内犯新罪或者被发现在判决宣告前还有其他罪没有判决，应当撤销缓刑、假释的，由审判新罪的人民法院撤销原判决、裁定宣告的缓刑、假释，并书面通知原审人民法院和执行机关。"可见，本题中乙县法院是审判新罪的法院，应当由其撤销原来的假释裁定。本题选B。

参考答案：①B

专题二十　未成年人刑事案件诉讼程序

点评：

《刑事诉讼法》在第五编“特别程序”中以专章的形式规定了未成年人刑事案件诉讼程序。特别程序是每年必考的重要考查点，请考生重点掌握附条件不起诉与犯罪记录封存等制度。

考点1　一般规定

《刑事诉讼法》规定，审判的时候被告人不满18周岁的案件，不公开审理。但是，经未成年被告人及其法定代理人同意，未成年被告人所在学校和未成年人保护组织可以派代表到场。关于该规定的理解，下列哪些说法是错误的？（2012－2－73，多选）

A. 该规定意味着经未成年被告人及其法定代理人同意，可以公开审理

B. 未成年被告人所在学校和未成年人保护组织派代表到场是公开审理的特殊形式

C. 未成年被告人所在学校和未成年人保护组织经同意派代表到场是为了维护未成年被告人合法权益和对其进行教育

D. 未成年被告人所在学校和未成年人保护组织经同意派代表到场与审判的时候被告人不满18周岁的案件不公开审理并不矛盾

答案（　　　）①

【考点提示】本题考查未成年人的不公开审理制度。

【解析】《刑事诉讼法》第274条规定：“审判的时候被告人不满十八周岁的案件，不公开审理。但是，经未成年被告人及其法定代理人同意，未成年被告人所在学校和未成年人保护组织可以派代表到场。”

A项，审判的时候被告人不满18周岁的案件，一律不公开审理。即使未成年被告人及其法定代理人同意公开审理也不允许公开审理。A错误。

BC项，未成年被告人所在学校和未成年人保护组织经同意派代表到场是为了维护未成年被告人合法权益和对其进行教育，而非公开审理的特殊形式。B错误，C正确。

D项，不公开审理指的是庭审不能面向社会、面向新闻媒体、舆论进行公开，未成年被告人所在学校和未成年人保护组织派代表到场是为了保护未成年被告人，不是为了将案件向社会公开，与不公开审理并不矛盾。D正确。

综上所述，本题答案为AB。

赵某因涉嫌抢劫犯罪被抓获，作案时未满18周岁，案件起诉到法院时已年满18周岁。下列哪一

参考答案：①AB

说法是正确的?(2011－2－33,单选)

A. 本案由少年法庭审理
B. 对赵某不公开审理
C. 对赵某进行审判,可以通知其法定代理人到场
D. 对赵某进行审判,应当通知其监护人到场

答案(　　)①

【考点提示】本题综合考查未成年人刑事案件的审理程序。

【解析】《最高人民法院关于适用〈中华人民共和国刑事诉讼法〉的解释》第463条规定:"下列案件由少年法庭审理:

(一)被告人实施被指控的犯罪时不满十八周岁、人民法院立案时不满二十周岁的案件;

(二)被告人实施被指控的犯罪时不满十八周岁、人民法院立案时不满二十周岁,并被指控为首要分子或者主犯的共同犯罪案件。

其他共同犯罪案件有未成年被告人的,或者其他涉及未成年人的刑事案件是否由少年法庭审理,由院长根据少年法庭工作的实际情况决定。"

本案中,A项,赵某犯罪时未满18周岁,但案件起诉到法院时已满19周岁,属于人民法院立案时不满20周岁的案件,应当由少年法庭审理。A正确。

B项,《最高人民法院关于适用〈中华人民共和国刑事诉讼法〉的解释》第467条第1款规定,"开庭审理时被告人不满十八周岁的案件,一律不公开审理"。本案中,赵某在开庭审理时已满18周岁,不符合不公开审理的条件,所以B错误。

CD项,《最高人民法院关于适用〈中华人民共和国刑事诉讼法〉的解释》第466条规定,"人民法院审理未成年人刑事案件,在讯问或开庭时,应当通知未成年被告人的法定代理人到场"。本案中,本题中赵某开庭审理时已满18周岁,不存在法定代理人或监护人。CD错误。

综上所述,本题正确答案为A。

根据《人民检察院办理未成年人刑事案件的规定》,关于检察院审查批捕未成年犯罪嫌疑人,下列哪些做法是正确的?(2010－2－78,多选)

A. 讯问未成年犯罪嫌疑人,应当通知法定代理人到场
B. 讯问女性未成年犯罪嫌疑人,应当有女检察人员参加
C. 讯问未成年犯罪嫌疑人一般不得使用戒具
D. 对难以判断犯罪嫌疑人实际年龄,影响案件认定的,应当作出不批准逮捕的决定

答案(　　)②

【考点提示】本题考查《人民检察院办理未成年人刑事案件的规定》,需要注意,这是2010年的真题,当年考查的是2007年发布的《人民检察院办理未成年人刑事案件的规定》,最高人民检察院于2013年12月27日修订并发布了新的《人民检察院办理未成年人刑事案件的规定》,请考生以此法律文件为准。

【解析】A项,《人民检察院办理未成年人刑事案件的规定》第17条第4款规定,"讯问未成年犯罪嫌疑人,应当通知法定代理人到场,告知法定代理人依法享有的诉讼权利和应当履行的义务"。可见,A正确。

B项,《人民检察院办理未成年人刑事案件的规定》第17条第7款规定:"讯问女性未成年犯罪嫌疑人,应当有女检察人员参加。"可见,B正确。

C项,根据《人民检察院办理未成年人刑事案件的规定》第18条规定:"讯问未成年犯罪嫌疑人一

参考答案:①A　②ABCD

般不得使用械具。对于确有人身危险性,必须使用械具的,在现实危险消除后,应当立即停止使用。”可见,“讯问未成年犯罪嫌疑人一般不得使用戒具”,C 正确。

D 项,《人民检察院办理未成年人刑事案件的规定》第 14 条第 2 款规定:“对犯罪嫌疑人实际年龄难以判断,影响对该犯罪嫌疑人是否应当负刑事责任认定的,应当不批准逮捕。需要补充侦查的,同时通知公安机关。”可见,D 正确。

综上所述,本题的正确答案为 ABCD。

关于审理未成年人刑事案件,下列哪些选项是正确的?(2009-2-77,多选)

A. 不能适用简易程序

B. 在法庭上,必要时才对未成年被告人使用戒具

C. 休庭时,可以允许法定代理人或者其他成年近亲属、教师会见未成年被告人

D. 对未成年人案件,宣告判决应当公开进行

答案(　　　)①

【考点提示】本题综合考查未成年人案件刑事诉讼程序。需要注意的是,现行《刑事诉讼法》已经确立的未成年人刑事案件的特别程序,本题当年的法律根据是“最高人民法院《关于审理未成年人刑事案件的若干规定》”,但该法律文件已被废止,请考生重点复习《刑事诉讼法》及相关司法解释中关于未成年人刑事案件特别程序的相关条文。

【解析】A 项,《刑事诉讼法》第 209 条规定:“有下列情形之一的,不适用简易程序:

(一)被告人是盲、聋、哑人,或者是尚未完全丧失辨认或者控制自己行为能力的精神病人的;

(二)有重大社会影响的;

(三)共同犯罪案件中部分被告人不认罪或者对适用简易程序有异议的;

(四)其他不宜适用简易程序审理的。”

可见,法律没有禁止未成年人刑事案件适用简易程序,A 错误。

B 项,《最高人民法院关于适用〈中华人民共和国刑事诉讼法〉的解释》第 480 条规定:“在法庭上不得对未成年被告人使用戒具,但被告人人身危险性大,可能妨碍庭审活动的除外。必须使用戒具的,在现实危险消除后,应当立即停止使用。”

可见,在必要时可以使用戒具,B 正确。当然,B 项中的表述是“必要时”,这一表述似乎不太精确,但可以认为“被告人人身危险性大,可能妨碍庭审活动的”就应当属于“必要时”,需要考生掌握的是,对未成年被告人确实存在使用戒具的可能性。

C 项,《刑事诉讼法》第 270 条第 1 款规定:“对于未成年人刑事案件,在讯问和审判的时候,应当通知未成年犯罪嫌疑人、被告人的法定代理人到场。无法通知、法定代理人不能到场或者法定代理人是共犯的,也可以通知未成年犯罪嫌疑人、被告人的其他成年亲属,所在学校、单位、居住地基层组织或者未成年人保护组织的代表到场,并将有关情况记录在案。到场的法定代理人可以代为行使未成年犯罪嫌疑人、被告人的诉讼权利。”

《最高人民法院关于适用〈中华人民共和国刑事诉讼法〉的解释》第 478 条规定:“开庭前和休庭时,法庭根据情况,可以安排未成年被告人与其法定代理人或者刑事诉讼法第二百七十条第一款规定的其他成年亲属、代表会见。”

可见,休庭时,可以允许法定代理人或者其他成年近亲属、教师等人员会见被告人。C 正确。

参考答案:①司法部当时答案 CD,根据现行法律应当选 BCD

D 项,《最高人民法院关于适用〈中华人民共和国刑事诉讼法〉的解释》第 487 条第 1 款规定:“对未成年人刑事案件宣告判决应当公开进行,但不得采取召开大会等形式。”可见,D 正确。

综上所述,正确答案是 BCD 项。

律师邹某受法律援助机构指派,担任未成年人陈某的辩护人。关于邹某的权利,下列哪些说法是正确的?(2015－2－73,多选)

A. 可调查陈某的成长经历、犯罪原因、监护教育等情况,并提交给法院

B. 可反对法院对该案适用简易程序,法院因此只能采用普通程序审理

C. 可在陈某最后陈述后进行补充陈述

D. 可在有罪判决宣告后,受法庭邀请参与对陈某的法庭教育

答案(　　　)①

【考点提示】本题考查未成年人刑事诉讼程序中的辩护权利。

【解析】A 项,《最高人民法院关于适用〈中华人民共和国刑事诉讼法〉的解释》第 476 条第 1 款规定:“对人民检察院移送的关于未成年被告人性格特点、家庭情况、社会交往、成长经历、犯罪原因、犯罪前后的表现、监护教育等情况的调查报告,以及辩护人提交的反映未成年被告人上述情况的书面材料,法庭应当接受。”可见,辩护人也可以调查未成年被告人的成长经历、犯罪原因、监护教育等情况,并提交给法院。A 正确。

B 项,《最高人民法院关于适用〈中华人民共和国刑事诉讼法〉的解释》第 474 条:“对未成年人刑事案件,人民法院决定适用简易程序审理的,应当征求未成年被告人及其法定代理人、辩护人的意见。上述人员提出异议的,不适用简易程序”。可见,辩护人可反对法院对该案适用简易程序,法院因此只能采用普通程序审理。B 正确。

C 项,《最高人民法院关于适用〈中华人民共和国刑事诉讼法〉的解释》第 486 条:“未成年被告人最后陈述后,法庭应当询问其法定代理人是否补充陈述。”可见,补充陈述是法定代理人的权利,而非辩护人的权利。C 错误。

D,《最高人民法院关于适用〈中华人民共和国刑事诉讼法〉的解释》第 485 条规定:“法庭辩论结束后,法庭可以根据案件情况,对未成年被告人进行教育;判决未成年被告人有罪的,宣判后,应当对未成年被告人进行教育。

对未成年被告人进行教育,可以邀请诉讼参与人、刑事诉讼法第二百七十条第一款规定的其他成年亲属、代表以及社会调查员、心理咨询师等参加。”可见,辩护人作为诉讼参与人,可以受法庭邀请参与对陈某的法庭教育。D 正确。

综上所述,本题应当选 ABD。

甲、乙系初三学生,因涉嫌抢劫同学丙(三人均不满 16 周岁)被立案侦查。关于该案诉讼程序,下列哪些选项是正确的?(2015－2－74,多选)

A. 审查批捕讯问时,甲拒绝为其提供的合适成年人到场,应另行通知其他合适成年人到场

B. 讯问乙时,因乙的法定代理人无法到场而通知其伯父到场,其伯父可代行乙的控告权

C. 法庭审理询问丙时,应通知丙的法定代理人到场

D. 如该案适用简易程序审理,甲的法定代理人不能到场时可不再通知其他合适成年人到场

答案(　　　)②

参考答案:①ABD　②AC

【考点提示】本题综合考查未成年人刑事诉讼程序。

【解析】A 项,《人民检察院办理未成年人刑事案件的规定》第 17 条第 5 款规定:“未成年犯罪嫌疑人明确拒绝法定代理人以外的合适成年人到场,人民检察院可以准许,但应当另行通知其他合适成年人到场。”A 正确。

B 项,《人民检察院办理未成年人刑事案件的规定》第 17 条第 4 款规定,“到场的法定代理人可以代为行使未成年犯罪嫌疑人的诉讼权利,行使时不得侵犯未成年犯罪嫌疑人的合法权益”。但是,法律没有规定合适成年人到场后可以代为行使未成年犯罪嫌疑人的诉讼权利。B 错误。

CD 项,《最高人民法院关于适用〈中华人民共和国刑事诉讼法〉的解释》第 466 条:“人民法院审理未成年人刑事案件,在讯问和开庭时,应当通知未成年被告人的法定代理人到场。法定代理人无法通知、不能到场或者是共犯的,也可以通知未成年被告人的其他成年亲属,所在学校、单位、居住地的基层组织或者未成年人保护组织的代表到场,并将有关情况记录在案。

到场的其他人员,除依法行使《刑事诉讼法》第二百七十条第二款规定的权利外,经法庭同意,可以参与对未成年被告人的法庭教育等工作。

适用简易程序审理未成年人刑事案件,适用前两款的规定。

询问未成年被害人、证人,适用第一款、第二款的规定。”

可见,询问未成年被害人,也适用讯问未成年被告人的规定,应当通知法定代理人到场。C 正确。

适用简易程序审理未成年人刑事案件,也适用普通程序审理未成年人刑事案件的规定。也就是说,“应当通知未成年被告人的法定代理人到场。法定代理人无法通知、不能到场或者是共犯的,也可以通知未成年被告人的其他成年亲属,所在学校、单位、居住地的基层组织或者未成年人保护组织的代表到场”。可见,D 错误。

综上所述,本题应当选 AC。

考点 2　附条件不起诉

关于附条件不起诉,下列哪一说法是错误的?(2012－2－36,单选)

A. 只适用于未成年人案件

B. 应当征得公安机关、被害人的同意

C. 未成年犯罪嫌疑人及其法定代理人对附条件不起诉有异议的应当起诉

D. 有悔罪表现时,才可以附条件不起诉

答案(　　　)①

【考点提示】本题考查附条件不起诉。需要注意,我国的不起诉共有三种:法定不起诉、酌定不起诉、存疑不起诉。附条件不起诉并非第四种不起诉,附条件不起诉并不是真正的诉或者不诉,实质是使诉或者不诉的决定处于一种待定状态。也就是说,对未成年人给予一定的期限,观察其表现,再决定诉或者不诉。附条件不起诉只能适用于未成年人,是司考中的重要考查点。

【解析】ABD 项,《刑事诉讼法》第 271 条第 1 款规定:“对于未成年人涉嫌刑法分则第四章、第五章、第六章规定的犯罪,可能判处一年有期徒刑以下刑罚,符合起诉条件,但有悔罪表现的,人民检察

参考答案:①B

院可以作出附条件不起诉的决定。人民检察院在作出附条件不起诉的决定以前,应当听取公安机关、被害人的意见。”

可见,附条件不起诉只适用于未成年案件。A 正确。

B 项,人民检察院作出附条件不起诉决定前,应当“听取”而非“听从”公安机关、被害人的意见,无需征得其同意。B 错误。

D 项,有悔罪表现是附条件不起诉的条件之一。D 正确。

C 项,《刑事诉讼法》第 271 条第 3 款规定:“未成年犯罪嫌疑人及其法定代理人对人民检察院决定附条件不起诉有异议的,人民检察院应当作出起诉的决定。”

可见,未成年犯罪嫌疑人及其法定代理人对附条件不起诉有异议的,应当起诉。C 正确。

综上所述,本题答案为 B。

检察机关对未成年人童某涉嫌犯罪的案件进行审查后决定附条件不起诉。在考验期间,下列哪些情况下可以对童某撤销不起诉的决定提起公诉?(2013－2－72,多选)

A. 根据新的证据确认童某更改过年龄,在实施涉嫌犯罪行为时已满十八周岁的

B. 发现决定附条件不起诉以前还有其他犯罪需要追诉的

C. 违反考察机关有关附条件不起诉的监管规定,情节严重的

D. 违反治安管理规定,情节严重的

答案(　　　)①

【考点提示】本题考查附条件不起诉的撤销。

【解析】《刑事诉讼法》第 273 条规定:“被附条件不起诉的未成年犯罪嫌疑人,在考验期内有下列情形之一的,人民检察院应当撤销附条件不起诉的决定,提起公诉:

(一)实施新的犯罪或者发现决定附条件不起诉以前还有其他犯罪需要追诉的;

(二)违反治安管理规定或者考察机关有关附条件不起诉的监督管理规定,情节严重的。

被附条件不起诉的未成年犯罪嫌疑人,在考验期内没有上述情形,考验期满的,人民检察院应当作出不起诉的决定。”

本题中,A 项,童某更改过年龄,在犯罪时已经年满 18 周岁,对童某不可以适用附条件不起诉,可以对童某撤销不起诉的决定、提起公诉。A 正确。

B 项,属于上述(一),应当撤销不起诉的决定,提起公诉。B 正确。

CD 项,属于上述(二),应当撤销不起诉的决定,提起公诉。CD 正确。

综上所述,本题选 ABCD。

黄某(17 周岁,某汽车修理店职工)与吴某(16 周岁,高中学生)在餐馆就餐时因琐事与赵某(16 周岁,高中学生)发生争吵,并殴打赵某致其轻伤。检察院审查后,综合案件情况,拟对黄某作出附条件不起诉决定,对吴某作出不起诉决定。关于本案审查起诉的程序,下列选项正确的是:(2014－2－94,不定项)

A. 应当对黄某、吴某的成长经历、犯罪原因和监护教育等情况进行社会调查

B. 在讯问黄某、吴某和询问赵某时,应当分别通知他们的法定代理人到场

C. 应当分别听取黄某、吴某的辩护人的意见

D. 拟对黄某作出附条件不起诉决定,应当听取赵某及其法定代理人与诉讼代理人的意见

答案(　　　)②

参考答案:①ABCD　②BCD

【考点提示】本题综合考查酌定不起诉制度与附条件不起诉制度。

【解析】A 项,《人民检察院办理未成年人刑事案件的规定》第 9 条第 1 款规定:"人民检察院根据情况可以对未成年犯罪嫌疑人的成长经历、犯罪原因、监护教育等情况进行调查,并制作社会调查报告,作为办案和教育的参考。"故,A 错误,应当是"可以"而非"应当"。

B 项,《人民检察院办理未成年人刑事案件的规定》第 17 条规定:"人民检察院办理未成年犯罪嫌疑人审查逮捕案件,应当讯问未成年犯罪嫌疑人,听取辩护律师的意见,并制作笔录附卷。

讯问未成年犯罪嫌疑人,应当根据该未成年人的特点和案件情况,制定详细的讯问提纲,采取适宜该未成年人的方式进行,讯问用语应当准确易懂。

讯问未成年犯罪嫌疑人,应当告知其依法享有的诉讼权利,告知其如实供述案件事实的法律规定和意义,核实其是否有自首、立功、坦白等情节,听取其有罪的供述或者无罪、罪轻的辩解。

讯问未成年犯罪嫌疑人,应当通知其法定代理人到场,告知法定代理人依法享有的诉讼权利和应当履行的义务。无法通知、法定代理人不能到场或者法定代理人是共犯的,也可以通知未成年犯罪嫌疑人的其他成年亲属,所在学校、单位或者居住地的村民委员会、居民委员会、未成年人保护组织的代表等合适成年人到场,并将有关情况记录在案。到场的法定代理人可以代为行使未成年犯罪嫌疑人的诉讼权利,行使时不得侵犯未成年犯罪嫌疑人的合法权益。

未成年犯罪嫌疑人明确拒绝法定代理人以外的合适成年人到场,人民检察院可以准许,但应当另行通知其他合适成年人到场。

到场的法定代理人或者其他人员认为办案人员在讯问中侵犯未成年犯罪嫌疑人合法权益的,可以提出意见。讯问笔录应当交由到场的法定代理人或者其他人员阅读或者向其宣读,并由其在笔录上签字、盖章或者捺指印确认。

讯问女性未成年犯罪嫌疑人,应当有女性检察人员参加。

询问未成年被害人、证人,适用本条第四款至第七款的规定。"

根据该条第 4 款和第 8 款的规定,B 正确。

C 项,《人民检察院办理未成年人刑事案件的规定》第 22 条第 4 款规定:"审查起诉未成年犯罪嫌疑人,应当听取其父母或者其他法定代理人、辩护人、被害人及其法定代理人的意见。"可见,C 正确。

D 项,《人民检察院办理未成年人刑事案件的规定》第 30 条规定:"人民检察院在作出附条件不起诉的决定以前,应当听取公安机关、被害人、未成年犯罪嫌疑人的法定代理人、辩护人的意见,并制作笔录附卷。被害人是未成年人的,还应当听取被害人的法定代理人、诉讼代理人的意见。"可见,D 正确。

综上所述,本题应当选 BCD。

黄某(17 周岁,某汽车修理店职工)与吴某(16 周岁,高中学生)在餐馆就餐时因琐事与赵某(16 周岁,高中学生)发生争吵,并殴打赵某致其轻伤。检察院审查后,综合案件情况,拟对黄某作出附条件不起诉决定,对吴某作出不起诉决定。关于对黄某的考验期,下列选项正确的是:(2014 -2 -95,不定项)

A. 从宣告附条件不起诉决定之日起计算

B. 不计入检察院审查起诉的期限

C. 可根据黄某在考验期间的表现,在法定范围内适当缩短或延长

D. 如黄某违反规定被撤销附条件不起诉决定而提起公诉,已经过的考验期可折抵刑期

答案(　　　)①

参考答案:①BC

【考点提示】本题综合考查附条件不起诉程序。

【解析】AB 项,《人民检察院办理未成年人刑事案件的规定》第 40 条第 1 款规定:"人民检察院决定附条件不起诉的,应当确定考验期。考验期为六个月以上一年以下,从人民检察院作出附条件不起诉的决定之日起计算。考验期不计入案件审查起诉期限。"可见,应当是从"作出"附条件不起诉的决定之日起计算。A 错误。考验期不计入案件审查起诉期限。B 正确。

C 项,《人民检察院办理未成年人刑事案件的规定》第 40 条第 2 款规定:"考验期的长短应当与未成年犯罪嫌疑人所犯罪行的轻重、主观恶性的大小和人身危险性的大小、一贯表现及帮教条件等相适应,根据未成年犯罪嫌疑人在考验期的表现,可以在法定期限范围内适当缩短或者延长。"可见,C 正确。

D 项,立法及司法解释中没有"违反规定被撤销附条件不起诉决定而提起公诉,已经过的考验期可折抵刑期"的相关规定。从理论上讲,考验期内,未成年人并没有处于被羁押的状态,且被撤销附条件不起诉决定也是因为未成年人违反了相关的法律规定而导致,已过的考验期不应当折抵刑期。D 错误。

综上所述,本题应当选 BC。

黄某(17 周岁,某汽车修理店职工)与吴某(16 周岁,高中学生)在餐馆就餐时因琐事与赵某(16 周岁,高中学生)发生争吵,并殴打赵某致其轻伤。检察院审查后,综合案件情况,拟对黄某作出附条件不起诉决定,对吴某作出不起诉决定。关于本案的办理,下列选项正确的是:(2014－2－96,不定项)

A. 在对黄某作出附条件不起诉决定、对吴某作出不起诉决定时,必须达成刑事和解

B. 检察院对黄某作出附条件不起诉决定、对吴某作出不起诉决定时,可要求他们向赵某赔礼道歉、赔偿损失

C. 在附条件不起诉考验期内,检察院可将黄某移交有关机构监督考察

D. 检察院对黄某作出附条件不起诉决定,对吴某作出不起诉决定后,均应将相关材料装订成册,予以封存

答案(　　　)①

【考点提示】本题综合考查附条件不起诉程序。

【解析】本案中,检察机关对黄某是附条件不起诉,对吴某是酌定不起诉。

A 项,附条件不起诉所附的条件中,确实要求犯罪嫌疑人要有悔罪表现,但没有要求必须达成刑事和解。酌定不起诉要求犯罪情节轻微,依照《刑法》规定不需要判处刑罚或者免除刑罚,但也没有要求必须达成刑事和解。A 错误。

B 项,《人民检察院办理未成年人刑事案件的规定》第 27 条规定:"对于未成年人实施的轻伤害案件、初次犯罪、过失犯罪、犯罪未遂的案件以及被诱骗或者被教唆实施的犯罪案件等,情节轻微,犯罪嫌疑人确有悔罪表现,当事人双方自愿就民事赔偿达成协议并切实履行或者经被害人同意并提供有效担保,符合刑法第三十七条规定的,人民检察院可以依照刑事诉讼法第一百七十三条第二款的规定作出不起诉决定,并可以根据案件的不同情况,予以训诫或者责令具结悔过、赔礼道歉、赔偿损失,或者由主管部门予以行政处罚。"

《人民检察院办理未成年人刑事案件的规定》第 42 条规定:"人民检察院可以要求被附条件不起诉的未成年犯罪嫌疑人接受下列矫治和教育:

(一)完成戒瘾治疗、心理辅导或者其他适当的处遇措施;

参考答案:①B

（二）向社区或者公益团体提供公益劳动；

（三）不得进入特定场所，与特定的人员会见或者通信，从事特定的活动；

（四）向被害人赔偿损失、赔礼道歉等；

（五）接受相关教育；

（六）遵守其他保护被害人安全以及预防再犯的禁止性规定。”

可见，检察院对未成年被告人作出不起诉决定或者附条件不起诉决定时，可要求他们向被害人赔礼道歉、赔偿损失。B 正确。

C 项，《人民检察院办理未成年人刑事案件的规定》第 43 条第 1 款规定：“在附条件不起诉的考验期内，人民检察院应当对被附条件不起诉的未成年犯罪嫌疑人进行监督考察。未成年犯罪嫌疑人的监护人应当对未成年犯罪嫌疑人加强管教，配合人民检察院做好监督考察工作。”可见，检察院不能将黄某移交有关机构监督考察，只能自己进行监督考察。C 错误。

D 项，《人民检察院刑事诉讼法规则（试行）》第 507 条规定：“人民检察院对未成年犯罪嫌疑人作出不起诉决定后，应当对相关记录予以封存。具体程序参照本规则第五百零四条至第五百零六条的规定。”可见，检察院对被成年人“不起诉”后，才封存相关记录。对未成年人“附条件不起诉”后，不会封存相关记录。这是因为，“不起诉”是一种终局处理。也就是说，刑事诉讼程序结束了，未成人无罪，可以回家了。而“附条件不起诉”不具有终局性，不是真正的不起诉，而是对未成人给予一定的考验期限并观察未成人的表现，在考验期限内，仍然存在对未成年人提起公诉的可能性。故，D 错误。综上所述，本题应当选 B。

全国人大常委会关于《刑事诉讼法》第二百七十一条第二款的解释规定，检察院办理未成年人刑事案件，在作出附条件不起诉决定以及考验期满作出不起诉决定前，应听取被害人的意见。被害人对检察院作出的附条件不起诉的决定和不起诉的决定，可向上一级检察院申诉，但不能向法院提起自诉。关于这一解释的理解，下列哪些选项是正确的？（2015－2－71，多选）

A. 增加了听取被害人陈述意见的机会

B. 有利于对未成年犯罪嫌疑人的转向处置

C. 体现了对未成年犯罪嫌疑人的特殊保护

D. 是刑事公诉独占主义的一种体现

答案（　　）①

【考点提示】本题考查附条件不起诉中，被害人对附条件不起诉决定不服的救济程序。法律根据是《全国人大常委会关于〈刑事诉讼法〉第二百七十一条第二款的解释》，该解释是 2015 年司考大纲新增考点。

【解析】根据《全国人大常委会关于〈刑事诉讼法〉第二百七十一条第二款的解释》的规定，“应听取被害人的意见”可见，增加了听取被害人陈述意见的机会，A 正确。

一般来说，被害人对不起诉决定不服，有两种救济途径：一是在收到不起诉决定书之日起 7 日内向上一级检察院申诉，二是直接向人民法院提起自诉。但是，根据《全国人大常委会关于〈刑事诉讼法〉第二百七十一条第二款的解释》的规定，对未成年人附条件不起诉或者不起诉的，被害人只能申诉不能自诉了，这有利于对未成年犯罪嫌疑人的转向处置。也就是说，未成年犯罪嫌疑人不可能再成为自诉案件中的被告人，而转为只能在检察院内部通过被害人的申诉进行审查。B 正确。

参考答案：①ABC

附条件不起诉的目的是保护未成年被告人，属于检察院的裁量范围。自诉的目的是保护被害人合法权益，属于法院的管辖权限。在保护被告人与被害人权利的平衡与博弈，检察院与法院职权的平衡与博弈中，立法解释这一次站在了未成年人被告人这一边，相当于扩大了检察机关的司法处置权，限缩了法院自诉案件的受案范围。这是因为：第一，对未成年人不起诉或者附条件不起诉后，未成年人已经经历了诉讼程序，吃到了苦头。同时，正是因为未成年人有悔罪表现或者情节轻微才会被不起诉或者附条件不起诉。不起诉决定作出后，未成年人相当于无罪，会回归社会或者学校。如果此时启动自诉，意味着将未成年人置于被告人地位，增加其被再次追诉的风险，可能会对未成年人的学习、生活、身心健康和前途产生影响。第二，如果被害人不经申诉而直接向法院提起自诉，就会使得检察机关作出的不起诉决定处于不稳定状态。如果检察院不起诉，而法院却在自诉案件中判未成年人有罪，检察院就会比较尴尬了。

可见，"只能申诉不能自诉的做法"体现了对未成年犯罪嫌疑人的特殊保护。C 正确。

刑事公诉独占主义指的是，刑事案件的起诉权被国家垄断，排除被害人自诉。在我国，不奉行公诉独占主义，而奉行公诉兼自诉制度。虽然对于未成年人附条件不起诉或者不起诉后，被害人不服只能申诉不能自诉了，但这是一个特殊规定，体现了对未成年犯罪嫌疑人的特殊保护，不能说这属于刑事公诉独占主义的一种体现。D 错误。

综上所述，本题应当选 ABC。

未成年人小天因涉嫌盗窃被检察院适用附条件不起诉。关于附条件不起诉可以附带的条件，下列哪些选项是正确的？（2016－2－75，多选）

A. 完成一个疗程四次的心理辅导

B. 每周参加一次公益劳动

C. 每个月向检察官报告日常花销和交友情况

D. 不得离开所居住的县

答案（　　）①

【考点提示】本题考查附条件不起诉可以附带的条件。考生一般熟悉即可。

【解析】《人民检察院办理未成年人刑事案件的规定》第 41 条规定："被附条件不起诉的未成年犯罪嫌疑人，应当遵守下列规定：

（一）遵守法律法规，服从监督；

（二）按照考察机关的规定报告自己的活动情况；

（三）离开所居住的市、县或者迁居，应当报经考察机关批准；

（四）按照考察机关的要求接受矫治和教育。"

第 42 条规定："人民检察院可以要求被附条件不起诉的未成年犯罪嫌疑人接受下列矫治和教育：

（一）完成戒瘾治疗、心理辅导或者其他适当的处遇措施；

（二）向社区或者公益团体提供公益劳动；

（三）不得进入特定场所，与特定的人员会见或者通信，从事特定的活动；

（四）向被害人赔偿损失、赔礼道歉等；

（五）接受相关教育；

（六）遵守其他保护被害人安全以及预防再犯的禁止性规定。"

参考答案：①ABC

可见,A 属于上述第 42 条"(一)",正确。B 属于上述第 42 条"(二)",正确。C 属于上述第 41 条"(二)",正确。D 没有法律根据,错误。

综上所述,本题应当选 ABC。

考点3　犯罪记录封存

关于犯罪记录封存的适用条件,下列哪些选项是正确的?(2012－2－74,多选)

A. 犯罪的时候不满 18 周岁

B. 被判处 5 年有期徒刑以下刑罚

C. 初次犯罪

D. 没有受过其他处罚

答案(　　　)①

【考点提示】本题考查犯罪记录封存的条件。

【解析】《刑事诉讼法》第 275 条第 1 款规定:"犯罪的时候不满十八周岁,被判处五年有期徒刑以下刑罚的,应当对相关犯罪记录予以封存。"

显然,AB 正确,CD 错误。

综上所述,本题答案为 AB。

参考答案:①AB

专题二十一　当事人和解的公诉案件诉讼程序

点评：

《刑事诉讼法》第五编第二章确立了当事人和解的公诉案件诉讼程序，这一程序的设计目的在于更好地修复因犯罪行为侵害而破损的社会秩序，更好地满足被害人的利益需求。

需要注意的是，本章的和解程序属于特别程序，仅适用于一定条件的公诉案件，与自诉案件中的和解及一般刑事案件中的取得被害人谅解不同。

本专题近年来每年必考，考生需要重点掌握和解的条件与和解的结果。

考点1　和解的条件

关于可以适用当事人和解的公诉案件诉讼程序的案件范围，下列哪些选项是正确的？（2012－2－75，多选）

A. 交通肇事罪　　　　B. 暴力干涉婚姻自由罪

C. 过失致人死亡罪　　　　D. 刑讯逼供罪

答案（　　　）①

【疑难解析】本题考查和解程序适用的案件范围，实质是考查和解程序的适用条件。

【解析】《刑事诉讼法》第277条规定："下列公诉案件，犯罪嫌疑人、被告人真诚悔罪，通过向被害人赔偿损失、赔礼道歉等方式获得被害人谅解，被害人自愿和解的，双方当事人可以和解：

（一）因民间纠纷引起，涉嫌刑法分则第四章、第五章规定的犯罪案件，可能判处三年有期徒刑以下刑罚的；

（二）除渎职犯罪以外的可能判处七年有期徒刑以下刑罚的过失犯罪案件。

犯罪嫌疑人、被告人在五年以内曾经故意犯罪的，不适用本章规定的程序。"

A项，根据《刑法》的相关规定，交通肇事罪属于过失犯罪，可以处3年以下有期徒刑或者拘役，如果交通运输肇事后逃逸或者有其他特别恶劣情节的，处3年以上7年以下有期徒刑。可见，交通肇事可以适用当事人和解程序。A正确。

B项，暴力干涉婚姻自由案件属于自诉案件的第一类——告诉才处理的案件，自诉案件可以和解，但却不适用特别程序中专门针对公诉案件的和解程序。B错误。

C项，根据《刑法》的相关规定，过失致人死亡的，处7年以下有期徒刑。可见，过失致人死亡罪可以适用当事人和解程序。C正确。

参考答案：①AC

D 项，刑讯逼供罪属于故意犯罪，同时，刑讯逼供主要指侦查人员对犯罪嫌疑人、被告人实施的非法取证行为，不是因民间纠纷引起的，不适用当事人和解程序。D 错误。

综上所述，本题选 AC。

李某因琐事将邻居王某打成轻伤。案发后，李家积极赔偿，赔礼道歉，得到王家谅解。如检察院根据双方和解对李某作出不起诉决定，需要同时具备下列哪些条件？（2013－2－71，多选）

A. 双方和解具有自愿性、合法性　　B. 李某实施伤害的犯罪情节轻微，不需要判处刑罚

C. 李某五年以内未曾故意犯罪　　D. 公安机关向检察院提出从宽处理的建议

答案（　　）①

【考点提示】本题考查和解的条件。

【解析】A 项，《刑事诉讼法》第 278 条规定："双方当事人和解的，公安机关、人民检察院、人民法院应当听取当事人和其他有关人员的意见，对和解的自愿性、合法性进行审查，并主持制作和解协议书。"

可知，双方和解应当具有自愿性、合法性。A 正确。

BC 项，《刑事诉讼法》第 277 条规定："下列公诉案件，犯罪嫌疑人、被告人真诚悔罪，通过向被害人赔偿损失、赔礼道歉等方式获得被害人谅解，被害人自愿和解的，双方当事人可以和解：

（一）因民间纠纷引起，涉嫌刑法分则第四章、第五章规定的犯罪案件，可能判处三年有期徒刑以下刑罚的；

（二）除渎职犯罪以外的可能判处七年有期徒刑以下刑罚的过失犯罪案件。

犯罪嫌疑人、被告人在五年以内曾经故意犯罪的，不适用本章规定的程序。"

可见，"李某实施伤害的犯罪情节轻微，不需要判处刑罚"和"李某五年以内未曾故意犯罪"都是和解需要具备的条件。BC 正确。

D 项，《刑事诉讼法》第 279 条规定："对于达成和解协议的案件，公安机关可以向人民检察院提出从宽处理的建议。人民检察院可以向人民法院提出从宽处罚的建议；对于犯罪情节轻微，不需要判处刑罚的，可以作出不起诉的决定。人民法院可以依法对被告人从宽处罚。"

可见，公安机关向检察院提出从宽处理的建议并不是检察院作出不起诉决定的必要条件，检察院对于犯罪情节轻微，不需要判处刑罚的，可以作出酌定不起诉的决定。D 错误。

综上所述，本题选 ABC。

下列哪一案件可以适用当事人和解的公诉案件诉讼程序？（2016－2－41，单选）

A. 甲因侵占罪被免除处罚 2 年后，又涉嫌故意伤害致人轻伤

B. 乙涉嫌寻衅滋事，在押期间由其父亲代为和解，被害人表示同意

C. 丙涉嫌过失致人重伤，被害人系限制行为能力人，被害人父亲愿意代为和解

D. 丁涉嫌破坏计算机信息系统，被害人表示愿意和解

答案（　　）②

【考点提示】本题综合考查刑事和解的条件及不适用条件。

【解析】A 项，《刑事诉讼法》第 277 条第 2 款规定："犯罪嫌疑人、被告人在五年以内曾经故意犯罪的，不适用本章规定的程序。"A 中，侵占罪和故意伤害罪属于故意犯罪，且发生于 5 年以内，不适用和解程序。A 错误。

参考答案：①ABC　②C

B 项,《公安机关办理刑事案件程序规定》第 323 条规定:“有下列情形之一的,不属于因民间纠纷引起的犯罪案件:

(一)雇凶伤害他人的;

(二)涉及黑社会性质组织犯罪的;

(三)涉及寻衅滋事的;

(四)涉及聚众斗殴的;

(五)多次故意伤害他人身体的;

(六)其他不宜和解的。”

可见,寻衅滋事不属于民间纠纷,不能适用和解程序。B 错误。

C 项,《刑事诉讼法》第 277 条第 1 款规定:“下列公诉案件,犯罪嫌疑人、被告人真诚悔罪,通过向被害人赔偿损失、赔礼道歉等方式获得被害人谅解,被害人自愿和解的,双方当事人可以和解:

(一)因民间纠纷引起,涉嫌刑法分则第四章、第五章规定的犯罪案件,可能判处三年有期徒刑以下刑罚的;

(二)除渎职犯罪以外的可能判处七年有期徒刑以下刑罚的过失犯罪案件。”

可见,C 项中,过失致人重伤属于可能被判处 7 年以下有期徒刑的过失犯罪,具备和解的条件。又根据《最高人民法院关于适用〈中华人民共和国刑事诉讼法〉的解释》第 497 条第 2 款规定:“被害人系无行为能力或者限制行为能力人的,其法定代理人、近亲属可以代为和解。”显然,C 正确。

D 项,《刑事诉讼法》第 277 条第 1 款规定:“下列公诉案件,犯罪嫌疑人、被告人真诚悔罪,通过向被害人赔偿损失、赔礼道歉等方式获得被害人谅解,被害人自愿和解的,双方当事人可以和解:

(一)因民间纠纷引起,涉嫌刑法分则第四章、第五章规定的犯罪案件,可能判处三年有期徒刑以下刑罚的;

(二)除渎职犯罪以外的可能判处七年有期徒刑以下刑罚的过失犯罪案件。”

可见,故意犯罪的和解,需要涉嫌刑法分则第四章、第五章规定的犯罪案件即涉嫌侵犯人身权利犯罪和侵犯财产犯罪,而 D 项中的破坏计算机信息系统罪属于刑法分则第六章,妨害社会管理秩序犯罪中的罪名,故本罪不适用和解程序。D 错误。

综上所述,本题应当选 C。

考点 2　和解的结果

对于适用当事人和解的公诉案件诉讼程序而达成和解协议的案件,下列哪一做法是错误的?(2012－2－37,单选)

A. 公安机关可以撤销案件

B. 检察院可以向法院提出从宽处罚的建议

C. 对于犯罪情节轻微,不需要判处刑罚的,检察院可以不起诉

D. 法院可以依法对被告人从宽处罚

答案(　　　)①

【考点提示】 本题考查和解的结果。需要注意,只在审查起诉阶段,犯罪嫌疑人与被害人和解

参考答案:①A

后，检察院可以通过不起诉的方式终结诉讼程序。在侦查和审判阶段，即使和解，公安机关和人民法院不能撤销案件或者宣告被告人无罪。

【解析】《刑事诉讼法》第279条规定："对于达成和解协议的案件，公安机关可以向人民检察院提出从宽处理的建议。人民检察院可以向人民法院提出从宽处罚的建议；对于犯罪情节轻微，不需要判处刑罚的，可以作出不起诉的决定。人民法院可以依法对被告人从宽处罚。"

可见，只有检察院在审查起诉阶段，当事人和解后可以酌定不起诉。公安机关在侦查阶段以及法院在审判阶段，当事人和解后，公安机关和人民法院都不能作出撤销案件的决定或者裁定终止审理、宣告无罪，公安机关只能向检察院提出从宽处理的建议，人民法院只能对被告人从宽处罚。故，BCD正确，A错误。

综上所述，本题答案为A。

考点3 和解的具体程序

甲因邻里纠纷失手致乙死亡，甲被批准逮捕。案件起诉后，双方拟通过协商达成和解。对于此案的和解，下列哪一选项是正确的？（2014-2-40，单选）

A. 由于甲在押，其近亲属可自行与被害方进行和解

B. 由于乙已经死亡，可由其近亲属代为和解

C. 甲的辩护人和乙近亲属的诉讼代理人可参与和解协商

D. 由于甲在押，和解协议中约定的赔礼道歉可由其近亲属代为履行

答案（ ）①

【考点提示】本题考查和解程序中的代为和解。需要注意，被告人的近亲属代为和解之前需要取得被告人的同意。被害人死亡的，谈不上法定代理人，因为法定代理人不能代死人。此时近亲属可以与被告人和解，由于被害人死亡，近亲属是直接与被告人和解，无需"代替"和解。

【解析】A项，《最高人民法院关于适用〈中华人民共和国刑事诉讼法〉的解释》第498条第1款："被告人的近亲属经被告人同意，可以代为和解。"可见，被告人的近亲属不可以自行与被害人和解，需要事先取得被告人同意。A错误。

B项，《最高人民法院关于适用〈中华人民共和国刑事诉讼法〉的解释》第497条规定："符合刑事诉讼法第二百七十七条规定的公诉案件，被害人死亡的，其近亲属可以与被告人和解。近亲属有多人的，达成和解协议，应当经处于同一继承顺序的所有近亲属同意。

被害人系无行为能力或者限制行为能力人的，其法定代理人、近亲属可以代为和解。"

可见，被害人死亡，近亲属可以与被告人和解，而非"代为"和解。B错误。

C项，《最高人民法院关于适用〈中华人民共和国刑事诉讼法〉的解释》第496条第2款规定："根据案件情况，人民法院可以邀请人民调解员、辩护人、诉讼代理人、当事人亲友等参与促成双方当事人和解。"可见，甲的辩护人和乙近亲属的诉讼代理人可以参与和解协商。C正确。

D项，《最高人民法院关于适用〈中华人民共和国刑事诉讼法〉的解释》第498条第3款规定："被告人的法定代理人、近亲属依照前两款规定代为和解的，和解协议约定的赔礼道歉等事项，应当由被告人

参考答案：①C

本人履行。”可见,赔礼道歉不可以由近亲属代为履行。D 错误。

综上所述,本题应当选 C。

甲因琐事与乙发生口角进而厮打,推搡之间,不慎致乙死亡。检察院以甲涉嫌过失致人死亡提起公诉,乙母丙向法院提起附带民事诉讼。关于本案处理,下列哪些选项是正确的?(2015 - 2 - 75,多选)

A. 法院可对附带民事部分进行调解

B. 如甲与丙经法院调解达成协议,调解协议中约定的赔偿损失内容可分期履行

C. 如甲提出申请,法院可组织甲与丙协商以达成和解

D. 如甲与丙达成刑事和解,其约定的赔偿损失内容可分期履行

答案( )①

【考点提示】 本题综合考查附带民事诉讼与刑事和解程序中的调解、和解的履行,难度很高,不属于常规重点,请考生熟悉即可。

【解析】 A 项,人民法院审理附带民事诉讼案件,可以根据自愿、合法的原则进行调解。经调解达成协议的,应当制作调解书。调解书经双方当事人签收后,即具有法律效力。A 正确。

C 项,《最高人民法院关于适用〈中华人民共和国刑事诉讼法〉的解释》第 496 条规定:“对符合刑事诉讼法第二百七十七条规定的公诉案件,事实清楚、证据充分的,人民法院应当告知当事人可以自行和解;当事人提出申请的,人民法院可以主持双方当事人协商以达成和解”。可见,如甲提出申请,法院可组织甲与丙协商以达成和解。C 正确。

BD 项,《最高人民法院关于适用〈中华人民共和国刑事诉讼法〉的解释》第 502 条第 1 款规定:“和解协议约定的赔偿损失内容,被告人应当在协议签署后即时履行”。第 504 规定:“被害人或者其法定代理人、近亲属提起附带民事诉讼后,双方愿意和解,但被告人不能即时履行全部赔偿义务的,人民法院应当制作附带民事调解书”。可见,和解一般需要即时履行全部赔偿义务,如果不能即时全部履行的,法院应当采取调解方式,这意味着,调解是有可能分期履行的。因此,B 正确,D 错误。

综上所述,本题应当选 ABC。

参考答案:①ABC

专题二十二 犯罪嫌疑人、被告人逃匿、死亡案件违法所得的没收程序

点评：

《刑事诉讼法》在第5编第3章规定了犯罪嫌疑人、被告人逃匿、死亡案件违法所得的没收程序，目的在于建立有效的财产追回机制。犯罪嫌疑人、被告人逃匿、死亡后，可以通过没收其违法所得的方式减少公共利益或者他人利益的损失，防止有关犯罪继续发生。

本专题近年来经常考查，考生需要重点掌握犯罪嫌疑人、被告人逃匿、死亡案件违法所得的没收程序的适用条件、申请主体、举证责任、管辖法院、公告期限、审理结果和审理期限等知识点。

考点1 适用条件

下列哪一选项不属于犯罪嫌疑人、被告人逃匿、死亡案件违法所得没收程序中的“违法所得及其他涉案财产”？（2014－2－42，单选）

A. 刘某恐怖活动犯罪案件中从其住处搜出的管制刀具

B. 赵某贪污案赃款存入银行所得的利息

C. 王某恐怖活动犯罪案件中制造爆炸装置使用的所在单位的仪器和设备

D. 周某贿赂案受贿所得的古玩

答案（　　）①

【考点提示】本题考查适用条件中对“违法所得及其他涉案财产”的理解。

【解析】《最高人民法院关于适用〈中华人民共和国刑事诉讼法〉的解释》第509条规定：“被告人非法持有的违禁品，实施犯罪行为所取得的财物及其孳息，以及、供犯罪所用的本人财物，应当认定为刑事诉讼法第二百八十条第一款规定的‘违法所得及其他涉案财产’。”

A项，刘某恐怖活动犯罪案件中从其住处搜出的管制刀具属于“被告人非法持有的违禁品”。A正确。

B项，赵某贪污案赃款存入银行所得的利息属于“实施犯罪行为所取得的财物的孳息”。B正确。

C项，王某恐怖活动犯罪案件中制造爆炸装置使用的所在单位的仪器和设备不属于其“本人财物”。C错误。

D项，周某贿赂案受贿所得的古玩属于“实施犯罪行为所取得的财物”。D正确。

综上所述，本题应当选C。

参考答案：①C

考点2　申请主体

关于犯罪嫌疑人、被告人逃匿、死亡案件违法所得的没收程序，下列哪一说法是正确的？（2012－2－38，单选）

A. 贪污贿赂犯罪案件的犯罪嫌疑人潜逃，通缉1年后不能到案的，依照《刑法》规定应当追缴其违法所得及其他涉案财产的，公安机关可以向法院提出没收违法所得的申请

B. 在A选项所列情形下，检察院可以向法院提出没收违法所得的申请

C. 没收违法所得及其他涉案财产的申请，由犯罪地的基层法院组成合议庭进行审理

D. 没收违法所得案件审理中，在逃犯罪嫌疑人被抓获的，法院应当中止审理

答案（　　　）①

【考点提示】本题主要考查申请主体，但同时也考查了管辖法院和犯罪嫌疑人到案后的处理。

【解析】AB项，《刑事诉讼法》第280条第1款规定："对于贪污贿赂犯罪、恐怖活动犯罪等重大犯罪案件，犯罪嫌疑人、被告人逃匿，在通缉一年后不能到案，或者犯罪嫌疑人、被告人死亡，依照刑法规定应当追缴其违法所得及其他涉案财产的，人民检察院可以向人民法院提出没收违法所得的申请。"

可见，检察院可以向法院提出没收违法所得的申请，公安机关不能直接向法院提出没收违法所得的申请。故，A错误，B正确。

C项，《刑事诉讼法》第281条第1款规定："没收违法所得的申请，由犯罪地或者犯罪嫌疑人、被告人居住地的中级人民法院组成合议庭进行审理。"

可见，不能由犯罪地的基层法院审理。C错误。

D项，《刑事诉讼法》第283条第1款规定："在审理过程中，在逃的犯罪嫌疑人、被告人自动投案或者被抓获的，人民法院应当终止审理。"

可见，在逃犯罪嫌疑人被抓获的，不是"中止"审理。D错误。

综上所述，本题答案为B。

考点3　管辖法院

A市原副市长马某，涉嫌收受贿赂2000余万元。为保证公正审判，上级法院指令与本案无关的B市中级法院一审。B市中级法院受理此案后，马某突发心脏病不治身亡。关于此案处理，下列哪一选项是错误的？（2014－2－41，单选）

A. 应当由法院作出终止审理的裁定，再由检察院提出没收违法所得的申请

B. 应当由B市中级法院的同一审判组织对是否没收违法所得继续进行审理

C. 如裁定没收违法所得，而马某妻子不服的，可在5日内提出上诉

D. 如裁定没收违法所得，而其他利害关系人不服的，有权上诉

答案（　　　）②

参考答案：①B　②B

【考点提示】本题重点考查管辖法院，同时也考查了对没收裁定的救济程序。

【解析】A 项，《刑事诉讼法》第 15 条规定："有下列情形之一的，不追究刑事责任，已经追究的，应当撤销案件，或者不起诉，或者终止审理，或者宣告无罪：

（一）情节显著轻微、危害不大，不认为是犯罪的；

（二）犯罪已过追诉时效期限的；

（三）经特赦令免除刑罚的；

（四）依照刑法告诉才处理的犯罪，没有告诉或者撤回告诉的；

（五）犯罪嫌疑人、被告人死亡的；

（六）其他法律规定免予追究刑事责任的。"

可见，根据该条（五），法院应当裁定终止审理。

《刑事诉讼法》第 280 条第 1 款规定："对于贪污贿赂犯罪、恐怖活动犯罪等重大犯罪案件，犯罪嫌疑人、被告人逃匿，在通缉一年后不能到案，或者犯罪嫌疑人、被告人死亡，依照刑法规定应当追缴其违法所得及其他涉案财产的，人民检察院可以向人民法院提出没收违法所得的申请。"可知，应当由检察院向法院提出没收违法所得的申请。A 正确。

B 项，《刑事诉讼法》第 281 条第 1 款规定："没收违法所得的申请，由犯罪地或者犯罪嫌疑人、被告人居住地的中级人民法院组成合议庭进行审理。"本题中，B 市中级人民法院既不是犯罪地，也不是居住地，而是由上级法院指令的与本案无关的法院，该法院有资格审理受贿案，但没有权力启动没收程序。可见，B 市中级人民法院没有管辖权，B 错误。

CD 项，《最高人民法院关于适用〈中华人民共和国刑事诉讼法〉的解释》第 517 条规定："对没收违法所得或者驳回申请的裁定，犯罪嫌疑人、被告人的近亲属和其他利害关系人或者人民检察院可以在五日内提出上诉、抗诉。"可见，马某妻子属于近亲属，可以在 5 日内提出上诉，其他利害关系人同样可以。CD 正确。

综上所述，本题应当选 B。

考点 4　审理程序

李某（女）家住甲市，系该市某国有公司会计，涉嫌贪污公款 500 余万元，被甲市检察院立案侦查后提起公诉，甲市中级法院受理该案后，李某脱逃，下落不明。关于李某脱逃后的诉讼程序，下列选项正确的是：（2015－2－93，不定项）

A. 李某脱逃后，法院可中止审理

B. 在通缉李某一年不到案后，甲市检察院可向甲市中级法院提出没收李某违法所得的申请

C. 李某的近亲属只能在 6 个月的公告期内申请参加诉讼

D. 在审理没收违法所得的案件过程中，李某被抓捕归案的，法院应裁定终止审理

答案（　　）①

【考点】本题综合考查犯罪嫌疑人、被告人逃匿、死亡案件违法所得没收程序。

【解析】A 项，《刑事诉讼法》第 200 条："在审判过程中，有下列情形之一，致使案件在较长时

参考答案：①ABD

间内无法继续审理的,可以中止审理:

(一)被告人患有严重疾病,无法出庭的;

(二)被告人脱逃的;

(三)自诉人患有严重疾病,无法出庭,未委托诉讼代理人出庭的;

(四)由于不能抗拒的原因。

中止审理的原因消失后,应当恢复审理。中止审理的期间不计入审理期限。"

可见,李某脱逃后,法院可中止审理正确。

B 项,根据《刑事诉讼法》第 280 条的规定,该程序适用于两种情况:1. (1)贪污贿赂犯罪、恐怖活动犯罪等重大犯罪案件;(2)犯罪嫌疑人、被告人逃匿,在通缉一年后不能到案;(3)依照刑法规定应当追缴其违法所得及其他涉案财产的。2. (1)犯罪嫌疑人、被告人死亡;(2)依照刑法规定应当追缴其违法所得及其他涉案财产的。

可见,本案中,李某属于第一种情况。B 正确。

C 项,《最高人民法院关于适用〈中华人民共和国刑事诉讼法〉的解释》第 513 条第 2 款规定:"犯罪嫌疑人、被告人的近亲属和其他利害关系人申请参加诉讼的,应当在公告期间提出。犯罪嫌疑人、被告人的近亲属应当提供其与犯罪嫌疑人、被告人关系的证明材料,其他利害关系人应当提供申请没收的财产系其所有的证据材料。"

《最高人民法院关于适用〈中华人民共和国刑事诉讼法〉的解释》第 513 条第 3 款规定:"犯罪嫌疑人、被告人的近亲属和其他利害关系人在公告期满后申请参加诉讼,能够合理说明原因,并提供证明申请没收的财产系其所有的证据材料的,人民法院应当准许。"

可见,李某的近亲属超过公告期申请参加诉讼,法院也有可能准许。C 错误。

D 项,根据《刑事诉讼法》第 283 条第 1 款的规定:"在审理过程中,在逃的犯罪嫌疑人、被告人自动投案或者被抓获的,人民法院应当终止审理。"可见,D 正确。

综上所述,本题应当选 ABD。

专题二十三 依法不负刑事责任的精神病人的强制医疗程序

点评：

《刑事诉讼法》第5编第4章规定了依法不负刑事责任的精神病人的强制医疗程序，这一程序不是为了对精神病人进行惩罚和制裁，而是一种特殊的社会防卫措施。这一程序不解决精神病人的刑事责任问题，而是专门对精神病人是否需要被采取强制性的医疗措施进行审查。

本专题近年来每年必考，考生需要重点掌握依法不负刑事责任的精神病人的强制医疗程序的适用条件、适用主体和适用程序。

考点1 适用条件

公安机关在案件侦查中，发现打砸多辆机动车的犯罪嫌疑人何某神情呆滞，精神恍惚。经鉴定，何某属于依法不负刑事责任的精神病人。关于公安机关对此案的处理，下列哪一选项是正确的？（2013－2－41，单选）

A. 写出强制医疗意见书，移送检察院向法院提出强制医疗申请

B. 撤销案件，将何某交付其亲属并要求其积极治疗

C. 移送强制医疗机构对何某进行诊断评估

D. 何某的亲属没有能力承担监护责任的，可以采取临时的保护性约束措施

答案（　　　）①

【考点提示】本题主要考查依法不负刑事责任的精神病人强制医疗的适用条件，需要注意，精神病人必须同时具备"暴力"行为、危害"公共、人身"安全、经过"鉴定"、有"继续"危害可能性，才可以启动精神病强制医疗程序。

【解析】本题重点考查精神病人强制医疗的条件，并非所有的精神病人都可以适用强制医疗程序。

A项，《刑事诉讼法》第285条规定："根据本章规定对精神病人强制医疗的，由人民法院决定。公安机关发现精神病人符合强制医疗条件的，应当写出强制医疗意见书，移送人民检察院。对于公安机关移送的或者在审查起诉过程中发现的精神病人符合强制医疗条件的，人民检察院应当向人民法院提出强制医疗的申请。人民法院在审理案件过程中发现被告人符合强制医疗条件的，可以作出强制医疗的决定。对实施暴力行为的精神病人，在人民法院决定强制医疗前，公安机关可以采取临时的保护性约束措施。"

参考答案：①B

可见,“公安机关发现精神病人符合强制医疗条件的,应当写出强制医疗意见书”。

《刑事诉讼法》第284条的规定:“实施暴力行为,危害公共安全或者严重危害公民人身安全,经法定程序鉴定依法不负刑事责任的精神病人,有继续危害社会可能的,可以予以强制医疗。”简言之,精神病人必须同时具备“暴力”行为、危害“公共、人身”安全、经过“鉴定”、有“继续”危害可能性,才可以启动精神病强制医疗程序。

本案中,犯罪嫌疑人何某神情呆滞,精神恍惚,打砸多辆机动车,经鉴定属于依法不负刑事责任的精神病人。可知,对何某适用精神病强制医疗程序仍欠缺“有继续危害可能性”条件,故公安机关不需要写出强制医疗意见书、移送人民检察院。A错误。

B项,《刑事诉讼法》第15条规定:“有下列情形之一的,不追究刑事责任,已经追究的,应当撤销案件,或者不起诉,或者终止审理,或者宣告无罪:

(一)情节显著轻微、危害不大,不认为是犯罪的;

(二)犯罪已过追诉时效期限的;

(三)经特赦令免除刑罚的;

(四)依照刑法告诉才处理的犯罪,没有告诉或者撤回告诉的;

(五)犯罪嫌疑人、被告人死亡的;

(六)其他法律规定免予追究刑事责任的。”

本题中,何某属于依法不负刑事责任的精神病人,可以属于上述(六),公安机关应当撤销案件。B正确。

C项,《刑事诉讼法》285条的规定:“根据本章规定对精神病人强制医疗的,由人民法院决定。公安机关发现精神病人符合强制医疗条件的,应当写出强制医疗意见书,移送人民检察院。对于公安机关移送的或者在审查起诉过程中发现的精神病人符合强制医疗条件的,人民检察院应当向人民法院提出强制医疗的申请。人民法院在审理案件过程中发现被告人符合强制医疗条件的,可以作出强制医疗的决定。对实施暴力行为的精神病人,在人民法院决定强制医疗前,公安机关可以采取临时的保护性约束措施。”

可见,公安机关发现精神病人符合强制医疗条件的,应当写出强制医疗意见书,移送人民检察院。而非“移送强制医疗机构对何某进行诊断评估”。C错误。

此外,对实施暴力行为的精神病人,在人民法院决定强制医疗前,公安机关可以采取临时的保护性约束措施。可见,采取临时性约束措施不以“何某的亲属没有能力承担监护责任”为条件。D错误。

综上所述,本题选B。

考点2　适用主体

犯罪嫌疑人刘某涉嫌故意杀人被公安机关立案侦查。在侦查过程中,侦查人员发现刘某行为异常。经鉴定,刘某属于依法不负刑事责任的精神病人,需要对其实施强制医疗。关于有权启动强制医疗程序的主体,下列选项正确的是:(2012-2-95,不定项)

A. 公安机关　　　　B. 检察院

C. 法院　　　　　　D. 刘某的监护人、法定代理人以及受害人

答案(　　)①

【考点提示】本题考查精神病人强制医疗的适用主体。需要注意,虽然《人民检察院刑事诉讼

参考答案:①BC

法规则(试行)》规定:"人民检察院发现公安机关应当启动强制医疗程序而不启动的,可以要求公安机关在七日以内书面说明不启动的理由"。但公安机关不认为是启动精神病人强制医疗程序的主体,启动主体只能是人民检察院或者人民法院。

【解析】《刑事诉讼法》第285条规定:"根据本章规定对精神病人强制医疗的,由人民法院决定。公安机关发现精神病人符合强制医疗条件的,应当写出强制医疗意见书,移送人民检察院。对于公安机关移送的或者在审查起诉过程中发现的精神病人符合强制医疗条件的,人民检察院应当向人民法院提出强制医疗的申请。人民法院在审理案件过程中发现被告人符合强制医疗条件的,可以作出强制医疗的决定。对实施暴力行为的精神病人,在人民法院决定强制医疗前,公安机关可以采取临时的保护性约束措施。"

可见,有权启动精神病人强制医疗程序的主体包括:人民检察院(申请法院启动)和人民法院(依职权启动)。故,本题应当选BC。

考点3 适用程序

法院受理叶某涉嫌故意杀害郭某案后,发现其可能符合强制医疗条件。经鉴定,叶某属于依法不负刑事责任的精神病人,法院审理后判决宣告叶某不负刑事责任,同时作出对叶某强制医疗的决定。关于此案的救济程序,下列哪一选项是错误的?(2013-2-42,单选)

A. 对叶某强制医疗的决定,检察院可以提出纠正意见

B. 叶某的法定代理人可以向上一级法院申请复议

C. 叶某对强制医疗决定可以向上一级法院提出上诉

D. 郭某的近亲属可以向上一级法院申请复议

答案(　　)①

【考点提示】本题考查适用程序中对强制医疗决定的监督和救济。

【解析】A项,《最高人民法院关于适用〈中华人民共和国刑事诉讼法〉的解释》第543条规定:"人民检察院认为强制医疗决定或者解除强制医疗决定不当,在收到决定书后二十日内提出书面纠正意见的,人民法院应当另行组成合议庭审理,并在一个月内作出决定。"

可见,"检察院可以提出纠正意见",A正确。

BCD项,《刑事诉讼法》第287条规定:"人民法院经审理,对于被申请人或者被告人符合强制医疗条件的,应当在一个月以内作出强制医疗的决定。被决定强制医疗的人、被害人及其法定代理人、近亲属对强制医疗决定不服的,可以向上一级人民法院申请复议。"

可见,BD正确。C错在"上诉",对强制医疗决定不服只能通过复议的方式得到救济。

综上所述,本题应当选C。

犯罪嫌疑人刘某涉嫌故意杀人被公安机关立案侦查。在侦查过程中,侦查人员发现刘某行为异常。经鉴定,刘某属于依法不负刑事责任的精神病人,需要对其实施强制医疗,法院审理刘某强制医疗一案,下列做法不符合法律规定的是:(2012-2-96,不定项)

A. 由审判员和人民陪审员共3人组成合议庭

B. 鉴于刘某自愿放弃委托诉讼代理人,法院只通知了刘某的法定代理人到场

参考答案:①C

C. 法院认为刘某符合强制医疗的条件,依法对刘某作出强制医疗的裁定

D. 本案受害人不服法院对刘某强制医疗裁定,可申请检察院依法提起抗诉

答案(　　　)①

【考点提示】本题综合考查精神病人强制医疗适用程序。

【解析】《刑事诉讼法》第286条规定:"人民法院受理强制医疗的申请后,应当组成合议庭进行审理。人民法院审理强制医疗案件,应当通知被申请人或者被告人的法定代理人到场。被申请人或者被告人没有委托诉讼代理人的,人民法院应当通知法律援助机构指派律师为其提供法律帮助。"

A项,人民法院受理强制医疗的申请后,应当组成合议庭进行审理。可见,只要不是上诉、抗诉案件、死刑复核等案件,有合议庭就可能存在陪审员,所以A正确。

B项,被申请人或者被告人没有委托诉讼代理人的,人民法院应当通知法律援助机构指派律师为其提供法律帮助,法院只通知了刘某的法定代理人到场的做法是错误的。B错误。

C项,精神病强制医疗程序应当适用"决定"而不是"裁定"。C错误。

D项,被害人不服,可以向上一级人民法院申请复议,而不是申请检察院抗诉。D错误。

综上所述,本题答案为BCD。

依法不负刑事责任的精神病人的强制医疗程序是一种特别程序。关于其特别之处,下列哪一说法是正确的?(2015－2－42,单选)

A. 不同于普通案件奉行的不告不理原则,法院可未经检察院对案件的起诉或申请而启动这一程序

B. 不同于普通案件审理时被告人必须到庭,可在被申请人不到庭的情况下审理并作出强制医疗的决定

C. 不同于普通案件中的抗诉或上诉,被决定强制医疗的人可通过向上一级法院申请复议启动二审程序

D. 开庭审理时无需区分法庭调查与法庭辩论阶段

答案(　　　)②

【考点提示】本题综合考查精神病人强制医疗程序。

【解析】A项,启动强制医疗的程序有两种方式,一是由人民检察院向人民法院提出申请而启动,二是对于人民检察院提起公诉的案件,人民法院在审理过程中依职权启动强制医疗的审理程序。故,A错误。人民法院可未经人民检察院申请启动这一程序正确,但如果要自己依职权启动,需要人民检察院对案件提起公诉。

B项,《最高人民法院关于适用〈中华人民共和国刑事诉讼法〉的解释》第530条第2款规定:"被申请人要求出庭,人民法院经审查其身体和精神状态,认为可以出庭的,应当准许。出庭的被申请人,在法庭调查、辩论阶段,可以发表意见。"可见,被申请人是可以不到庭的,因为,被申请人有可能是暴力倾向的精神病人,出庭无益于审理的正常进行。B正确。

C项,被决定强制医疗的人、被害人及其法定代理人、近亲属对强制医疗决定不服的,可以自收到决定书之日起5日内向上一级人民法院申请复议。复议期间不停止执行强制医疗的决定。上一级人民法院应当组成合议庭审理,并在一个月内作出复议决定。但是,这不能被称为二审程序。只有对一审判决、裁定不服,通过上诉、抗诉启动的程序才叫二审程序。精神病人强制医疗程序是以决定形式做出的,没有上诉、抗诉的说法,也没有第二审程序。C错误。

参考答案:①BCD　②B

D 项,《最高人民法院关于适用〈中华人民共和国刑事诉讼法〉的解释》第 530 条第 1 款规定,开庭审理申请强制医疗的案件,按照下列程序进行:

(一)审判长宣布法庭调查开始后,先由检察员宣读申请书,后由被申请人的法定代理人、诉讼代理人发表意见;

(二)法庭依次就被申请人是否实施了危害公共安全或者严重危害公民人身安全的暴力行为、是否属于依法不负刑事责任的精神病人、是否有继续危害社会的可能进行调查;调查时,先由检察员出示有关证据,后由被申请人的法定代理人、诉讼代理人发表意见、出示有关证据,并进行质证;

(三)法庭辩论阶段,先由检察员发言,后由被申请人的法定代理人、诉讼代理人发言,并进行辩论。

根据上述(二)、(三),该程序也存在法庭调查和法庭辩论,D 错误。

综上所述,本题应当选 B。

甲将乙杀害,经鉴定甲系精神病人,检察院申请法院适用强制医疗程序。关于本案,下列哪一选项是正确的?(2016－2－42,单选)

A. 法院审理该案,应当会见甲

B. 甲没有委托诉讼代理人的,法院可通知法律援助机构指派律师担任其诉讼代理人

C. 甲出庭的,应由其法定代理人或诉讼代理人代为发表意见

D. 经审理发现甲具有部分刑事责任能力,依法应当追究刑事责任的,转为普通程序继续审理

答案(　　　)①

【考点提示】本题考查精神病强制医疗程序的具体审理程序。

【解析】A 项,《最高人民法院关于适用〈中华人民共和国刑事诉讼法〉的解释》第 529 条第 2 款规定:"审理人民检察院申请强制医疗的案件,应当会见被申请人。"可见,A 正确。

B 项,《最高人民法院关于适用〈中华人民共和国刑事诉讼法〉的解释》第 528 条规定:"审理强制医疗案件,应当通知被申请人或者被告人的法定代理人到场。被申请人或者被告人没有委托诉讼代理人的,应当通知法律援助机构指派律师担任其诉讼代理人,为其提供法律帮助。"可见,法院"应当"而非"可以"通知。B 错误。

C 项,《最高人民法院关于适用〈中华人民共和国刑事诉讼法〉的解释》第 530 条第 2 款规定:"被申请人要求出庭,人民法院经审查其身体和精神状态,认为可以出庭的,应当准许。出庭的被申请人,在法庭调查、辩论阶段,可以发表意见。"可见,甲可以自己发表意见,不是必须由其法定代理人或诉讼代理人代为发表意见。C 错误。

D 项,《最高人民法院关于适用〈中华人民共和国刑事诉讼法〉的解释》第 531 条规定:"对申请强制医疗的案件,人民法院审理后,应当按照下列情形分别处理:

(一)符合刑事诉讼法第二百八十四条规定的强制医疗条件的,应当作出对被申请人强制医疗的决定;

(二)被申请人属于依法不负刑事责任的精神病人,但不符合强制医疗条件的,应当作出驳回强制医疗申请的决定;被申请人已经造成危害结果的,应当同时责令其家属或者监护人严加看管和医疗;

(三)被申请人具有完全或者部分刑事责任能力,依法应当追究刑事责任的,应当作出驳回强制医疗申请的决定,并退回人民检察院依法处理。"

可见,根据上述"(三)",D 错误。

综上所述,本题应当选 A。

参考答案:①A

专题二十四　涉外刑事诉讼程序与司法协助制度

点评：

本章不属于重点章节，基本隔一两年会考一至二分，考生学习本章时请重点熟悉教材中关于涉外刑事诉讼程序与司法协助的相关重点法条。

下列哪些案件适用涉外刑事诉讼程序？（2010－2－79，多选）

A. 在公海航行的我国货轮被索马里海盗抢劫的案件

B. 我国国内一起贩毒案件的关键目击证人在诉讼时身在国外

C. 陈某经营的煤矿发生重大安全事故后携款潜逃国外的案件

D. 我驻某国大使馆内中方工作人员甲、乙因看世界杯而发生斗殴的故意伤害案件

答案（　　　）①

【解析】《最高人民法院关于适用〈中华人民共和国刑事诉讼法〉的解释》第392条规定："本解释所称的涉外刑事案件是指：

（一）在中华人民共和国领域内，外国人犯罪的或者我国公民侵犯外国人合法权利的刑事案件；

（二）符合刑法第七条、第十条规定情形的我国公民在中华人民共和国领域外犯罪的案件；

（三）符合刑法第八条、第十条规定情形的外国人对中华人民共和国国家或者公民犯罪的案件；

（四）符合刑法第九条规定情形的中华人民共和国在所承担国际条约义务范围内行使管辖权的案件。"

需要注意的是，刑事诉讼涉外案件与涉外诉讼程序不同。刑事诉讼涉外案件是指犯罪嫌疑人、被告人具有涉外因素或者是案件发生在我国领域外，我国有管辖权的刑事案件；涉外诉讼程序，是指诉讼活动涉及外国人（包括无国籍人）或需要在国外进行的刑事诉讼所特有的方式、方法和步骤。

本题中，A项，海盗抢劫案件虽然发生在公海上，但是其属于国际犯罪，属于上述（四），属于涉外案件，适用涉外程序。A正确。

B项，我国证人在诉讼时身在国外，该案件不属于上述规定的涉外案件，但是该案的诉讼活动需要在国外进行，因此适用涉外刑事诉讼程序。B正确。

C项，陈某携款逃到国外的，该案不属于上述规定的涉外案件，但会涉及刑事司法协助，适用涉外刑事诉讼程序。C正确。

D项，虽然案件发生在国外，但案件发生在我国使馆内，当事人都是中国人，不属于涉外案件，由我国法院管辖。D错误。

综上所述，本题答案为ABC。

根据我国涉外刑事案件审理程序规定，下列哪一选项是正确的？（2009－2－38，单选）

A. 国籍不明又无法查清的，以中国国籍对待，不适用涉外刑事案件审理程序

B. 法院审判涉外刑事案件，不公开审理

参考答案：①ABC

C. 对居住在国外的中国籍当事人,可以委托我国使、领馆代为送达

D. 外国法院通过外交途径请求我国法院向外国驻华使、领馆商务参赞送达法律文书的,应由我国有关高级法院送达

答案(　　)①

【解析】A 项,《最高人民法院关于适用〈中华人民共和国刑事诉讼法〉的解释》第 394 条规定:"外国人的国籍,根据其入境时的有效证件确认;国籍不明的,根据公安机关或者有关国家驻华使、领馆出具的证明确认。国籍无法查明的,以无国籍人对待,适用本章有关规定,在裁判文书中写明'国籍不明'。"可见,A 错误。

B 项,《最高人民法院关于适用〈中华人民共和国刑事诉讼法〉的解释》第 400 条规定:"人民法院审理涉外刑事案件,应当公开进行,但依法不应公开审理的除外。"《刑事诉讼法》第 183 条第 1 款规定:"人民法院审判第一审案件应当公开进行。但是有关国家秘密或者个人隐私的案件,不公开审理;涉及商业秘密的案件,当事人申请不公开审理的,可以不公开审理。"此外,开庭审理时不满 18 周岁的未成年人刑事案件也不公开审理。本题中没有体现出不公开审理的理由。B 错误。

C 项,《最高人民法院关于适用〈中华人民共和国刑事诉讼法〉的解释》第 412 条规定,人民法院向在中华人民共和国领域外居住的当事人送达刑事诉讼文书,对中国籍当事人,可以委托我国驻受送达人所在国的使、领馆代为送达。可见,C 正确。

D 项,《最高人民法院关于适用〈中华人民共和国刑事诉讼法〉的解释》第 413 条第 2 款规定:"外国法院通过外交途径请求人民法院送达刑事诉讼文书的,由该国驻华使馆将法律文书交我国外交部主管部门转最高人民法院。最高人民法院审核后认为属于人民法院职权范围,且可以代为送达的,应当转有关人民法院办理。"可见,D 不正确。

综上所述,本题的答案为 C。

李某、阮某持某外国护照,涉嫌贩卖毒品罪被检察机关起诉至某市中级法院。关于李某、阮某的诉讼权利及本案诉讼程序,下列说法正确的是:(2011 -2 -95,不定项)

A. 即使李某、阮某能够使用中文交流,也应当允许其使用本国语言进行诉讼

B. 向李某、阮某送达中文本诉讼文书时,可以附有李某、阮某通晓的外文译本

C. 李某、阮某只能委托具有中华人民共和国律师资格并依法取得执业证书的律师作为辩护人

D. 如我国缔结或参加的国际条约中有关于刑事诉讼程序具体规定的,审理该案均适用该条约的规定

答案(　　)②

【解析】AB 项,《最高人民法院关于适用〈中华人民共和国刑事诉讼法〉的解释》第 401 条规定:"人民法院审判涉外刑事案件,使用中华人民共和国通用的语言、文字,应当为外国籍被告人提供翻译。"如果外国籍被告人通晓中国语言、文字,拒绝他人翻译的或者不需要诉讼文书外文译本的,应当由本人出具书面声明。诉讼文书为中文本,应当附有被告人通晓的外文译本,译本不加盖人民法院印章,以中文本为准。翻译费用由被告人承担。

可见,外国被告人当然允许使用本国语言进行诉讼,法院应为其提供翻译。A 正确。外国被告人使用本国语言时,应当附有被告人通晓的外文译本。故,B 错误。

C 项,《最高人民法院关于适用〈中华人民共和国刑事诉讼法〉的解释》第 402 条规定:"外国籍被告人委托律师辩护的,或者附带民事诉讼的原告人、自诉人委托律师代理诉讼的,应当委托具有中华人民

参考答案:①C　②A

共和国律师资格并依法取得执业证书的律师。”

可知，如果只能委托中国律师，但如果委托的辩护人是非律师身份的其他辩护人，则不受必须是“中国的”限制。C 错误。

D 项，在民事案件中，可以直接适用我国缔结或参加的国际条约中的相关规定。但在刑事案件中，审判时是否可以直接援引我国缔结或参加的国际条约没有规定。故，D 项表达过于绝对，错误。

综上所述，本题答案为 A。

附:2009—2016年刑事诉讼法卷四题目及解析

2009卷四

案情:杨某被单位辞退,对单位领导极度不满,心存报复。一天,杨某纠集董某、樊某携带匕首闯至厂长贾某办公室,将贾某当场杀死。中级法院一审以故意杀人罪判处杨某死刑,立即执行,判处董某死刑缓期二年执行,判处樊某有期徒刑十五年。

问题:

1. 如一审宣判后,被告人杨某、董某、樊某均未上诉,检察机关亦未抗诉,对被告人杨某、董某、樊某的一审判决,中级法院和高级法院分别应当如何处理?

2. 如一审宣判后,被告人杨某、董某均未上诉,检察机关亦未抗诉,樊某提出上诉,高级法院应按什么程序处理对杨某、董某的一审判决?理由是什么?

3. 如一审宣判后,被告人杨某、董某、樊某均未上诉,检察机关亦未抗诉,但贾某的妻子对附带民事判决不服提起上诉,高级法院应按什么程序处理对杨某、董某的一审判决?理由是什么?

4. 被告人杨某经最高法院核准死刑并下达执行死刑命令后,下级法院发现杨某可能另案犯有伤害罪,对杨某应当如何处理?

1.(1)杨某:

【答案】 首先,对杨某来说,一审被判处死刑立即执行,没有上诉、抗诉。中级人民法院在上诉、抗诉期满后10日内报请高级人民法院复核。高级人民法院同意判处死刑的,应当依法作出裁定后10日内报请最高人民法院核准;不同意判处死刑的,应当依照第二审程序提审或者发回重新审判。此外,高级人民法院复核死刑案件,应当讯问被告人。

【考点】 死刑立即执行的复核程序。

【解析】 以下是本题所涉法条,供考生参考。

《刑事诉讼法》第235条规定:"死刑由最高人民法院核准。"

《刑事诉讼法》第236条规定:"中级人民法院判处死刑的第一审案件,被告人不上诉的,应当由高级人民法院复核后,报请最高人民法院核准。高级人民法院不同意判处死刑的,可以提审或者发回重新审判。

高级人民法院判处死刑的第一审案件被告人不上诉的,和判处死刑的第二审案件,都应当报请最高人民法院核准"。

《最高人民法院关于适用〈中华人民共和国刑事诉讼法〉的解释》第344条第1款规定:"报请最高人民法院核准死刑案件,应当按照下列情形分别处理:

(一)中级人民法院判处死刑的第一审案件,被告人未上诉、人民检察院未抗诉的,在上诉、抗诉期满后十日内报请高级人民法院复核。高级人民法院同意判处死刑的,应当在作出裁定后十日内报请最

高人民法院核准;不同意的,应当依照第二审程序提审或者发回重新审判;

(二)中级人民法院判处死刑的第一审案件,被告人上诉或者人民检察院抗诉,高级人民法院裁定维持的,应当在作出裁定后十日内报请最高人民法院核准;

(三)高级人民法院判处死刑的第一审案件,被告人未上诉、人民检察院未抗诉的,应当在上诉、抗诉期满后十日内报请最高人民法院核准。

高级人民法院复核死刑案件,应当讯问被告人。”

(2)董某

【答案】其次,对于董某来说,一审被判处死缓,没有上诉、抗诉。中级人民法院在上诉、抗诉期满后应当报请高级人民法院核准。高级人民法院可以做出以下处理:(1)原判认定事实和适用法律正确、量刑适当、诉讼程序合法的,应当裁定核准;(2)原判认定的某一具体事实或者引用的法律条款等存在瑕疵,但判处被告人死刑缓期执行并无不当的,可以在纠正后作出核准的判决、裁定;(3)原判认定事实正确,但适用法律有错误,或者量刑过重的,应当改判;(4)原判事实不清、证据不足的,可以裁定不予核准,并撤销原判,发回重新审判,或者依法改判;(5)复核期间出现新的影响定罪量刑的事实、证据的,可以裁定不予核准,并撤销原判,发回重新审判,或者对控辩双方补充和法庭庭外调查核实取得的证据审理后依法改判;(6)原审违反法定诉讼程序,可能影响公正审判的,应当裁定不予核准,并撤销原判,发回重新审判。

此外,高级人民法院复核死刑缓期执行案件,应当讯问被告人,且不得加重被告人的刑罚。

【考点】死刑缓期执行的复核程序。需要注意,死刑复核程序包括死刑立即执行的复核程序与死刑缓期执行的复核程序,均为考试重点。只要案例中犯罪嫌疑人、被告人可能被判处死刑,就很可能会涉及死刑复核程序的考查,未来考查该知识点的可能性仍然很大。

【解析】以下是本题所涉法条,供考生参考。

《刑事诉讼法》第 237 条规定:“中级人民法院判处死刑缓期二年执行的案件,由高级人民法院核准。”

《最高人民法院关于适用〈中华人民共和国刑事诉讼法〉的解释》第 345 条规定:“中级人民法院判处死刑缓期执行的第一审案件,被告人未上诉、人民检察院未抗诉的,应当报请高级人民法院核准。

高级人民法院复核死刑缓期执行案件,应当讯问被告人。”

《最高人民法院关于适用〈中华人民共和国刑事诉讼法〉的解释》第 349 条规定:“高级人民法院复核死刑缓期执行案件,应当按照下列情形分别处理:

(一)原判认定事实和适用法律正确、量刑适当、诉讼程序合法的,应当裁定核准;

(二)原判认定的某一具体事实或者引用的法律条款等存在瑕疵,但判处被告人死刑缓期执行并无不当的,可以在纠正后作出核准的判决、裁定;

(三)原判认定事实正确,但适用法律有错误,或者量刑过重的,应当改判;

(四)原判事实不清、证据不足的,可以裁定不予核准,并撤销原判,发回重新审判,或者依法改判;

(五)复核期间出现新的影响定罪量刑的事实、证据的,可以裁定不予核准,并撤销原判,发回重新审判,或者依照本解释第二百二十条[①]规定审理后依法改判;

(六)原审违反法定诉讼程序,可能影响公正审判的,应当裁定不予核准,并撤销原判,发回重新审判。

高级人民法院复核死刑缓期执行案件,不得加重被告人的刑罚。”

---

① 《最高人民法院关于适用〈中华人民共和国刑事诉讼法〉的解释》第 220 条第 1 款、第 2 款规定:“法庭对证据有疑问的,可以告知公诉人、当事人及其法定代理人、辩护人、诉讼代理人补充证据或者作出说明;必要时,可以宣布休庭,对证据进行调查核实。

对公诉人、当事人及其法定代理人、辩护人、诉讼代理人补充的和法庭庭外调查核实取得的证据,应当经过当庭质证才能作为定案的根据。但是,经庭外征求意见,控辩双方没有异议的除外。”

(3)樊某

【答案】 最后,对于樊某来说,一审被判处有期徒刑15年,没有抗诉、上诉。中级人民法院应当在判决生效后10日以内将有关的法律文书送达监狱。由公安机关依法将樊某送交监狱执行刑罚。

【考点】 有期徒刑的执行程序。有期徒刑的执行程序出现在卷四中考查较为鲜见,考生以熟悉为主,未来该知识点在卷四中考查的可能性较小。

【关联法条】 以下是本题所涉法条,供考生参考。

《刑事诉讼法》第253条规定:“罪犯被交付执行刑罚的时候,应当由交付执行的人民法院在判决生效后十日以内将有关的法律文书送达公安机关、监狱或者其他执行机关。

对被判处死刑缓期二年执行、无期徒刑、有期徒刑的罪犯,由公安机关依法将该罪犯送交监狱执行刑罚。对被判处有期徒刑的罪犯,在被交付执行刑罚前,剩余刑期在三个月以下的,由看守所代为执行。对被判处拘役的罪犯,由公安机关执行。

对未成年犯应当在未成年犯管教所执行刑罚。

执行机关应当将罪犯及时收押,并且通知罪犯家属。

判处有期徒刑、拘役的罪犯,执行期满,应当由执行机关发给释放证明书。”

2.**【答案】** 高级人民法院应按二审程序对杨某、董某的一审判决进行审查。

【考点】 第二审程序——全面审查原则。第二审程序的原则包括全面审查原则和上诉不加刑原则。全面审查原则很重要,却相对简单。也就是说,法院要对事实、证据、程序、法律、上诉不上诉等都要进行审查。请考生重点注意上诉不加刑原则,具体包括上诉不加刑原则的概念,上诉不加刑原则的例外以及上诉不加刑原则的具体应用,这一原则在卷四中具有较高的可考性。

【解析】 理由:二审的重要原则之一是全面审查,本案中,由于杨某和董某、樊某系共同犯罪,虽然只有樊某上诉,二审法院仍应当对全案进行审查,一并处理。

法律根据:

《刑事诉讼法》第222条规定:“第二审人民法院应当就第一审判决认定的事实和适用法律进行全面审查,不受上诉或者抗诉范围的限制。

共同犯罪的案件只有部分被告人上诉的,应当对全案进行审查,一并处理。”

3.**【答案】** 高级法院应当对全案进行审查,按死刑复核程序处理对杨某、董某的一审判决。

【考点】 附带民事诉讼第二审程序。被害人因犯罪行为侵害一般会有物质损失,提起附带民事诉讼实属必然。附带民事诉讼程序是司考重点,在卷四中也容易设计题目和考点,对于附带民事诉讼的相关程序请考生重点复习。

【解析】 本案中,贾某的妻子对附带民事判决不服提起上诉,也就是说,附带民事诉讼当事人仅对附带民事诉讼部分提出了上诉,高级法院应当对全案进行审查。经审查,第一审判决的刑事部分并无不当的,第二审人民法院只需就附带民事部分作出处理;第一审判决的附带民事部分事实清楚,适用法律正确的,应当以刑事附带民事裁定维持原判,驳回上诉。此外,第一审刑事部分的判决在上诉期满后即发生法律效力。本案中,由于杨某和董某被判处死刑,第一审刑事部分的判决在上诉期满后不会立即生效,需要由高级人民法院按照死刑复核程序审理。

相关法条:

《最高人民法院关于适用〈中华人民共和国刑事诉讼法〉的解释》第313条规定:“刑事附带民事诉讼案件,只有附带民事诉讼当事人及其法定代理人上诉的,第二审人民法院应当对全案进行审查。经审查,第一审判决的刑事部分并无不当的,第二审人民法院只需就附带民事部分作出处理;第一审判决的附带民事部分事实清楚,适用法律正确的,应当以刑事附带民事裁定维持原判,驳回上诉。”

《最高人民法院关于适用〈中华人民共和国刑事诉讼法〉的解释》第 314 条规定:“刑事附带民事诉讼案件,只有附带民事诉讼当事人及其法定代理人上诉的,第一审刑事部分的判决在上诉期满后即发生法律效力。

应当送监执行的第一审刑事被告人是第二审附带民事诉讼被告人的,在第二审附带民事诉讼案件审结前,可以暂缓送监执行。”

4.

【答案】下级法院应当暂停执行死刑,并立即将请求停止执行死刑的报告和相关材料层报最高人民法院。最高人民法院经审查,认为可能影响罪犯定罪量刑的,应当裁定停止执行死刑;认为不影响的,应当决定继续执行死刑。

【考点】死刑立即执行的变更。死刑执行的变更属于死刑的执行制度。给定案例中如果被告人被判处死刑并涉及执行程序,死刑执行的变更很容易成为考点。未来该知识点出题的可能性仍然存在,请熟练掌握。

【解析】以下是本题所涉法条,供考生参考。

《最高人民法院关于适用〈中华人民共和国刑事诉讼法〉的解释》第 418 条:“第一审人民法院在接到执行死刑命令后、执行前,发现有下列情形之一的,应当暂停执行,并立即将请求停止执行死刑的报告和相关材料层报最高人民法院:

(一)罪犯可能有其他犯罪的;

(二)共同犯罪的其他犯罪嫌疑人到案,可能影响罪犯量刑的;

(三)共同犯罪的其他罪犯被暂停或者停止执行死刑,可能影响罪犯量刑的;

(四)罪犯揭发重大犯罪事实或者有其他重大立功表现,可能需要改判的;

(五)罪犯怀孕的;

(六)判决、裁定可能有影响定罪量刑的其他错误的。

最高人民法院经审查,认为可能影响罪犯定罪量刑的,应当裁定停止执行死刑;认为不影响的,应当决定继续执行死刑。”

2010 卷四

案情:

张某——某国企副总经理

石某——某投资管理有限公司董事长

杨某——张某的朋友

姜某——石某公司出纳

石某请张某帮助融资,允诺事成后给张某好处,被张某拒绝。石某请出杨某帮忙说服张某,允诺事成后各给张某、杨某 400 万股的股份。后经杨某多次撮合,2006 年 3 月 6 日,张某指令下属分公司将 5000 万元打入石某公司账户,用于股权收购项目。2006 年 5 月 10 日,杨某因石某允诺的 400 万股未兑现,遂将石某诉至法院,并提交了张某出具的书面证明作为重要证据,证明石某曾有给杨某股份的允诺。石某因此对张某大为不满,即向某区检察院揭发了张某收受贿赂的行为。检察院立案侦查,查得证据及事实如下:

——石某称:2006 年 3 月 14 日,在张某办公室将 15 万元现金交给张某。同年 4 月 17 日,在杨某催促下,让姜某与杨某一起给张某送去40万元。因担心杨某私吞,特别告诉姜某一定与杨某同到张某处(石某讲述了张某办公室桌椅、沙发等摆放的具体位置)。

——姜某称:取出40万元后与杨某约好见面时间和地点,但杨某称堵车迟到很久。自己因有重要事情需要处理,就将钱交杨某送与张某。

——杨某称:确曾介绍张某与石某认识,并积极撮合张某为石某融资。与姜某见面时因堵车迟到,姜某将钱交给他后匆匆离开。他随后在自己车上将钱交给张某,张某拿出10万元给他,说是辛苦费(案发后,杨某将10万元交检察院)。

——张某称:帮助石某公司融资,是受杨某所托(检察院共对张某讯问六次,每次都否认收受过任何贿赂)。

据石某公司日记账、记账凭证、银行对账单等记载,2006年3月6日张某公司的下属分公司将5000万元打入石某公司账户。同年3月14日和4月17日,分别有15万元和40万元现金被提出。

问题:

依据有关法律、司法解释规定和刑事证明理论,运用本案现有证据,分析能否认定张某构成受贿罪,请说明理由。

答题要求:

①能够根据法律、司法解释相关规定及对刑事证明理论的理解,运用本案证据作出能否认定犯罪的判断,指出法院依法应当作出何种判决。

②观点明确,分析有据,逻辑清晰,文字通畅。

【答案】不能认定杨某构成受贿罪,法院应当作出杨某无罪的判决。

【考点】证明标准。

【解析】本题涉及的法律规定如下:

《刑事诉讼法》第53条规定:"对一切案件的判处都要重证据,重调查研究,不轻信口供。只有被告人供述,没有其他证据的,不能认定被告人有罪和处以刑罚;没有被告人供述,证据确实、充分的,可以认定被告人有罪和处以刑罚。

证据确实、充分,应当符合以下条件:

(一)定罪量刑的事实都有证据证明;

(二)据以定案的证据均经法定程序查证属实;

(三)综合全案证据,对所认定事实已排除合理怀疑。"

《刑事诉讼法》第195条规定:"在被告人最后陈述后,审判长宣布休庭,合议庭进行评议,根据已经查明的事实、证据和有关的法律规定,分别作出以下判决:

(一)案件事实清楚,证据确实、充分,依据法律认定被告人有罪的,应当作出有罪判决;

(二)依据法律认定被告人无罪的,应当作出无罪判决;

(三)证据不足,不能认定被告人有罪的,应当作出证据不足、指控的犯罪不能成立的无罪判决。"

《最高人民法院关于适用〈中华人民共和国刑事诉讼法〉的解释》第241条第1款第4项规定,证据不足,不能认定被告人有罪的,应当以证据不足、指控的犯罪不能成立,判决宣告被告人无罪。

本案中,石某称在张某办公室将15万元现金交给张某,并讲述了张某办公室桌椅、沙发等摆放的具体位置,但这些仅是石某的一家之言,没有其他证据予以补强,不能认定。

杨某称在自己车上将钱交给张某,张某拿出10万元给他,说是辛苦费。这也是杨某的一家之言,没有其他证据予以补强,不能认定。

张某称帮助石某公司融资是受杨某所托,但检察院共对张某讯问六次,每次张某都否认收受过任何贿赂。也就是说,犯罪嫌疑人不认罪。

综上,本案被告人张某不认罪,且其他证据又无法“证据确实、充分”地证明张某收受了贿赂,没有达到法定的证明标准,使法官对张某的指控存在合理怀疑,应当根据疑罪从无的基本精神,作出证据不足、指控的犯罪不能成立的无罪判决。

2011 卷四

案情:2010 年 10 月 2 日午夜,A 市某区公安人员在辖区内巡逻时,发现路边停靠的一辆轿车内坐着三个年轻人(朱某、尤某、何某)形迹可疑,即上前盘查。经查,在该车后备厢中发现盗窃机动车工具,遂将三人带回区公安分局进一步审查。案件侦查终结后,区检察院向区法院提起公诉。

(证据)朱某——在侦查中供称,其作案方式是 3 人乘坐尤某的汽车在街上寻找作案目标,确定目标后由朱某、何某下车盗窃,得手后共同分赃。作案过程由尤某策划、指挥。在法庭调查中承认起诉书指控的犯罪事实,但声称在侦查中被刑讯受伤。

尤某——在侦查中与朱某供述基本相同,但不承认作案由自己策划、指挥。在法庭调查中翻供,不承认参与盗窃机动车的犯罪,声称对朱某盗窃机动车毫不知情,并声称在侦查中被刑讯受伤。

何某——始终否认参与犯罪。声称被抓获当天从 C 市老家来 A 市玩,与原先偶然认识的朱某、尤某一起吃完晚饭后坐在车里闲聊,才被公安机关抓获。声称以前从没有与 A 市的朱某、尤某共同盗窃,并声称在侦查中被刑讯受伤。

公安机关——在朱某、尤某供述的十几起案件中核实认定了 A 市发生的 3 起案件,并依循线索找到被害人,取得当初报案材料和被害人陈述。调取到某一案发地录像,显示朱某、尤某盗窃汽车经过。根据朱某、尤某在侦查阶段的供述,认定何某在 2010 年 3 月 19 日参与一起盗窃机动车案件。

何某辩护人——称在案卷材料中看到朱某、尤某、何某受伤后包有纱布的照片,并提供 4 份书面材料:(1)何某父亲的书面证言:2010 年 3 月 19 日前后,何某因打架被当地公安机关告知在家等候处理,不得外出。何某未离开 C 市;(2)2010 年 4 月 5 日,公安机关发出的行政处罚通知书;(3)C 市某机关工作人员赵某的书面证言:2010 年 3 月 19 日案发前后,经常与何某在一起打牌,何某随叫随到,期间未离开 C 市;(4)何某女友范某的书面证言:2010 年 3 月期间,何某一直在家,偶尔与朋友打牌,未离开 C 市。

(法庭审判)庭审中,3 名被告人均称受到侦查人员刑讯。辩护人提出,在案卷材料中看到朱某、尤某、何某受伤后包有纱布的照片,被告人供述系通过刑讯逼供取得,属于非法证据,应当予以排除,要求法庭调查。公诉人反驳,被告人受伤系因抓捕时 3 人有逃跑和反抗行为造成,与讯问无关,但未提供相关证据证明。法庭认为,辩护人意见没有足够根据,即开始对案件进行实体审理。

法庭调查中,根据朱某供述,认定尤某为策划、指挥者,系主犯。

审理中,何某辩护人向法庭提供了证明何某没有作案时间的 4 份书面材料。法庭认为,公诉方提供的有罪证据确实充分,辩护人提供的材料不足以充分证明何某在案发时没有来过 A 市,且材料不具有关联性,不予采纳。

最后,法院采纳在侦查中朱某、尤某的供述笔录、被害人陈述、报案材料、监控录像作为定案根据,认定尤某、朱某、何某构成盗窃罪(尤某为主犯),分别判处有期徒刑 9 年、5 年和 3 年。

问题:

1. 法院对于辩护人提出排除非法证据的请求的处理是否正确?为什么?
2. 如法院对证据合法性有疑问,应当如何进行调查?

3. 法院对尤某的犯罪事实的认定是否已经达到事实清楚、证据确实充分？为什么？

4. 现有证据能否证明何某构成犯罪？为什么？

5. 如何判断证据是否具有关联性？法院认定何某辩护人提供的 4 份书面材料不具有关联性是否适当？为什么？

答案：

1.【**答案**】不正确。

【**考点**】非法证据排除程序的启动。

【**解析**】本题目涉及的法律规定如下：

《刑事诉讼法》第 56 条规定："法庭审理过程中，审判人员认为可能存在本法第五十四条规定的以非法方法收集证据情形的，应当对证据收集的合法性进行法庭调查。

当事人及其辩护人、诉讼代理人有权申请人民法院对以非法方法收集的证据依法予以排除。申请排除以非法方法收集的证据的，应当提供相关线索或者材料。"

《最高人民法院、最高人民检察院、公安部、国家安全部、司法部、全国人大常委会法制工作委员会关于实施刑事诉讼法若干问题的规定》第 11 条规定："刑事诉讼法第五十六条第一款规定：'法庭审理过程中，审判人员认为可能存在本法第五十四条规定的以非法方法收集证据情形的，应当对证据收集的合法性进行法庭调查。'法庭经对当事人及其辩护人、诉讼代理人提供的相关线索或者材料进行审查后，认为可能存在刑事诉讼法第五十四条规定的以非法方法收集证据情形的，应当对证据收集的合法性进行法庭调查。法庭调查的顺序由法庭根据案件审理情况确定。"

《最高人民法院关于适用〈中华人民共和国刑事诉讼法〉的解释》第 100 条规定第 2 款规定："对证据收集合法性的调查，根据具体情况，可以在当事人及其辩护人、诉讼代理人提出排除非法证据的申请后进行，也可以在法庭调查结束前一并进行。"

本案中，被告人均称供述系刑讯逼供所得，辩护人提出了排除非法证据的请求，并有一定证据支持，法庭应当启动对证据是否为非法取得的调查程序。当然，法庭调查的顺序由法庭根据案件审理情况确定，既可以在被告人、辩护人提出排除非法证据的申请后进行，也可以在全案法庭调查结束前一并进行。本案中，法院在公诉人没有证据支持的情况下，不做调查即采纳公诉人的解释并开始实体审理是不正确的。

2.【**答案**】法庭决定对证据收集的合法性进行调查的方式包括：审查讯问笔录；播放录音录像；侦查人员出庭；提交证明材料。

【**考点**】调查证据收集合法性的程序。

【**解析**】本题目涉及的法律条文如下：

《最高人民法院关于适用〈中华人民共和国刑事诉讼法〉的解释》第 101 条规定："法庭决定对证据收集的合法性进行调查的，可以由公诉人通过出示、宣读讯问笔录或者其他证据，有针对性地播放讯问过程的录音录像，提请法庭通知有关侦查人员或者其他人员出庭说明情况等方式，证明证据收集的合法性。

公诉人提交的取证过程合法的说明材料，应当经有关侦查人员签名，并加盖公章。未经有关侦查人员签名的，不得作为证据使用。上述说明材料不能单独作为证明取证过程合法的根据。"

本案中，法庭决定对证据收集的合法性进行调查的方式包括：

(1)由公诉人通过出示、宣读讯问笔录或者其他证据；

(2)有针对性地播放讯问过程的录音录像；

(3)提请法庭通知有关侦查人员或者其他人员出庭说明情况；

(4)公诉人提交取证过程合法的说明材料等方式。

3.【答案】法院对尤某的个别犯罪事实的认定达到了事实清楚、证据确实充分的证明标准。

【考点】证明标准。

【解析】本题涉及的法律条文如下:

《刑事诉讼法》第 53 条规定:“对一切案件的判处都要重证据,重调查研究,不轻信口供。只有被告人供述,没有其他证据的,不能认定被告人有罪和处以刑罚;没有被告人供述,证据确实、充分的,可以认定被告人有罪和处以刑罚。

证据确实、充分,应当符合以下条件:

(一)定罪量刑的事实都有证据证明;

(二)据以定案的证据均经法定程序查证属实;

(三)综合全案证据,对所认定事实已排除合理怀疑。”

本案中,与尤某有关的证据包括:

(1)朱某在侦查中供称,其作案方式是 3 人乘坐尤某的汽车在街上寻找作案目标,确定目标后由朱某、何某下车盗窃,得手后共同分赃。作案过程由尤某策划、指挥。

(2)尤某在侦查中供述了盗窃事实,但不承认作案由自己策划、指挥。

(3)公安机关在朱某、尤某供述的十几起案件中核实认定了 A 市发生的 3 起案件,并依循线索找到被害人,取得当初报案材料和被害人陈述。调取到某一案发地录像,显示朱某、尤某盗窃汽车经过。

(4)法庭调查中,根据朱某供述,认定尤某为策划、指挥者,系主犯。

由于朱某与尤某均称遭受了刑讯逼供,其供述可能会被最为非法证据予以排除,暂不予考虑作为定案根据。此外,法庭调查中,仅仅根据朱某的供述认定尤某为策划、指挥者是错误的。

不过,公安机关核实认定了 A 市发生的 3 起案件,并依循线索找到被害人,取得当初报案材料和被害人陈述。调取到某一案发地录像,显示朱某、尤某盗窃汽车经过。可见,虽然没有尤某的供述,但根据被害人的陈述和显示朱某、尤某盗窃汽车经过的某一案发地录像,可以充分证明尤某这一次的盗窃犯罪是成立的。

4.【答案】不能。

【考点】证明标准。

【解析】本题涉及的法律条文如下:

《刑事诉讼法》第 53 条规定:“对一切案件的判处都要重证据,重调查研究,不轻信口供。只有被告人供述,没有其他证据的,不能认定被告人有罪和处以刑罚;没有被告人供述,证据确实、充分的,可以认定被告人有罪和处以刑罚。

证据确实、充分,应当符合以下条件:

(一)定罪量刑的事实都有证据证明;

(二)据以定案的证据均经法定程序查证属实;

(三)综合全案证据,对所认定事实已排除合理怀疑。”

在本案中:

(1)法庭认定何某犯罪的证据中,朱某、尤某在侦查中的供述笔录尚未排除刑讯逼供可能。

(2)被害人陈述笔录和车辆被盗时的报案材料只能证明车辆被盗,不能证明谁是盗车者。

(3)监控录像只证明朱某、尤某实施了其中一起犯罪,与何某没有关系。

(4)何某辩护人提供的犯罪时何某不在现场的 4 份证据,法庭没有查明其真伪。

可见,现有证据没有排除何某无罪的可能性,对证明何某犯罪的证据没有经过查证属实,对何某有罪的事实存在合理怀疑。故,认定何某犯罪的证据不够确实、充分,没有达到法定的证明标准。

5.(1)【答案】判断关联性的依据有二：

第一，该证据是否用来证明本案的争点问题，与案件证明对象之间是否存在客观联系。

第二，该证据是否能够起到证明的作用，即是否具有对案件事实的证明价值。

【考点】证据的关联性。

【解析】关联性也称为相关性，是指证据必须与案件事实有客观联系，对证明刑事案件事实具有某种实际意义。

判断证据材料是否具有关联性，可以从证据能力和证明力两个方面入手：

第一，该证据材料是否用来证明本案的争点问题，与案件证明对象之间是否存在客观联系。

传统的证据法理论认为，证据有三性：客观性、关联性、合法性。在这三性中，"何为客观"、"何为合法"均存在争议，只有关联性没有任何争议。证据的属性也可以被称为证据能力，不符合证据属性的所谓"证据"根本没有证据能力。如果一项证据材料与案件的争点事实没有联系，该材料当然不能成为证据。

第二，该证据材料是否能够起到证明的作用。也就是说，是否具有对案件事实的证明价值。

存在关联性的证据材料可以成为证据，具有证据能力。在此基础上，可以进一步判断该证据的价值即证明力的大小。

(2)【答案】不适当。

【考点】证据的关联性。

【解析】法院认定何某辩护人提供的4份书面材料与案件证明对象之间存在客观联系，指向何某是否有罪的争点问题。另外，这些材料具有证明案件事实的证明价值，能够起到证明何某没有作案时间的作用。

2012卷四

专家观点：刑事诉讼法既有保障刑法实施的工具价值，又具有独立价值。

在刑事诉讼中，以刑讯逼供等非法方法收集证据，不仅违反法定程序，侵犯人权，而且往往导致证据虚假，发生冤错案件。为此，《刑事诉讼法》及有关部门的解释或规定，完善了非法证据排除规则，发挥了《刑事诉讼法》的应有功效。

案情：花园小区发生一起入室抢劫杀人案，犯罪现场破坏严重，未发现有价值的痕迹物证。经查，李某有重大犯罪嫌疑，其曾因抢劫被判有期徒刑12年，刚刚刑满释放，案发时小区保安见李某出入小区。李某被东湖市公安局立案侦查并被逮捕羁押。审讯期间，在保安的指认下，李某不得不承认其在小区他处入室盗窃3000元，后经查证属实。但李某拒不承认抢劫杀人行为。审讯人员将李某提到公安局办案基地对其实施了捆绑、吊打、电击等行为，3天3夜不许吃饭，不许睡觉，只给少许水喝，并威胁不坦白交代抢劫杀人罪行、认罪态度不好法院会判死刑。最终，李某按审讯人员的意思交代了抢劫杀人的事实。在此期间，侦查人员还对李某的住处进行了搜查，提取扣押了李某鞋子等物品，当场未出示搜查证。

案件经东湖市检察院审查起诉后，向东湖市中级法院提起公诉。庭审中，应李某辩护人的申请，法庭启动了排除非法证据程序。

问题：

1. 本案哪些行为收集的证据属于非法证据？哪些非法证据应当予以排除？
2. 本案负有排除非法证据义务的机关有哪些？
3. 针对检察院的指控，东湖市中级法院应当如何判决本案？

4. 结合本案,简要说明刑事诉讼法对保障刑法实施的价值。

5. 结合本案,简述非法证据排除规则的完善过程,阐明非法证据排除规则的诉讼价值。

答题要求:

1. 根据法律、司法解释规定及刑事诉讼法理知识作答;

2. 无本人观点或论述,照抄材料原文不得分;

3. 观点明确,逻辑清晰,说理充分,文字通畅;

4. 请按提问顺序逐一作答,总字数不得少于 800 字。

答案要点:

1. (1)**【答案】**本案中,非法证据包括:(a)审讯人员通过刑讯逼供等非法方法获取的李某的供述;(b)审讯人员通过威胁方法获取的李某的供述;(c)侦查人员没有搜查证进行搜查,提取扣押的李某鞋子等物品。

【考点】非法证据。

【解析】《刑事诉讼法》第 54 条第 1 款规定:“采用刑讯逼供等非法方法收集的犯罪嫌疑人、被告人供述和采用暴力、威胁等非法方法收集的证人证言、被害人陈述,应当予以排除。收集物证、书证不符合法定程序,可能严重影响司法公正的,应当予以补正或者作出合理解释;不能补正或者作出合理解释的,对该证据应当予以排除。”

可见,本案中审讯人员通过刑讯逼供等非法方法获取的李某的供述属于非法证据。

《刑事诉讼法》第 50 条规定:“审判人员、检察人员、侦查人员必须依照法定程序,收集能够证实犯罪嫌疑人、被告人有罪或者无罪、犯罪情节轻重的各种证据。严禁刑讯逼供和以威胁、引诱、欺骗以及其他非法方法收集证据,不得强迫任何人证实自己有罪。必须保证一切与案件有关或者了解案情的公民,有客观地充分地提供证据的条件,除特殊情况外,可以吸收他们协助调查。”

可见,本案中审讯人员通过威胁方法获取的李某的供述属于非法证据。

《刑事诉讼法》第 136 条第 1 款规定:“进行搜查,必须向被搜查人出示搜查证。”

可见,本案中侦查人员没有搜查证进行搜查,提取扣押的李某鞋子等物品属于非法证据。

(2)**【答案】**应当排除的非法证据仅有审讯人员通过刑讯逼供等非法方法获取的李某的供述。

【考点】非法证据排除规则。

【解析】《刑事诉讼法》第 54 条第 1 款规定:“采用刑讯逼供等非法方法收集的犯罪嫌疑人、被告人供述和采用暴力、威胁等非法方法收集的证人证言、被害人陈述,应当予以排除。收集物证、书证不符合法定程序,可能严重影响司法公正的,应当予以补正或者作出合理解释;不能补正或者作出合理解释的,对该证据应当予以排除。”

可见,我国的非法证据排除规则要求,只排除通过刑讯逼供等非法方法获取的口供,不排除通过威胁等手段获取的口供。此外,排除非法物证,需要同时具备三个条件:违反法定诉讼程序、可能严重影响司法公正、不能补正或者不能作出合理解释。本案中,无证搜查违反了法定诉讼程序,但是否可能严重影响司法公正、不能补正或者不能作出合理解释,从题目中无法看出,故不一定排除。

2.**【答案】**本案负有排除非法证据义务的机关包括:东湖市公安局、东湖市检察院、东湖市中级法院。

【考点】非法证据排除的主体。

【解析】《刑事诉讼法》第 54 条第 2 款规定:“在侦查、审查起诉、审判时发现有应当排除的证据的,应当依法予以排除,不得作为起诉意见、起诉决定和判决的依据。”

可见,根据该条的规定,公安机关、检察机关在侦查阶段、检察机关在审查起诉阶段、审判机关在审判阶段都负有依法排除非法证据的职责。本案中,东湖市公安局、东湖市检察院和东湖市中级法院作为本案的侦查、审查起诉和审判机关，负有排除非法证据的职责。

3.【答案】李某辩护人申请排除非法证据的，法庭应当进行审查、调查，并判断是否存在非法证据需要排除，如果排除非法证据，还需要判断本案现有证据是否达到证明被告人有罪的证明标准。

【考点】非法证据排除的程序。

【解析】本题涉及的法律条文如下：

《最高人民法院、最高人民检察院、公安部、国家安全部、司法部、全国人大常委会法制工作委员会关于实施刑事诉讼法若干问题的规定》第11条规定："刑事诉讼法第五十六条第一款规定：'法庭审理过程中，审判人员认为可能存在本法第五十四条规定的以非法方法收集证据情形的，应当对证据收集的合法性进行法庭调查。'法庭经对当事人及其辩护人、诉讼代理人提供的相关线索或者材料进行审查后，认为可能存在刑事诉讼法第五十四条规定的以非法方法收集证据情形的，应当对证据收集的合法性进行法庭调查。法庭调查的顺序由法庭根据案件审理情况确定。"

《最高人民法院关于适用〈中华人民共和国刑事诉讼法〉的解释》第100条规定："法庭审理过程中，当事人及其辩护人、诉讼代理人申请排除非法证据的，法庭应当进行审查。经审查，对证据收集的合法性有疑问的，应当进行调查；没有疑问的，应当当庭说明情况和理由，继续法庭审理。当事人及其辩护人、诉讼代理人以相同理由再次申请排除非法证据的，法庭不再进行审查。

对证据收集合法性的调查，根据具体情况，可以在当事人及其辩护人、诉讼代理人提出排除非法证据的申请后进行，也可以在法庭调查结束前一并进行。

法庭审理过程中，当事人及其辩护人、诉讼代理人申请排除非法证据，人民法院经审查，不符合本解释第九十七条规定的，应当在法庭调查结束前一并进行审查，并决定是否进行证据收集合法性的调查。"

《最高人民法院关于适用〈中华人民共和国刑事诉讼法〉的解释》第101条规定："法庭决定对证据收集的合法性进行调查的，可以由公诉人通过出示、宣读讯问笔录或者其他证据，有针对性地播放讯问过程的录音录像，提请法庭通知有关侦查人员或者其他人员出庭说明情况等方式，证明证据收集的合法性。

公诉人提交的取证过程合法的说明材料，应当经有关侦查人员签名，并加盖公章。未经有关侦查人员签名的，不得作为证据使用。上述说明材料不能单独作为证明取证过程合法的根据。"

《刑事诉讼法》第57条第1款规定："在对证据收集的合法性进行法庭调查的过程中，人民检察院应当对证据收集的合法性加以证明。"

《刑事诉讼法》第58条规定："对于经过法庭审理，确认或者不能排除存在本法第五十四条规定的以非法方法收集证据情形的，对有关证据应当予以排除。"

《最高人民法院关于适用〈中华人民共和国刑事诉讼法〉的解释》第102条规定："经审理，确认或者不能排除存在刑事诉讼法第五十四条规定的以非法方法收集证据情形的，对有关证据应当排除。

人民法院对证据收集的合法性进行调查后，应当将调查结论告知公诉人、当事人和辩护人、诉讼代理人。"

综上，在本案中，案件经东湖市检察院审查起诉后，向东湖市中级法院提起公诉。庭审中，李某辩护人申请排除非法证据的，法庭应当进行审查。经审查，对证据收集的合法性有疑问的，应当进行调查；没有疑问的，应当当庭说明情况和理由，继续法庭审理。李某辩护人以相同理由再次申请排除非法证据的，法庭不再进行审查。

如果法庭决定对非法证据进行调查，法庭调查的顺序由法庭根据案件审理情况确定。既可以在李某辩护人提出排除非法证据的申请后进行，也可以在全案法庭调查结束前一并进行。

在对证据收集的合法性进行法庭调查的过程中，人民检察院应当对证据收集的合法性加以证明。可以由公诉人通过出示、宣读讯问笔录或者其他证据，有针对性地播放讯问过程的录音录像，提请法庭通知有关侦查人员或者其他人员出庭说明情况等方式，证明证据收集的合法性。

对于经过法庭审理,确认或者不能排除存在非法方法收集证据情形的,对有关证据应当予以排除。

人民法院对证据收集的合法性进行调查后,应当将调查结论告知公诉人、当事人和辩护人、诉讼代理人。

人民法院排除非法证据后,如果现有的证据还能够证据确实、充分地证明李某构成犯罪,应当判决李某有罪。如果排除非法证据后,现有证据不足以证据确实、充分地证明李某有罪,应当判决宣告李某无罪。

4.【答案】刑事诉讼法具有保障刑法实施的重要价值。

【考点】刑事诉讼法与刑法的关系

【解析】刑事诉讼法具有保障刑法实施的价值要点:

(1)刑法是实体法,刑事诉讼法是程序法。

(2)实体法的条文内容无法直接变为现实。

(3)程序法可以为实体法的实现提供工具性辅助。

(4)只有通过法定程序实施的实体法内容才具有正当性。

5.(1)【答案】非法证据排除规则有一个渐进的完善过程。

【考点】非法证据排除规则基础理论。

【解析】非法证据排除规则起源于美国。非法证据排除规则的发展历史是与第四修正案有关禁止非法搜查和扣押的条款密切联系一起的。伴随着美国非法证据排除规则的发展,世界其他各法治国家也逐渐认识到非法证据排除规则的重要性并纷纷引入,形成了带有各国特色的非法证据排除规则。不仅如此,非法证据排除规则已被《公民权利和政治权利国际公约》、《保护人人不受酷刑和其他残忍、不人道或有辱人格待遇或处罚宣言》、《禁止酷刑和其他残忍、不人道或有辱人格的待遇或处罚公约》、《关于检察官作用的准则》等众多联合国重要人权、司法文件所肯认,非法证据排除规则已成为一项重要的联合国刑事司法准则。

非法证据排除规则利于保障犯罪嫌疑人和被告人的合法权益不受侵犯,是程序正义的体现,我国应当借鉴、吸收。但我国自 1979 年第一部《刑事诉讼法》颁布后,一直没有引入非法证据排除规则,1996 年《刑事诉讼法》第一次修改后,在一些司法解释中开始出现排除非法言词证据的萌芽。直至 2010 年 5 月,以最高人民法院、最高人民检察院、公安部、国家安全部、司法部联合发布的《排除非法证据规定》和《死刑案件证据规定》(以下简称为“两个证据规定”)为标志,我国初步建立了非法证据排除规则。“两个证据规定”在司法实践中磨合了一年多后,2011 年,我国正式拉开了《刑事诉讼法》再修改的大幕。2011 年 8 月 24 日,十一届全国人大常委会第二十二次会议正式审议了《刑事诉讼法修正案(草案)》(一稿),并于 8 月 30 日向社会公布草案全文征集意见。一稿对 1996 年《刑事诉讼法》修改 99 处,使 225 条的《刑事诉讼法》增加至 285 条。在征集了四个月的立法意见后,2011 年 12 月 26 日,十一届全国人大常委会第二十四次会议第二次审议《刑事诉讼法修正案(草案)》并在内容上做了一些调整(二稿)。2012 年 3 月 14 日,《刑事诉讼法修正案(草案)》经过三读后在第十一届全国人民代表大会第五次会议上表决通过,并将于 2013 年 1 月 1 日正式实施。修正案对 1996 年《刑事诉讼法》共修改 111 处,是我国刑事立法的一次飞跃。新《刑事诉讼法》的颁布实施标志着我国非法证据排除规则的正式确立。

(2)【答案】非法证据排除规则具有程序正义、保障人权、震慑侦查违法行为等多重价值。

【考点】非法证据排除规则的基础理论。

【解析】非法证据排除规则的诉讼价值:

(1)充分体现了程序正义。非法证据排除规则兼具实体公正与程序公正双重属性,但主要是程序公正的代表。排除非法证据可能会造成案件事实无法查清,但宁可于案件事实不顾也要规范取证程序的做法恰恰凸显了程序正义的价值。

(2)有利于保障人权。使用非法方法获取的证据,尤其是言词证据的虚假性很大,通过排除非法证据可以保护犯罪嫌疑人、被告人免受冤屈。

(3)有益于维护司法权威。通过否定违法取证行为的成果,树立规范公权力运行的信心。公安司法人员应当首先成为守法的典范,方能立威于民、取信于民。

(4)充分体现了震慑效果。有利于震慑侦查人员依法办事,抑制侦查人员非法取证行为,促进公安司法人员法治观念的进步,进而减少冤错案件的发生。

2013 卷四

案情:李某于2012年7月毕业后到某国有企业从事财务工作。因无钱买房,单位又不分房,在同学、朋友及亲戚家里四处借住,如何弄钱买一套住房成为他的心结。

2013年4月,单位有一笔80万元现金未来得及送银行,存放于单位保险柜,李某借职务之便侵吞了全部现金并伪造外人盗窃现场。李某用该款购买了一套公寓。

李某的反常行为被单位举报到检察机关,检察机关反贪技术侦查部门当即实施技术侦查措施,查明系李某作案并予以立案。在刑事拘留期间,李某供认了全部犯罪事实。鉴于本人最终认罪并将赃物全部追回,根据本案特殊情况和办案需要,检察机关决定对其采取指定居所监视居住。

2013年7月该案提起公诉。李某及其辩护律师向法院提出李某在拘留期间遭受了严重的刑讯逼供,要求排除非法证据。

问题:

1. 检察机关对李某贪污行为采取技术侦查措施,是否正确?为什么?

2. 根据修改后的《刑事诉讼法》,技术侦查措施在使用主体、案件范围和适用程序上有哪些特殊要求?

3. 检察机关对李某采取指定居所监视居住措施是否正确?为什么?

4. 法院处理李某及其辩护人申请排除非法证据的程序步骤是什么?

答案:

1.**【答案】**不正确。

【考点】技术侦查程序。

【解析】(1)技术侦查措施属于侦查行为,只能在立案后采取。故在立案前就采取技术侦查的做法错误。《刑事诉讼法》第148条第2款规定:"人民检察院在立案后,对于重大的贪污、贿赂犯罪案件以及利用职权实施的严重侵犯公民人身权利的重大犯罪案件,根据侦查犯罪的需要,经过严格的批准手续,可以采取技术侦查措施,按照规定交有关机关执行。"(2)采取技术侦查措施必须履行严格的批准手续。(3)检察机关不能实施技术侦查措施,必须交有关机关执行。

2.**【答案】**技术侦查措施在使用主体、案件范围和适用程序上均有一些特殊要求。

【考点】技术侦查程序。

【解析】(1)技术侦查措施的使用主体只能是公安机关和国家安全机关。

在我国,侦查机关主要是公安机关和检察机关,但《刑事诉讼法》第148条第2款规定,检察机关无权实施技术侦查措施,只能由公安机关实施。在我国,公安机关可以是一个广义概念,还可以包括国家安全机关、监狱、军队保卫部门、海关走私犯罪侦查部门等。但是,能够实施技术侦查的部门应当仅限于公安机关和国家安全机关,监狱、军队保卫部门、海关走私犯罪侦查部门等机构无权实施技术侦查措施。

因为,首先,《刑事诉讼法》第148条规定,可以适用技术侦查措施的罪名主要包括危害国家安全犯罪、恐怖活动案件、黑社会性质组织犯罪和重大的毒品犯罪等,这些犯罪主要由公安机关和国家安全机关负责侦查。

其次,技术侦查措施对技术的要求较高,目前公安机关和国家安全机关更能胜任。

最后,技术侦查措施可能会造成对人权的侵犯,扩大技术侦查适用的主体不符合保证人权的理念。

(2)适用范围方面,《刑事诉讼法》第 148 条规定,公安机关在立案后,对于危害国家安全犯罪、恐怖活动犯罪、黑社会性质的组织犯罪、重大毒品犯罪或者其他严重危害社会的犯罪案件可以采取技术侦查措施;检察机关在立案后,对于重大的贪污、贿赂犯罪案件以及利用职权实施的严重侵犯公民人身权利的重大犯罪案件,可以采取技术侦查措施;追捕被通缉或者批准、决定逮捕的在逃的犯罪嫌疑人、被告人,可以采取必要的技术侦查措施。

(3)适用程序上,技术侦查措施由公安机关、国家安全机关、人民检察院决定,由公安机关、国家安全机关执行;采取技术侦查措施,必须严格经过严格的批准手续;有关机关必须严格按照批准的措施种类、适用对象和期限执行。

此外,根据《刑事诉讼法》第 149 ~ 151 条的规定,批准决定应当根据侦查犯罪的需要,确定采取技术侦查措施的种类和适用对象。批准决定自签发之日起 3 个月以内有效。对于不需要继续采取技术侦查措施的,应当及时解除;对于复杂、疑难案件,期限届满仍有必要继续采取技术侦查措施的,经过批准,有效期可以延长,每次不得超过 3 个月。

采取技术侦查措施,必须严格按照批准的措施种类、适用对象和期限执行。侦查人员对采取技术侦查措施过程中知悉的国家秘密、商业秘密和个人隐私,应当保密;对采取技术侦查措施获取的与案件无关的材料,必须及时销毁。采取技术侦查措施获取的材料,只能用于对犯罪的侦查、起诉和审判,不得用于其他用途。

公安机关依法采取技术侦查措施,有关单位和个人应当配合,并对有关情况予以保密。为了查明案情,在必要的时候,经公安机关负责人决定,可以由有关人员隐匿其身份实施侦查。但是,不得诱使他人犯罪,不得采用可能危害公共安全或者发生重大人身危险的方法。对涉及给付毒品等违禁品或者财物的犯罪活动,公安机关根据侦查犯罪的需要,可以依照规定实施控制下交付。

3.**【答案】**正确。

【考点】指定居所监视居住。

【解析】《刑事诉讼法》第 72 条规定,对于符合逮捕条件,因为案件的特殊情况或者办理案件的需要,办案机关可以采取监视居住措施。《刑事诉讼法》第 73 条第 1 款规定:“监视居住应当在犯罪嫌疑人、被告人的住处执行;无固定住处的,可以在指定的居所执行。对于涉嫌危害国家安全犯罪、恐怖活动犯罪、特别重大贿赂犯罪,在住处执行可能有碍侦查的,经上一级人民检察院或者公安机关批准,也可以在指定的居所执行。但是,不得在羁押场所、专门的办案场所执行。”

本案中,李某属于没有固定住处的情形,符合指定居所监视居住规定。

4.**【答案】**李某及其辩护人申请排除非法证据的,法庭应当进行审查、调查,并判断是否存在非法证据需要排除。

【考点】非法证据排除程序。

【解析】根据《最高人民法院关于适用〈中华人民共和国刑事诉讼法〉的解释》第 96 ~ 102 条的规定,人民法院处理排除非法证据申请的程序如下:

(1)人民法院应当在开庭前及时将申请书及相关线索、材料的复制件送交人民检察院;

(2)人民法院经审查,对证据收集的合法性有疑问的,应当召开庭前会议就非法证据排除等问题了解情况,听取意见。人民检察院可以通过出示有关证据材料等方式,对证据收集的合法性加以说明;

(3)庭审对非法证据的调查,可以在当事人及辩护人提出排除非法证据的申请后进行,也可以在法庭调查结束前一并进行;

(4)调查程序主要是由公诉人出示、宣读、播放有关证据材料,提请法庭通知有关侦查人员或者其他有关人员出庭说明情况,证明证据收集的合法性;

(5)人民法院对证据收集的合法性进行调查后,应当将调查结论告知公诉人、当事人和辩护人、诉讼代理人。

2014 卷四

案情:犯罪嫌疑人段某,1980 年出生,甲市丁区人,自幼患有间歇性精神分裂症而辍学在社会上流浪,由于生活无着落便经常偷拿东西。2014 年 3 月,段某窜至丁区一小区内行窃时被事主发现,遂用随身携带的刀子将事主刺成重伤夺路逃走。此案丁区检察院以抢劫罪起诉到丁区法院,被害人的家属提起附带民事诉讼。丁区法院以抢劫罪判处段某有期徒刑 10 年,赔偿被害人家属 3 万元人民币。段某以定性不准、量刑过重为由提起上诉。甲市中级法院二审中发现段某符合强制医疗条件,决定发回丁区法院重新审理。

丁区法院对段某依法进行了精神病鉴定,结果清晰表明段某患有精神分裂症,便由审判员张某一人不公开审理,检察员马某和被告人段某出庭分别发表意见。庭审后,法庭作出对段某予以强制医疗的决定。

问题:

1. 结合本案,简答强制医疗程序的适用条件。
2. 如中级法院直接对段某作出强制医疗决定,如何保障当事人的救济权?
3. 发回重审后,丁区法院的做法是否合法?为什么?
4. 发回重审后,丁区法院在作出强制医疗决定时应当如何处理被害人家属提出的附带民事诉讼?

答案:

1.**【答案】**强制医疗程序的适用条件有三:(1)实施了危害公共安全或者严重危害公民人身安全的暴力行为。(2)经法定程序鉴定属依法不负刑事责任的精神病人。(3)有继续危害社会的可能。

【考点】精神病强制医疗程序的适用条件。

【解析】《刑事诉讼法》第 284 条规定:“实施暴力行为,危害公共安全或者严重危害公民人身安全,经法定程序鉴定依法不负刑事责任的精神病人,有继续危害社会可能的,可以予以强制医疗。”

可见,必须同时符合以下四个条件才可以适用依法不负刑事责任的精神病人的强制医疗程序:

(1)前提条件

行为人必须:

(a)实施暴力行为。

(b)危害公共安全或者严重危害公民人身安全。

(2)医学条件

经法定程序鉴定依法不负刑事责任的精神病人。

(3)社会危险性条件

有继续危害社会可能。

2.**【答案】**参照《最高人民法院关于适用〈中华人民共和国刑事诉讼法〉的解释》第 536 条的规定

进行复议即"被决定强制医疗的人、被害人及其法定代理人、近亲属对强制医疗决定不服的,可以自收到决定书之日起五日内向上一级人民法院申请复议。"

【考点】强制医疗的救济程序。

【解析】《刑事诉讼法》及司法解释规定了一审程序被强制医疗的人、被害人及其法定代理人、近亲属对强制医疗决定不服的,可以向上一级法院申请复议,没有明确二审程序是否可以申请复议。从理论上讲,二审是终审程序,当事人不能再上诉,只能通过审判监督程序予以纠正。但按照我国《刑事诉讼法》关于审判监督程序的规定,只有法院的判决、裁定才可以申诉,不包括决定。因此,如果中级法院的强制医疗决定不允许复议,必将剥夺当事人的救济权。故《刑事诉讼法》第 287 条规定的被决定强制医疗的人、被害人及其法定代理人、近亲属对强制医疗不服的,可以向上一级法院申请复议,应作广义理解,既包括一审也包括二审,使得当事人的救济权利得以保障。

3.**【答案】**不合法。

【考点】强制医疗程序的审判程序。

【解析】按照《刑事诉讼法》和有关司法解释的规定,丁区法院有下列违法行为:

(1)审理强制医疗应当组成合议庭进行(但是,被申请人、被告人的法定代理人请求不开庭审理,并经人民法院审查同意的除外);

(2)本案被告人系成年人,所犯抢劫罪不属于不公开审理的案件;

(3)审理强制医疗案件,应当通知段某的法定代理人到庭;

(4)段某没有委托诉讼代理人,法院应当通知法律援助机构指派律师担任其法定代理人,为其提供法律援助。

4.**【答案】**对提起的附带民事诉讼,经调解不能达成协议的,应当一并作出附带民事诉讼判决。

【考点】强制医疗程序与附带民事诉讼制度综合。

【解析】按照《最高人民法院关于适用〈中华人民共和国刑事诉讼法〉的解释》第 160 条的规定,法院认定公诉案件被告人的行为不构成犯罪,对已经提起的附带民事诉讼,经调解不能达成协议的,应当一并作出附带民事诉讼判决的精神,丁区法院应当就民事赔偿进行调解。调解不成,判决宣告被告人段某不负刑事责任,并在判决中就附带的民事赔偿一并处理,同时做出对被告人段某强制医疗的决定。

需要注意的是,本案例第二问和第四问属于发挥型题目,这两问没有直接对应的法条可供使用,需要参考类似的、相关的其他法条进行推理适用。它考查考生对刑事诉讼相关程序和理论对综合掌握,属于难度较高的题目。

对于考生来说,如果再遇到没有直接法律根据的题目时,可以从两个方面形成解答思路:

第一,相关法条。根据案例中提供的案情,寻找相关的法律条文推敲是否适合作为法律根据。譬如,本案例中的第二问,没有法条直接规定第二审法院做出的强制医疗决定的救济问题。但《最高人民法院关于适用〈中华人民共和国刑事诉讼法〉的解释》第 536 条规定了第一审法院做出强制医疗决定的救济程序。此时,可以考虑参照适用。

第二,相关理论。如果案例中的问题没有直接的法律根据,考生也一时想不到与之相关的法条,可以从问题中透射的理论入手寻找法律根据。譬如,本案例中的第四问,"丁区法院在作出强制医疗决定时应当如何处理被害人家属提出的附带民事诉讼?"对于这一问题可以从理论上"抽丝剥茧"。问题中出现了两个关键词"做出强制医疗决定"、"附带民事诉讼"。"做出强制医疗决定"意味着被告人属于不负刑事责任的精神病人,肯定会被法院做出不负刑事责任的判决。在理论上,刑事判决要么是有罪判决,要么是无罪判决。由于被告人属于没有刑事责任能力的精神病人,法院做出的不负刑事责任判决应当属于无罪判决的范畴。因此,如果刑事部分不构成犯罪,该如何处理附带民事诉讼部分呢?如果基础好，考生应当可以联想到《最高人民法院关于适用〈中华人民共和国刑事诉讼法〉的解释》第 160 条的规定并适用该规定。

2015 卷四

案情：某日凌晨，A 市某小区地下停车场发现一具男尸，经辨认，死者为刘瑞，达永房地产公司法定代表人。停车场录像显示一男子持刀杀死了被害人，但画面极为模糊，小区某保安向侦查人员证实其巡逻时看见形似刘四的人拿刀捅了被害人后逃走（开庭时该保安已辞职无法联系）。

侦查人员在现场提取了一只白手套，一把三棱刮刀（由于疏忽，提取时未附笔录）。侦查人员对现场提取的血迹进行了 ABO 血型鉴定，认定其中的血迹与犯罪嫌疑人刘四的血型一致。

刘四到案后几次讯问均不认罪，后来交代了杀人的事实并承认系被他人雇佣所为，公安机关据此抓获了另外两名犯罪嫌疑人康雍房地产公司开发商张文、张武兄弟。

侦查终结后，检察机关提起公诉，认定此案系因开发某地块利益之争，张文、张武雇佣社会人员刘四杀害了被害人。

法庭上张氏兄弟、刘四同时翻供，称侦查中受到严重刑讯，不得不按办案人员意思供认，但均未向法庭提供非法取证的证据或线索，未申请排除非法证据。

公诉人指控定罪的证据有：①小区录像；②小区保安的证言；③现场提取的手套、刮刀；④ABO 血型鉴定；⑤侦查预审中三被告人的有罪供述及其相互证明。三被告对以上证据均提出异议，主张自己无罪。

问题：

1. 请根据《刑事诉讼法》及相关司法解释的规定，对以上证据分别进行简要分析，并作出是否有罪的结论。

2. 请结合本案，谈谈对《中共中央关于全面推进依法治国若干重大问题的决定》中关于“推进以审判为中心的诉讼制度改革，确保侦查、审查起诉的案件事实证据经得起法律的检验”这一部署的认识。

1.**【答案】**无罪。

【考点】各种证据的审查、判断，证明标准。

【解析】关于“小区录像”，属于视听资料，属于原始证据、实物证据、有罪证据、直接证据。虽然录像显示一男子持刀杀死了被害人，但是，拍摄的画面极度模糊，无法准确反映犯罪嫌疑人的特征，该证据具有证据能力，但证明力很低。

关于“保安证言”，属于证人证言，属于原始证据、言词证据、有罪证据、直接证据。虽然小区某保安向侦查人员证实其巡逻时看见形似刘四的人拿刀捅了被害人后逃走，但侦查人员调取该证言时没有形成证言笔录，并且在开庭时该保安已辞职，无法联系，因而不能保证证言的真实性。《最高人民法院关于适用〈中华人民共和国刑事诉讼法〉的解释》第 76 条规定：“证人证言具有下列情形之一的，不得作为定案的根据：（一）询问证人没有个别进行的；（二）书面证言没有经证人核对确认的；（三）询问聋、哑人，应当提供通晓聋、哑手势的人员而未提供的；（四）询问不通晓当地通用语言、文字的证人，应当提供翻译人员而未提供的”。可见，没有制作证言笔录相当于证人没有核对证言，该证言不得作为定案根据。

关于“手套、刮刀”，属于物证，属于原始证据、实物证据、有罪证据、间接证据。一方面，侦查人员由于疏忽，提取时未附笔录。《最高人民法院关于适用〈中华人民共和国刑事诉讼法〉的解释》第 73 条第 1 款，在勘验、检查、搜查过程中提取、扣押的物证、书证，未附笔录或者清单，不能证明物证、书证来源的，不得作为定案的根据。可见，如果因为没有制作笔录而导致无法证明手套和刮刀来源的，手套和刮刀不得作为定案根据。另一方面,案例中没有体现侦查人员对手套和刮刀进行了鉴定,如果不对手套及刮刀上的生物样本或者指纹、血迹进行鉴定,将可能导致该证据与案件没有关联性。

关于"血型鉴定",属于鉴定意见,属于原始证据、言词证据、有罪证据、间接证据。该鉴定意见作为证据使用没有问题,但该证据属于间接证据,无法证明主要案发过程,仍需要与其他证据结合起来共同证明案件事实。

关于"三被告人有罪供述",属于被告人供述,属于原始证据、言词证据、有罪证据、直接证据。本案中,三被告人有罪供述虽然能够相互印证,但仍存被刑讯逼供可能性,即使当事人没有申请法院启动排除非法证据的调查程序,法院如果发现存在非法取证行为时,也可以依职权启动调查程序。根据《刑事诉讼法》第58条的规定:"对于经过法庭审理,确认或者不能排除存在本法第五十四条规定的以非法方法收集证据情形的,对有关证据应当予以排除。"因此,本案中"三被告人有罪供述"极有可能被依法排除。

综合分析上述证据可见,有的证据没有证据能力,有的证据虽然具有证据能力,但证明力低下。《刑事诉讼法》第53条规定:"对一切案件的判处都要重证据,重调查研究,不轻信口供。只有被告人供述,没有其他证据的,不能认定被告人有罪和处以刑罚;没有被告人供述,证据确实、充分的,可以认定被告人有罪和处以刑罚。

证据确实、充分,应当符合以下条件:

(一)定罪量刑的事实都有证据证明;

(二)据以定案的证据均经法定程序查证属实;

(三)综合全案证据,对所认定事实已排除合理怀疑。"

可见,我国认定被告人有罪的证明标准是证据确实充分,要求(1)有证据,(2)属实,(3)排除合理怀疑。本案中的证据无法形成完整的证据链条,无法达到这一标准。

此外,我国虽然没有确立无罪推定原则,但在审判中应当贯彻疑罪从无的精神。本案中,法院基于现有证据的状况,应当对被告人作出疑罪从无的无罪判决。

2.**【答案】**审判中心主义。

【考点】党的十八届四中全会通过的《中共中央关于全面推进依法治国若干重大问题的决定》中明确提出了"推进以审判为中心的诉讼制度改革",对我国司法改革和刑事诉讼制度的完善具有重要的指导意义。审判中心主义因而成为重要考点。

【解析】审判中心主义是指,整个刑事诉讼活动都应当紧紧围绕审判活动而建构和展开,侦查和公诉都是为审判进行的准备活动,执行是落实审判结果的活动,审判才是刑事诉讼活动的中心。

构建审判中心主义的价值主要包括:

第一,有利于人权保障。在审判为中心的诉讼活动中,举证、质证都在法庭上完成。被告人的主体地位能够得到切实尊重,其质证权和辩护权得到充分行使。同时,辩护人的辩护权也被尊重和重视。

第二,有利于防范冤错案件的产生。在审判为中心的诉讼活动中,法庭上的举证、质证将会非常充分,控辩双方积极对抗,有利于法官查明案件事实,从而避免发生冤错。

第三,有利于程序公正。审判中心主义是被世界主要法治国家普遍接受的理念,我国也应当构建并完善以审判为中心的诉讼构造,有一个详尽、公开、对抗性强的庭审,才能充分体现出程序的正当性和独立价值,才能通过程序"让人民群众在每一个司法案件中都感受到公平正义"。

第四,有利于实现中国特色的"司法独立"。庭审中心主义要求法官遵循直接言词原则,需要法官明确自己的主体责任并独立作出裁判,防止案外因素的干扰。这些都是我国审判"司法独立"应有之义。

我国之所以提出"推进以审判为中心的诉讼制度改革",是因为在司法实践中,我国仍存在构建审判中心主义的障碍:

首先,侦查中心主义。侦查中心主义指的是侦查机关及侦查活动在刑事诉讼中居主导地位。在我国,公安机关侦查终结的案件,基本上都被检察院提起了公诉,又基本上都被法院判决有罪。有学者称“公安是做饭的,检察院是端饭的,法院是吃饭的”。在这种流水线式的诉讼过程中,案件的基本证据材料在侦查阶段已经固定,起诉和审判阶段的审查基本上流于形式。

其次,卷宗中心主义。卷宗中心主义指的是在审判活动中,除了被告人出庭受审外,基本没有证人、鉴定人、侦查人员出庭作证,接受质证,庭审只是各方按照顺序发言,流于形式,法官对案件的理解和判断不在庭审之中形成,而是在庭审后通过对各种案卷材料进行审阅形成。但问题是,对于这些案卷或者证据材料基本没有进行过充分的质证。

显然,侦查中心主义不利于法院有效地审查证据,属于对案件“先定后审”。卷宗中心主义使庭审流于形式,不利于法庭对抗,不利于查明案件事实。因此,我国应当摒弃这两种错误的主义,构建以审判为中心的诉讼制度。这需要我们在以下五个方面进行努力:

第一,公安司法人员应当从思想上正确认识审判中心主义的价值。要以审判中心主义的要求来对待公安机关、人民检察院和人民法院三机关之间的互相配合、分工、制约关系,侦查、起诉要按照审判的要求和标准进行,服务于审判活动。

第二,推进以审判为中心首先应当确立以庭审为中心。庭审中心主义是审判中心主义的基础,流于形式的庭审程序是无法确立审判中心主义的诉讼地位的。

第三,切实履行直接言词原则。直接言词原则要求法官直接审查证据,诉讼各方积极参加庭审,在法官指挥下发言和进行辩论。如果证人、被害人、鉴定人、侦查人员应当出庭而不出庭,直接言词原则将无法落实,审判中心主义自然无法实现。

第四,保障被告人获得律师辩护的权利,完善法律援助制度。审判中心主义要求控辩双方积极对抗,但是在我国的司法实践中,辩护率较低,有学者称不足30%。而被告人又多不精通法律,这在庭审中无法形成有效的对抗,也就不利于实现审判中心主义。可以考虑进一步扩大法律援助的适用范围,通过保障被告人获得律师帮助的权利来推动审判中心主义的形成。

第五,审判机关认真贯彻“依法独立行使审判权”原则的要求,敢于坚持疑罪从无。审判中心主义不仅是一项程序性要求,也应当是一项实体性要求。简言之,不仅庭审不能流于形式,法官判决也应当公正。这需要法院、法官抵制各种不当压力,坚持独立判案、疑罪从无。立法上应当尽快出台关于法官职业保障的各项措施。

2016 卷四

顾某(中国籍)常年居住M国,以丰厚报酬诱使徐某(另案处理)两次回国携带毒品甲基苯丙胺进行贩卖。2014年3月15日15时,徐某在B市某郊区交易时被公安人员当场抓获。侦查中徐某供出了顾某。我方公安机关组成工作组按照与该国司法协助协定赴该国侦查取证,由M国警方抓获了顾某,对其进行了讯问取证和住处搜查,并将顾某及相关证据移交中方。

检察院以走私、贩卖毒品罪对顾某提起公诉。鉴于被告人顾某不认罪并声称受到刑讯逼供,要求排除非法证据,一审法院召开了庭前会议,通过听取控辩双方的意见及调查证据材料,审判人员认定非法取证不成立。开庭审理后,一审法院认定被告人两次分别贩卖一包甲基苯丙胺和另一包重7.6克甲基苯丙胺判处其有期徒刑6年6个月。顾某不服提出上诉,二审法院以事实不清发回重审。原审法院重审期间,检察院对一包甲基苯丙胺重量明确为2.3克并作出了补充起诉,据此原审法院以被告人两次分别贩卖 2.3 克、7.6 克毒品改判顾某有期徒刑 7 年 6 个月。被告人不服判决再次上诉到二审法院。

问题:

1. M 国警方移交的证据能否作为认定被告人有罪的证据?对控辩双方提供的境外证据,法院应当如何处理?

2. 本案一审法院庭前会议对非法证据的处理是否正确?为什么?

3. 发回原审法院重审后,检察院对一包甲基苯丙胺重量为 2.3 克的补充起诉是否正确?为什么?

4. 发回重审后,原审法院的改判加刑行为是否违背上诉不加刑原则?为什么?

5. 此案再次上诉后,二审法院在审理程序上应如何处理?

1.【答案】可以;应当进行审查。

【考点】刑事司法协助。

【解析】M 国警方移交的证据可以作为认定被告人有罪的证据。我国《刑事诉讼法》规定我国司法机关可以进行刑事司法协助,警方赴 M 国请求该国警方抓捕、取证属于司法协助的范围,我国法院对境外证据认可其证据效力,本案司法协助程序符合规范,符合办理刑事案件程序规定。

人民法院对来自境外的证据材料,应当对材料来源、提供人、提供时间以及提取人、提取时间等进行审查。经审查,能够证明案件事实符合《刑事诉讼法》规定的,可以作为证据使用。但提供人或者我国与有关国家签订的双边条约对材料的使用范围有明确限制的除外;材料来源不明或者真实性无法确认的,不得作为定案的证据。

2.【答案】不正确。

【考点】庭前会议。

【解析】按照《刑事诉讼法》的规定,庭前会议就非法证据等问题只是了解情况,听取意见,不能做出决定。

3.【答案】不正确。

【考点】检察院补充或者变更起诉制度。

【解析】不正确。本案第二审法院基于原审法院认定的一包甲基苯丙胺数量不明,以事实不清发回重审,重审中检察机关明确为 2.3 克,只是补充说明不是补充起诉。补充起诉是在法院宣告判决前检察机关发现有遗漏的同案犯罪嫌疑人或者罪行可以一并起诉和审理的。

4.【答案】违反上诉不加刑原则。

【考点】上诉不加刑原则及具体适用。

【解析】第二审人民法院发回原审人民法院重新审理的案件,除有新的犯罪事实,人民检察院补充起诉的以外,原审人民法院不得加重被告人的刑罚。本案补充说明一包重量 2.3 克是原有的指控内容,不是新增加的犯罪事实。

5.【答案】涉及第二审是否开庭审理、是否可以发回重审、是否可以加重刑罚及审判期限等问题。

【考点】第二审程序的具体审理程序。

【解析】(1)组成合议庭不开庭审理,但应当讯问被告人、听取辩护人、诉讼代理人意见。(2)鉴于本案系发回重审后的上诉审,第二审法院不得以事实不清再发回原审法院重新审理。(3)如果认为原判认定事实和适用法律正确、量刑适当,应当裁定驳回上诉,维持原判;如果认为原判适用法律有错误或量刑不当,应当改判,但受上诉不加刑限制。(4)第二审人民法院应当在二个月以内审结。